电子信息
工学结合模式
系列教材

21世纪高职高专规划教材

电子产品设计与制作指导教程

欧阳红 李仲秋 主 编
王朝红 王玉峰 副主编

清华大学出版社
北京

内容简介

本书选用几种典型、实用的电子产品为载体，详细介绍了电子电路CAD设计平台——Protel DXP 2004的各种基本功能和应用技巧，主要内容包括电子产品电路设计、元器件的检验与筛选、电子产品印制电路板设计与制作(Protel DXP 2004的原理图编辑系统和印制电路板设计系统)、电子产品焊接与装配。内容安排遵从从简单到复杂、由浅入深的原则，从而使读者掌握电子产品制作的基本知识，逐步形成利用Protel DXP 2004平台设计制作电子产品的能力。

本书的特点是简单易懂、实用性强。本书系统地进行电子电路工程训练，并与全国高新技术考试计算机辅助设计(Protel平台)职业技术鉴定接轨。

本书适合作为高等职业院校电类专业"教学做"一体化课程的指导用书，也可供广大电子制作爱好者阅读参考。

图书在版编目(CIP)数据

电子产品设计与制作指导教程/欧阳红，李仲秋主编. —北京：清华大学出版社，2012.3 (2021.6重印)
(21世纪高职高专规划教材　电子信息工学结合模式系列教材)
ISBN 978-7-302-27687-6

Ⅰ.①电…　Ⅱ.①欧…②李…　Ⅲ.①电子产品—设计—高等职业教育—教材②电子产品—制作—高等职业教育—教材　Ⅳ.①TN602②TN605

中国版本图书馆CIP数据核字(2011)第268199号

责任编辑：刘　青
封面设计：傅瑞学
责任校对：袁　芳
责任印制：杨　艳

出版发行：清华大学出版社
网　　址：http://www.tup.com.cn，http://www.wqbook.com
地　　址：北京清华大学学研大厦A座　　邮　　编：100084
社 总 机：010-62770175　　邮　　购：010-62786544
投稿与读者服务：010-62776969，c-service@tup.tsinghua.edu.cn
质 量 反 馈：010-62772015，zhiliang@tup.tsinghua.edu.cn
课 件 下 载：http://www.tup.com.cn，010-83470410

印 装 者：北京富博印刷有限公司
经　　销：全国新华书店
开　　本：185mm×260mm　　**印　张**：20.25　　**字　数**：445千字
版　　次：2012年3月第1版　　**印　次**：2021年6月第7次印刷
定　　价：59.00元

产品编号：037329-02

PREFACE 前言

电子产品设计与制作课程是整合了“电子CAD实训”、“PCB设计与生产”、“电子产品生产工艺实训”等教学内容而构建的应用电子技术专业的主干课程。为适应该课程的教学特点及湖南省省级精品课程建设工作的需要，我们编写了这本《电子产品设计与制作指导教程》。

本教材打破了传统的知识体系结构，从三个方面（电源类、功放类、数字类）选取典型电子产品进行设计与制作。即构建三个学习情境，每一个学习情境又分为三个学习性工作任务，学生所需知识、技能和职业素养均融入这三个学习情境中。学生在完成任务的过程中，通过心、脑、手协调运用，获得电子产品分析与设计的相关知识和印制电路板制作的技能，同时锻炼与人协作的能力、计划组织的能力、自主学习的能力，养成良好的职业素养和职业道德。

本书遵循从简单到复杂的职业能力累积形成规律，融合“全国高新技术计算机辅助设计（Protel平台）职业技能资格”标准，以真实电子产品为载体，按电子产品设计与制作的工作过程序化教学内容。充分体现以能力为本位的教学思想，“紧靠职业标准，培养职业技能”的教学宗旨，行动导向的教学方法，以及“教、学、做、评合一”的课程教学原则。教学载体项目所涉及的产品是编者和企业专家在多年工作实践中参与或领导设计、制作的实用电子产品，故本书中的教学载体项目更贴近国家职业资格标准，更贴近岗位需求。

本书以典型电子产品的设计与制作为切入点，详细介绍电子产品电路设计方法、Protel DXP 2004 SP2的各种基本功能和应用技巧、电子电路的CAD设计、元器件的检验与筛选、电子产品制作的基本技能、电子产品印制电路板制作技术与焊接技能、电子产品组装与调试的步骤和方法、产品性能指标的测试方法以及电子产品的质量管理。书中选用了几种较典型、实用性极强的电子产品的制作技术作为实例，内容从简单到复杂，由浅入深，使读者掌握电子产品制作基本知识，逐步形成利用Protel DXP 2004 SP2软件设计制作电子产品的能力。

本书的特点是简单易懂、实用性强，注重学生创新能力和应用能力的培养，有利于学生在学习过程中巩固，进而掌握并灵活运用所学的知识。要求学生在教师指导下查阅资料、选择方案、设计电路、组织试验、设计印制电路板及制作与调试实际电路、撰写报告等，系统地进行电子电路工程训练，并与全国高新技术考试计算机辅助设计(Protel 平台)职业技术鉴定接轨。本书特别适合作为高等职业院校电类专业基于工作过程课程体系的指导用书，也可供广大电子爱好者阅读参考。

本书由长沙航空职业技术学院与湖南和光电子有限公司合作编著，由欧阳红、李仲秋主编。全书大部分内容由欧阳红编写，李仲秋对全书进行了统编，王朝红和王玉峰参与了编写和指导。朱国军教授与和光电子有限公司总经理秦和见主审全稿。本书在编写过程中得到了王文海老师的大力支持，以及《电子产品设计与制作》精品课程团队的大力协助，在此一并表示衷心的感谢。

由于编者水平有限，加之时间仓促，不妥之处在所难免，敬请广大读者批评指正，也诚恳地希望能够与读者探讨书中的不足及学习中的体会。

编　者

2011 年 10 月

CONTENTS 目录

学习情境2 扩音机的设计与制作

绪　论

"电子产品设计与制作"是我院根据对应用电子技术专业培养目标的职业岗位(电子产品质量检测、电子产品生产工艺、PCB设计与制作、电子产品维修(机载设备维修)、电子产品助理设计5个岗位(群))定位,开设的理实一体化课程。在应用电子技术专业基于工作过程的课程体系中,"电子产品设计与制作"对专业职业能力的培养起支撑作用,是应用电子技术专业的核心课程。

1. 课程目标

主要培养PCB设计制作和电子产品助理设计等岗位(群)所需要的电子电路分析、PCB设计与制作、电子产品生产及检测、工艺设计和管理等人员的职业能力和职业素养。具体的能力目标分为以下三个方面。

(1) 方法能力

主要培养学生的组织和执行任务的能力,分析问题和解决问题的能力,获取知识和运用知识的能力,积极思考、勇于探索的能力,使学生学会学习和工作,掌握学习方法和工作方法。

(2) 社会能力

主要培养学生的交往与合作能力、沟通能力、团队协作能力、承受能力、创造性和适应能力、独立性与参与能力、反省能力以及责任感等。

(3) 专业能力

① 能阅读、理解实际电子产品的说明书。

② 能够用电子CAD软件绘制电路原理图,设计PCB,并掌握PCB设计规范。

③ 能够熟知一般电子产品电路的技术指标,并对电子电路进行分析与简单参数的计算,形成相关技术文档。

④ 能根据电子电路分析的结果重新设计PCB、制作样机,并对样机进行参数、技术指标的测试。

⑤ 掌握工业制板系统的基本流程,PCB的生产工艺流程及质量标准等。

⑥ 掌握基本化学药品的配比和电路板制作的技巧。

⑦ 掌握焊接技术及相关焊接工艺。

⑧ 掌握电子产品的组装工艺、电子设备调试工艺。

⑨ 掌握PCB电磁兼容设计的基本技巧和PCB电磁兼容问题的基本解决方法。

2. 教学内容的选取

以职业岗位所需的知识、能力、素质要求来确定教学内容,表0-1列出了与本课程对应的工作岗位相关知识能力、素质要求。

表 0-1 与工作岗位相关的知识能力、素质要求

工作岗位	典型工作任务	相关知识	能力、素质要求
电子产品助理设计人员	1. 分析电子产品电路的工作原理并对性能进行改进 2. 测试电子产品性能 3. 元器件的选择与检测 4. 用电子 CAD 软件绘制电路原理图 5. 制作样机,并对样机进行性能、参数、技术指标的测试 6. 撰写产品技术资料和工艺文件	1. 电子电路的分析与应用知识 2. 电子产品检测技术 3. 原理图设计及电路仿真调试知识 4. 元器件的选择与检测知识 5. 计算机辅助设计 Protel 软件的应用 6. 电子产品的焊接技术 7. 电子产品的组装、调试与检验 8. 电子产品检修工具与仪表的选择及使用 9. 电子产品的设计和工艺文件编制	1. 良好的协调和沟通能力,创新意识 2. 阅读相关设备的英文说明书、技术资料的能力 3. 电子电路识图与计算机绘图能力 4. 知道常用电子元器件及其检测方法 5. 熟练掌握产品制作工艺与流程 6. 熟练掌握产品装配图的设计方法及阅读、绘制能力 7. 熟悉常用检测仪器仪表的使用方法 8. 掌握电子产品整机及部件的测试能力 9. 熟练掌握电子产品基板的手工焊接技能
PCB 设计制作人员	1. 电子产品 PCB 设计 2. 用电子 CAD 软件绘制 PCB 图 3. 电子产品 PCB 样板制作 4. 电子产品 PCB 样板的调试与检验 5. 撰写 PCB 制作生产工艺文件	1. 电子产品结构设计与 PCB 设计 2. PCB 电磁兼容与抗干扰设计的基础知识 3. 电子产品的制图与制板技术 4. PCB 的制作工艺流程 5. PCB 的制作设备与使用方法 6. PCB 的检测技术与质量标准 7. PCB 辅助制造文件的编制与 CAM 350 软件的应用	1. 电子基本技能应用能力 2. 能够熟练掌握用电子 CAD 软件绘制电路原理图、PCB 图 3. 能够熟练掌握 PCB 的设计规则 4. 能够熟练掌握 PCB 的制作工艺 5. 能够熟练使用 PCB 的制作设备 6. 熟练掌握电子产品基板的调试技能 7. 掌握电子产品技术资料和生产工艺文件编制

3. 教学内容的组织

以电子产品助理设计人员和 PCB 设计制作人员的职业能力培养为重点,与电子产品制造行业及 PCB 设计制作企业(亿佳电子产品有限公司等)合作,进行基于工作过程的课程开发与设计,充分体现电子产品助理设计人员和 PCB 设计制作人员的职业性、实践性和开放性的要求,对“电子 CAD 实训”、“PCB 设计与制作”、“电子产品生产工艺”等课程进行整合。以典型电子产品电路的分析、PCB 设计与制作、产品安装与调试的工作过程为主线,融合“全国高新技术计算机辅助设计(Protel 平台)职业技能资格”标准,序化教学内容,按照从简单到复杂的原则,选取简单稳压电源类电子产品、功放类电子产品、较复杂的数字类电子产品等为载体构建教学内容(学习情境)。每个学习情境按电子产品的设计与制作过程分为三个学习性工作任务，如图 0-1 所示。

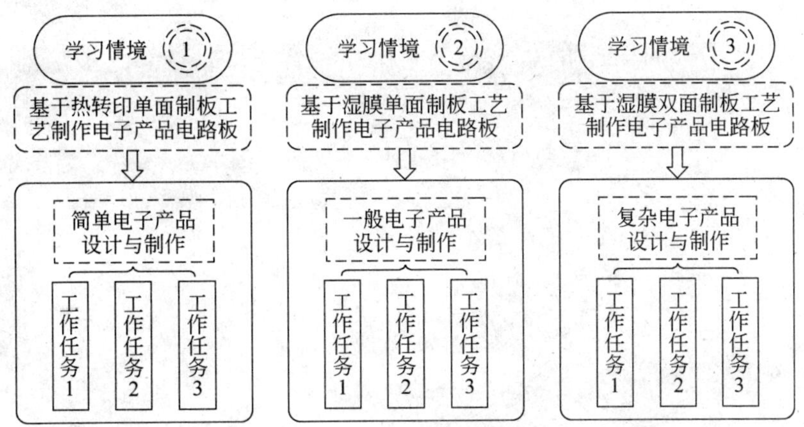

图 0-1　学习情境和载体的设计

学习情境1

稳压电源的设计与制作

任务1　稳压电源的设计与原理图绘制

任务2　稳压电源 PCB 的设计与制作

任务3　稳压电源的安装调试与检测

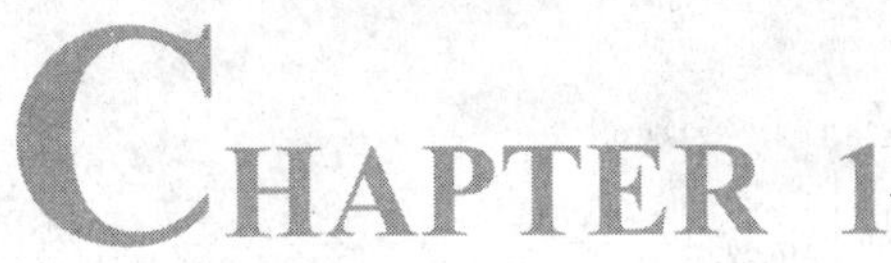

任务1

稳压电源的设计与原理图绘制

1.1 稳压电源的设计

1.1.1 稳压电源的性能指标

1. 最大输出电流

最大输出电流指稳压电源正常工作时能输出的最大电流，用 I_{omax} 表示。一般情况下的工作电流 $I_o < I_{omax}$。稳压电路内部应有保护电路，以防止 $I_o > I_{omax}$ 时损坏稳压器。

2. 输出电压

输出电压指稳压电源的输出电压，用 U_o 表示。

3. 纹波电压

纹波电压指叠加在输出电压 U_o 上的交流分量，一般为 mV 级，用有效值或峰—峰值表示。

4. 纹波系数

直流电源输出电压中存在着纹波电压，它是输出直流电压中包含的交流分量。常用纹波系数 K_γ 来表示直流输出电压中相对纹波电压的大小，其定义为

$$K_\gamma = \frac{U_{o\gamma}}{U_o}$$

式中，$U_{o\gamma}$ 为输出直流电压中交流分量的总有效值；U_o 为输出直流电压。

5. 稳压系数

稳压系数是指在负载电流 I_L、环境温度 T 不变的情况下，输入电压的相对变化引起输出电压的相对变化，即

$$S_V = \left.\frac{\Delta U_o / U_o}{\Delta U_i / U_i}\right|_{\substack{I_L = 常数 \\ T = 常数}}$$

稳压系数表征了稳压电源对电网电压变化的抑制能力。

6. 电压调整率

反映稳压电源对输入电网电压波动的抑制能力，也可用电压调整率表征。其定义为：负载电流 I_L 及温度 T 不变时，输出电压 U_o 的相对变化量与输入电压变化量的比值，即

$$S_U = \frac{\Delta U_o / U_o}{\Delta U_i} \times 100\% \bigg|_{\substack{\Delta I_L = 0 \\ \Delta T = 0}}$$

S_U 的单位是%/V。S_V 和 S_U 越小，稳压性能越好。

电压调整率通常也表述为：若负载电流和温度不变，输入电压变化10%时，输出电压的变化量，单位为mV。

7. 电流调整率

电流调整率是指在交流电源电压为额定值(220V)时，输出电流 I_o 从零变到最大值时，输出电压 U_o 的相对变化量，即

$$S_i = \left|\frac{\Delta U_o}{U_o}\right|_{\Delta U\sim = 0} \times 100\%$$

一般情况下，不用电流调整率这个指标，而用“内阻”来表示该项性能。

8. 输出电阻 R_o

当电网电压和温度不变时，稳压电源输出电压的变化量 ΔU_o 与输出电流的变化量 ΔI_o 之比定义为输出电阻，即

$$R_o = \frac{\Delta U_o}{\Delta I_o}\bigg|_{\substack{\Delta U_i = 0 \\ \Delta T = 0}} (\Omega)$$

输出电阻表征了稳压电源带负载能力的大小，R_o 越小，带负载能力越强。

9. 温度系数

温度系数是指输入电压(U_i)和输出电流(I_o)均不变，由于环境温度(T)变化，引起输出电压 U_o 的漂移量，即

$$S_T = \left|\frac{\Delta U_o}{\Delta T}\right|_{\substack{\Delta U_i = 0 \\ \Delta I_o = 0}} (\text{V/℃})$$

10. 负载效应

负载效应是指仅当由于负载的变化而引起输出稳定量变化的效应。

对于直流稳压电源，负载效应指电网电压和温度不变时，从空载到满载时输出电压的相对变化量，即

$$\text{负载效应} = \frac{|\Delta U_o|}{U_o}\bigg|_{\substack{\Delta U_i = 0 \\ \Delta T = 0}}$$

1.1.2 稳压电源的基本组成

直流稳压电源一般由电源变压器、整流滤波电路及稳压电路组成，基本电路如图1.1-1所示。各部分电路的作用如下所述。

1. 电源变压器

电源变压器的作用是将电网220V的交流电压 $\dot{U}_1$ 变换成整流滤波电路所需要的交流电压 $\dot{U}_2$。变压器二次侧与一次侧的功率比为

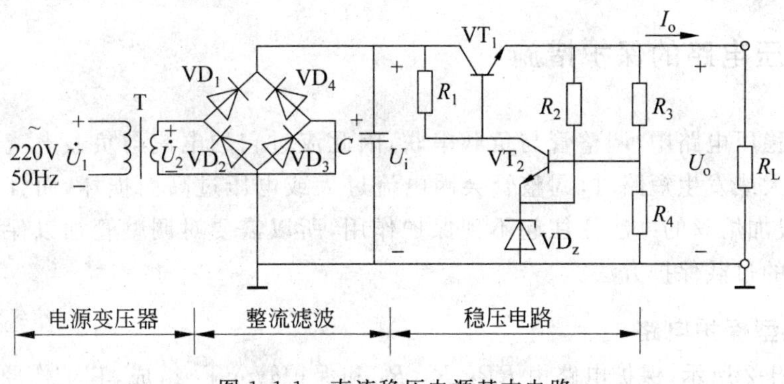

图 1.1-1　直流稳压电源基本电路

$$P_2/P_1 = \eta$$

式中，η 为变压器的效率。一般小型变压器的效率如表 1.1-1 所示。

表 1.1-1　小型变压器的效率

二次侧功率 P_2/(V·A)	<10	10～30	30～80	80～120
效率 η	0.6	0.7	0.8	0.85

2. 整流滤波电路

整流二极管 VD_1～VD_4 组成单相桥式整流电路，将交流电压$\dot{U}_2$ 变成脉动的直流电压，再经滤波电容 C 滤除纹波，输出直流电压 U_i。U_i 与交流电压$\dot{U}_2$ 的有效值 U_2 的关系为

$$U_i = (1.1 \sim 1.2)U_2$$

每只整流二极管承受的最大反向电压为

$$U_{RM} = \sqrt{2}U_2$$

通过每只二极管的平均电流为

$$I_D = \frac{1}{2}I_R = \frac{0.45U_2}{R}$$

式中，R 为整流滤波电路的负载电阻，它为电容 C 提供放电回路。RC 放电时间常数应满足

$$RC > (3 \sim 5)T'/2$$

式中，T' 为 50Hz 交流电压的周期，即 20ms。

3. 稳压电路

调整管 VT_1 与负载电阻 R_L 串联，组成串联式稳压电路。VT_2 与稳压管 VD_Z 及 R_2、R_3、R_4 组成采样比较放大电路。当稳压器的输出负载变化时，输出电压 U_o 保持不变，稳压过程如下：设输出负载电阻 R_L 变化，使 $U_o\uparrow$，则

$$U_{B2}\uparrow \rightarrow U_{C2}\downarrow \rightarrow I_{B1}\downarrow \rightarrow U_{CE1}\uparrow \rightarrow U_o\downarrow$$

1.1.3 稳压电路的保护措施

由于在稳压电路中，调整管与负载串联，因此流过它的电流与负载电流一样大。当输出电流过大或发生短路时，调整管会因电流过大或电压过高而损坏，而且烧毁的速度极快，用一般加熔丝的办法往往起不到保护作用，所以需要对调整管加以保护。下面介绍两种简单的过载保护方法。

1. 限流型保护电路

如图 1.1-2 所示，保护电路由 RP_2、R_3、R_4 和保护管 VT_4 组成，其工作原理为：电路中 RP_2 和 R_3 组成分压电路，确定 VT_4 的发射极电位。电源工作时，输出电流 I_L 同时通过电阻 R_4，在它上面产生电压降 U_{R4}，$U_{R4}=I_L\times R_4$，其极性是"右正左负"。因此，VT_4 发射极上的电压 $U_{BE}=U_{R4}-U_{R3}$。

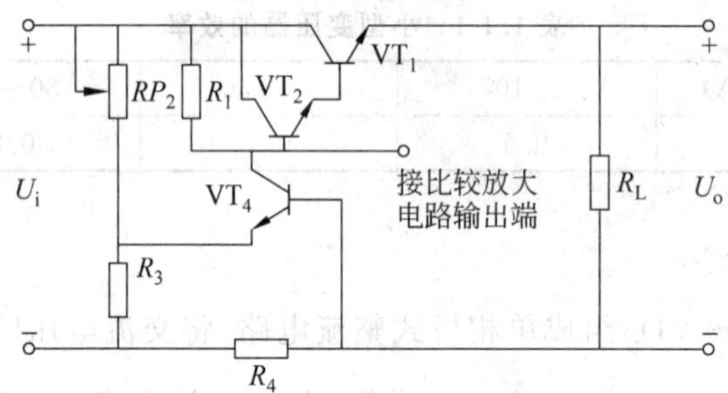

图 1.1-2 限流型电子保护稳压电源电路图

稳压电源正常工作时，I_L 较小，它在 R_4 上的电压降不足以使 VT_4 导通，所以 VT_4 等保护电路不妨碍电源工作。当发生短路或负载变化使输出电流增大时，U_{R4} 也随着增大，使 VT_4 的基极电压升高。当输出电流大到一定值时，VT_4 导通，使复合调整管因基极电位降低而限制输出电流。

这种保护电路的优点是：它的工作状态受输出电压影响较小，适合在输出电压经常变动的稳压电源中使用。这个电路多少要增加点电源内阻，所以在保证保护电路可靠的前提下，R_4 应尽量选小些。

2. 截流型保护电路

图 1.1-3 所示为由电阻 R_3、微调电位器 RP_2 和保护管 VT_4 组成的截流型保护电路。其工作原理为：在电路中，VT_4 称为"保护管"，它的发射极接在电源输出端。稳压电源正常工作时，它的电位保持稳定。事先选择好 VT_4 的基极电位，让 VT_4 的发射极加上反向偏压，这时 VT_4 截止，不影响稳压电路的正常工作。当输出电流过载或负载短路时，稳压电源输出端正极接"地"，VT_4 发射极电位随着降低。当低于基极电位时，发射极加上正向偏压，使 VT_4 导通。由于 VT_4 的集电极与复合调整管的基极相连，使复合调整管截止，切断了输出电流，起到保护作用。

这种电路的保护动作灵敏可靠，不影响电源的性能，但因保护管的工作状态与输出

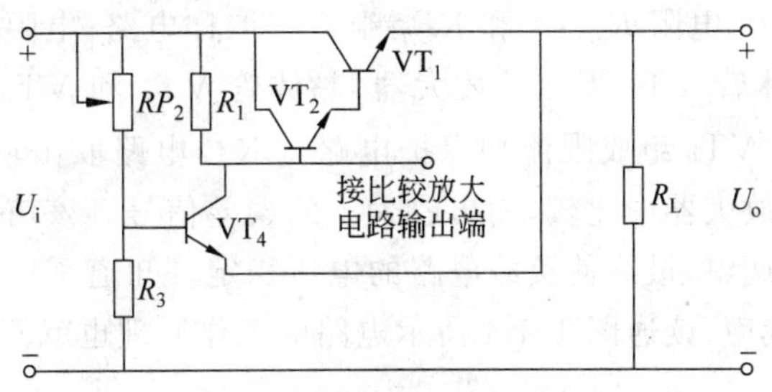

图 1.1-3 截流型保护电路

电压高低有关，所以不宜用在输出电压要随时调整的电源中。

1.1.4 设计一个分立元件组成的直流稳压电源

1. 性能指标要求

性能指标要求如下。

(1) 输入电源：单相(AC)，220V×(1±10%)，50Hz×(1±5%)；

(2) 输出电压：DC，+9～+12V，连续可调；

(3) 输出电流：DC，0～800mA；

(4) 负载效应：≤5%；

(5) 输出纹波噪声电压：V_{OP-P}≤5mV(有效值)；

(6) 保护性能：超出最大输出电流20%时立即截流保护；

(7) 稳压系数：$S_V \leqslant 3\times10^{-3}$。

根据性能指标要求，确定电路形式为桥式整流、电容滤波、串联型稳压电路，包括取样电路、基准电压电路、比较放大电路和调整电路、限流式电子保护电路等，如图 1.1-4 所示。

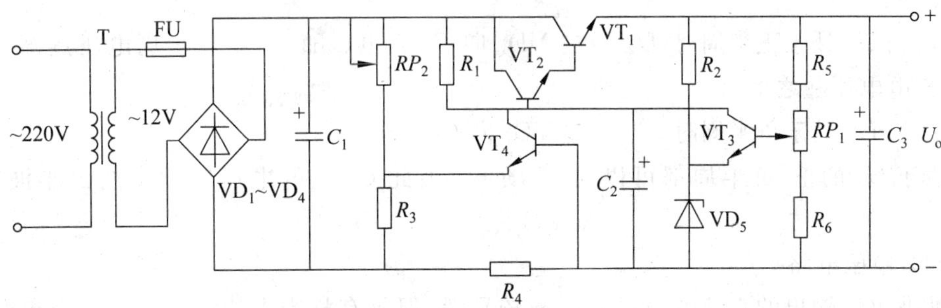

图 1.1-4 限流型电子保护串联稳压电源电路图

2. 识图指导

读原理图时，可以从电路的输入端开始，按输入电路、调整管、放大管、比较器、基准电路、取样电路的顺序分析；也可以从取样电路往前逐项分析电路中各元器件的作用。主要是先弄懂电路的功能，再来读电路图，这样就容易了。

对照图 1.1-4 所示，电阻 R_5、R_6 和 RP_1 组成了取样电路；电阻 R_2 和稳压管 VD_5 组成基准电压电路；晶体管 VT_3 为比较放大器；晶体管 VT_2 和 VT_1 组成复合调整电路，RP_2、R_3、R_4 和保护管 VT_4 组成限流型保护电路。取样电路取出输出端的电压变化，然后与基准电压在比较放大器中比较，输出放大了的误差信号。该信号促使调整管做出与输出电压变化相反的调整，最终使负载电路的电压稳定。知道了以上这些基本知识和控制关系之后，进一步读懂、读通图 1.1-4 所示电路的工作原理也就不难了。

3. 电路工作原理

（1）电源变压器

小功率直流稳压电源所用的变压器一般为降压变压器。通常，变压器一次侧只有一个绕组线圈，二次侧可以有一个、两个或多个绕组线圈。

（2）整流电路

小功率直流稳压电源大多采用二极管作为整流器件，完成交流变直流的作用。整流电路有半波整流、全波整流、桥式整流等多种方式。图 1.1-4 所示电路采用桥式整流方式，其工作原理如下：

① 当变压器二次侧输出电压 U_2 处于正弦波正半周时，二极管 VD_1 和 VD_3 处于正向偏压而导通，二极管 VD_2 和 VD_4 处于反向偏压而截止，电容器 C_1 两端的电压为上正下负。

② 当 U_2 处于负半周时，二极管 VD_2 和 VD_4 处于正向偏压而导通，二极管 VD_1 和 VD_3 处于反向偏压而截止，电容 C_1 两端的电压仍为上正下负。

（3）滤波电路

整流后输出的电压仍有较大的脉动成分（半波整流后的脉动更大）。脉动电源直接给电子装置供电，会引起各种噪声，甚至使电子装置不能正常工作，故必须采取滤波措施。小功率稳压电源中常用简易的电容器滤波方式，如图 1.1-4 所示。滤波电路的工作原理如下：

① 当 U_2 处于正半周时，U_2 通过 VD_1 向 C_1 充电。随着 U_2 正半周电压逐渐升高，C_1 的充电电压随之增大。

② 当 U_2 处于负半周时，U_2 通过 VD_4 向 C_1 充电。

由于 U_2 的正、负半周都可以向 C_1 充电，因此 C_1 上的电压脉动显然比半波整流时小。

（4）稳压电路

滤波电路输出的直流电压虽然已比较平滑，但仍有相当大的波动成分。当市电（一般允许有±10%的波动量）及负载发生变化时，将直接影响滤波后的直流电压。因此，对于要求稍高的电子装置，还需采取稳压措施。

稳压电路按工作方式可分为串联型和并联型两大类，根据工作形式又可分为调整型和开关型，还可以根据元器件的组成分为分立器件式和集成电路式等。图 1.1-4 所示是一种串联调整型稳压电源电路，以下介绍其稳压部分工作原理。

① 当输出端电压 U_o 因某种原因升高时，升高的电压会在取样电路上反映出来，使流

过取样电路的电流增大，从而使 VT_3 管的基极电压 U_{b3} 升高。由于 VT_3 管发射极电压不变，使 VT_3 的集电极电流 I_{c3} 增大，VT_2 的基极电位 U_{b2} 下降，最终导致调整管 VT_1 的集电极与发射极的导通内阻 r_{ce} 增大，使输出电压 U_o 下降，使输出端的电压值保持不变。上述控制过程可以用以下的符号来表示：

$$U_o \uparrow \rightarrow U_{b3} \uparrow \rightarrow I_{c3} \uparrow \rightarrow U_{b2} \downarrow \rightarrow r_{ce} \uparrow \rightarrow U_o \downarrow$$

② 当输出端电压 U_o 因某种原因下降时，上述控制过程相反。

4. 稳压电源元器件的选择

(1) 电源变压器选择

要选择电源变压器，主要计算变压器次级输出电压 U_2 和变压器的容量。

一般整流滤波电路可能带来 2V 以下的电压波动。调整管 VT_1 的管压降 U_{CE1} 应维持在 3V 以上，才能保证调整管 VT_1 工作在放大区。为保证电路能输出最高电压 12V，整流滤波后的电压，即电容两端电压的最小值应为 2＋3＋12＝17(V)。

因为桥式整流输出电压是变压器次级电压的 1.2 倍，变压器次级输出电压 U_{2min} 应该为

$$U_{2min}=17/1.2=14.2(V)$$

考虑到电网电压可能下降 10%，将变压器次级额定电压定为

$$U_2=U_{2min}/0.9=14.2/0.9=15.7(V)$$

所以选择输出电压 18V 的变压器。

除考虑变压器的输出电压外，还应当考虑其额定功率。当电网电压上升 10%时，变压器的输出功率最大，这时稳压电源输出的最大电流 I_{Lmax} 为 800mA。

整流滤波后，最高电压 $U_{C1max}=1.1\times1.2\times18=23.76(V)$，最大输出功率约为 $P_{max}=23.76\times800=19(W)$。由表 1.1-1 可得变压器的效率 $\eta=0.7$，应选择输入端功率大于 19/0.7＝27(W)的变压器。

为保证变压器留有一定的功率余量，确定额定输出电压为 18V、输入功率为 30W 的电源变压器。

(2) 选择整流二极管及滤波电容

整流二极管的选择主要是计算整流管的最大电流和耐压。

每只整流管的最大整流电流为

$$I_{Dmax}=0.5\times I_L=0.5\times800=0.4(A)$$

考虑到取样和放大部分的电流，可选取最大电流 I_{Dmax} 为 0.5A。

整流管的耐压 U_{RM} 即当市电上升 10%时的最大反向峰值电压为

$$U_{RM}\approx1.414\times U_{2max}=1.414\times1.1\times18\approx28(V)$$

得到这些参数后，查阅有关整流二极管参数表，选择额定电流 1A、反向峰值电压 50V 的 1N4001(1N4001 的极限参数为 $V_{RM}\geqslant50V$，$I_F=1A$)作为整流二极管。

滤波电容的选择可由纹波电压 ΔV_{OP-P} 和稳压系数 S_V 来确定。

滤波电容 C_1 的选择主要是计算滤波电容的电容量 C_1 和其耐压 U_{C1} 值。

滤波电容选择条件公式为

$$\tau = R_L C \geqslant (3 \sim 5)\frac{T}{2}$$

可知，滤波电容的电容量为(3～5)×0.5×T/R_L。一般 T 为 0.02s，R_L 为负载电阻。

在最不利的情况下，输出电压为 12V，负载电流为 800mA，此时负载电阻为 12/0.8＝15(Ω)。系数取 5，市电频率是 50Hz，可计算得到滤波电容容量为

$$C_1 = 5\times0.02/(2\times15)\approx3.3(\text{mF})$$

当市电上升 10%时，整流电路输出的电压值最大。此时，滤波电容承受的最大电压为

$$U_{C1max} = 23.76(\text{V})$$

耐压可选择 25V 以上，一般为留有余量并保证长期使用中的安全，可将滤波电容的耐压值选大一点，可选择 35～50V。

C_1 可选电容标准系列中 3300～4700μF/35V 的铝质电解电容器。

(3) 选择调整管

调整管是稳压电路的核心，输出电压的稳定最后要依靠调整管的电压调节作用才能实现。

为使调整管有效地起到调节电压作用，应在任何情况下都使它工作在线性放大区。当输入电压变得最低而输出电压调到最高时，调整管集电极—发射极间电压最低，其值为 $U_{CE1(min)}$。要使调整管不进入饱和区，$U_{CE1(min)}$ 必须大于调整管的饱和压降 $U_{CE(sat)}$。一般取 $U_{CE1(min)} = (2\sim4)U_o$。同时，为了保证负载开路时调整管不至于截止，通常取调整管的泄放电流为最大输出电流 I_{omax} 的 2%左右。

由于调整管与负载串联，流过调整管的电流近似等于最大负载电流 I_{omax}，因此，调整管应选用功率管。

当要求负载电流 I_o 比较大而调整管的 β 比较小时，可采用复合调整管，如图 1.1-4 所示。图中，VT_1 为大功率管，VT_2 为小功率管，复合管的 $\beta=\beta_1\cdot\beta_2$，要求供给复合管的驱动电流 $I_B = I_o/(\beta_1\cdot\beta_2)$。其中，$\beta_1$ 和 β_2 分别为 VT_1 和 VT_2 的电流放大系数。

调整部分主要是计算调整管 VT_1 和 VT_2 的集电极—发射极反向击穿电压 $U_{BR(CEO)}$、最大允许集电极电流 I_{CM}，以及最大允许集电极耗散功率 P_{CM}。

对于 VT_1 管，在最不利的情况下，市电上升 10%，同时负载短路，整流滤波后的输出电压全部加到调整管 VT_1 上，因此调整管 VT_1 的集电极—发射极反向击穿电压 $U_{BR(CEO)1}$ 应为

$$U_{BR(CEO)1} > U_{C1max} = 23.76(\text{V})$$

考虑到留有一定余量，可取 $U_{BR(CEO)1}$ 为 25V。

当负载电流最大时，VT_1 集电极最大允许电流为

$$I_{CM1} > (1+20\%)\times800 = 960(\text{mA})$$

这样，最大允许 VT_1 集电极耗散功率为

$$P_{CM1} > (23.76-3)\times960 = 20(\text{W})$$

查询晶体管参数手册后，选择 D880 作为调整管 VT_1。选择调整管 VT_1 时，需要注意其放大倍数 $\beta_1\geqslant40$。该管极限参数为

$$P_{CM}=30\text{W},\quad I_{CM}=3\text{A},\quad U_{BR(CEO)}\geqslant 60\text{V},\quad 60<\beta<300$$

完全可以满足要求。

调整管 VT_2 各项参数的计算原则与 VT_1 类似，下面给出各项参数的计算过程：

$$U_{BR(CEO)2}>U_{C1max}=23.76(\text{V})$$

同样考虑到留有一定余量，取 25V。

VT_2 集电极最大电流为

$$I_{CM2}>I_{C1max}/\beta_{1min}=960/60=16(\text{mA})$$

VT_2 集电极耗散功率为

$$P_{CM}>(23.76-3)\times 16=0.33(\text{W})$$

查询晶体管参数手册后，选择 9013 作为调整管 VT_2。选择调整管 VT_2 时，需要注意其放大倍数 $\beta_2\geqslant 80$。该管参数为

$$P_{CM}=625\text{mW},\quad I_{CM}=0.5\text{A},\quad U_{BR(CEO)}\geqslant 25\text{V},\quad 64<\beta<300$$

完全可以满足要求。

此时，VT_2 所需要的基极驱动电流为

$$I_{Bmax2}=I_{CM2}/\beta_2=16/80=0.2(\text{mA})$$

(4) 选择基准电压

基准电源部分主要计算稳压管 VD_5 和限流电阻 R_2 的参数。

基准电压是负反馈闭合环路的比较基础，它的不稳定将直接影响稳压电路的稳压性能，反馈环路对此是无法抑制的。因此，要求基准电压源能提供十分稳定的基准电压，其值不受温度和电源电压变化的影响。

要使图 1.1-4 所示稳压电路中的基准电压 U_{VD5} 十分稳定，应选用稳定电压为 6～8V 的稳压管或具有温度补偿的稳压管，因为 6～8V 稳压管的动态电阻和温度系数都很小。此外，要保证稳压管的稳定电压恒定，还应使稳压管的工作电流稳定，其值不应受比较放大器 VT_3 的工作电流 I_{E3} 的影响。R_2 是提供稳压管 VD_5 正向电流的限流电阻。为此，在选择电阻 R_2 时，应保证流过限流电阻 R_2 中的电流 I_{R2} 远大于 VT_3 管的 I_{E3}。

当电源输出功率最大时，$U_o=12\text{V}$，$I_o=800\text{mA}$，考虑尽量不增加电源总功率，R_2 与取样支路的电流宜远小于 800mA。这里取 $I_{R2max}=10\text{mA}$，则

$$R_{2min}=(12-6)/10=0.6(\text{k}\Omega)$$

实际选择时，可取 R_2 为 560Ω～1kΩ 系列电阻之一。

(5) 选择取样电路元件

如图 1.1-4 所示，取样电路由 R_5、R_6 和 RP_1 电阻所组成的分压器构成。取样部分主要计算取样电阻 R_5、R_6 和 RP_1 的阻值。

当电源输出功率最大时，$U_o=12\text{V}$，$I_o=800\text{mA}$，考虑尽量不增加电源总功率，取样支路的电流也应远小于 800mA，但取样电路的电流不宜太小，应使其远大于 VT_3 的基极驱动电流。取 $I_{R5max}=5\text{mA}$，则

$$(R_5+RP_1+R_6)_{min}=12/5=2.4(\text{k}\Omega)$$

取 $R_5+RP_1+R_6\approx2.5(\text{k}\Omega)$，$VT_3$ 基极电位 $U_{B3}=0.7+6=6.7(\text{V})$。

调节 RP_1 电位器，可改变输出电压的大小。当可变电阻器 RP_1 的滑动臂调到最下边时，输出电压最大，其值为

$$U_{omax}=\frac{R_5+R_6+RP_1}{R_6}U_{B3}\geqslant12(\text{V})$$

因此，$R_6<1.39\text{k}\Omega$。选择 R_6 为 $1.5\text{k}\Omega/0.25\text{W}$。

当可变电阻器 RP_1 的滑动臂调到最上边时，输出电压最小，其值为

$$U_{omin}=\frac{R_5+R_6+RP_1}{R_6+RP_1}U_{B3}\leqslant9(\text{V})$$

因此，$RP_1+R_6>1.86(\text{k}\Omega)$，其中 $RP_1>500\Omega$。

选择 RP_1 为 1kΩ 电位器，功率小于 0.1W，选择型号 WH12113—1K(卧式)；R_5 取 330Ω/0.25W。此时输出电压范围为 7.58～12.6V，符合要求。

$U_{omax}\sim U_{omin}$ 是输出电压的调节范围，满足设计输出电压条件 $U_o=+9\sim+12\text{V}$ 连续可调。

为使取样电压能准确反映输出电压的变化，取样电阻的阻值必须准确而稳定，不应随温度变化。所以，取样电阻一般采用温度系数小的锰铜丝绕制。在要求不太高的场合，取样电阻可采用金属膜电阻。

(6) 选择比较放大器

比较放大器是一个高增益的直流放大器，其作用是将取样电压和基准电压进行比较后放大其差值，并利用放大了的差值电压来控制调整管的管压降，使输出电压趋于恒定。可见，比较放大器的电压增益越高，调整的灵敏度也越高，输出电压越稳定。

在简单的电子稳压电路中，常采用共射放大器来做比较放大器，如图 1.1-4 所示。比较放大部分主要是计算限流电阻 R_1 和比较放大管 VT_3 的参数。由于这部分电路的电流比较小，主要考虑 VT_3 的放大倍数 β 和集电极—发射极反向击穿电压 $U_{BR(CEO)3}$，各项电压也都小于调整电路。可以直接选用常见低频小功率管 9013 作为放大管 VT_3(9013 的极限参数 5V/0.5A/0.625W，$64<\beta<300$)。

R_1 是 VT_3 的集电极负载电阻，又是复合调整管基极的偏流电阻。

为避免对取样电路产生影响，VT_3 基极电流应远小于 R_5 电流($I_{R5min}=9/2.5=3.6(\text{mA})$)，$I_{B3}<0.2\text{mA}$。因此

$$I_{C3}<0.2\times64=12.8(\text{mA})$$

电阻 R_1 两端最高电压为

$$U_{R1max}=23.76-U_{BE1}-U_{BE2}-U_{omin}=23.76-0.7-0.7-9=13.36(\text{V})$$

$$U_{R1max}/R_1<12.8(\text{mA})$$

因此，$R_1>1\text{k}\Omega$，这里取 $R_1=3\text{k}\Omega$。

(7) 其他电容的选用

C_2 是考虑到在市电电压降低的时候，为了减小输出电压的交流成分而设置的。C_3 的作用是降低稳压电源的交流内阻和纹波。C_2 和 C_3 都可选择电解电容。

(8) 保护电路参数

① 保护管 VT_4。选择常见低频小功率管 9013。

② 电阻 R_4。为避免 R_4 上的电压影响输出电压，R_4 的取值必须很小，这里取 1Ω。

③ 支路电位器 RP_2、R_3。电流过载 20% 时，R_4 上的电压应为

$$800\times1.2\times1=0.96(\text{V})$$

此时，VT_4 开始导通。所以电阻 R_3 的电压应为

$$0.96-0.5=0.46(\text{V})$$

RP_2 上的电压应为

$$1.2\times18-0.46=21.14(\text{V})$$

$RP_2\gg R_3$。

正常情况下，RP_2 和 R_3 支路消耗功率应远小于电源总功率(27W)。设其功率为 0.1W，则 $RP_2\approx4.4\text{k}\Omega$。考虑到晶体管参数的离散性，为方便调整，选择 10kΩ 电位器。考虑电流的关系，R_3 可选择 160Ω。

图 1.1-4 中所示串联型稳压电源所用元器件清单如表 1.1-2 所示。

表 1.1-2　串联型稳压电源所用元器件清单

代号	名称	型号	规格	数量	说明
T	电源变压器	TDA—12—9 50Hz	220V/18V 30W	1	可根据需要选用现成的电源变压器，也可自制
$VD_1\sim VD_4$	二极管	1N4001～1N4007	耐压大于 50V	4	其他符合要求的硅二极管也可代用
C_1	电解电容器	CD10、CD11	3300～4700μF/35V	1	3300～4700μF/35V 之间的电解电容器均可使用
C_2	电解电容器	CD10、CD11	100μF/35V	1	47～100μF/35V 均可使用
C_3	电解电容器	CD10、CD11	220μF/25V	1	220～2200μF/25V 均可使用
VT_1	晶体管	D880、3DD01	$\beta\geqslant40$	1	选用功率晶体管
VT_2、VT_3、VT_4	晶体管	9013、8050	$\beta\geqslant100$	3	选用功放管
VD_5	稳压二极管	6V、5V	稳压值 6V	1	6V 1/2W 稳压二极管
RP_1	电位器	WH5—1A、WH12113—1K	1kΩ	1	碳膜电位器
RP_2	微调电位器	RJ、RT、RTX	10kΩ	1	多圈精密电位器
R_1	电阻器	RJ	3kΩ/0.25W	1	金膜电阻
R_2	电阻器	RJ	560Ω/0.25W	1	金膜电阻
R_3	电阻器	RJ	160Ω/0.25W	1	金膜电阻
R_4	电阻器	RJ	1Ω/1W	1	金膜电阻
R_5	电阻器	RJ	330Ω/0.25W	1	金膜电阻
R_6	电阻器	RJ	1.5kΩ/0.25W	1	金膜电阻

1.2 计算机辅助设计

电子电路设计自动化(EDA)是现代电子工业普遍采用的技术。电子电路的设计、制板和仿真都离不开计算机的辅助设计，EDA 技术是从事电子电路设计工作人员的必备技能。

稳压电源电路原理图设计好后，要对其进行电路板的设计，采用计算机辅助设计来实现。PCB 辅助软件有多种，国内市场上常用的软件主要有 Protel、PADS、OrCAD、Workbench 等几种，其中以 Protel DXP 2004 应用最为广泛。它具有极为全面的工具、文档管理和设计项目的组织功能，使用户可以更轻松地驾驭电子设计的全过程，故其成为众多 EDA 用户的首选软件。下面对 Protel DXP 2004 软件的功能及使用方法进行简单介绍。

1.2.1 Protel DXP 2004 简介

Protel DXP 2004 具有丰富多样的编辑功能，强大便捷的自动化设计能力，完善有效的检测工具，灵活有序的设计管理手段。它为用户提供了极其丰富的原理图元器件库、PCB 元件库及出色的库编辑和库管理。

1. Protel DXP 2004 SP2 的主要组成

(1) 原理图设计系统。主要用于电路原理图的设计，为印制电路板图的设计做准备工作。

(2) 印制电路板图设计系统。主要用于印制电路板图的设计，由它生成的 PCB 文件可直接应用到印制电路板的生产中。

(3) FPGA 系统。主要用于可编程逻辑器件的设计。

(4) VHDL 系统。硬件描述语言编译系统。

2. 原理图设计系统和印制电路板图设计系统的主要特点

(1) 原理图设计系统(Schematics)的主要特点

方便灵活的编辑功能；多通道设计；丰富的元器件库；分层次的设计环境；与 PCB 同步的设计功能；输出简单、方便。

(2) 印制电路板设计系统的主要特点

方便的印制电路板图编辑功能；灵活强大的设计法则；丰富的元器件库；分层次的设计环境；与 PCB 同步的设计功能；输出简单、方便。

3. Protel DXP 2004 SP2 的新特性

(1) Protel DXP 提供丰富和全面的集成环境，全面支持 PCB 和 FPGA 项目设计。

(2) Protel DXP 采用集成的方式管理元器件库，把每个元器件的原理图符号和 PCB 封装、SPICE 模型以及信号完整性模型链接在一起，极大减少了用户的工作量。同时，软件提供了强大的库元件查询功能。

(3) Protel DXP 是规则驱动的板图编辑环境,使用户对板图设计的全部细节都能充分控制。

(4) 通过详尽、全面的设计规则定义可以为板图设计符合实际要求提供保证。

(5) Protel DXP 采用了最新的 Situs 布线技术,通过生成拓扑路径图的方式,来解决自动布线时遇到的困难。Situs 布线有很高的布通率,接近于人工布线的效果。

1.2.2 Protel DXP 2004 PCB 设计入门

原理图绘制是整个电路设计的基础,它表达了电路设计者的设计思想,为印制电路板的设计提供元器件布置、连线依据。只有正确的原理图才有可能生成一张具备指定功能的 PCB。学习 PCB 设计的最终目的就是完成印制电路板的设计。

下面通过电源电路原理图的绘制,介绍用 Protel DXP 2004 软件绘制电路原理图的详细设计过程。

1. 启动 Protel DXP 2004 SP2

软件的启动有如下两种方法:

(1) 在"开始"菜单中,单击 DXP 2004 SP2 快捷方式图标 DXP 2004 SP2,启动 Protel DXP 2004 SP2。

(2) 执行"开始"|"程序"| Altium SP2 | DXP 2004 SP2 命令,启动 Protel DXP 2004 SP2。

2. 中英文界面切换

Protel DXP 2004 默认界面为英文,但 SP2 版本支持中文菜单方式,可在"Preferences(优先设定)"中进行中英文菜单切换。具体切换步骤如下:

(1) 启动 Protel DXP 2004 SP2,进入主界面之后,执行 DXP|Preferences(优先设定)命令,如图 1.2-1 所示。

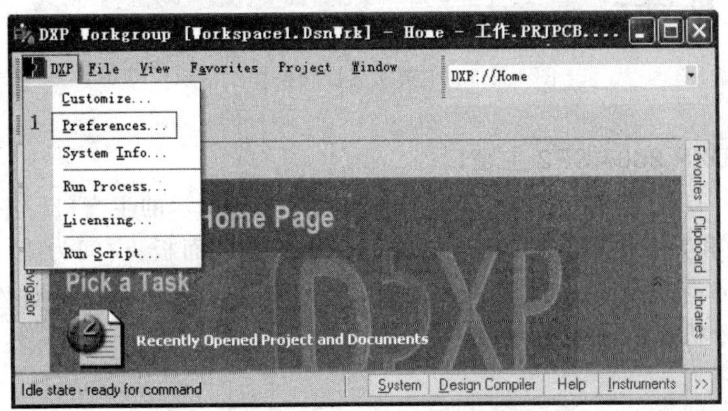

图 1.2-1 在 Protel DXP 2004 SP2 英文设计主窗口选择"DXP"菜单

(2) 在弹出的 Preferences 对话框的 Localization 选项中，选择 Use localized resources，其他操作如图 1.2-2、图 1.2-3 所示。

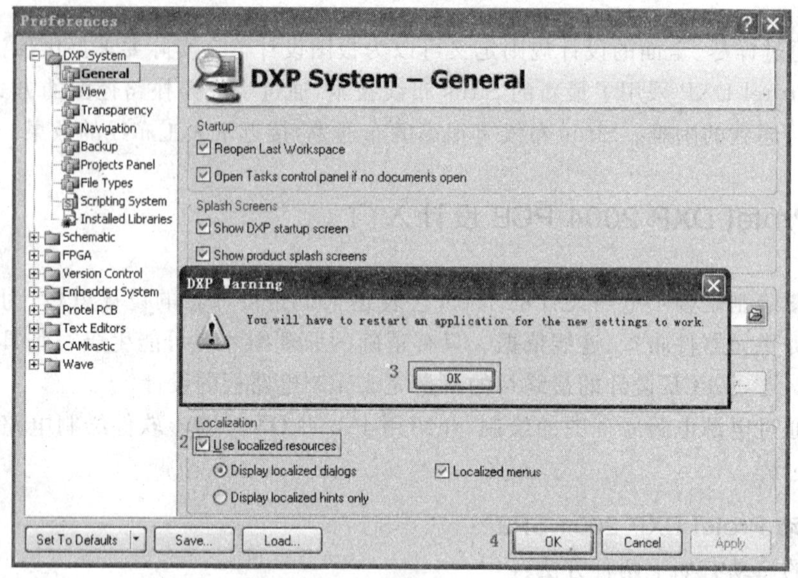

图 1.2-2　设置中文界面

图 1.2-3　中英文界面切换操作图示

3. Protel DXP 2004 SP2 主窗口

启动 Protel DXP 2004 SP2 后，屏幕出现如图 1.2-4 所示的主窗口。主窗口的上方为菜单栏、工具栏和导航栏；左边为树形结构的文件工作区面板；中间为工作窗口，列出了常用的工作任务；右边也是文件工作区面板，包括收藏、剪贴板及元器件库设置等；最下面的左边为命令状态栏，右边为标签栏。

(1) 菜单栏

Protel DXP 2004 SP2 主设计窗口菜单栏如图 1.2-5 所示。

主菜单可以完成 Protel 系统的配置、项目文件管理、工具栏和状态栏的显示控制、收藏管理、显示窗口管理及提供帮助信息等功能。

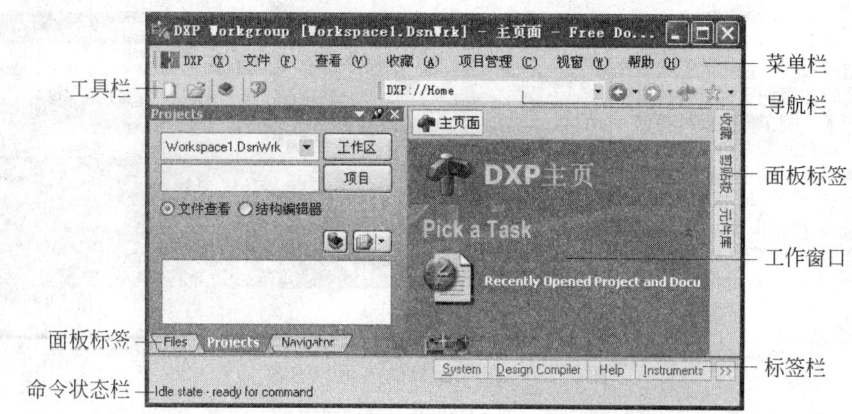

图 1.2-4　Protel DXP 2004 SP2 中文主窗口

图 1.2-5　菜单栏

(2) 工具栏

工具栏如图 1.2-6 所示，包括 4 个基本按钮，从左到右，功能依次为创建任意文件、打开已存在的文档、打开设备视图窗口、打开帮助向导。

(3) 导航栏

导航栏如图 1.2-7 所示。当用户在工作区中打开了多个窗口时，可以利用导航栏提供的切换功能在各窗口间切换。

图 1.2-6　工具栏

图 1.2-7　导航栏

导航栏的 5 个部分从左到右的功能依次为当前窗口地址栏、前进按钮、后退按钮、回到主页面(Home)及收藏夹选项。

4. 工作区面板

工作区面板通常位于主窗口的左边，可以显示或隐藏，也可以被任意移动到窗口的其他位置。显示或隐藏的操作如图 1.2-8 所示。

5. 面板的打开与关闭

(1) 面板的打开

第一种方法：进入 Protel DXP 2004 SP2 主界面后，单击屏幕右下角标签栏中的 System(系统)标签(或其他标签)，系统弹出快捷菜单，如图 1.2-9 所示。从中选择相应的面板名称，如 Projects(项目)等。

第二种方法：执行 View(查看)|Workspace Panels(工作区面板)|System|Project 菜单命令。

单击按钮，按钮的形状变为，此时如果把鼠标指针移出工作区面板，则工作区面板将自动隐藏在窗口的最左边。

如果不再隐藏工作区面板，则在面板显示时，单击右上角的按钮，则按钮恢复为状态，此时工作区面板将不再自动隐藏。

图 1.2-8　工作面板的显示与隐藏

（2）面板的关闭

单击面板右上角的“关闭”图标。

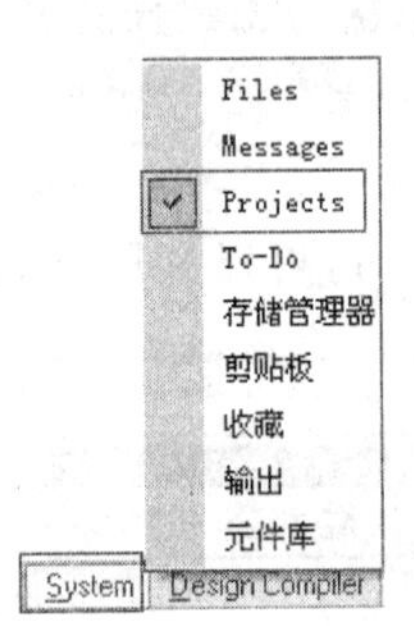

图 1.2-9　“System”标签菜单

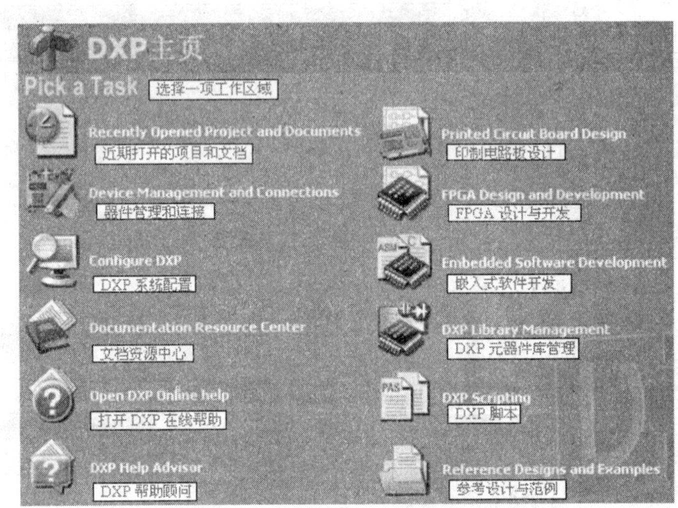

图 1.2-10　Protel DXP 2004 设计管理器主页窗口

1.2.3　Protel DXP 2004 设计管理器

Protel DXP 2004 设计管理器可分为如下几个选项区域。

1. Pick a Task 区域（选择一项工作区域，如图 1.2-10 所示）

执行“查看”|“主页”菜单命令，可以打开 DXP 主页面。

2. or Open a Project or Document 选项区域（或打开项目或文档选项区域，如图 1.2-11 所示）

（1）Most Resent Project-dxpjc.PRJPCB：显示最近打开的工程项目，“-”后面显示的是项目名称。单击该项可直接打开“-”后面显示的项目文件。该项目的信息在图 1.2-11 中最下面两行中显示。

图 1.2-11 “或打开项目或文档”选项区域

(2) Most Resent Document-...：显示最近打开的文档，“-”后面显示的是文档名称。单击该项可直接打开“-”后面显示的文档。

(3) 打开任何项目或文档：打开任何一个工程项目或文档，单击该项，可通过选择路径打开指定的项目文件或文档。

① 项目名(Project name)：显示打开的项目名称。

② 项目类型(Project Type)：显示该项目的类型。

③ 位置(Location)：显示该项目的存放路径。

④ 最后的保存(Last Saved)：显示该项目最后保存的时间。

3. 恢复系统默认的初始界面

用户在使用 Protel DXP 2004 SP2 过程中进行界面改动后，可能无法返回初始的使用界面，可以执行“查看”|“桌面布局”|Default 菜单命令恢复系统默认的初始界面。

1.2.4 Protel DXP 2004 SP2 系统自动备份设置

在项目设计过程中，为防止意外故障而丢失设计内容，一般需要进行系统自动备份设置，以减少损失。

执行 DXP|“优先设定”菜单命令，屏幕弹出“优先设定”对话框。选择 Backup 选项，弹出如图 1.2-12 所示的对话框，在其中可以设定自动备份的时间间隔、保存的版本数及备份文件保存的路径。

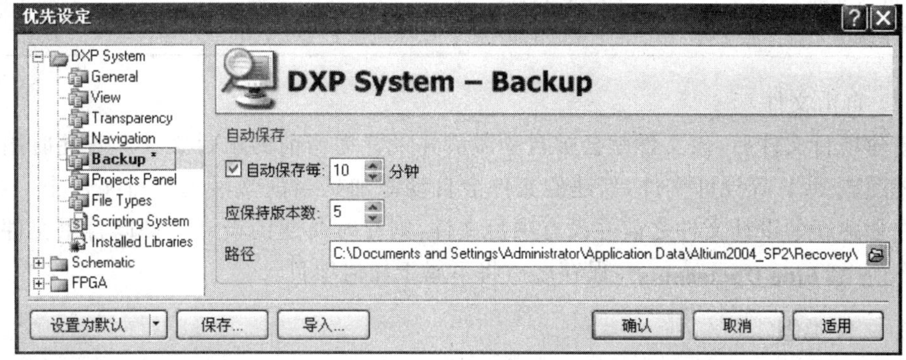

图 1.2-12 自动备份设置

1.2.5 文档组织结构与文档管理

1. 文档的组织结构

(1) 设计工作区

为了能更加有效地管理好文件,Protel DXP 2004 SP2 提出了设计工作区(*.DsnWrk)的管理方式。用户可以把自己设计的项目分类规划到一个设计工作区中,设计一个项目分设计工作区(Workspace)、工程项目(Projects)和含有具体设计内容的文件(Document)三个层次。设计工作区文件只是建立有关的设计项目文件的链接关系,记录它管辖下的各种文件的有关信息,以便集成环境调用。一个设计工作区可以有多个工程项目文件,分为 PCB 项目(PCB Project)、FPGA 项目(FPGA Project)、核心项目(Core Project)、集成库项目(Integrated Project)、嵌入式项目(Embedded Project)、脚本项目(Script Project)等。

(2) 项目文件

一个项目文件中包含着设计生成的所有文件。工程项目文件是关于工程的文本文件,记录属于它的各种文件及各种相关链接信息,以便集成环境调用。

(3) 各类设计文件和编辑器

用户在设计一个 PCB 或 PLD 文件时,首先要建立一个设计工作区,然后在设计工作区下建立相应的项目文件。项目文件下必然是大量的设计文件,在创建不同的设计文件时,即可进入不同的编辑器。在所有的设计文件中,原理图文件是最基本的文件。

常用的编辑器有原理图编辑器、PCB 编辑器、原理图库文件编辑器、PCB 库文件编辑器、VHDL 编辑器、文本编辑器、CAM 编辑器。相应的编辑器文件扩展名如表 1.2-1 所示。

表 1.2-1 主要设计文件扩展名一览表

设计文件	扩展名	设计文件	扩展名
工作空间	.DsnWrk	PCB 库文件	.PcbLib
PCB 工程项目	.PrjPCB	集成库文件	.IntLib
原理图文件	.SchDoc	VHDL 文件	.Vhd
PCB 文件	.PcbDoc	文本文件	.TxT
原理图元器件库文件	.SchLib	CAM 文件	.Cam

(4) 自由文件

新建项目文件后,该文件就会被自动激活并设置为当前的项目文件。若此时用户新建原理图或 PCB 等设计文件,新建的文件会自动添加到当前激活的项目文件中。反之,如果在创建新的设计文件之前并没有项目文件,则此时所建的设计文件以自由文件的方式存在(⊟ **Free Documents**),保存之后将不属于任何项目。

2. 文件类型

DXP 2004 SP2 支持多种文本格式,可以通过执行 DXP|"优先设定"|DXP SYSTEM|File Types 命令,看到支持的文件类型。

3. 文档的创建

DXP 2004 SP2 以设计工作区总领一个大型设计任务的所有文件。在开始一个新的大型设计任务时，应遵循以下顺序创建设计文件：先新建设计工作区，再在设计工作区内添加工程项目，然后在相应的工程项目内添加含有具体设计内容的文件。然而这并不意味着该设计工作区内的所有文件在存储器内是在一起的。事实上，各个文件的存放位置可以任意，每个文件也是独立的，可以采用 Windows 相关命令进行操作（复制、粘贴等）。

4. 稳压电源 PCB 工程文件的创建

（1）新建设计工作区

执行 File（文件）| New（创建）| Design Workspace（设计工作区）菜单命令，建立设计工作区后，再执行 File（文件）| Save Design Workspace（保存设计工作区）菜单命令，命名设计工作区为“稳压电源”。在需要保存的位置新建文件夹，在 D 盘根目录下建立一个名为“稳压电源”的文件夹，然后将新创建的设计工作区保存在该文件夹内（建议用户在进行工程项目设计时，为每一个工程项目独立建立一个文件夹，用于存放所有与该项目有关的文件）。

（2）新建 PCB 项目

执行 File（文件）| New（创建）| Project（项目）| PCB Project（PCB 项目）菜单命令，Protel 2004 系统会自动创建一个名为“PCB_Project1. PrjPCB”的空白工程项目文件，如图 1.2-13 所示。此时的文件显示在 Projects 选项卡中。在新建的项目文件 PCB_Project1. PrjPCB 下显示的是空文件夹 No Documents Added，显示为红色。

也可以在项目管理器 Projects 面板上单击工作区按钮，或在项目按钮上右击，然后在弹出的快捷菜单中选择“Add New Project”（追加新项目）选项，再选择“PCB Project”（PCB 项目）选项，产生新工程。

（3）保存项目

建立 PCB 项目文件后，一般要将项目文件另存为自己需要的文件名，并保存到指定的文件夹中。

执行 File（文件）| Save Project（保存项目）菜单命令，系统弹出“Save（保存）”对话框，从中选择 D 盘的“稳压电源”文件夹，并更改保存的文件名。将文件名改为“串联型稳压电源”后，单击“保存”按钮完成项目保存。更名后的项目文件如图 1.2-14 所示。

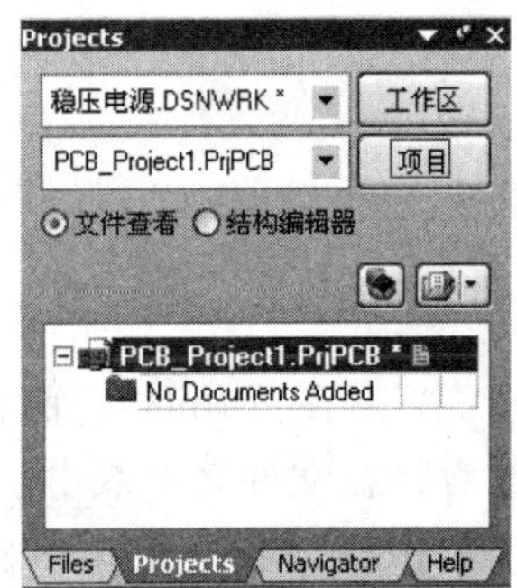

图 1.2-13　新建 PCB 项目

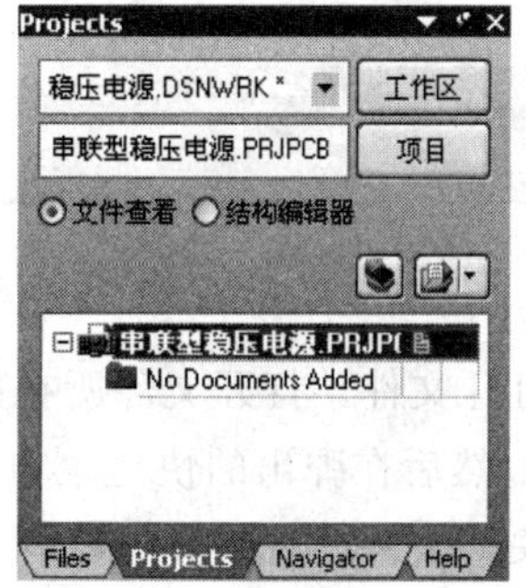

图 1.2-14　更名后的项目文件

(4) 新建原理图文件

① 新建一个 Protel 原理图文件。执行 File(文件)|New(创建)|Schematic(原理图)菜单命令,添加原理图文件;也可以右击项目文件名,在弹出的快捷菜单中选择“追加新文件到项目中”|Schematic(新建原理图文件)选项,如图 1.2-15 所示。

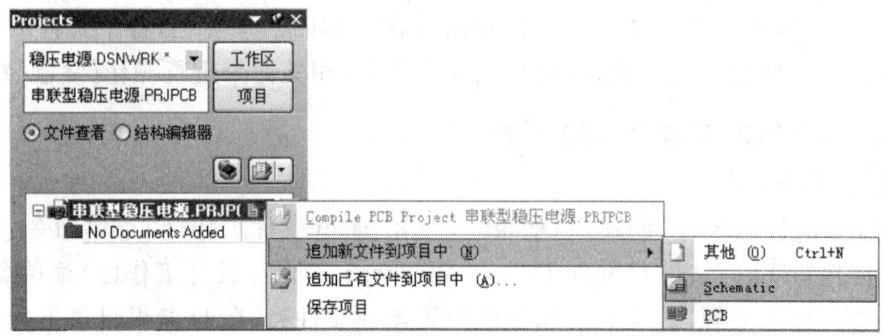

图 1.2-15　新建原理图文件

现在,我们发现在项目文件的树形结构下自动建立了一个名为 Source Documents 的文件夹,并在该文件夹下面建立了一个名为 Sheet1.SchDoc 的原理图文件。

② 保存文件并更名。执行 File(文件)|Save(保存)菜单命令,弹出保存文件对话框。选择与项目文件在同一个目录下的文件夹,将“文件名”框中的默认原理图文件名 Sheet1 改为自己需要的名字,按项目要求将原理图命名为“电源电路原理图”。然后在图 1.2-13 所示的原理图编辑器中,工作区面板中已经建立了两个设计文件,其中“串联型稳压电源.PRJPCB”为项目文件,“电源电路原理图.SCHDOC”为原理图文件。单击“保存”按钮。双击新建的原理图,将弹出如图 1.2-16 所示的原理图编辑界面。

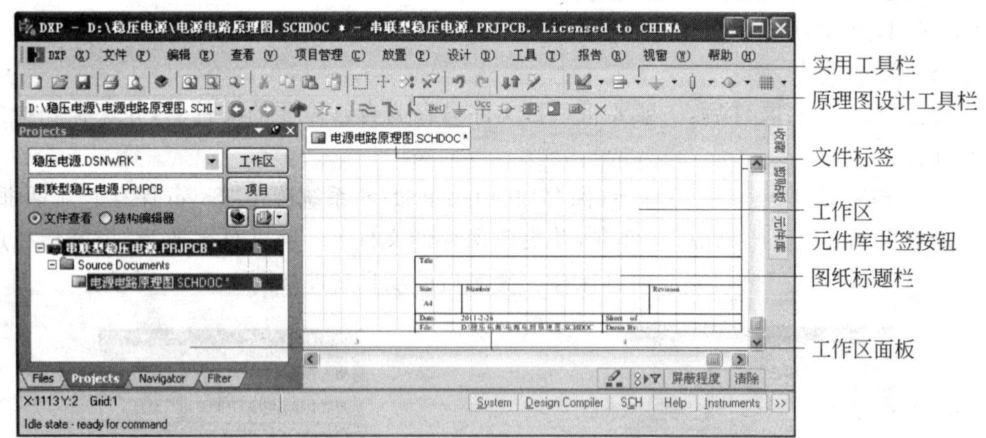

图 1.2-16　Protel 原理图编辑界面

③ 打开文件。打开文件所在的工程项目“… .PRJPCB”。在“Projects”面板的文件名处右击,然后在弹出的快捷菜单中选择“Open”选项,或直接在文件名上双击。

④ 关闭文件。在打开的原理图文件标签上右击,然后选择“Close 电源电路原理图.SCHDOC”选项,如图 1.2-17 所示。

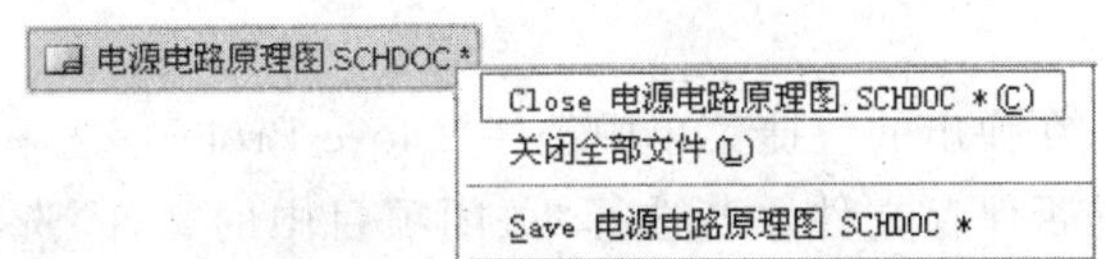

图 1.2-17　在文件标签上右击后选择关闭文件

⑤ 保存文件。单击“保存”按钮即可保存文件。

5. 从工程项目中移出文件

从工程项目中移出文件,有以下两种情况。

(1) 要移出的文件已经关闭

在“Projects”面板的原理图文件名处右击,然后在弹出的快捷菜单中选择“Remove from Project”(从项目中删除)选项,如图 1.2-18 所示,系统弹出要求确认的对话框,如图 1.2-19 所示。单击“Yes”按钮,即将该文件从“串联型稳压电源.PRJPCB”项目中移出,但并未从磁盘中删除。

图 1.2-18　移出项目中的文件

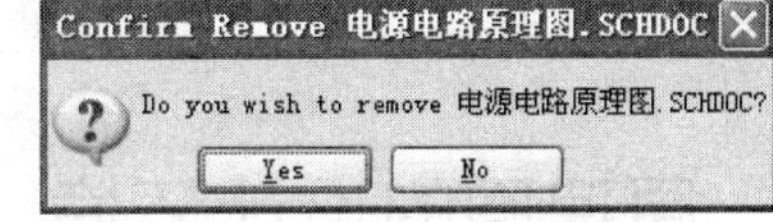

图 1.2-19　要求确认移出项目中文件的对话框

(2) 要移出的文件处于打开状态

在“Projects”面板的文件名处右击,然后在弹出的快捷菜单中选择“Remove from Project”(从项目中删除)选项,系统弹出要求确认的对话框。单击“Yes”按钮,即将该文件从项目中移出。此时,该文件仍处于打开状态,但文件已变成自由文档,如图 1.2-20 所示。

图 1.2-20　打开的文件从项目中移出后的情况

6. 将文件加入到工程项目中

将图 1.2-20 中移出的原理图文件“电源电路原理图.SCHDOC”加入到工程项目中。单击要加入的原理图文件,按住鼠标左键拖至文件夹中即可。

若要将其他文件加入到工程项目中,首先,打开文件要加入的工程项目“... .PRJPCB”,然后,在“Projects”面板的文件名右击;再在弹出的快捷菜单中选择“追加已有的文件到项目中”选项,并在屏幕弹出的对话框中选择要追加的文件;最后,单击“打开”按钮。

7. 打开项目文件

执行“文件”|“打开”菜单命令,或单击工具栏中的“打开”按钮(图标为),弹出“打开文件”对话框。选择所需路径和文件后,单击“打开”按钮即可。

8. 关闭项目

右击项目文件名，在弹出的快捷菜单中选择“Close Project”选项，关闭项目文件。若文件未保存，将提示是否保存文件。若选择“关闭项目中的文件”选项，则将该项目中的子文件关闭，而项目文件保留。

9. 文档的保存

设计过程中要养成隔时段保存文件的习惯。在关闭软件时，会弹出“保存”对话框，供用户保存与设计任务相关的各个层次的文件，如图 1.2-21 所示。

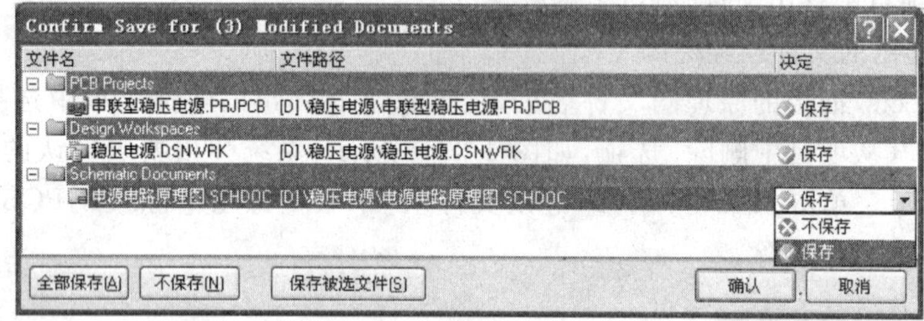

图 1.2-21 “保存”对话框

1.3 原理图的设计环境

1.3.1 原理图编辑器

原理图编辑器由主菜单、主工具栏、原理图设计工具栏、实用工具栏（包括绘图工具、电源工具、常用元件工具等）、工作窗口、工作区面板、元件库书签按钮等组成。

1. 主工具栏

Protel DXP 2004 SP2 提供了形象、直观的工具栏，用户可以单击工具栏上的按钮来执行常用的命令。主工具栏的按钮功能如表 1.3-1 所示。

表 1.3-1 主工具栏按钮功能表

按钮	功能	按钮	功能	按钮	功能	按钮	功能
	创建文件		显示整个工作面		橡皮图章		重做
	打开已有文件		缩放选择的区域		选取框选区的对象		主图、子图切换
	保存当前文件		缩放选定对象		移动被选对象		交叉探测
	直接打印文件		剪切		取消选取状态		浏览元件库
	打印预览		复制		消除当前过滤器		帮助
	打开器件视图页面		粘贴		取消		

执行“查看”|“工具栏”|“原理图标准”菜单命令可以打开或关闭主工具栏。

2. 图纸浏览器

在图 1.2-13 所示中，其左侧的工作区面板显示的是当前的项目文件。工作窗口中有一个“图纸”窗口，该窗口用于选择浏览器当前工作窗口中的内容。单击窗口中的按钮和按钮可以放大和缩小工作窗口的电路图；拖动红色的边框，可以对电路进行局部浏览。

执行“查看”|“工作区面板”|SCH|“图纸”菜单命令可以打开或关闭“图纸浏览器”窗口。

3. 鼠标和键盘的基本操作

在 Protel DXP 2004 SP2 中，鼠标光标位于不同位置和操作阶段，其左键和右键的功能通常也不一样。下面介绍 Protel DXP 2004 SP2 中常用的鼠标操作。

(1) 单击：单击鼠标左键可以选择图件、执行工具按钮命令、打开某个下拉菜单及切换选择项等；单击鼠标右键，通常用来打开与某个内容相对应的快捷菜单（或称右键菜单，下同）。

(2) 双击：双击鼠标左键可以打开某个图件的属性设置对话框、工具栏的设置对话框等。

(3) 拖动：将鼠标指针移至某个图件上，按住鼠标左键，然后拖动鼠标到新的位置松开，可用来移动图件、改变图件的大小及框选图件等。

使用键盘上的四个方向箭头可以完成上移、下移、左移和右移等操作，利用键盘上的 End 键可以快速刷新屏幕，还可以利用 Protel DXP 2004 SP2 中定义的一些快捷键将鼠标的几步操作一次实现。

1.3.2　原理图图纸属性设置

绘制电路原理图时，首先要设置图纸尺寸及相关参数，如图纸的方向、标题栏、边框底纹、文件信息等。

1. 原理图图纸属性设置方法

设置图纸参数的方法有以下三种。

(1) 执行 Design（设计）|Documents Options（文档选项）菜单命令。

(2) 在原理图编辑窗口下右击，在弹出的快捷菜单中选择“选项”|“文档选项...”命令，或执行“选项”|“文档参数...”选项，或执行“选项”|“图纸...”命令，如图 1.3-1 所示。

(3) 双击图纸边框。此时，弹出如图 1.3-2 所示的“文档选项”对话框，有三个标签：“Sheet Options”（图纸选项）标签、“Parameters”（参数）标签和“Units”（单位）标签。

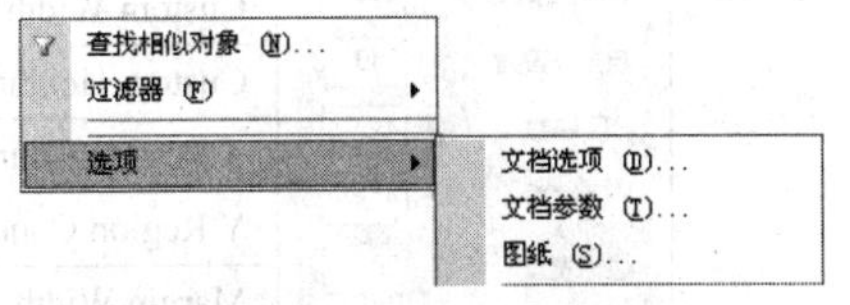

图 1.3-1　“选项”子菜单

单击“Sheet Options”（图纸选项）标签，可进

图 1.3-2 “文档选项”对话框

行图纸属性设置。

2. 图纸尺寸的设置

在“文档选项”对话框，选中“图纸选项”标签进行设置。

图纸尺寸的设置有两种方法。

(1) Standard Style(标准图纸尺寸)

图纸尺寸的设置在“图纸选项”选项卡的右上角。单击“标准风格”(标准图纸格式)下拉列表框中的下拉按钮，弹出标准图纸尺寸，然后根据电路大小设置。默认为“A4”。

Protel DXP 2004 SP2 提供的图纸样式有以下几种。

① 美制：A0、A1、A2、A3、A4，其中 A4 最小。

② 英制：A、B、C、D、E，其中 A 型最小。

③ 其他：Protel 还支持其他类型的图纸，如 Letter、Legal、Tabloid、OrCAD A-E 等。

(2) Custom Style(自定义图纸尺寸)

如果标准图纸设置不能满足用户要求，可以自定义图纸大小。选中“Use Custom Style”(使用自定义风格)后的复选框，然后在各选项后的文本框中输入相应的值，如图 1.3-3 所示。本例电路简单，图纸自定义，尺寸为 500mil×340mil。

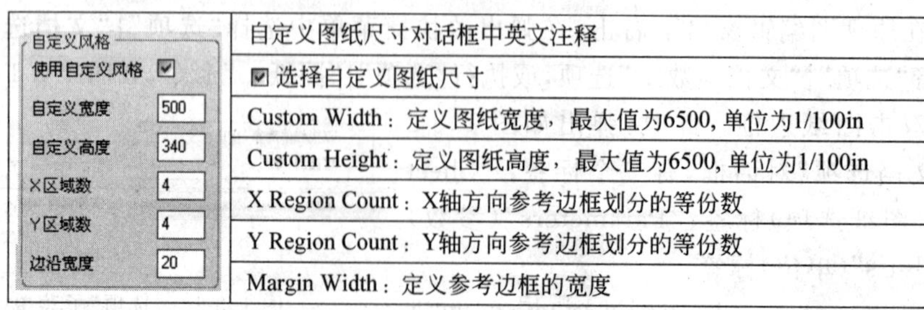

自定义图纸尺寸对话框中英文注释
☑ 选择自定义图纸尺寸
Custom Width：定义图纸宽度，最大值为6500，单位为1/100in
Custom Height：定义图纸高度，最大值为6500，单位为1/100in
X Region Count：X轴方向参考边框划分的等份数
Y Region Count：Y轴方向参考边框划分的等份数
Margin Width：定义参考边框的宽度

图 1.3-3 自定义图纸尺寸

3. 图纸方向设置

在图 1.3-2 所示的“图纸选项”对话框中，单击“Options”（选项）区域下的“Orientation”（方向）右边的下拉按钮，在弹出的下拉菜单中有两种图纸方向：Landscape（横向）和 Portrait（纵向）。选择一个需要的图纸方向即可。默认为横向。

4. 图纸标题栏设置

Protel DXP 2004 SP2 提供了两种预先定义好的标题栏，分别是标准形式（Standard）和美国国家标准协会（ANSI）形式。标题栏位于图纸的右下角，主要用来显示图纸的保存路径、文件名及幅面等信息。

具体设置方法是在“图纸选项”选项卡中，先选中“Title Block”（图纸明细表）前的复选框，然后单击该选项右边的下拉按钮，在弹出的下拉菜单中有两种标题栏信息类型供选择：Standard 和 ANSI。选择一个需要的类型即可。

如不选中“图纸明细表”复选框，图纸上将不显示标准标题栏。此时，用户可以自行定义标题栏，标题栏一般定义在图纸的右下方。

5. 图纸颜色的设置

图纸的颜色设置包括图纸的边框颜色和图纸底色的设置。

(1) 选中“Show Reference Zones”（显示参考区）前的复选框：选中此项可以显示图纸参考边框。

(2) 选中“Show Border”（显示边界）前的复选框：选中此项可以显示图纸边框。

(3) 选中“Show Template Graphics”（显示模板图形）前的复选框：选中此项可以显示图纸模板图形。

(4) “Border Color”（边缘色）设置图纸边框颜色：默认值为黑色。单击“Border Color”选项右边的颜色条，将弹出设置颜色对话框，选择一个需要的边框颜色并双击即可。

(5) “Sheet Color”（图纸颜色）设置工作区的颜色：默认值为淡黄色。单击“Sheet Color”选项右边的颜色条，将弹出设置颜色对话框，选择一个需要的工作区颜色并双击即可。

6. 图纸栅格设置

在 Protel DXP 2004 SP2 中，栅格类型主要有三种，即捕获栅格、可视栅格和电气栅格。

捕获栅格是指光标移动一次的步长；可视栅格指的是图纸上实际显示的栅格之间的距离；电气栅格指的是自动寻找电气节点的半径范围。

“捕获”用于捕获栅格的设定，默认为 10mil，即光标移动一次的距离为 10mil；“可视”用于可视栅格的设定，默认为 10mil，此项设置只影响视觉效果，不影响光标的位移量。例如，“可视”设定为 20mil，“捕获”设定为 10mil，则光标移动两次走完一个可视栅格。

在用 Protel DXP 2004 进行设计时，通常需要将鼠标移动的距离设定为定值，以便对齐元器件。需要设置栅格时,将设置图纸“Grids”(栅格)选项下面的“Snap”(捕获)栅格选项前的复选框和“Visible”(可视)栅格选项前的复选框选中,然后在后面的文本框中输入所要设定的值。通常输入“5”即可(默认值为“10”)。在该对话框中,所有设定值的单位均为 1/100in,1/1000in=0.0254mm=1mil(密尔)。

(1)“SnapOn”(捕获栅格):此项设置将影响光标的移动。光标在移动的过程中,将以设定值为移动的基本单位,设定值为 10,即 100mil。

(2)“Visible”(可视栅格):此项设置图纸上实际显示的栅格距离,设定值为 10,即 100mil。

(3)“Electrical Grid”(电气网格)设置自动寻找电气节点:选中该项时,系统在绘制一根导线时会以“Grid”(网格)栏中的设定值为半径,以箭头光标为圆心,向周围搜索电气节点。如果找到了,此范围内最近的节点会把光标移至该节点,并在该节点上显示出一个圆点。选用“Enable”(有效)前的复选框,然后在“Grid Range”(栅格范围)后的文本框中输入所要设定的值,如“8”等。

7. 系统字体设置

要设置字体,方法是在“图纸选项”选项卡中单击“Change System Font”(改变系统字体)按钮,弹出“字体”对话框,在此处设置系统显示的字体(元器件引脚字体,以及输入文本的字型、字体和字号等)。

如果在文本框中插入汉字,必须在“字体”下拉列表框中选择一种中文字体,同时在“字符集”下拉列表中选择“CHINESE-GB2312”选项。这样,在以后的打印输出或者转换 Word 文档时就不会出现乱码,这一点要特别注意。

8. 图纸尺度单位设置

在图纸属性对话框的“单位”选项卡中,可对图纸的单位进行设置。Protel DXP 支持的作图尺寸有英制尺寸和公制(米制)尺寸,默认使用英制尺寸。用户可以从两边的下拉列表框中选择合适的作图尺寸,如图 1.3-4 所示。

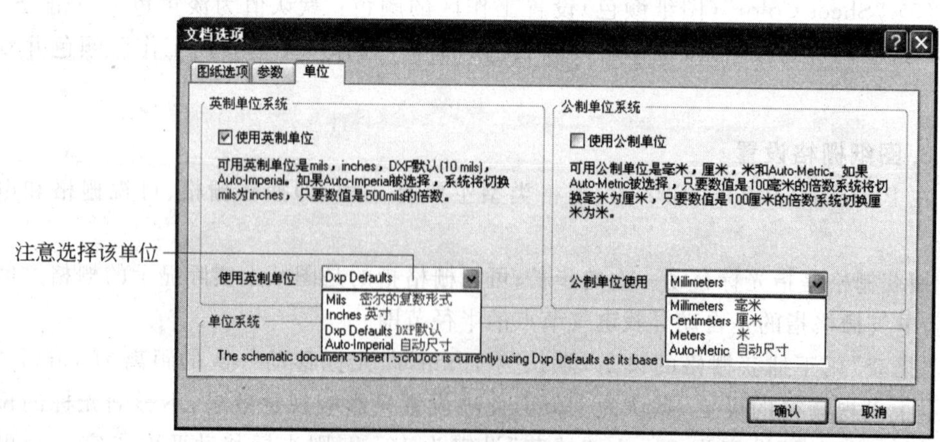

图 1.3-4 图纸单位设置对话框

英制尺寸可以使用的单位为千分之一英寸(Mils)、英寸(Inches,单位符号为"in")、Dxp Defaults(百分之一英寸)和自动尺寸设置,默认为Dxp Defaults。

9. 文档参数的设置

在原理图文档上放置一些信息是十分必要的,如文档的设计日期、设计者姓名、图纸名称、图纸号等。要填写图纸的这些设计信息,可以在"文档选项"对话框中单击"参数"选项卡,弹出如图1.3-5所示的对话框。此对话框主要针对原理图的标题栏进行设置。可通过对相应选项"数值"字段进行操作,来填写设计公司名称、单位地址、图纸编号和图纸的总数、文件的标题名称,以及版本号或者日期等。

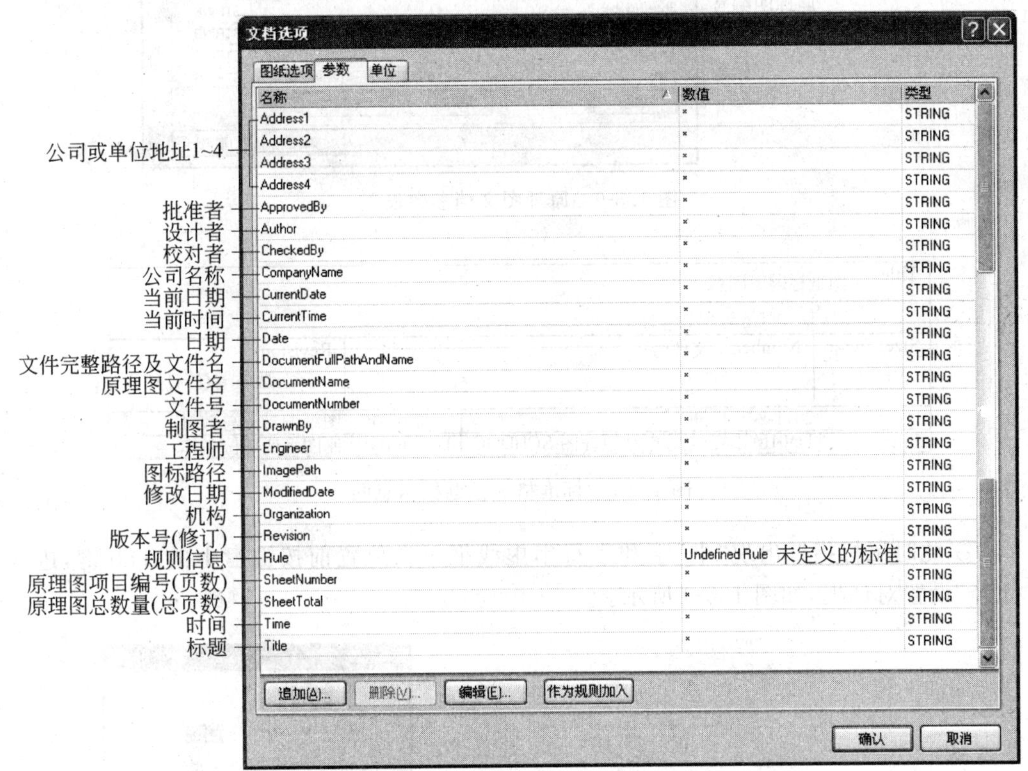

图1.3-5　原理图文档参数设置对话框

单击对应名称处的"数值"文本框,输入需修改的信息后完成设置。"类型"有STRING(字符串)、BOOLEAN(布尔逻辑型)、INTEGER(整型)和FLOAT(浮点型)四种。

在图1.3-5中,详细说明了对话框中各项设置的内容。

10. 填写图纸设计信息的具体操作步骤

(1) 填写图纸的设计信息,如图1.3-6所示。

(2) 放置标题栏参数字符串。标准格式的标题栏信息内容如图1.3-7所示。

① 在图1.3-7所示标题栏中放置字符串,单击工具栏 A 按钮,如图1.3-8所示。或执行"放置"|"文本字符串"菜单命令。

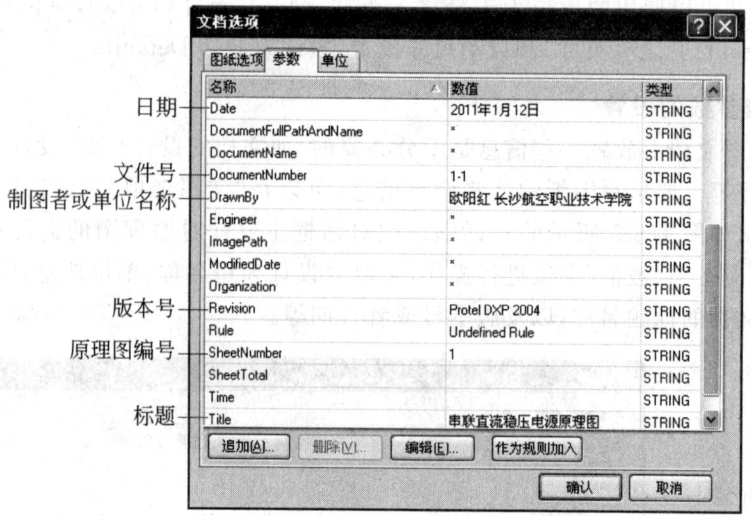

图 1.3-6 原理图文档参数设置

Title 图纸标题或图名			
Size A4 图纸尺寸	Number 文件号		Revision 版本号(修订)
Date: 2011-2-7 日期		Sheet of 图纸编号或总数量	
File: 文件D:\01欧阳红\电源电路原理图.SCHDOC		Drawn By: 制图者或单位名称	

图 1.3-7 标准格式标题栏示意图

② 此时鼠标指针出现“十”字和字符串虚线框。在放置前按键盘上的 Tab 键，进入“注释”设置对话框，如图 1.3-9 所示。

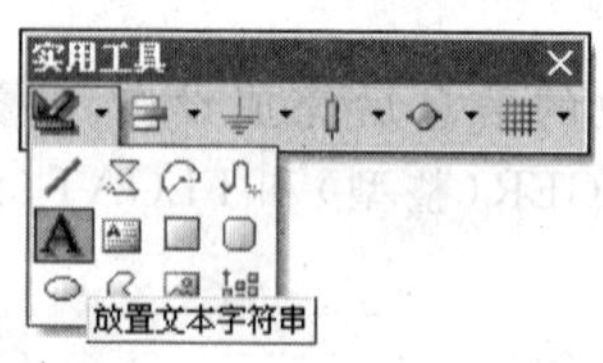

图 1.3-8 实用工具栏

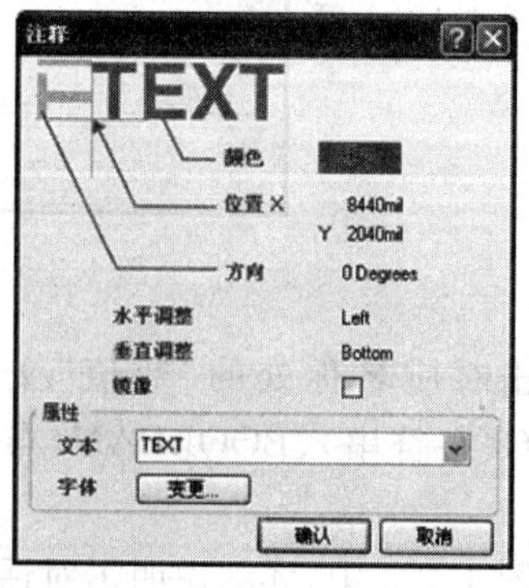

图 1.3-9 “注释”设置对话框

③ 在“注释”对话框中，选择“文本”下拉列表框，在弹出的字符串中选择相应的字符。各字符对应的含义如图 1.3-10 所示。

如在文本栏的下拉列表中选择“=Title”后单击“确认”按钮，然后移动光标到“图纸标题”处，再单击放置参数字符串。此时，光标上还粘着一个字符串，可以继续放置，依次

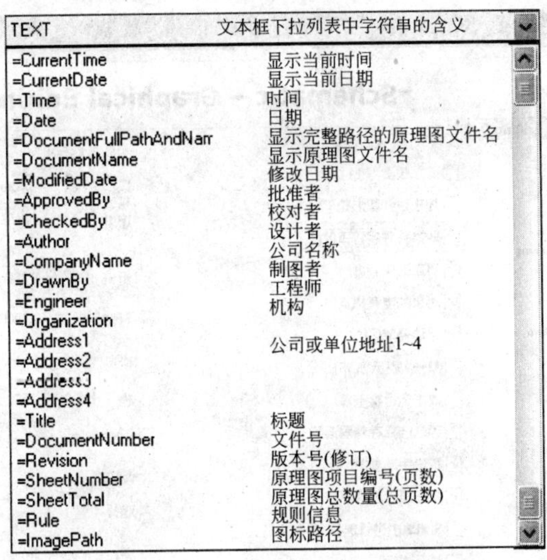

图 1.3-10　字符串列表对话框

将参数放置到指定位置后，右击结束放置。放置完毕的标题栏如图 1.3-11 所示。

Title =Title			
Size A4	Number =DocumentNumber		Revision =Revision
Date:	2011-2-27	Sheet of	=SheetNumber
File:	E:\oyh\01欧阳红\电源电路原理图.SCHDOC	Drawn By: =DrawnBy	

图 1.3-11　定义参数后的标题栏

(3) 设置显示参数信息。要想使图 1.3-11 中所示的字符显示其相应的文字信息，必须执行使特殊字符串功能转换的有效命令。执行该命令的操作如下：执行"工具"|"原理图优先设定"菜单命令，在弹出的对话框中，选中"Graphical Editing"选项，如图 1.3-12 所示。选中"转换特殊字符串"复选框，然后单击"确认"按钮，即可显示标题栏信息。

(4) 标题栏设置好后的结果如图 1.3-13 所示。

1.3.3　原理图模板的制作和调用

在 Protel DXP 中提供了标准模式的标题栏，但有时用户想制作个人特色的标题栏，如加入公司的图标等信息，Protel 考证时需提交的考生信息等，这就需要了解原理图模板的制作和调用方法。下面以制作如图 1.3-14 所示的 Protel 考证原理图模板为例，讲解具体的操作过程。

1. 原理图模板的制作步骤

(1) 新建原理图文件并隐藏标题栏

在图 1.3-2 所示"图纸选项"选项卡中，将"Title Block"(图纸明细表)前的复选框中的"√"去掉，从而隐藏系统默认状态下的标准标题栏。

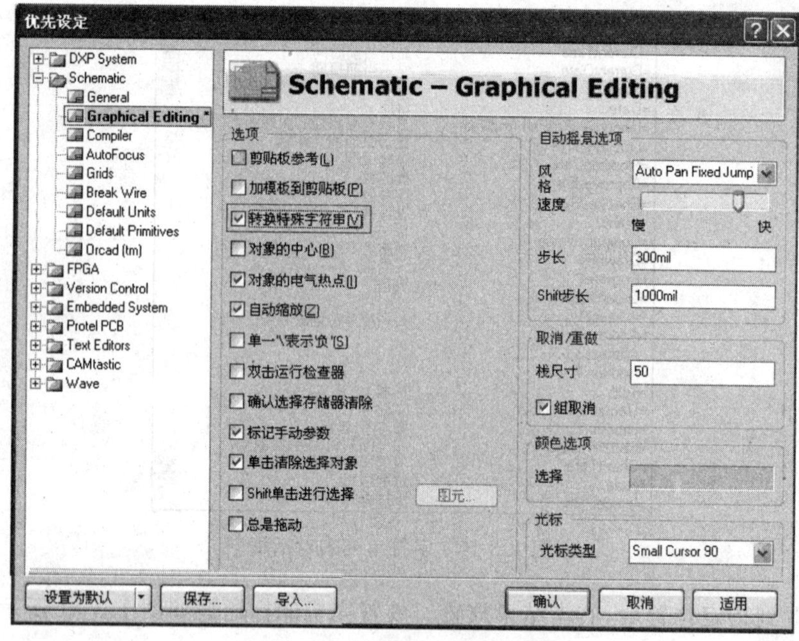

图 1.3-12　图形编辑对话框

Title 串联直流稳压电源原理图			
Size A4	Number 1-1		Revision Protel DXP 2004
Date:	2011-2-27	Sheet　of　1	
File:	E:\oyh\01欧阳红\电源电路原理图.SCHDOC	Drawn By: 欧阳红 长沙航空职业技术学院	

图 1.3-13　标题栏设置结果

考生信息	姓名		
	考号		
	单位		
图名			
文件名			
第　　幅		共　　幅	
考试时间		考试日期	

图 1.3-14　Protel 考证原理图模板

(2) 绘制模板表格

选择实用工具栏中的直线工具，然后按 Tab 键，设置直线属性。按照图 1.3-14 所示在原理图右下方绘制模板表格。

(3) 添加文字

绘制好模板表格后，在模板中添加文字。选择实用工具栏中的文字工具**A**，然后按 Tab 键，在弹出的对话框中输入文字。

(4) 保存模板

模板绘制好后,执行“文件”|“另存为”菜单命令,弹出如图 1.3-15 所示的保存文件对话框。输入保存文件名,并在保存文件类型中选择原理图模板类型“Advanced Schematic template(＊. schdot)”,从而将模板以考证. schdot 文件名保存。

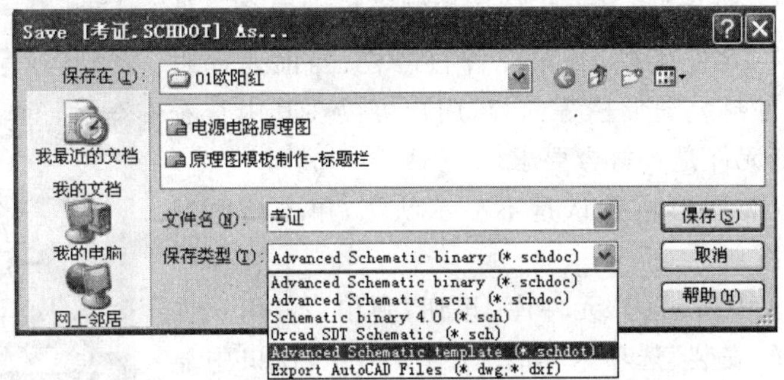

图 1.3-15　保存模板

2. 原理图模板的调用

原理图模板制作完成并保存后,就可以在其他原理图文件中调用它。调用过程如下:打开需要调用原理图模板的原理图文件,然后执行“设计”|“模板”|“设定模板文件名...”菜单命令,在弹出的模板文件对话框中选择原保存的模板文件“考证”,再单击“打开”按钮,弹出“更新模板”对话框,如图 1.3-16 所示。根据需要,选择其中的一种文档范围,在“选择参数动作”选项区域中选中“更换全部匹配参数”选项,单击“确认”按钮,弹出模板应用原理图文件数信息对话框,如图 1.3-17 所示。单击“OK”按钮,可以看到原理图中已经自动添加了“考证”模板标题栏。

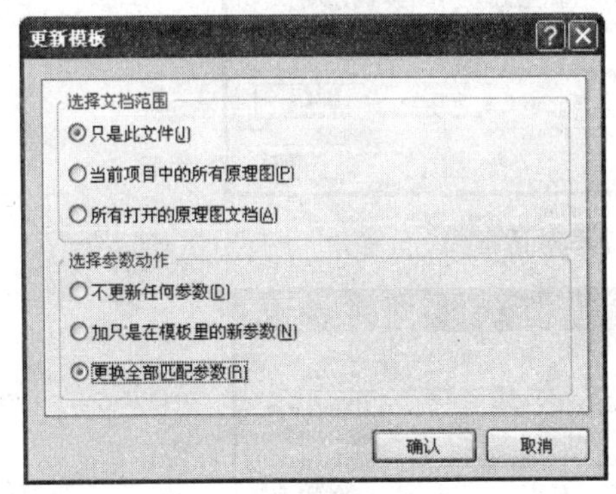

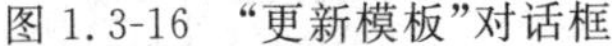

图 1.3-16　“更新模板”对话框

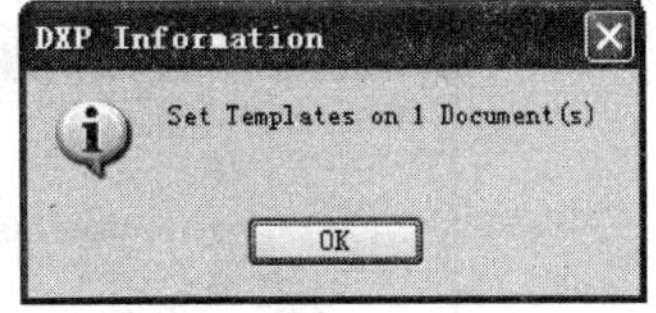

图 1.3-17　模板应用原理图文件数信息对话框

1.4　原理图元器件的放置及属性设置

绘制原理图就是将代表实际元器件的电气符号(即原理图元器件)放置在原理图图纸中,并用具有电气特性的导线或网络标号将其连接起来的过程。

1.4.1 装入元件库

单击原理图编辑器右上方的“元件库”标签，弹出如图 1.4-1 所示的“元件库”控制面板。该控制面板中包含元件库栏、元件查找栏、元件名栏、当前元件符号栏、当前元件封装等参数栏和元件封装图形栏等内容，用户可以在其中查看相应信息，以判断元件是否符合要求。

其中，元件封装图形栏默认是不显示状态，单击该区域将显示元件封装图形。

单击图 1.4-1 中所示的“元件库”按钮，弹出 “可用元件库”对话框。选择“安装”选项卡，如图 1.4-2 所示，窗口中显示当前已装载的元件库。

单击图 1.4-2 中的“安装”按钮可以加载元件库，屏幕弹出 “打开元件库”对话框，此时可以根据需要加载元件库，如图 1.4-3 所示。单击“打开”按钮完成元件库加载。

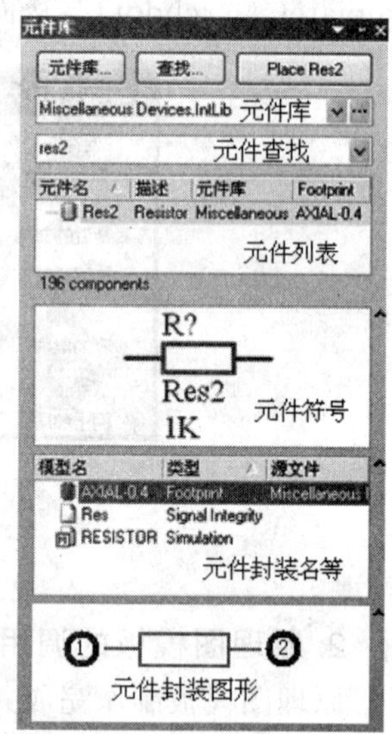

图 1.4-1 元件库控制面板

Protel DXP 2004 SP2 的元件库是按生产厂商进行分类的。一般情况下，元件库在 Altium\Library 目录下。选定某个厂商的元件库，则该厂商的元件列表会显示出来。

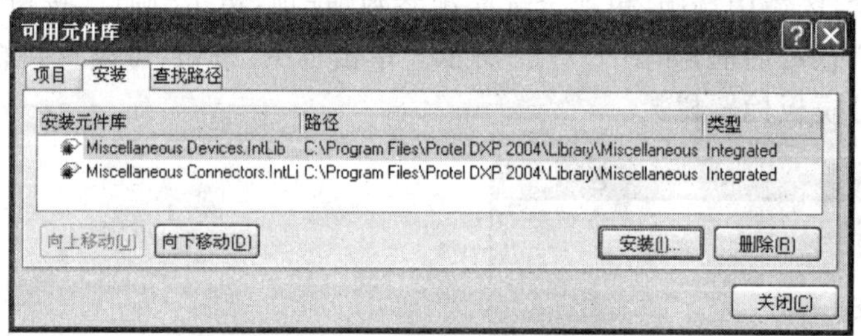

图 1.4-2 加载元件库对话框

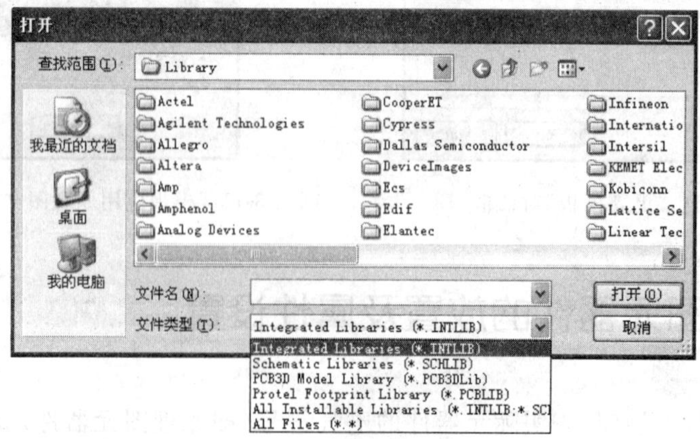

图 1.4-3 加载元件库列表

在原理图设计中，常用元件库为电子元件杂项库(Miscellaneous Devices. IntLib)和常用的插接件杂项库(Miscellaneous Connectors. IntLib)，它们包含了常用的电阻、电容、二极管、晶体管(旧称三极管，本书部分仍称三极管，为与软件名称统一)、变压器、按键开关、接插件等元器件。

加载元件库也可以通过执行“设计”|“追加/删除元件库”菜单命令实现。

若想移出某个已经装入的库文件，只要在图1.4-2中选择这个库文件，然后单击“Remove”(删除)按钮，即可将该库文件移出。

原理图所用元器件的库文件路径为(若 Protel DXP 2004 装在C盘)C:\Program Files\Protel DXP 2004\Library\。

1.4.2　在图纸中放置元件

将所需的元件库载入到原理图编辑器中后，就可以从元件库中调用元件并把它们放置到图纸上。下面介绍具体的放置方法。

放置元器件常用的操作方法有以下几种。

1. 通过元件库控制面板放置元件

以下以放置三极管2N3904为例介绍元件放置。

(1) 在库面板上的库列表中选中 Miscellaneous Devices. IntLib。

(2) 单击元件列表中的下拉按钮，观察元件的图形符号，找到相似的图形符号后，选中该元件名，如图1.4-4所示；然后单击放置按钮光标，使之变成“十”字形，并且光标上带着“2N3904元件”；在原理图中选择合适位置，单击后“十”字光标消失，完成“三极管”电路符号的放置。也可以双击该电路符号名称，然后在原理图中选择合适位置，单击鼠标，电路符号即被放置在图纸中。

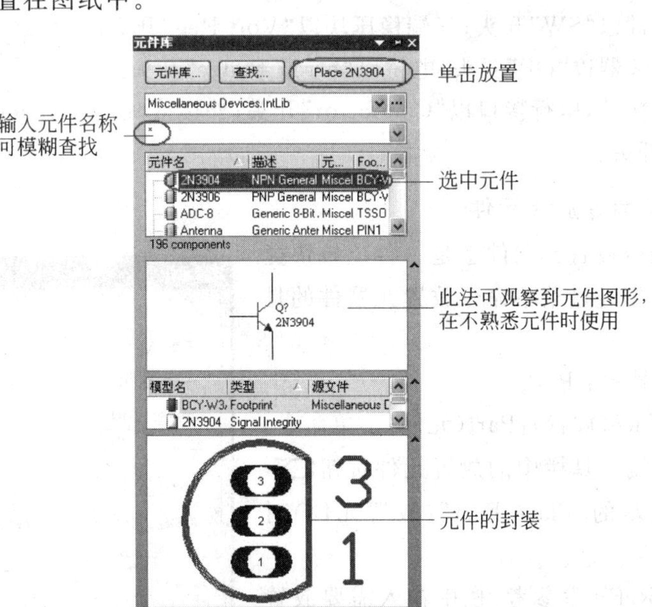

图1.4-4　元件库面板

(3) 放置一个电路符号后，系统仍处于放置该电路符号状态。此时移动光标并单击，就会在光标所在的位置再次放置一个相同的电路符号。只有按下键盘左上角的 Esc 键，或者右击，才能退出元器件的放置状态，进而执行其他操作。

虽然通过该方法放置元器件比较直观，但要求设计者对各种元器件存放的元器件库必须十分熟悉，否则，绘图速度会受到很大的影响。

2. 通过元件名称的关键字查找放置电路符号

在原理图库元件名称不是很清楚的情况下，可通过下面的方法进行元器件电路符号的放置。

在元件名称列表中输入要查找的元件名。元件名称支持模糊查找，可以输入部分元件名称，"*"表示任意数量的任意数字或字母，"?"表示一位任意的数字或字母。例如，输入"r? s"，显示的结果为以"res"开头的所有元件。

(1) 如要放置电阻元件，在元器件筛选框中输入"R*"，即可在库元件列表区显示所有以"R"字母开头的元件名。

(2) 单击各元件名，通过预览窗口找到需要的元件符号。

(3) 如单击完元件名后没有找到想要的元件符号，再逐个单击库文件列表区，即可弹出相应的以"R"开头的元件。重复上述步骤，找到需要的元件符号。

常用元件的关键字如下：

(1) 电阻元件：以"Res"开头，其中以"Res Adj"开头的为可调电阻。

(2) 电容元件：以"Cap"开头，其中以"Cap Pol"开头的为电解电容。

(3) 三极管元件以"NPN" 或"PNP"开头；二极管元件以"Diode"开头。

(4) 发光二极管以"LED"开头；数码显示管以"Dpy"开头。

(5) 电感元件以"Inductor"开头；变压器元件以"Trans"开头。

(6) 开关元件以"SW"开头；三端稳压块以"Volt Reg"开头。

(7) 运算放大器以"OP"开头；电桥以"bri 或 bndge"开头。

(8) 对于插接件，串行接口以"Connector"开头；外接接口以"Header"开头；耳机接口以"Phonejack"开头。

3. 通过菜单命令放置元件

通过菜单命令放置元器件也是一种比较快捷的方法。下面介绍通过菜单命令放置元器件的具体方法。

(1) 选择快捷键：P|P。

(2) 执行 Place(放置)|Part(元件)菜单命令。

(3) 单击配线工具栏中的放置元件按钮，弹出图 1.4-5 所示的"Place Part"(放置元件)对话框。

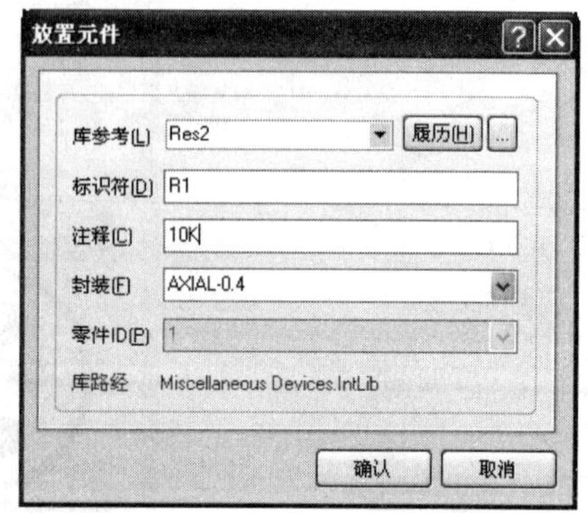

图 1.4-5 通过菜单命令放置元件对话框

① 在"Lib Ref"(库参考)栏中输入需要放置的元件库中的名称，如电阻 Res2；也可以单击右

边的下拉列表，或单击“History...”(履历)按钮，从已经放置过的元器件里选择所需元器件；或者单击“...”按钮，从加载的元件库内选择元器件。

② 在“Designator”(标识符)栏中输入元件标号，如 R1。

③ 在“Comment”(注释)栏中输入标称值或元件型号，如 10K。

④ 在“Footprint”(封装)栏设置元件的 PCB 封装形式。系统默认电阻封装为 AXIAL-0.4。

单击“OK”按钮，元件符号即可出现在原理图画面上。不过，这时元件符号呈虚线浮动状态，移动鼠标可拖动元件，按 X 键使元件左右翻转，按 Y 键使元件上下翻转，按空格(Spacc)键使元件沿逆时针方向旋转。通过这些操作把元件安放到合适的位置，单击即完成放置电阻器电路符号的操作。可连续执行同一器件的放置操作。

需要注意的是，在单击放置该元器件到工作区之后，工作界面上会再次弹出图 1.4-5 所示的对话框，可以在该对话框中输入其他元器件的名称后单击“确认”按钮放置。

如果填写的元器件库内不存在，则会出现图 1.4-6 所示的提示，表示在已打开库内没有发现名称为“Rw”的元件。

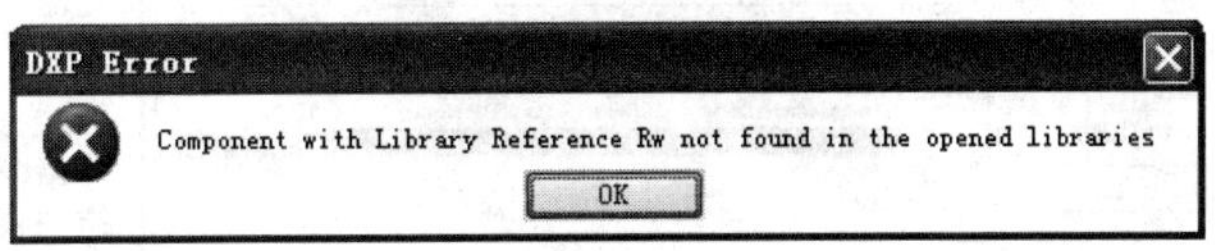

图 1.4-6　出错提示

4. 查找特定元件

在库文件工作面板中单击“查找...”按钮，在弹出的元件库查找对话框中输入要查找的元件名称，其他选择默认，然后单击“查找”按钮，就能在元件库工作面板中显示查询结果。

5. 元件的放置技巧

(1) 右击元件库工作面板中的元件，在弹出的快捷菜单中选择 Place Res2 选项；

(2) 使用鼠标直接将元件库工作面板中的元件选中并拖入工作窗口中，一次只能放置一个元件；

(3) 双击元件库工作面板中的元件，可重复放置；

(4) 直接单击工具栏放置元件按钮右边的下拉箭头，然后在弹出的菜单中选择需要快速放置的元件。

1.4.3　元器件属性设置

放置好元器件并调整好位置后，还需要设置元器件的属性。元器件的属性主要包括元器件在整个电路原理图中的编号、封装形式、引脚定义及元器件型号等内容。

1. 修改元器件的属性

修改元器件的属性需要打开元器件属性对话框，有以下四种方式。

(1) 在放置元件浮动的情况下，按键盘上的 Tab 键。

(2) 在元器件固定的情况下，双击该元器件。

(3) 在元器件固定的情况下，执行 Edit(编辑)|Change(变更)菜单命令，然后单击该元器件。

(4) 在元器件固定的情况下，右击该元器件，并执行右键菜单命令 Properties...(属性)。

首选第一种方式，因为软件在封装下一个元器件时自动继承前一个元器件的属性，并将文字标号中的数字自动加 1，可以有效提高工作效率。

双击原理图中的 R?，打开"元件属性"对话框，如图 1.4-7 所示。在"标识符"文本框中输入元件的名称编号，在"注释"文本框中输入元件的型号或标称值。但对于阻容元件，该栏与"Value"栏中的意义相同，用于设置元件的标称值，单击其后的按钮，在下拉列表框中选中参数"＝Value"，即与"Value"栏中设置的相同，然后取消选中该栏后的"可视"复选框。在"Value"项输入元件的参数值。设置完成后的电阻如图 1.4-8 所示。

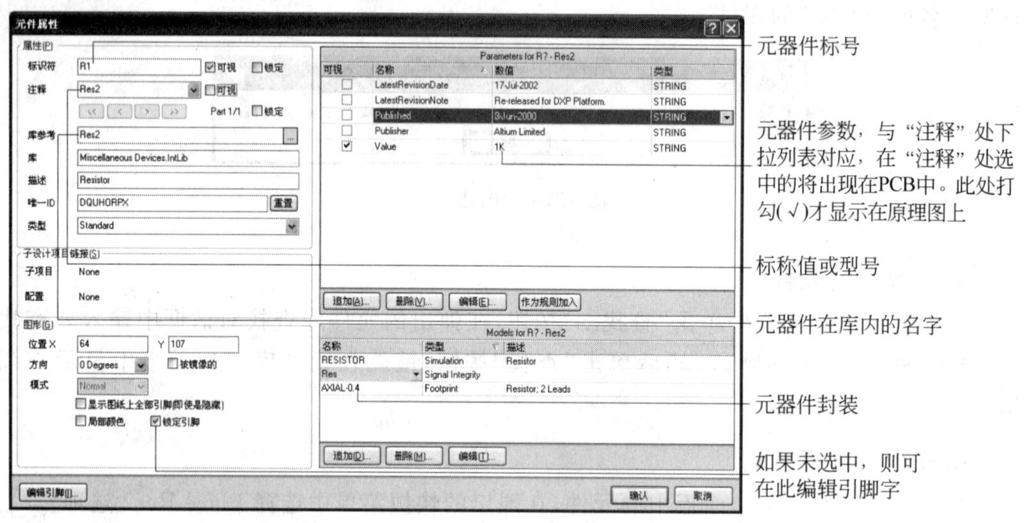

图 1.4-7 "元件属性"对话框

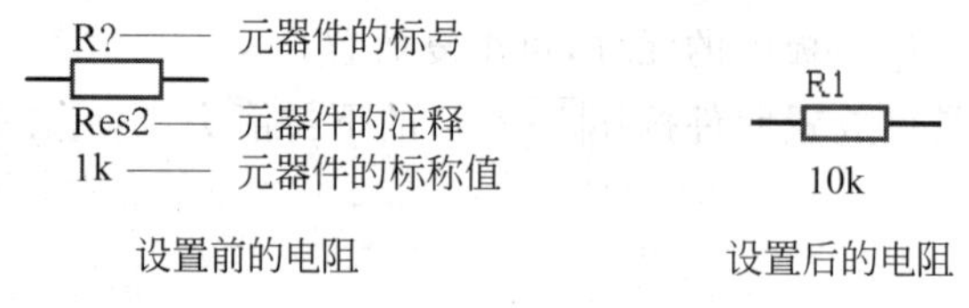

图 1.4-8 设置前后的电阻

2. 多功能单元元件属性调整

设置多功能单元元件时，可以双击元件，将弹出属性对话框，如图 1.4-9 所示。其中，在"标识符"栏中设置元件标号，如 U1；"＞"按钮选择第几套功能单元，具体显示在后面的"Part2/4"中。"4"表示共有 4 个功能单元，"2"表示当前选择第 2 套，即元件标号显示

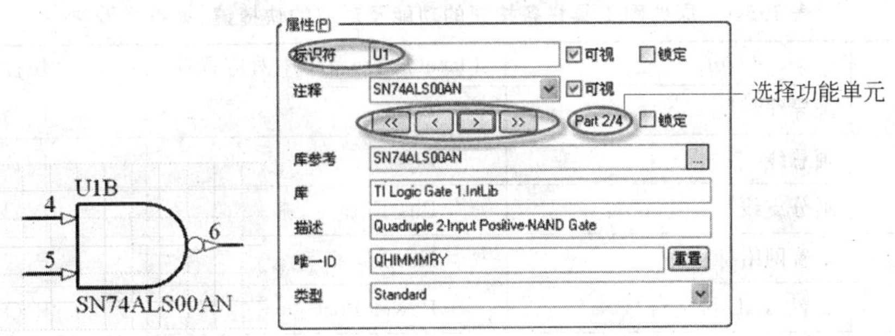

图 1.4-9 多功能单元元件设置

为 U1B。

3. 修改元件引脚属性

(1) 取消原理图元件引脚的锁定状态。双击要修改引脚的元件，在弹出的元件属性对话框中，取消□锁定引脚复选框的选中状态。

(2) 修改元件引脚属性。双击要修改的引脚，在弹出的引脚属性对话框中进行修改。

(3) 元件引脚修改完后，恢复引脚的锁定状态。

4. 修改元件名称

元器件放置好后，如需更改元件名或需重命名，将光标移动到需更改的元件名处，如电阻的标注“R?”上，然后双击该标注，即出现“参数”设置对话框。在“数值”文本框中输入修改的内容，如R1，然后单击“OK”按钮确认。在对话框里，用户还可以修改元件参数的位置、方向、颜色、字体等。

1.5 原理图设计常用工具

本节将具体介绍电路原理图的绘制方法和电路原理图的编辑方法，包括绘制电路图工具、绘制图案工具的使用，以及文本的插入，元器件的选取、剪切、复制等方法。

1.5.1 原理图工具栏的使用方法

Protel DXP 2004 SP2 提供有配线工具栏用于原理图的快捷绘制，如图 1.5-1 所示。

配线工具栏的显示与隐藏可以通过执行“查看”|“工具栏”|“配线”菜单命令实现。

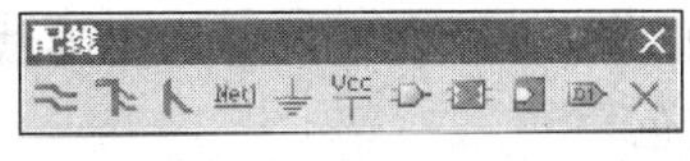

图 1.5-1 配线工具栏

注意：“配线工具栏”放置的是包含电气信息的电路元素，表示电气连接的属性，如图中的电路；“描画工具”是非电气绘图工具，为一般的说明性图形，不具备电气连接关系，如电路图中的波形、电路说明及标题栏等。

配线工具栏各个按钮的功能及对应的快捷键、菜单栏操作方法如表 1.5-1 所示。

表 1.5-1 原理图工具栏各按钮的功能及对应的快捷键、菜单栏操作

按钮	功　　能	Place(放置)菜单中对应选项	快捷键
	画导线	Wire	P|W
	画总线	Bus	P|B
	画分支线	Bus Entry	P|U
Net1	设置网络标号	Net Label	P|N
	放置 GND 接地符号	Power Port	P|O
VCC	放置 V_{CC} 电源端口	Power Port	P|O
	放置元器件	Part	P|P
	制作方块电路	Sheet Symbol	P|S
	制作方块电路输入/输出端口	Add Sheet Entry	P|A
D1	制作电路输入/输出端口	Port	P|R
	设置忽略电气规则测试	Directives|No ERC	P|I|N

1. 绘制连接导线(Wire)

原理图中的导线是具有电气连接意义的重要电气元件，而画图工具中的画线没有电气连接意义。电路中，元件引脚之间要用导线连接，可以按下面的步骤操作。

(1) 单击 Wiring(配线)工具栏中的按钮，或执行“放置”|“导线”命令，光标变成“十”字形，系统进入“画导线”命令状态。此时，按下 Tab 键，弹出导线属性对话框，可以从中修改连线的粗细和颜色。一般情况下不做修改。将光标移到一个元件的引脚后单击，确定导线的起点。

在放置导线的状态下按 Shift＋Space 键来切换，可以依次切换为 90°转角、45°转角和任意转角，如图 1.5-2 所示。

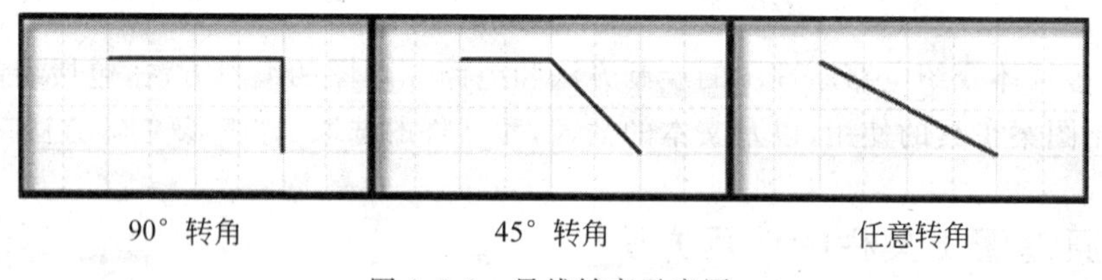

图 1.5-2　导线转弯示意图

(2) 移动光标拖动导线线头，在转折点处单击。每次转折都需要单击。当到达导线的末端时，再次单击可确定导线的终点。此时，已确定起始点和终止点的导线变成暗蓝色。

(3) 右击，或按 Esc 键，从这条导线的绘制过程中退出。当一条导线绘制完成后，整条导线的颜色变为蓝色。导线连接过程如图 1.5-3 所示。

(4) 画完一条导线后，系统仍然处于“画导线”命令状态。将光标移动到新的位置后，重复步骤(1)～(3)，可以继续绘制其他导线。

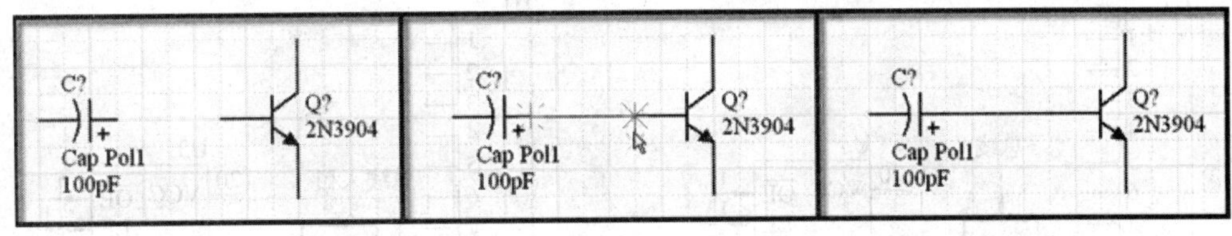

图 1.5-3 放置导线示意图

(5) 绘制导线工作完成后，右击或按 Esc 键，退出"画导线"命令状态。

(6) 如果对某条导线的样式不满意，如导线宽度、颜色等，用户可以双击该导线，此时将出现"Wire"(导线)对话框，可在对话框中进行设置。

(7) 如对绘制的导线不满意，需要删除，单击要删除的导线，导线两端出现小方块，再按 Delete(删除)键即可删除这根导线。如选不中导线，可将导线放大后再操作。

(8) 如需要对绘制的导线进行调整，可单击要调整的导线，导线两端出现小方块，单击小方块，即可调整导线。

2. 绘制总线(Bus)

所谓总线，就是代表数条并行导线的一条线。总线通常用于元件的数据总线或地址总线上，其本身没有实质的电气连接意义，电气连接的关系要靠网络标号来定义。利用总线和网络标号进行元器件之间的电气连接不仅可以减少图中的导线，简化原理图，而且清晰直观。绘制总线的步骤如下：

(1) 单击"Wiring"(配线)工具栏中的按钮。

(2) 此时，光标将变成"十"字形，系统进入"画总线"命令状态。与画导线的方法类似，将光标移到合适位置后单击，确定总线的起点，然后开始画总线。

(3) 移动光标拖动总线线头，在转折位置单击，确定总线转折点的位置。每转折一次都需要单击一次。当导线的末端到达目标点时，再次单击确定导线的终点。

(4) 右击，或按 Esc 键，结束这条总线的绘制过程，如图 1.5-4 所示。

(5) 画完一条总线后，系统仍然处于"画总线"命令状态。此时，右击或按动 Esc 键，光标从"十"字形还原为箭头形。

3. 绘制总线分支(Bus Entry)

在总线绘制完成后，需要用总线分支将它与导线连接起来。绘制步骤如下：

(1) 单击"Wiring Tools"工具栏中的按钮。

(2) 执行绘制总线分支命令后，工作面上出现带着"/"或"\"等形状总线分支的"十"字光标。如果总线分支的方向不合适，可以按空格键进行调整。

(3) 移动"十"字光标将分支线带到总线位置后，单击即可将它们粘贴上去。

(4) 重复上面的操作，完成所有总线分支的绘制，然后右击或按 Esc 键回到闲置状态。图 1.5-5 所示为总线和总线分支的绘制图示。

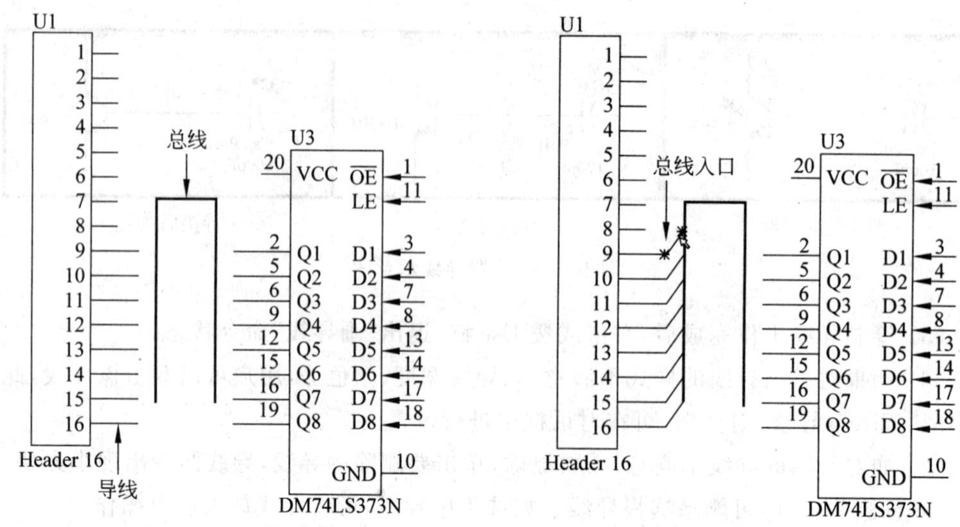

图 1.5-4　放置总线　　　　图 1.5-5　放置总线入口

4. Net1设置网络标号(Net Label)

网络标号对应的物理意义是电气连接点。把应该连接在一起的电气连接点定义成相同的网络标号,使它们在电气含义上属于真正的同一网络。设置网络标号的具体步骤如下:

(1) 单击“Wiring Tools”工具栏中的Net1按钮。

(2) 此时,光标将变成“十”字状,并且将随着虚线框在工作区内移动,此框的长度是按最近一次使用的字符串的长度确定的。按下 Tab 键,工作区内将出现如图 1.5-6 所示的“Net Label”(网络标号)对话框,可以修改网络标号名、标号方向等。

(3) 设定结束后,单击“OK”按钮确认。将网络标号移动至需要放置的对象上方,当网络标号和对象相连处的光标变色,表明与该导线建立电气连接。单击即可放下网络标号,然后将光标移至其他位置继续放置,如图 1.5-7 所示。

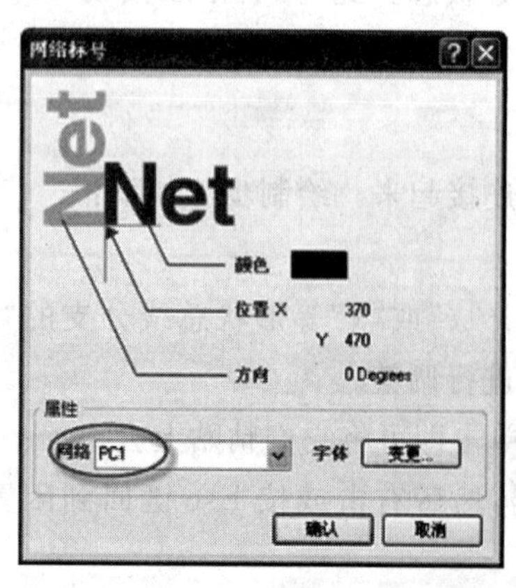

图 1.5-6　网络标号属性对话框

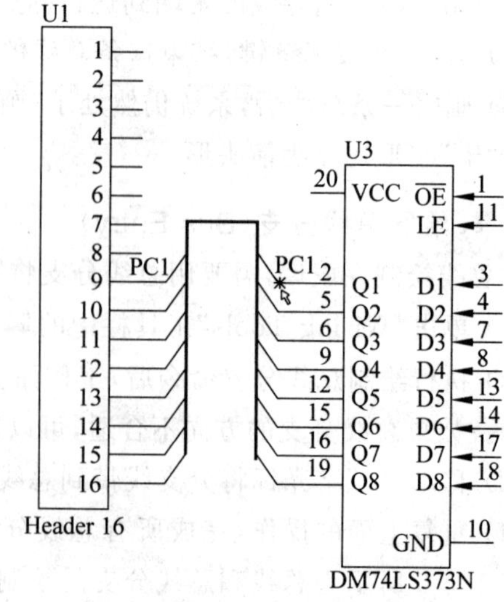

图 1.5-7　放置网络标号

(4) 如果网络标号的角度不满足要求，可以在网络标号的命令状态下按空格键，使标号做90°旋转。在图1.5-7中，U3的2脚及U1的9脚均标上网络标号PC1，在电气特性上它们是相连的。注意，网络标号和文本字符串是不同的，前者具有电气连接功能，后者只是说明文字。

5. 放置电源和接地符号

电源和接地符号的放置方法是一样的，通过网络名称区分电源和接地符号。

利用"Wiring Tools"工具栏绘制电源及接地符号的步骤如下：

(1) 单击"Wiring Tools"工具栏中的按钮，此时光标将变成"十"字形，并且"十"字光标将带着电源或接地符号出现在工作区内。按下Tab键，工作区内将出现图1.5-8所示的"Power Port"(电源端口)对话框。电源及接地符号的外形风格如图1.5-9所示。

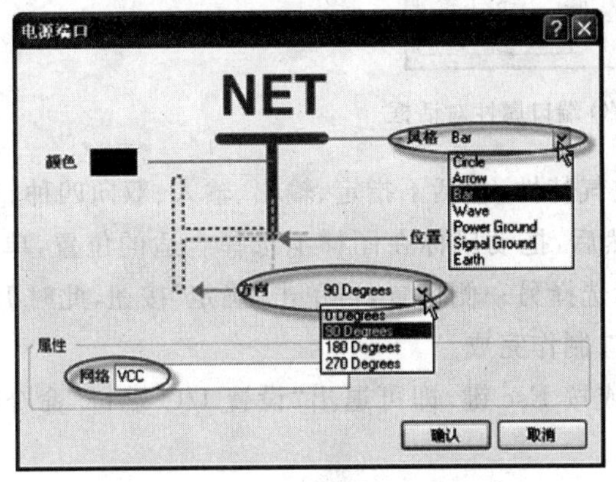

图1.5-8　电源端口属性设置对话框

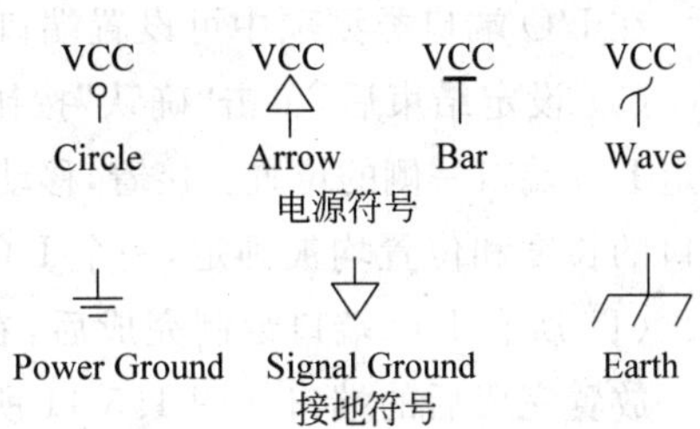

图1.5-9　电源及接地符号的外形风格

由于在放置符号时，初始出现的是电源符号VCC，若要放置接地符号，除了修改符号风格外，还必须将NET修改为GND。

(2) 设定对话框的内容结束后，单击"确认"按钮。

(3) 绘制完成后，单击鼠标右键或按Esc键，即可退出此命令状态，回到待命状态。

(4) 利用专门的"电源、接地符号"工具实用工具栏中的图标，然后单击图标右边的下拉箭头，在下拉列表框选择电源或地符号放置电源及接地符号，其中包含不同形式的电源、接地符号。

(5) 在实际设计时，也可单击配线工具栏的按钮，放置电源符号；或单击配线工具栏的按钮，放置接地符号。

6. 放置端口(Port)

在电路原理图中，元器件的连接方式除了前面介绍的导线连接方式和总线连接方式外，还有输入/输出端口连接方式。端口通过导线与元件引脚相连，并使某些I/O端口具有相同的名称，使它们被视为同一网络，在电气关系上相互连接。

制作I/O端口的步骤如下：

(1) 执行制作电路的I/O端口命令。单击Wiring Tools工具栏中的按钮。

(2) 此时光标变成"十"字形,并且"十"字光标将带着一个I/O端口在工作区内移动。按下Tab键,工作区内将出现图1.5-10所示的"Port"(端口属性)对话框。可以在此对话框内定义网络符号的属性。

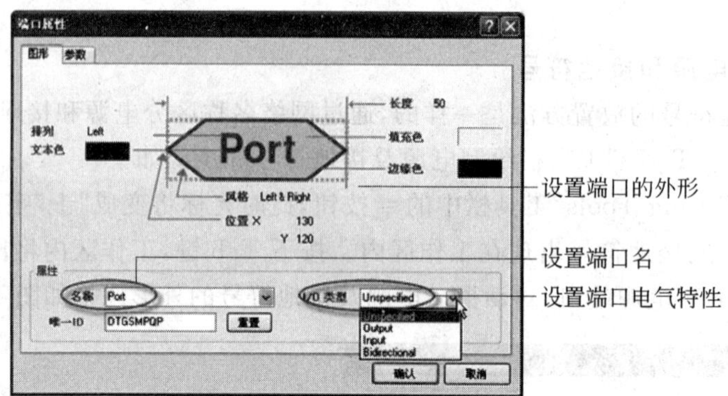

图 1.5-10 I/O端口属性对话框

在I/O端口类型项中可设置端口的电气特性,包括不指定、输出、输入、双向四种。

(3) 设定结束后,单击"确认"按钮。然后,拖动鼠标在图样上选择合适的位置,单击确定I/O端口一侧的位置。接着,移动鼠标选择另一侧位置,再单击"确定"按钮,此时I/O端口的长度和位置均被确定,一个I/O端口制作完成。

(4) 所有I/O端口绘制完成后,右击或按Esc键,即可退出"设置I/O端口"命令状态。放置完成后的端口如图1.5-11所示。

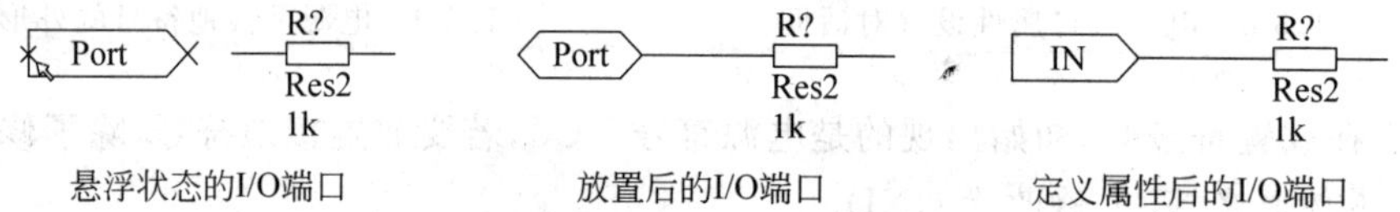

图 1.5-11 放置完成后的I/O端口

7. 放置线路节点(Junction)

所谓线路节点,是指两条导线相连接的状况。当两条导线呈"T"相交时,系统将会自动放置节点,但对于呈"十"字交叉的导线,不会自动放置节点,必须采用手动放置,如图1.5-12所示。

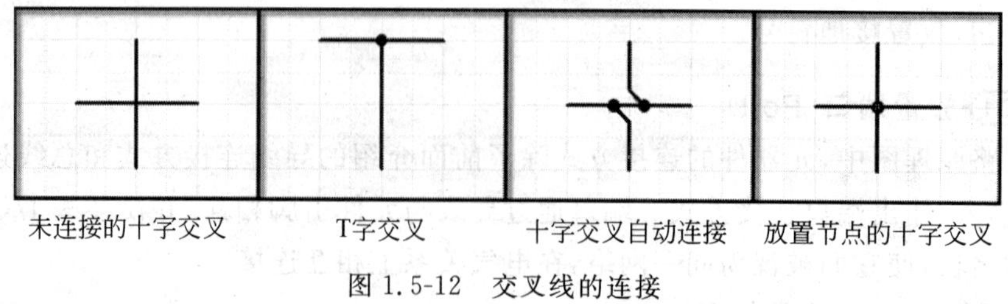

图 1.5-12 交叉线的连接

放置线路节点的步骤如下：

(1) 执行"放置"|"手工放置节点"菜单命令，进行节点放置；也可用快捷键 P|J。

(2) 此时，带着节点的"十"字光标出现在工作平面内。用鼠标将节点移动到两条导线的交叉处，单击，即可将节点加入到指定的位置。

(3) 放置节点的工作完成之后，右击或按下 Esc 键，可以退出"放置节点"命令状态，回到闲置状态。

如果用户对节点的大小等属性不满意，可以在放置节点前按下 Tab 键，打开"Junction"(节点)对话框，对节点进行属性设置。

1.5.2　实用工具栏的使用方法

实用工具栏如图 1.5-13 所示。

1. 实用绘图工具

单击图标右边的下拉箭头，会出现实用绘图工具各命令按钮，如图 1.5-14 所示。图中主要是文字标注和图形编辑等命令按钮。

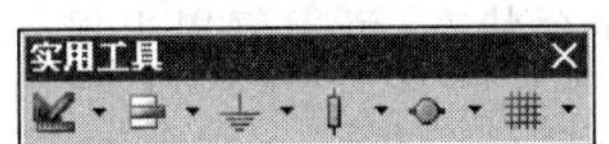

图 1.5-13　实用工具栏

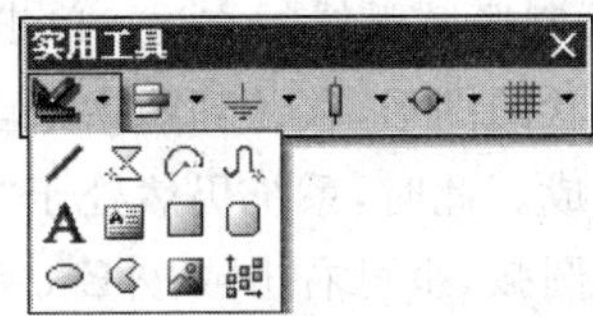

图 1.5-14　实用绘图工具

实用绘图工具各个按钮的功能及对应的快捷键、菜单栏操作方法如表 1.5-2 所示。

表 1.5-2　实用绘图工具栏各个按钮的功能及对应的快捷键、菜单栏操作方法

按钮	功能意义	Place(放置)菜单中对应的选项	快捷键
	绘制直线	Place|Drawing Tools|Line	P|D|L
	绘制多边形	Place|Drawing Tools|Polygons	P|D|Y
	绘制椭圆弧线	Place|Drawing Tools|Elliptical Arcs	P|D|I
	绘制曲线	Place|Drawing Tools|Beziers	P|D|B
A	放置文字	Place|Annotation	P|T
	放置文本框	Place|Text Frame	P|F
	绘制矩形	Place|Drawing Tools|Rectangle	P|D|R
	绘制圆角矩形	Place|Drawing Tools|Round Rectangle	P|D|O
	绘制椭圆	Place|Drawing Tools|Ellipes	P|D|E
	绘制扇形	Place|Drawing Tools|Pie Chart	P|D|C
	插入图片	Place|Drawing Tools|Graphic	P|D|G
	阵列式粘贴	Edit|Paste Array	E|Y

(1) ⁄绘制直线(Place Line)

① 画直线的方法：单击⁄，然后在需要画线的地方单击；将光标移动到下一个折点，再单击，以此类推，然后右击，绘制完该直线。画完所有直线后，连续右击两次，即可退出画直线状态。

② 设置直线的参数：单击工具栏中的⁄按钮，光标变为“十”字形状时按 Tab 键。在对话框中可以设置直线的宽度有四种：Smallest(最细)、Small(细)、Medium(中等粗细)和 Large(粗)。设置线风格有三种：Solid(实线)、Dashed(虚线)和 Dotted(点线)。还可以设置线的颜色。

(2) 绘制多边形(Place Polygon)

① 绘制多边形的方法：单击绘图工具栏上的按钮，每单击一次或按 Enter(回车)键，就确定一个多边形的顶点，最后右击或按 Esc 键完成一个多边形的绘制。再右击或按 Esc 键即可退出。

② 设置多边形的参数：单击绘图工具栏中的按钮，光标变为“十”字形状时按 Tab 键，在对话框中设置多边形参数。设置完毕后，按“OK”按钮确认，可进行绘制。

(3) 绘制椭圆弧(Place Elliptical Arc)

① 绘制椭圆弧线的方法：单击绘图工具栏上的按钮，此时“十”字形光标拖动一个椭圆弧线状的图形，移动到图中适当的位置，连续单击 5 次(注意不要移动光标)，椭圆弧线绘制完成。此时，系统仍然处于“绘制椭圆弧线”的命令状态，可重复以上操作，再次绘制一个椭圆弧，也可右击或按 Esc 键退出。

② 设置椭圆弧线的参数：单击绘图工具栏上的按钮，光标变为“十”字形状时按 Tab 键，在对话框中设置椭圆弧的参数。

③ 绘制圆弧：绘制圆弧时，只需将 X 和 Y 方向半径的参数设置为一样即可，画图方法同上。也可执行 Place|Drawing Tools|Arcs(圆弧)菜单命令或按快捷键 Alt+P|D|A 绘制圆弧。鼠标先后单击四次(分别确定圆弧的中心位置、半径、起点和终点)则完成一段圆弧的绘制。

(4) 绘制贝塞尔曲线(Place Bezier)

绘制贝塞尔曲线的方法是：

① 单击绘图工具栏上的按钮，进入“绘制曲线”工作状态。

② 将“十”字光标移到所需绘制曲线的起点，单击。

③ 移动光标到与波形相切的两条切线的交点位置，单击。

④ 再次移动光标，发现此时生成了一个弧线，拖动光标到合适位置后单击。

⑤ 依此方法重复以上操作，直到绘制出一条完整的曲线。右击可以确定曲线的终点。此时，系统仍然处于“绘制曲线”的命令状态，可重复以上操作绘制其他曲线，也可右击或按 Esc 键退出。绘制的曲线图样如图 1.5-15 所示。

(5) 绘制矩形(Place Rectangle)

绘制矩形的方法如下：

① 单击绘图工具栏的按钮，光标变为“十”字形，且“十”字光标上带着一个与前次

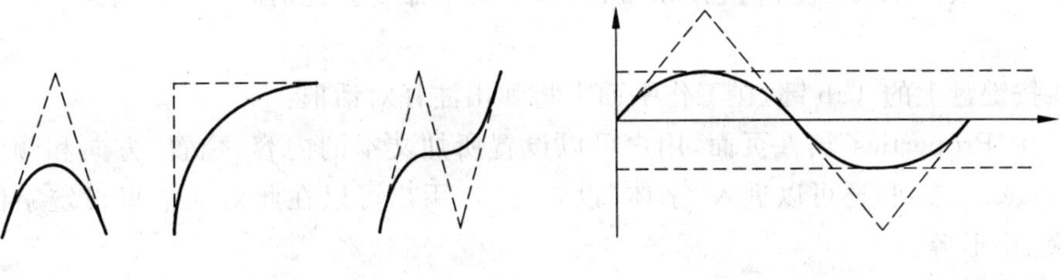

(a) 绘制任意弯曲的曲线图样　　(b) 绘制正弦波的图样

图 1.5-15　曲线绘制图样

绘制相同的矩形。

② 移动光标到合适位置后单击，确定矩形左上角的位置。

③ 此后，光标跳到矩形的右下角。拖动光标上下左右移动，选择合适的矩形大小，然后单击确定。此时，一个矩形绘制完成。

(6) 绘制圆角矩形(Place Round Rectangle)

绘制圆角矩形的方法如下：

① 单击绘图工具栏上的按钮，光标变为"十"字形。"十"字光标上挂着一个上次画过的圆角矩形形状。

② 移动光标到适当位置后，单击确定与圆角矩形相切的矩形的左上角。

③ 此时，光标跳到与圆角矩形相切的矩形的右下角，移动光标可以改变圆饼的大小。调整到合适大小后单击，完成圆角矩形绘制。

(7) 绘制椭圆(Place Ellipes)

绘制椭圆的方法如下：

① 单击绘图工具栏上的按钮进入"绘制椭圆"工作状态。移动带着椭圆图形的"十"字形光标在工作面上选择合适的位置，单击确定椭圆圆心的位置。

② 此后，"十"字光标跳到横向的圆周上，水平移动鼠标确认合适的横向椭圆半径，接着垂直移动鼠标，确定纵向的椭圆半径。单击，一个椭圆即绘制完成。

(8) 绘制扇形(Place Pie Chart)

绘制扇形可以按照确定扇形的圆心位置、半径大小、两端点位置三步进行，具体步骤如下：

① 单击绘图工具栏上的按钮进入"绘制扇形"工作状态，此时光标变成"十"字形。"十"字光标上挂着一个上次画的扇形。

② 在合适的位置单击，确定扇形圆心的位置。

③ 此后，"十"字光标移到圆周上一点，再次单击确认合理的扇形半径。

④ 光标移到扇形的一个端点位置。移动光标可以调整扇形的一边位置，单击确定。

⑤ 光标移到扇形的另一个端点位置。移动光标可以调整扇形的边位置，单击确定。最后，单击完成扇形的绘制。

(9) A添加文字

添加文字的方法如下：

① 单击绘图工具栏上的**A**按钮，执行添加文字命令。此时，“十”字光标上带着一个虚框。

② 按键盘上的 Tab 键，在工作平面上将弹出注释对话框。

③ 在“Properties”属性页面，用户可以设置所加文本的内容、位置、方向和颜色。单击“Change...”按钮，还可以进入“字体”设置窗口，用户可以在此对话框里设定字体的大小、颜色、字形等。

④ 完成文字的设置后，单击“OK”按钮确认。

⑤ 此时，“十”字光标拖动的虚框的大小与所要添加的文字的大小相同。移动光标到相应的位置，单击将其定位，一段文字的放置就完成了。

(10) 放置文本框

添加文本框的方法如下：

① 单击绘图工具栏上的按钮，此时光标变为“十”字形。

② 按键盘上的 Tab 键，工作平面上弹出“Text Frame”(文本框)对话框。在对话框内，用户可以设置文本位置、颜色、边界线型、文字排列方式等项目，完成文本框属性的设置。

③ 单击“Text”(文本)选项的“Change...”(变更)按钮，进入“Edit Textframe Text”窗口。用户可以在此窗口完成文本框内容的编辑，编辑过程与 Word 相同。编辑完成后，单击“OK”按钮确认。

④ 编辑完成后，用光标拖动，可以将文字框放到合适的位置。

(11) 插入图片

插入图片的方法如下：

① 单击绘图工具栏上的按钮，在工作平面上将弹出“Image File”(图片)对话框。

② 在合适的路径下找到希望插入的图片文件，选中后单击“打开”按钮确认。

③ 在工作平面上确定相应的位置并单击，确定图片的左上角。

④ 当光标移到右下角后，再次单击，确定需要放置的图片的大小。所选择的图片就插入好了。

(12) 粘贴文本阵列

粘贴文本阵列的方法如下：

① 选中要粘贴的元件，被选中的对象变为黄色或出现黄框，然后按快捷键 Ctrl+C。此时，光标变为“十”字形，移动光标到选中的元件处单击。

② 单击绘图工具栏上的按钮，在工作平面上将弹出“Setup Paste Array”(设定粘贴队列)对话框。

③ 在“放置变量”选项里设置所要放置的 Item Count(粘贴文本阵列的数量)和 Text Increment(标号)；在“Spacing”(间隔)选项里设置阵列的 Horizontal(横向)和 Vertical(纵向)间距。设置完成后单击“OK”按钮。

④ 在工作平面上确定相应阵列粘贴的位置后，单击确定。

2. 对齐工具

单击图标右边的下拉箭头，出现如图 1.5-16 所示的对齐工具按钮。该工具用于将被选择的图形对象按规定的方式对齐，包括左对齐、右对齐、水平方向中间对齐、被选图形对象水平方向间隔距离相同、上对齐、下对齐、垂直方向中间对齐、垂直方向图形对象间隔距离相同。

3. 电源、接地符号

单击图标右边的下拉箭头，出现图1.5-17所示的电源、接地符号。

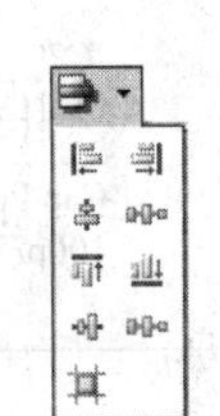

图1.5-16　对齐工具

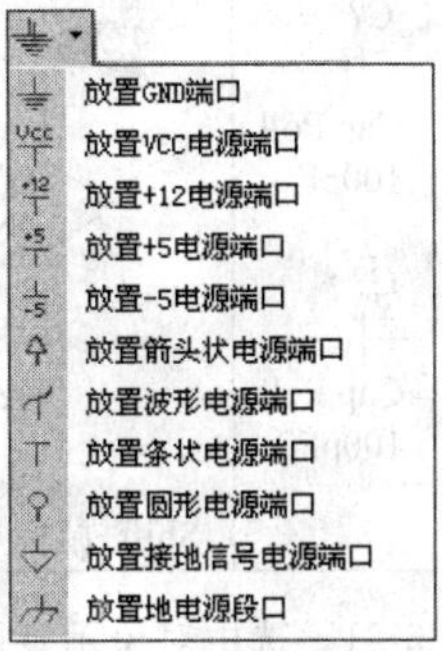

放置GND端口
放置VCC电源端口
放置+12电源端口
放置+5电源端口
放置-5电源端口
放置箭头状电源端口
放置波形电源端口
放置条状电源端口
放置圆形电源端口
放置接地信号电源端口
放置地电源段口
图1.5-17　电源、接地符号工具

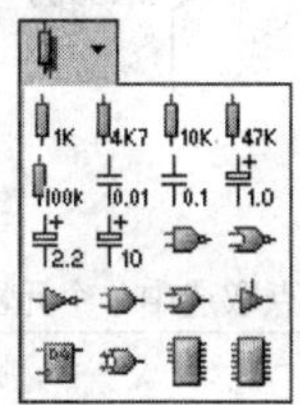

1K
4K7
10K
47K
100K
0.01
0.1
1.0
2.2
10
图1.5-18　常用元器件工具

4. 放置数字元器件

单击图标右边的下拉箭头，出现图1.5-18所示的数字元器件，包括电阻、普通电容、电解电容、2输入端与非门、非门等。单击所需要的器件，之后的操作与前述放置元器件的过程一样。

5. 仿真信号源

单击图标右边的下拉箭头，出现图1.5-19所示的仿真信号源工具，包含常用仿真信号源，如直流信号、正弦波、矩形波等。

6. 栅格修改

单击图标右边的下拉箭头，出现如图1.5-20所示的栅格工具，其中包含各种栅格操作（如可视栅格、锁定栅格、电气栅格等的设置）命令。

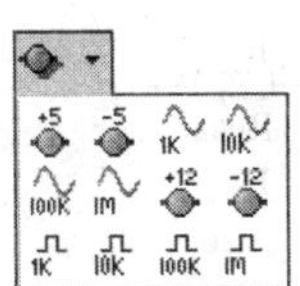

+5
-5
1K
10K
100K
1M
+12
-12
1K
10K
100K
1M
图1.5-19　仿真信号源工具

切换捕获网格 (G)　G
切换捕获网格（反转）(R)　Shift+G
切换可视网格 (V)　Shift+Ctrl+G
切换电气网格 (E)　Shift+E
设定捕获网格 (S)...
图1.5-20　栅格工具

打开和关闭"实用工具栏"的方法是：执行View（查看）|Toolbars（工具栏）|Utilities（实用工具）菜单命令。

1.5.3　调整元器件的基本操作

在通常情况下，已经放置在工作区的元器件的位置不是固定不变的，有时还要移动。

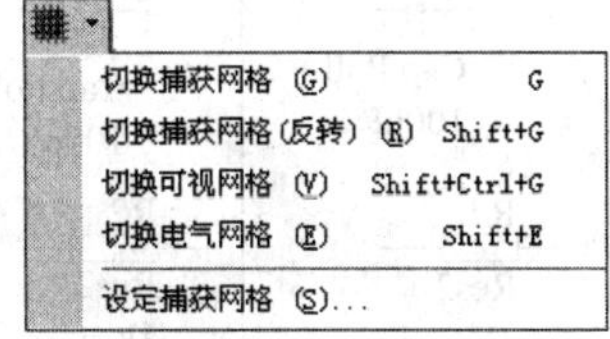

对元器件进行各种方向的旋转，可使布线更简洁。下面将介绍元器件调整具体的操作方法。

1. 元器件选中与取消选中

单个元器件的选中和多个元器件的选中方法如图 1.5-21 所示。

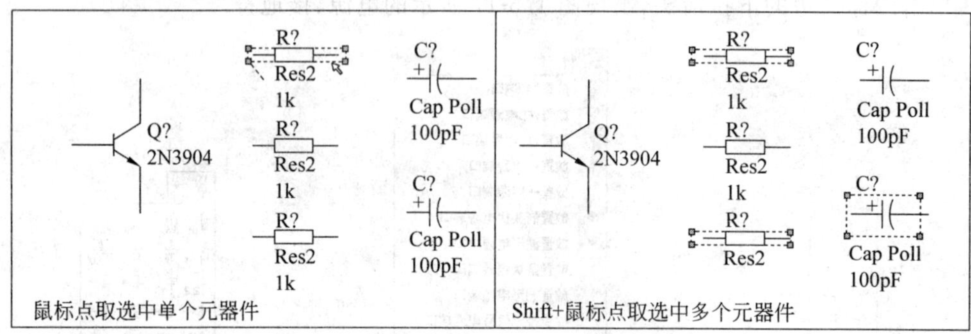

图 1.5-21　选中对象示意图

元器件被选中后，所选元器件的外边有一个绿色的外框。一般情况下，执行完所需要的操作后，必须解除元器件的选取状态。解除元器件选取状态的方法有以下三种。

(1) 在空白处单击鼠标左键，解除选中状态。

(2) 通过执行"编辑"|"取消选择"菜单命令解除对象的选取状态。可以选择"区域内对象"、"区域外对象"、"全部当前文档"及"全部打开的文档"进行解除。

(3) 单击主工具栏的按钮，解除所有的选取状态。

2. 单个元器件的移动

(1) 单击元器件，元器件周围出现一个绿色的外框，表明选定了该目标。

(2) 用鼠标左键再次点中此目标，并且按住鼠标左键不放，将其拖到合适的位置，松开鼠标左键即完成移动，如图 1.5-22 所示。

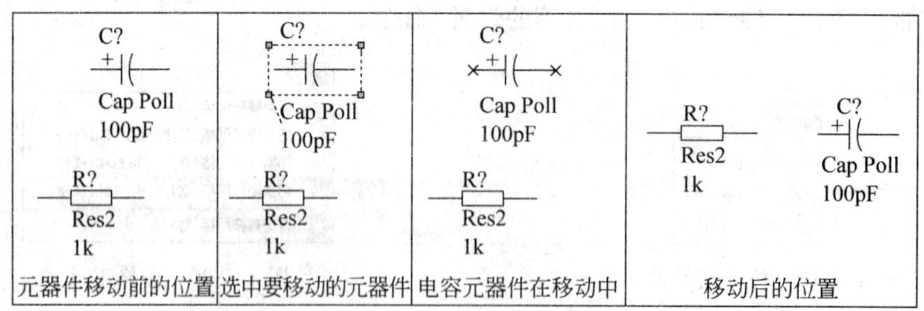

图 1.5-22　单个元件的移动示意图

(3) 移动带导线的元器件，先按 Ctrl 键，再单击要移动的元件，移动鼠标即可。

3. 多个元器件的移动

有时候需要对多个元器件进行同步移动(相互之间的位置不改变)。若一个一个地移动，且不说麻烦，移动后相互之间的相对位置可能会改变，此时可以同时进行多个元器件的移动操作。

要同时移动多个元器件,先将这些需要移动的元器件全部选中,然后拖动鼠标进行移动。用鼠标左键框选中要移动的所有元器件后,单击这些器件中的任一个,待鼠标光标指针变成以鼠标光标为中心的"十"字形时,拖动鼠标,到满意的位置再松开左键,即可将这些元器件移动到此处。也可选择"Edit"菜单,在弹出的下拉菜单中选择"Move"选项,之后在弹出的第二层下拉菜单中选中"Move Selection"(移动选中的对象)选项。此操作也可以采用快捷键 E|M|S 实现。单击被选中的元器件组中的任意一个元器件,即可将选中的元器件组粘贴在光标上而不必按住鼠标左键不放,移动到适当位置后,再次单击,把元件组移动到此处。

注意:用第一种方法移动元器件组时,在元器件组移动的过程中,不可松开鼠标左键。用后一种方法移动元器件组时,由于所选的元器件组已经粘贴到光标处,故不必按住鼠标左键不放。

4. 元器件的旋转

在将元器件摆放到合适的位置后,通常还需要将元器件按照一定的角度进行旋转,以满足电路设计的需要。

旋转单个元器件的方法很简单,只需将鼠标移动到需要移动的元器件上面,然后单击该元器件,鼠标指针将会变成以鼠标光标为中心的"十"字形(鼠标指针顶点有一个黑色的圆点),元器件四周也将出现一个虚线框(即选中该元器件)。此时,按住鼠标左键不放,按下快捷键,即可对元器件进行相应的旋转。

(1) 在按下鼠标左键不放的情况下,每按一次键盘上的 Space(空格)键,元器件将逆时针旋转 90°。

(2) 在按下鼠标左键不放的情况下,每按一次键盘上的 X 键,元器件将进行一次水平镜像左右对调。

(3) 在按下鼠标左键不放的情况下,每按一次键盘上的 Y 键,元器件将进行一次垂直镜像上下对调。

当元件调整到位后,松开鼠标左键即可。

5. 复制元器件

(1) "复制(C)"命令

要复制元器件,先将这些需要复制的元器件(单个或者多个)选中。按住鼠标左键不放,选中需要复制的元器件,然后按下快捷键 Ctrl+C。复制后,按下快捷键 Ctrl+V,此时鼠标上带着复制的元件处于浮动状态。移动光标,该元器件会随之移动,到合适的位置后单击,即可将该元器件(被选中的单个或者多个元器件)复制到此处。若需要多次复制该元器件,多次按下快捷键 Ctrl+V 即可。

(2) "复制(I)"命令

执行该命令,不需要将被选对象剪切或者复制后再粘贴,而是可以直接创建复制,具体操作方法如下:先选中要复制的元器件,然后执行"编辑"|"复制(I)"菜单命令或按快捷键 Ctrl+D,系统会立即在被选元器件的右下方创建一个该元器件的拷贝,同时将元器

件放到剪切板。

(3) 橡皮图章命令

与"复制(I)"命令类似,使用"橡皮图章"命令复制元器件时,不需要将被选对象剪切或者复制,可以直接创建复制。具体操作方法如下:先选中要复制的元器件,然后执行"编辑"|"橡皮图章"菜单命令或按快捷键 Ctrl+R,或者直接单击标准工具栏上的图标,系统就会将被选元器件粘附在光标上。移动光标到合适位置后单击,立即在光标位置放置一个元器件的拷贝。如果需要,可继续放置,右击退出当前状态,同时将元器件放到剪切板。

6. 删除元器件

在放置元器件后,若对放置的元器件不满意或者放置了多余的元器件,可以将其删除。若只需要删除某个元器件,可以用鼠标左键单击菜单栏中的"Edit"(编辑)项,在弹出的下拉菜单中选择"Delete"(删除)选项。此操作也可用快捷键 E|D 来完成。此时系统进入删除元器件工作状态,光标变成"十"字形。移动光标到要被删除的元器件上,单击即可从工作平面上将此元器件删除。

此时,系统仍处于命令状态,用户可以继续删除其他元器件。右击或按 Esc 键可从命令状态中退出。

(1) 单个元器件删除:单击要删除的对象,然后按 Delete 键;或按住鼠标左键拖动,选中对象,再单击主工具条上的剪切工具,出现"十"字光标,将其移至要删除的对象上单击即可。

(2) 如果有多个元器件需要删除,先将所有需要删除的元器件都选中,然后选择"Edit"(编辑)菜单命令,在弹出的下拉菜单中选择"Clear"(清除)选项。此操作也可用快捷键 E|C 来完成;或者按 Delete 键,此时所有选中的元件同时被删除。

1.5.4 绘图区域的放大、缩小、刷新等操作

1. 放大

执行 View(查看)|Zoom In(放大显示)菜单命令,或单击主工具栏的放大按钮(图标为)。在设计窗口中按 Page Up(向上翻页)键,可以光标指示为中心放大。

2. 缩小

执行 View(查看)|Zoom Out(缩小视图)菜单命令,或单击主工具栏的缩小按钮(图标为)。在设计窗口中按 Page Down(向下翻页)键,可以光标指示为中心缩小。

3. 刷新画面

设计时会发现在滚动画面、移动元件、自动布线等操作后,出现画面显示残留的斑点、线段或图形,虽然不影响电路的正确性,但不美观。执行 View(查看)|Refresh(刷新)菜单命令,或按 End(结束)键可以进行画面刷新。

4. 绘图区填满工作区显示

执行 View(查看)|Fit Document 菜单命令或按快捷键 V|D,可以显示整个文档。

5. 元件填满工作区显示

执行 View(查看)|Fit All Objects 菜单命令或按快捷键 V|F 可以显示全部对象。

6. 指定选择区域显示

指定区域显示是通过确定所需查看区域对角线的两个角的位置来确定选框区域的，执行 View(查看)|Area(区域)菜单命令或按快捷键 V|A 可完成。

7. 指定元件为中心区域显示

通过确定所需查看区域中心位置和一个角的位置来确定用户选择区域，执行 View(查看)|Around Point(以点为中心区域显示)菜单命令或按快捷键 V|P 来完成。

1.5.5 状态显示栏和命令状态栏的打开、关闭操作

1. Status Bar(显示状态栏)

Protel DXP 2004 SP2 的状态栏位于工作窗口的下方，主要显示当前操作的信息。图 1.5-23 所示为在设计原理图下放置一个元器件的信息，包括坐标、栅格和提示操作的信息。

图 1.5-23 状态显示栏和命令状态栏

"Status Bar"可以向用户提示设计工作所处的状态，它分为位置状态提示和操作提示两部分。位置状态提示告诉用户鼠标指针所处的位置坐标；操作提示向用户顺序提示每个命令所需采取的具体操作。

要打开或关闭"Status Bar"，可以选择"View"(查看)菜单，然后在弹出的下拉菜单中选择"Status Bar"选项。

2. Command Status(显示命令提示栏)

"Command Status"向用户提示正在执行的命令的作用。打开/关闭"Command Status"(显示命令提示栏)与打开/关闭"Status Bar"(显示状态栏)基本相同。

1.6 稳压电源原理图的绘制

1.6.1 原理图的一般设计流程

原理图是指电路中各元器件的当前连接关系示意图，重在表达电路的结构和功能。利用 Protel DXP 2004 SP2 提供的丰富的原理图元器件库，可以快速地绘制出清晰、美观的电路原理图。电路原理图的一般设计流程如图 1.6-1 所示。

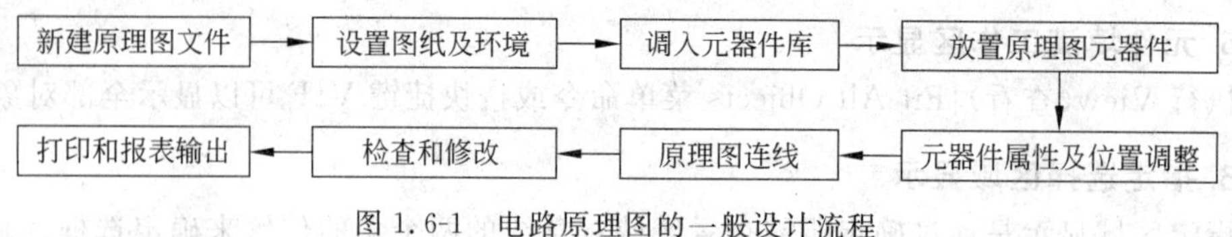

图 1.6-1 电路原理图的一般设计流程

1.6.2 创建稳压电源文件

(1) 在F盘新建一个名为"学号姓名电源电路"的文件夹。

(2) 启动 Protel DXP 2004 SP2 软件。

(3) 创建设计工作区并保存在"学号姓名电源电路"文件夹中,命名为"电源设计区"。

(4) 创建 PCB 项目并保存在"学号姓名电源电路"文件夹中,命名为"电源项目"。

(5) 在"电源项目"中添加原理图文件,保存在"学号姓名电源电路"文件夹中并命名为"电源电路原理图"。

1.6.3 稳压电源图纸属性设置

1. 设置图纸属性

执行 Design(设计)|Options(文档选项)菜单命令,将出现"Documents Options"文档选项对话框,按如下要求在相应的选项中进行设置。

(1) 自定义图纸大小,宽 500mil,高 340mil,图纸水平放置,显示标准型标题栏。工作区颜色为 233 号色,边框颜色为 3 号色。不显示参考边框,显示图纸边框。设置系统字体为宋体、字号为 10、字型为常规。

(2) 设置捕捉栅格为 10mil,可视栅格为 10mil,电气栅格为 8mil。

(3) 设置标题栏,用"特殊字符串"设置制图者为"姓名",原理图的编号为 1,字体宋体,字号为 10,颜色为 3 号色,字型为粗体。设置标题为"串联型直流稳压电路",字体为宋体,字号为 12,颜色为 3 号色,字型为粗体。设置版本号为"Protel DXP 2004 SP2",文件号为"1-1"。

(4) 单位设置为"DXP Defaults"。

2. 设置绘图环境

执行"工具"|"优先设定"菜单命令,在弹出的列表中选择相应的选项进行设置。

1.6.4 放置原理图元件并修改属性

1. 打开库文件面板

观察是否已载入两个常用元器件库。一般情况下已载入;若没有,添加这两个常用库文件。

2. 放置元器件

按设计好的电源电路原理图摆放元器件，用模糊查找的方法放置电路符号。因变压器一般用“Trans”表示，电阻用“Res”表示，二极管用“Diode”表示，在“Filter”窗口中依次输入“Trans＊”、“Diode＊”、“Res＊”。每输入一次后，在库元器件列表区显示所有相关字母打头的元器件名。单击各元器件名，通过预览窗口找到需要的元器件符号并双击，再按 Tab 键设置元器件的属性。设置好后，移动鼠标到放置处单击即可。然后，继续放置其他元器件。

3. 修改元器件的图形符号

如要修改元器件的图形符号，可双击要修改的元器件，然后在弹出的元器件属性对话框中单击“库参考”右边的[...]按钮，在弹出的“浏览元件库”对话框中选择要更改的图形符号，单击“确认”按钮即可，如图 1.6-2 所示。

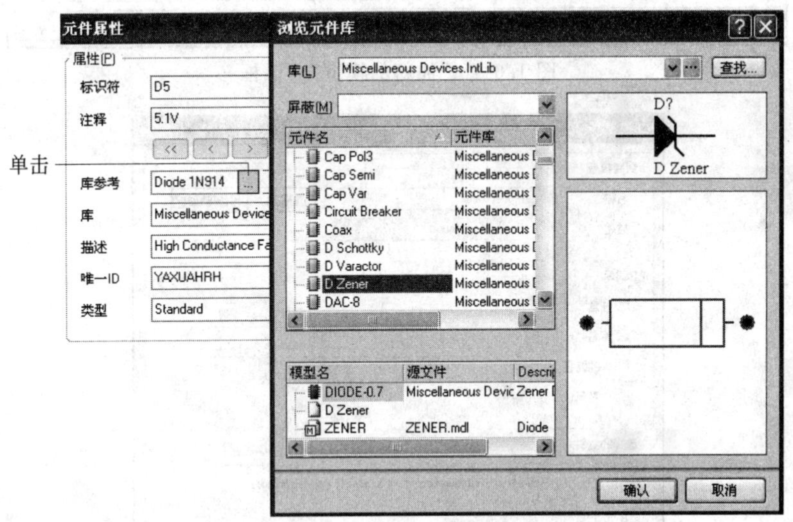

图 1.6-2　元器件修改示意图

4. 修改元器件的封装

如放置的元器件封装不合适，可以添加其他封装模型，如三极管封装，方法是：双击三极管图形符号，打开三极管属性对话框，然后单击“追加”按钮，弹出如图 1.6-3 所示的“加新的模型”对话框。

在“模型类型”下拉列表中选择 Footprint 选项，然后单击“确认”按钮，弹出图 1.6-4 所示的“PCB 模型”对话框。

单击“名称”右侧的“浏览”按钮，弹出“库浏览”对话框。在“库”下拉列表中选择库文件。假设将此三极管改为“HDR1X3”，则可以直接选择并单击“确认”按钮，如图 1.6-5 所示。

这时，“PCB 模型”对话框如图 1.6-6 所示。单击“确认”按钮返回到“元件属性”对话框，再单击“封装模型”下拉列表，可以看到刚刚添加的封装。

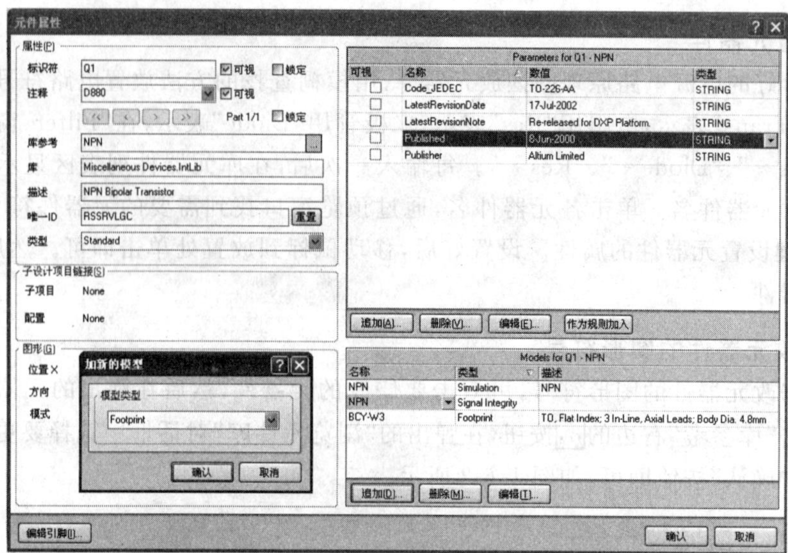

图 1.6-3 “加新的模型”对话框

图 1.6-4 “PCB 模型”对话框

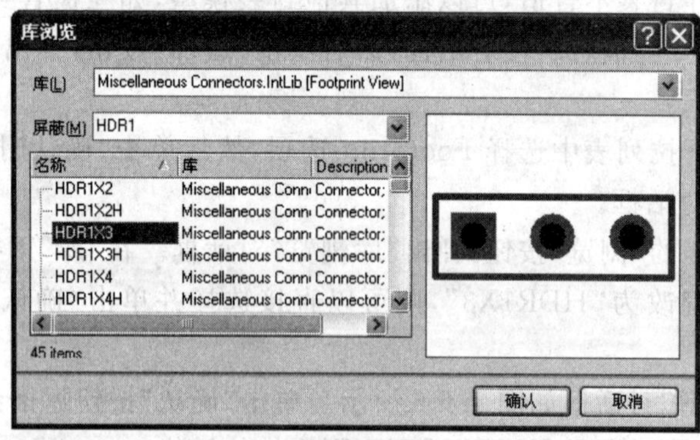

图 1.6-5 “库浏览”对话框

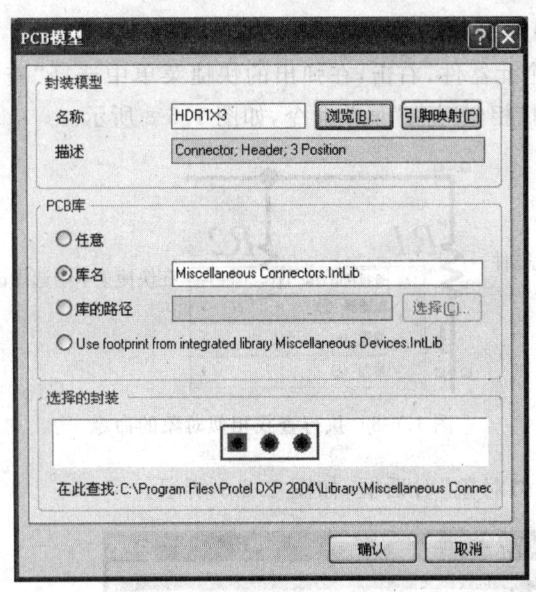

图 1.6-6 “PCB模型”对话框

1.6.5 绘制导线

全部元器件按原理图摆放好后,选择连线工具条上的绘制导线按钮,可以按电源电路原理图绘制连接导线。

如需修改导线或剪断导线,将鼠标移动到需要剪断导线处,右击,然后在弹出的快捷菜单中选择“剪断配线”选项,变化后的光标如图 1.6-7(b)所示。将光标移动到剪断处单击,即将该线段剪断,如图 1.6-7(c)所示。

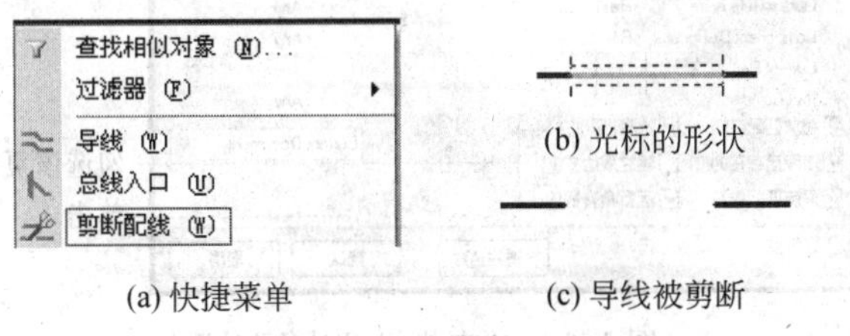

图 1.6-7 执行剪断导线示意图

1.6.6 整体编辑

在对电路原理图进行修改时,通常要对全部的元器件名称、元器件类型和字体大小进行修改,以及调整节点、导线的大小/粗细和颜色。Protel DXP 2004 SP2 提供了一个非常方便的方法,可以对相似的元器件进行批量修改,具体方法如下所述。

1. 显示所有元器件引脚的编号

(1) 选中任意一个元器件，右击，在弹出的快捷菜单中选择“查找相似对象...”选项，或者执行“编辑”|“查找相似对象”菜单命令，如图 1.6-8 所示。

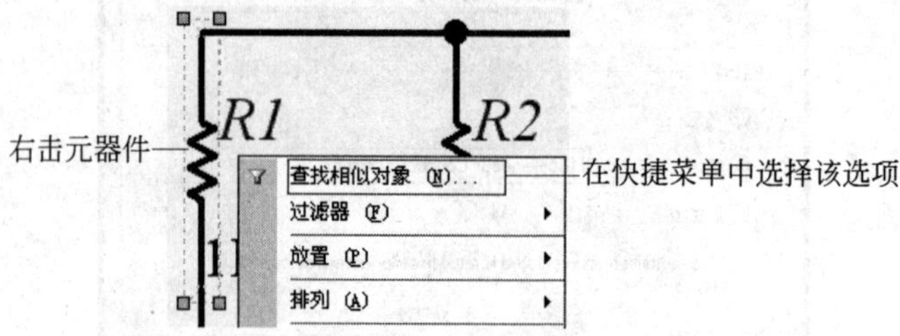

图 1.6-8 执行查找相似对象的命令

(2) 弹出“查找相似对象”对话框，如图 1.6-9 所示。

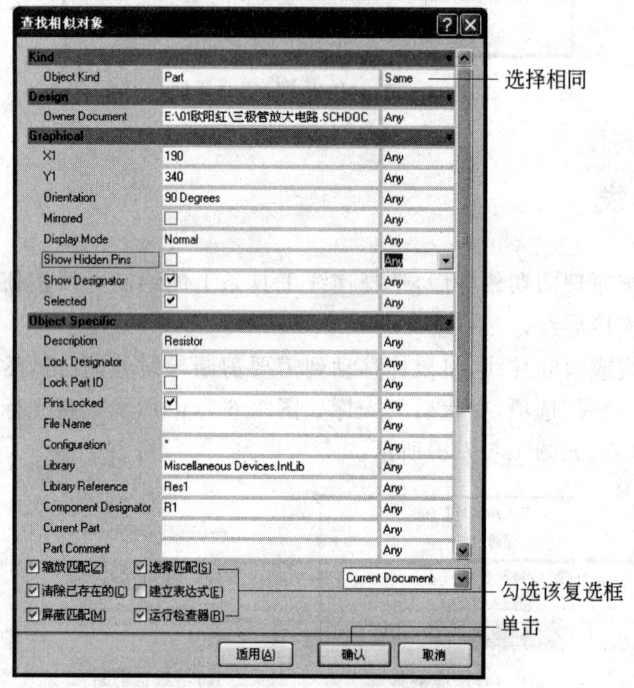

图 1.6-9 “查找相似对象”对话框

对话框每一行的右侧均有一个下拉菜单，内容包括“Same”(相同)，与左边项内容相同；“Any”(任意)，与左边没有关系；“Different”(不同的)，与左边项内容相反。

第一行选择对象为“Part”(元器件)，在右侧选择“Same”，表示需要修改的全部为元器件，其余选择“Any”。选中“选择匹配”和“运行检查器”复选框，然后单击“确认”按钮。

(3) 进入“Inspector”检查器对话框，如图 1.6-10 所示。然后关闭对话框，可以在原理图中看到修改后的效果。

(4) 此时，原理图突出显示相似项的元器件。单击 Protel DXP 2004 SP2 编辑区右下

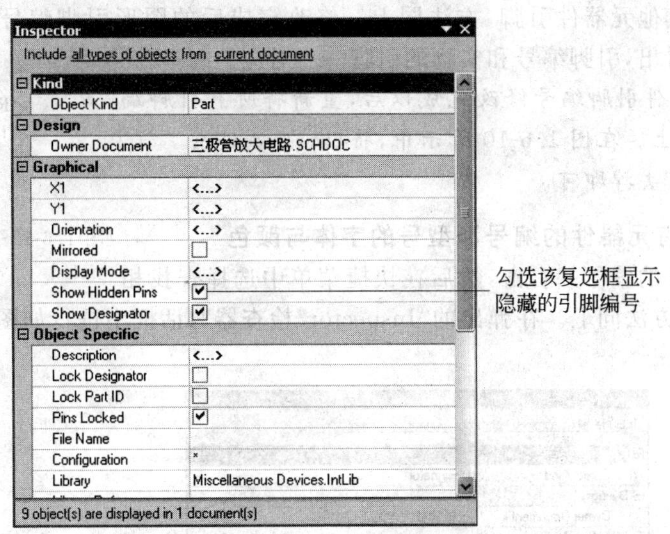

图 1.6-10 "Inspector"检查器对话框

角的"清除"按钮 屏蔽程度 清除 ,原理图恢复正常显示;或在编辑区右击,在弹出的快捷菜单中选择"过滤器"|"清除过滤器"选项,原理图即恢复正常。

2. 修改元器件引脚

检查各元器件引脚的编号,看是否跟实际元器件引脚相对应。如不符合,需进行修改,如图 1.6-11 所示。

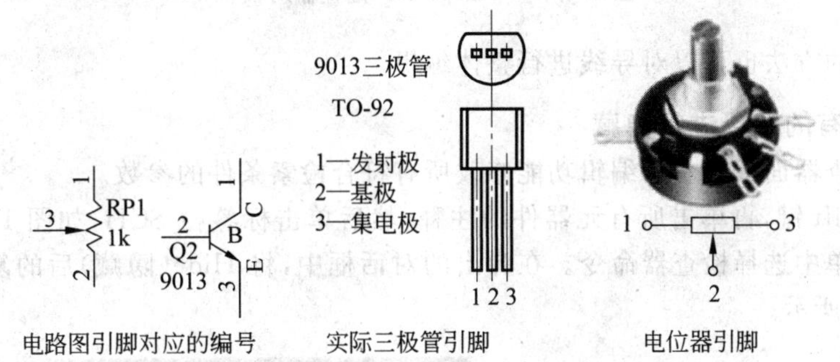

图 1.6-11 图形符号的引脚编号和实物引脚的比较

通过比较,三极管和电位器的引脚不符,需要修改。如不修改,电路会出错。修改方法如下:

(1) 双击要修改的元器件如"RP1",打开该元器件的属性对话框。将"锁定引脚"前的勾(√)去掉,然后单击"确认"按钮。

(2) 双击"3 脚",在弹出的对话框中将引脚"3"改为"2"。用同样的方法将"2"改为"3"。

(3) 引脚编号修改完后,再打开该元器件的属性对话框,重新将引脚恢复为锁定状态,图标为"☑锁定引脚"。

继续修改其他元器件引脚，方法同上。修改完成后的图形引脚编号如图 1.6-12 所示。从图中可看出，引脚编号和实物的引脚一一对应。

注意：元器件引脚编号修改完成以后，重新将所有引脚编号隐藏，方法同上。在图 1.6-10 所示中，将 Show Hidden Pins □ 复选框中的“√”去掉即可。

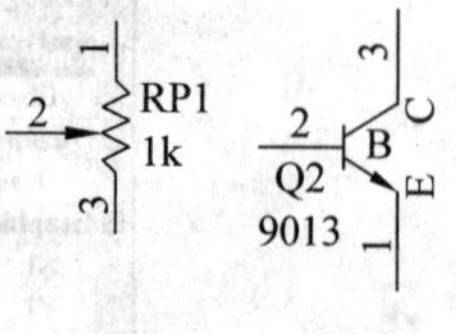

图 1.6-12　修改完成后的图形引脚编号

3. 更改所有元器件的编号和型号的字体与颜色

选择元器件的编号并右击，然后在快捷菜单中选择查找相似对象的命令，方法同上。在弹出的“Inspector”检查器对话框中进行如图 1.6-13 所示的操作。

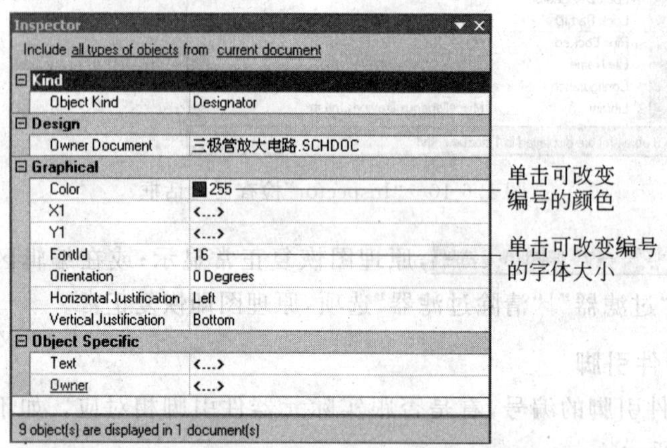

图 1.6-13　“Inspector”检查器对话框

用同样的方法也可以对导线进行整体编辑。

4. 对所有的注释进行隐藏

利用检查器面板的全局编辑功能修改所有符合检索条件的参数。

按住 Shift 键，再单击所有元器件的注释，然后单击标签栏 SCH，如图 1.6-14 所示，在弹出的菜单中选择检查器命令。在弹出的对话框中，将 Hide(隐藏)后的复选框选中，如图 1.6-15 所示。

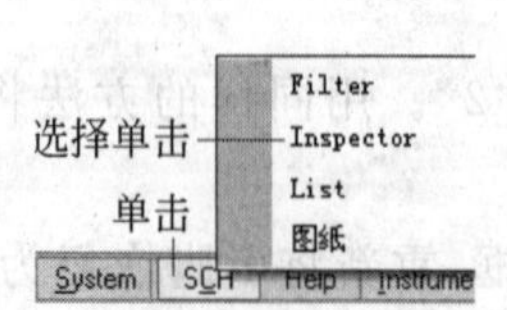

图 1.6-14　原理图标签栏

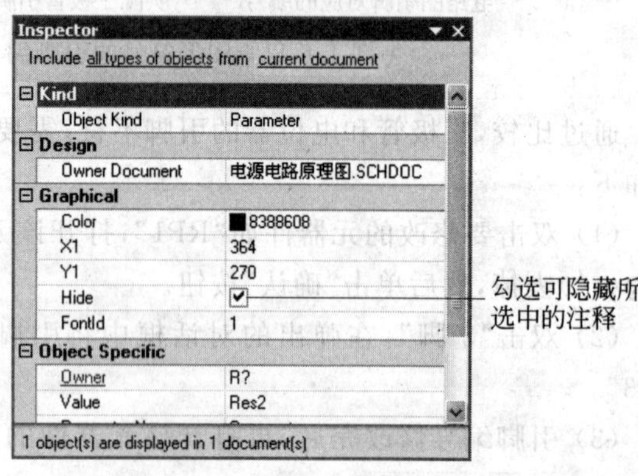

图 1.6-15　“Inspector”检查器对话框

5. 修改元器件的图形符号

选择要修改的图形符号，方法同上，例如电阻器，如图 1.6-16 所示。

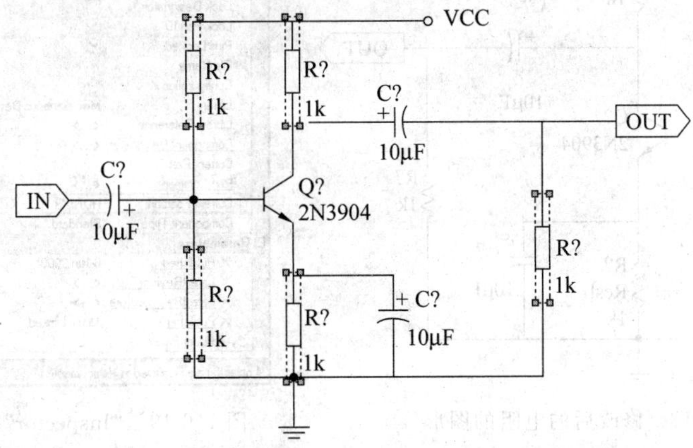

图 1.6-16　在电路中选择所有的电阻符号

单击标签栏 SCH，在弹出的菜单中选择检查器命令，如图 1.6-17 所示。

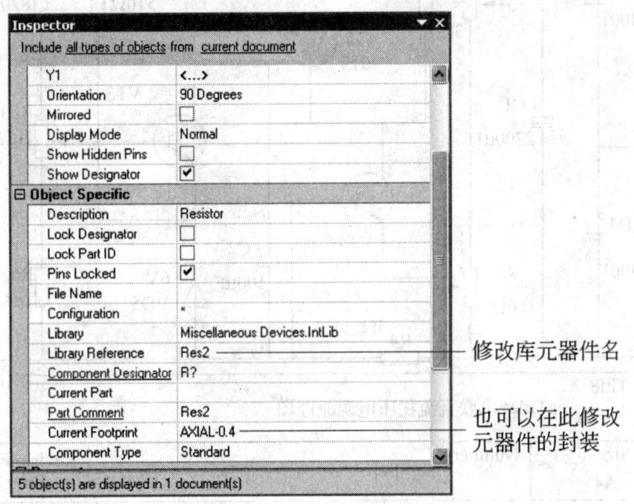

图 1.6-17　“Inspector”检查器对话框

修改完成后，按 Enter 键确认。修改后，电阻的图形如图 1.6-18 所示。

6. 修改所有三极管的封装

选择图中所有三极管，将三极管封装修改为“HDR1X3”，方法同上，如图 1.6-19 所示。

经过上述修改、调整以后，对整个电路进行一些修饰（如添加说明文字等），最后绘制完成后的电源电路如图 1.6-20 所示。

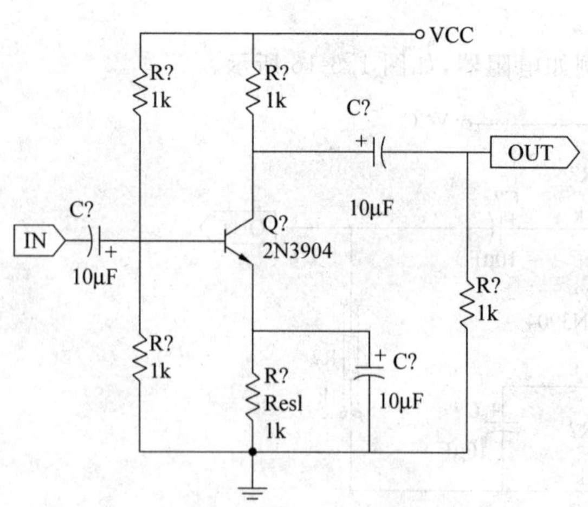

图 1.6-18　修改后的电阻的图形

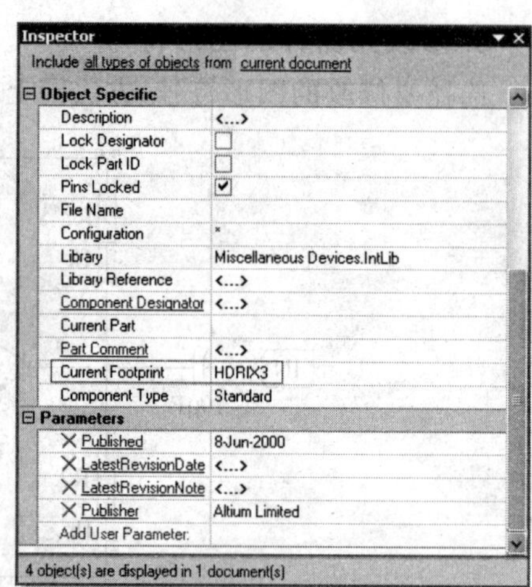

图 1.6-19　“Inspector”检查器对话框

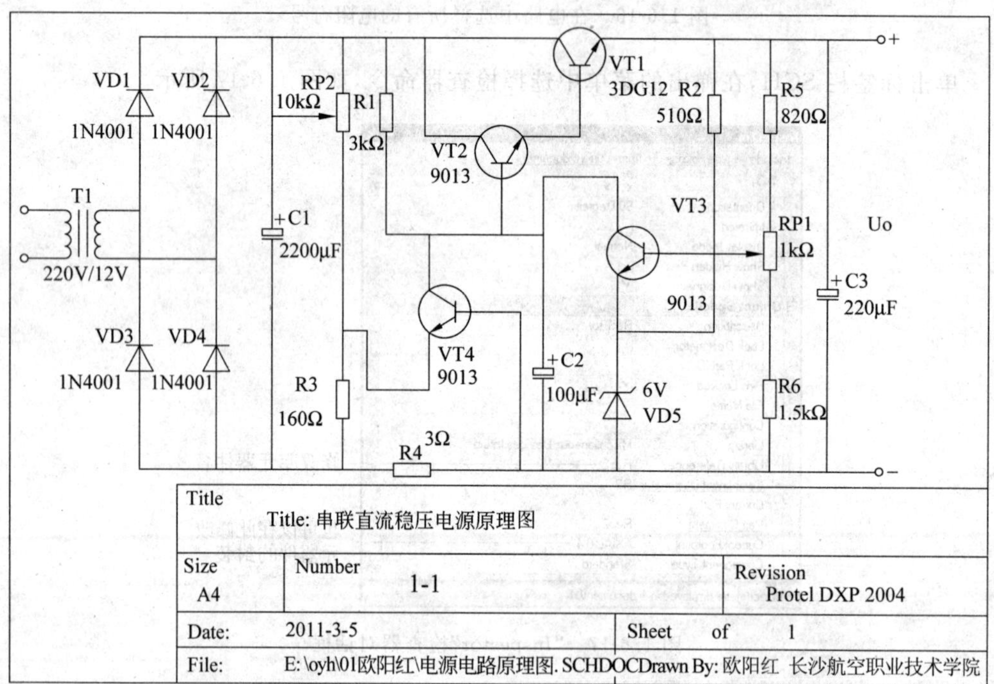

图 1.6-20　绘制完成后的电源电路原理图

1.6.7　快速查找元器件符号和网络连接

1. 快速查找元器件符号

(1) 在一个工程项目中打开一个已经绘制完毕的原理图文件。

(2) 单击图 1.6-21 中所示的“Navigator”标签，调出“Navigator(导航)”面板。注意，在编译前该面板上各项内容是空的。

(3) 在图 1.6-21 所示的元器件标号列表区域中单击要查找的元器件标号(如 D1),或在 D1 所在行上右击,然后在弹出的快捷菜单中选择“Jump to D1”选项,则 D1 及其关联的元器件符号显示在工作窗口,其他元器件符号呈现掩膜状态,如图 1.6-22 所示。

(4) 单击工作窗口右下角的“Clear”标签,清除掩膜状态。

2. 快速查找网络连接

(1) 按照快速查找元器件的方法调出“Navigator(导航)”面板。

(2) 在“Net/Bus”区域中单击要查找的网络名称(如 GND),则 GND 网络的连接情况显示在工作窗口,其他元器件符号和网络则呈现掩膜状态,如图 1.6-23 所示。

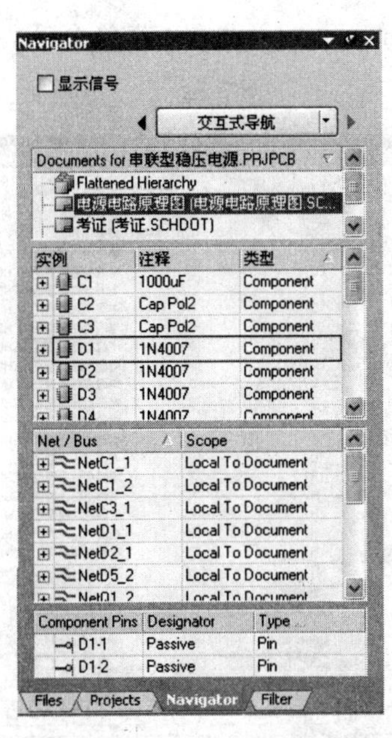

图 1.6-21　“Navigator(导航)”面板图

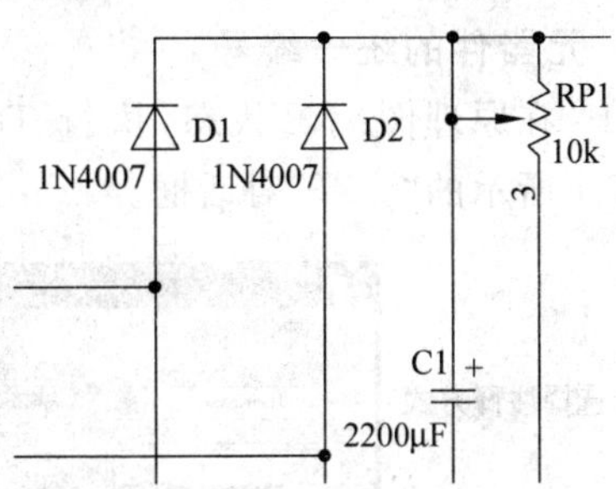

图 1.6-22　显示 D1 元器件符号

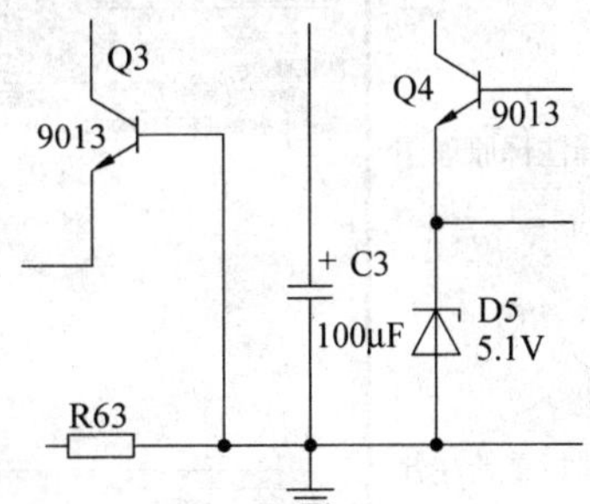

图 1.6-23　显示 GND 网络

(3) 单击工作窗口右下角的“Clear”标签,清除掩膜状态。

1.7　电路原理图的后期处理

电路原理图是设计电子产品的基础,电路原理图一定要准确、规范;否则,在以后的工作中就会遇到一系列的问题,且难以查出。因此,设计完成电路原理图后,要检查一下电路原理图是否完全正确,为以后的印制电路板设计工作打好基础。下面从几个方面进行电路原理图的检查。

1.7.1　检查电路原理图元器件的序号

对于绘制好的电路原理图,放置在图纸上的每一个元器件都要有一个唯一的序号与之相对应。元器件的序号是电路原理图提供元器件信息的主要途径，是对电路原理图进行各种电气规则检查和生成电路图网络表的重要依据。

在设计电路原理图时，先要为每一个元器件定义一个相应的序号。但在编辑过程中，经常需要添加和删除电路图中的符号。在绘制完成后可能会出现混乱，如某些元器件序号重复使用，或序号不连续，或未标注序号等。对于这些问题，可以通过手工方法来修改，但对于复杂电路就有点勉为其难了。因此，最好的办法就是利用 Protel DXP 2004 SP2 软件提供的原理图自动标注功能，对元器件序号重新进行自动标注。具体操作方法如下：

1. 元器件的统一编号

(1) 在原理图编辑状态，执行 Tools（工具）| Annotate...（注释）菜单命令，弹出如图 1.7-1 所示的“注释”对话框。

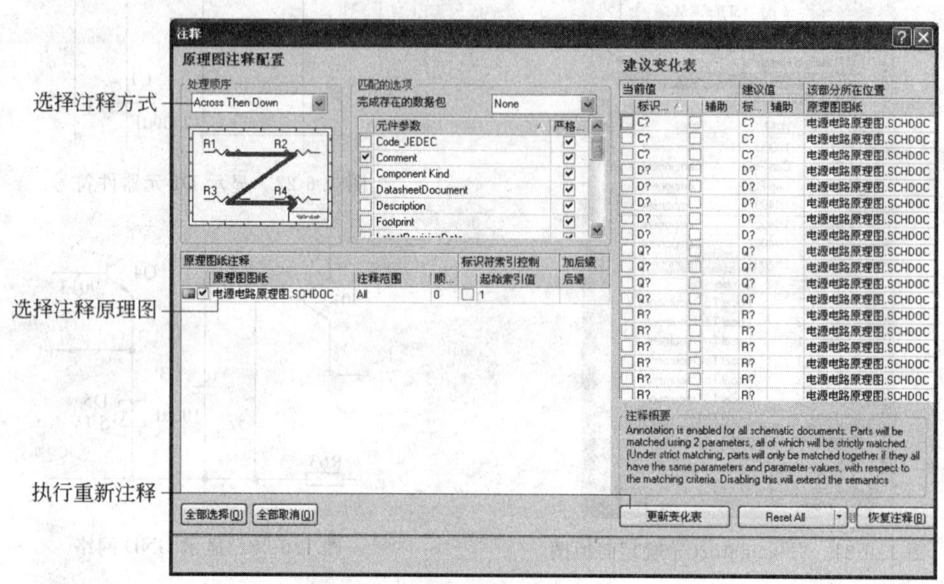

图 1.7-1 “注释”对话框

在对话框“处理顺序”中选择编号的顺序，有先左右后上下、先上下后左右、先左右后下上和先下上后左右四种。默认为“先左右后上下”方式。

(2) 在对话框左下角选择需要注释的原理图。本任务只有一个原理图，默认已选中。

(3) 对话框右上角是元器件列表，分别列出了当前的元件编号和建议的元件编号，可以选择部分元件重新编号，选中不需要修改的元件左边的复选框。本案例中为全部编号，故不需要选择。

(4) 单击对话框右下角的“更新变化表”按钮，弹出的信息框中显示共有 21 个元器件的编号发生变化，如图 1.7-2 所示。

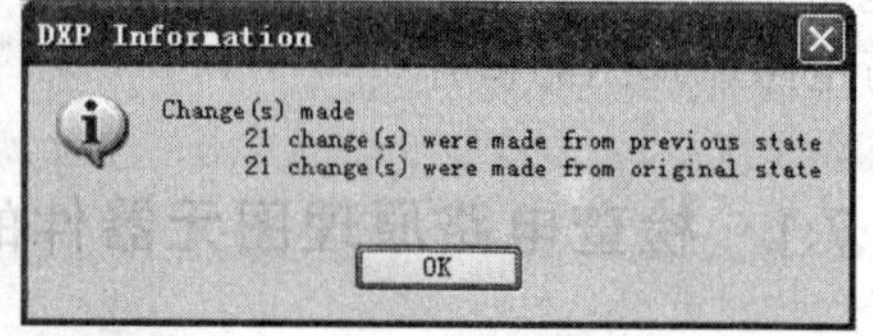

图 1.7-2 更新变化表信息框

(5) 单击“接受变化(建立 ECO)”按钮，弹出“工程变化订单(ECO)”对话框，显示当前元器件的具体变化情况，如图 1.7-3 所示。

图 1.7-3 “工程变化订单(ECO)”对话框

(6) 单击“使变化生效”按钮，然后检查是否有错误。若全部正确，如图 1.7-4 所示；否则单击“关闭”按钮，纠正错误后重新执行以上步骤。

图 1.7-4 检查元器件编号变化

(7) 单击“执行变化”按钮，执行变化后如图 1.7-5 所示。单击“关闭”按钮退出。

(8) 在项目修改命令对话框中，单击“变化报告”按钮，生成自动标志元器件报告，并弹出“报告预览”对话框，如图 1.7-6 所示。

图 1.7-5 执行自动编号

报告预览

Change Order Report For ProjectFree Documents And Free D

Action	Object		Change Document
Annotate Component			
Modify	C? -> C1	In	电源电路原理图.SCHDOC
Modify	C? -> C2	In	电源电路原理图.SCHDOC
Modify	C? -> C3	In	电源电路原理图.SCHDOC
Modify	D? -> D1	In	电源电路原理图.SCHDOC
Modify	D? -> D2	In	电源电路原理图.SCHDOC
Modify	D? -> D3	In	电源电路原理图.SCHDOC
Modify	D? -> D4	In	电源电路原理图.SCHDOC
Modify	D? -> D5	In	电源电路原理图.SCHDOC
Modify	Q? -> Q1	In	电源电路原理图.SCHDOC
Modify	Q? -> Q2	In	电源电路原理图.SCHDOC
Modify	Q? -> Q3	In	电源电路原理图.SCHDOC
Modify	Q? -> Q4	In	电源电路原理图.SCHDOC
Modify	R? -> R1	In	电源电路原理图.SCHDOC
Modify	R? -> R2	In	电源电路原理图.SCHDOC
Modify	R? -> R3	In	电源电路原理图.SCHDOC
Modify	R? -> R4	In	电源电路原理图.SCHDOC
Modify	R? -> R5	In	电源电路原理图.SCHDOC
Modify	R? -> R6	In	电源电路原理图.SCHDOC
Modify	Rp? -> Rp1	In	电源电路原理图.SCHDOC
Modify	Rp? -> Rp2	In	电源电路原理图.SCHDOC
Modify	T? -> T1	In	电源电路原理图.SCHDOC

图 1.7-6 “报告预览”对话框

2. 快速自动标志元器件和恢复标志

(1) 执行“工具”|“快捷注释元件”菜单命令，系统对当前原理图进行快速自动标志。

(2) 执行“工具”|“强制注释全部元件”菜单命令，系统对当前项目中的所有原理图文件进行强制自动标志。不管原来是否有标志，系统都将按照默认的标志模式重新自动标志项目中的所有原理图文件。

(3) 复位标志命令“工具”|“重置标识符”的功能是将当前原理图中的所有元器件复位到标志的初始状态。

(4) 恢复元器件标志命令"工具"|"恢复注释"的功能是，利用原来自动标志时生成的ECO文件，将改动标志后的原理图恢复到原来的标志状态。

1.7.2 电路原理图电气规则检查

原理图绘制完成后，为了确保导入到PCB板的网络连接完全正确，用户需要对原理图执行编译以及检错等操作。执行完该检查后，系统自动在原理图中有错的地方加标记，从而方便用户检查错误，提高设计质量和效率。电气检查报告一般以错误(Error)或警告(Warning)来提示。

1. 设计规则设置

电气检查是按照一定的电气规则，检查已绘制好的电路图中是否有违反电气规则的错误。所以在检查前，先进行规则设置。

执行 Project(项目管理)|Project Options...(项目管理选项)菜单命令，将弹出项目管理选项对话框，如图1.7-7所示。项目管理选项对话框中包含了众多选项卡，其中只有"Error Reporting"(错误报告)和"Connection Matrix"(连接矩阵)两个选项卡涉及原理图检查，下面分别介绍。

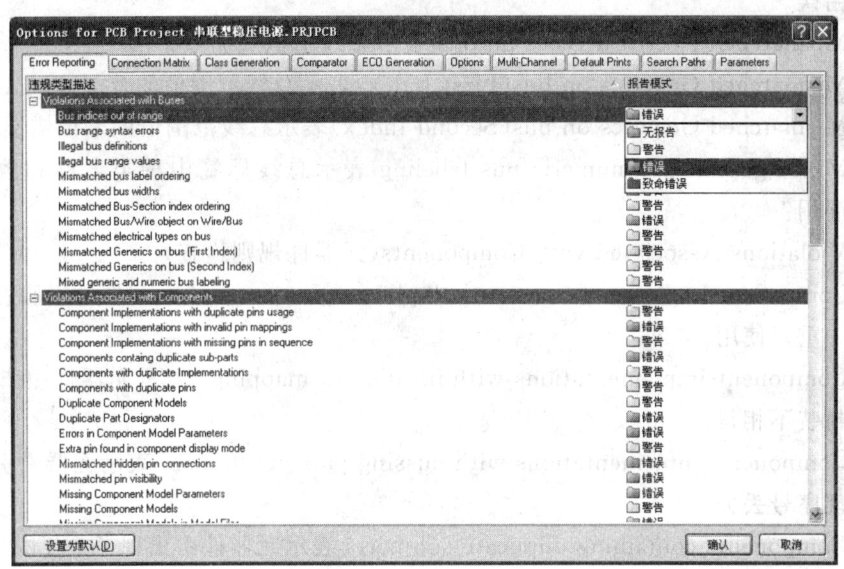

图1.7-7 项目管理选项对话框

(1) "Error Reporting(错误报告)"选项卡

"Error Reporting"(错误报告)选项卡用于设置各种违规类型的报告模式。违规类型共有六大类，包括总线连接错误、元器件连接错误、文档电气错误、网络标号连接错误、其他各种类型错误及参数设置错误。

在每一项设计规则右边的"Report Mode"(报告模式)栏中有四个选项，用来设置违反对应规则的错误级别。"No Report"(无报告)表示忽略违反设计规则的情况；

“Warning”(警告)表示对违反设计规则的情况显示警告;“Error”(错误)表示对违反设计规则的情况显示错误标志;“Fatal Error”(致命错误)表示对违反设计规则的情况显示严重错误标志。

① Violations Associated with Buses(总线规则检查)

- Bus indices out of range 表示总线分支索引超出范围。
- Bus range syntax errors 表示总线范围的语法错误。
- Illegal bus definitions 表示定义总线非法。如果总线没有通过总线入口就直接与元器件引脚相连,就违反了该规则。
- Illegal bus rang values 表示总线范围值非法。总线范围值应与它所连接的分支数相等。如果不相等,就违反了该规则。
- Mismatched bus label ordering 表示总线分支的网络标号排列错误。通常,总线分支的网络标号是按升序或降序排列的,否则就违反了该规则。
- Mismatched bus widths 表示总线的宽度错误。总线的范围值应与和它连接的分支数相等,否则就违反了该规则。
- Mismatched Bus-Section index ordering 表示总线范围表达式错误。
- Mismatched Bus/Wire object on Wire/Bus 表示对象与总线或者导线的连接错误。
- Mismatched electrical types on bus 表示总线上电气类型错误。
- Mismatched Generics on bus(First Index)表示总线范围值的首位错误。
- Mismatched Generics on bus(Second Index)表示总线范围值的末位错误。
- Mixed generic and numeric bus labeling 表示总线标签中种类名称和数字标号混用。

② Violations Associated with Components(元器件规则检查)

- Component Implementations with duplicate pins usage 表示元器件引脚在原理图中重复使用。
- Component Implementations with invalid pin mappings 表示元器件引脚和 PCB 封装不相符。
- Component Implementations with missing pins in sequence 表示元器件引脚中出现序号丢失。
- Components containing duplicate sub-parts 表示元器件中出现了重复的子部分。
- Components with duplicate Implementations 表示元器件被重复利用。
- Componente with duplicate pins 表示元器件引脚重名。
- Duplicate Component Models 表示一个元器件被定义有多个模型。
- Duplicate Part Designators 表示元器件中标号重复。
- Errors in Component Moded Parameters 表示元器件模型的参数错误。
- Extra pin found in component display mode 表示在元器件显示模式中发现多余引脚。
- Mismatched hidden pin connections 表示隐藏引脚连接不匹配。
- Mismatched pin visibility 表示引脚隐藏属性不匹配。

- Missing Component Model Parameters 表示缺少元器件模型参数。
- Missing Component Models 表示缺少元器件模型。
- Missing Component Models in Model Files 表示元器件模型在模型文件中不存在。
- Missing pin found in component display mode 表示在元器件显示模式缺少引脚。
- Models Found in Different Model Locations 表示在不同的地方发现元器件模型。
- Sheet symbol with duplicate entries 表示子图入口重复。
- Un-Designated parts requiring annotation 表示对没有标志的元器件进行自动标注。
- Unused sub-part in component 表示元器件的子部件未使用。

③ Violations Associated with Documents(文件规则检查)

- Duplicate Sheet numbers 表示重复的原理图序号。
- Duplicate Sheet symbol Names 表示层次原理图中使用了重复的方块图。
- Missing child sheet for sheet symbol 表示方块图没有与之对应的子电路图。
- Missing sub-Project sheet for component 表示元器件没有对应的底层项目文档。
- Port not linked to parent sheet symbol 表示子原理图的端口未与主原理图中方块图的端口相对应。
- Sheet Entry not linked to child sheet 表示方块图的端口未与子原理图的端口相对应。

④ Violations Associated with Neds(网络标志符规则检查)

- Adding hidden net to sheet 表示原理图中出现隐藏网络。
- Adding Items from hidden net to net 表示从隐藏网络中添加对象到非隐藏网络。
- Duplicate Nets 表示原理图中出现重名网络。
- Floating net labels 表示原理图中出现网络标签悬空。
- Floating power objects 表示电源端子悬空。
- Global Power-object scope changes 表示总体电源符号错误。
- Net Parameters with no name 表示网络属性中没有名称。
- Net Parameters with no value 表示网络属性中没有赋值。
- Nets containing floating input pins 表示网络中包含悬空的引脚。
- Nets containing multiple similar objects 表示网络中包含多个类似对象。
- Nets with no driving source 表示网络中没有驱动电源。
- Sheets containing duplicate ports 表示原理图中包含重复的端口。
- Unconnected objects in net 表示网络中出现元器件未连接对象。
- Unconnected wires 表示原理图中出现未连接的导线。

⑤ Violations Associated with Others(其他规则检查)

- Object not completely within sheet boundaries 表示原理图中的对象超出了图纸范围。
- Off-grid object 表示原理图中的元器件未正好处于格点位置。

⑥ Violations Associated with Parameters(参数规则检查)

- Same parameter containing different types 表示相同参数出现在不同的模型中。
- Same parameter containing different values 表示相同参数出现不同的取值。

要进行规则修改设置,可以选中某一个规则右侧的报告模式,然后在弹出的下拉菜单中修改相应的错误等级。有四种错误报告模式:不报告、警告错误和致命错误,如图 1.7-7 所示,依次表明违反规则的严重程度,并常用不同的颜色,便于用户区分。

(2) "Connection Matrix"(连接矩阵)选项卡

连接矩阵选项卡由彩色方块组成,主要用于检测各种引脚、输入/输出端口、绘图页的出入端口的连接是否已构成不报告、警告、错误或严重错误等级的电气冲突。系统在进行电气规则检查的时候,将根据该连接矩阵设置的错误等级生成 DRC 报告,如图 1.7-8 所示。

图 1.7-8 连接矩阵设置对话框

矩阵是以交叉接触的形式读入的,图中的行、列中分别列出了电路图中所有端口与引脚的类型,它们的交叉处表示该电气节点的状态。绿色表示不报告,黄色表示警告,橙色表示错误,红色表示严重错误。

例如,当元器件的引脚没有连接时,可以设置错误报警。在图 1.7-8 所示的矩阵行中找到"Unconnected"(未连接),在矩阵列中找到"Passive Pin"(引脚),两者的交叉点处显示了一个绿色方块,表示当元器件引脚没连接时系统不给出报告。现设置给出严重错误报告,方法是将鼠标移至该交叉点上,光标变成小手形状后连续单击,该点处的颜色就会呈现绿、黄、橙、红四种颜色交替变化,依次表示不报告、警告、错误、严重错误。设置红色即可,如图 1.7-8 所示。

在设置完"设计规则检查(DRC)"后,就可以对项目进行编译了。系统将按照"设计规则检查”的内容进行筛查，对发现的问题发出警报。

2. 电气规则检查

(1) 独立原理图电气检查

对于不属于任何项目文件的独立原理图是不能进行电气检查规则设置的，但仍可以使用默认规则进行电气规则检查。下面以单管放大电路为例介绍独立原理图的电气检查，独立原理图标志如图1.7-9所示。

图1.7-9 独立原理图

执行“项目管理”|“Compile Document 单管放大(最终).SCHDOC”菜单命令，系统自动检查电路，并弹出“Messages”(信息)对话框，显示违规信息。若没有违规的地方，输出的“Messages”对话框为空白。本例中的违规信息如图1.7-10所示。

Messages

Class	Document	Source	Message	Time	Date	N..
[Error]	单管放大（最终）...	Compiler	Signal PinSignal_C1_1[0] has no driver	20:52:48	2008-7...	1
[Error]	单管放大（最终）...	Compiler	Signal PinSignal_C2_1[0] has no driver	20:52:48	2008-7...	2
[Error]	单管放大（最终）...	Compiler	Signal PinSignal_C3_1[0] has no driver	20:52:48	2008-7...	3
[Warni...	单管放大（最终）...	Compiler	Net NetC2_2 has no driving source (Pin C2-2,Pin R5-2)	20:52:48	2008-7...	4

图1.7-10 电气规则检查违规信息

从违规信息中可以看出，有三个错误(Error)和一个警告(Warning)，错误在于C1的1脚、C2的1脚和C3的1脚没有驱动信号，警告在于网络NetC2_2没有驱动信号源。以上违规对于电路仿真来说影响很大，而对于PCB设计来说是没有影响的，可以忽略，故本电路没有违反设计规则。

(2) 对当前的原理图文件或整个项目文件进行检查

执行“项目管理”菜单命令，选择“Compile Document 电源电路原理图.SCHDOC”命令，是对当前的原理图文件进行检查；选择“Compile PCB Project 串联型稳压电源.PRJPCB”命令，是对整个项目文件进行检查。一般选择对整个项目进行检查。也可以右击“Projects”工作面板中的某一个原理图文件或者整个项目文件，这时将弹出一个快捷菜单，从中选择“Compile PCB Project 串联型稳压电源.PRJPCB”选项，即可完成对应文件的编译操作。编译后，系统的自动检错结果将出现在“Messages”面板中，并生成信息报告。如果项目有错误，“Messages”(信息)窗口会自动弹出；如果仅仅是警告，则不会弹出。可以单击原理图右下角状态栏中的“System”(控制栏)，选择“Message”(信息)命令进入；也可执行View(查看)|Workspace Panels(工作区面板)|System|Messages菜单命令。相关的错误信息将显示在“Messages”面板中。在ERC检查报告中，显示了错误的等级(Class)、设计图纸名字(Document)、错误原因(Message)和当前编译的时间等信息。

现设置一个错误，将“C2”改“C1”，系统会弹出错误信息，如图1.7-11所示。

双击错误栏，再单击弹出的信息，系统会自动跳转到原理图中的错误位置，并突出显示，以方便用户修改，如图1.7-12所示。

将电容名称改回后重新编译，则不会弹出信息框。若要查看信息，可以执行状态栏

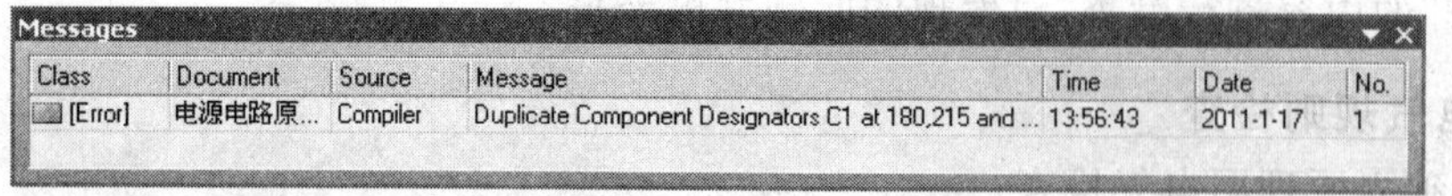

Class	Document	Source	Message	Time	Date	No.
[Error]	电源电路原...	Compiler	Duplicate Component Designators C1 at 180,215 and ...	13:56:43	2011-1-17	1

图 1.7-11 “Messages”(信息)对话框(一)

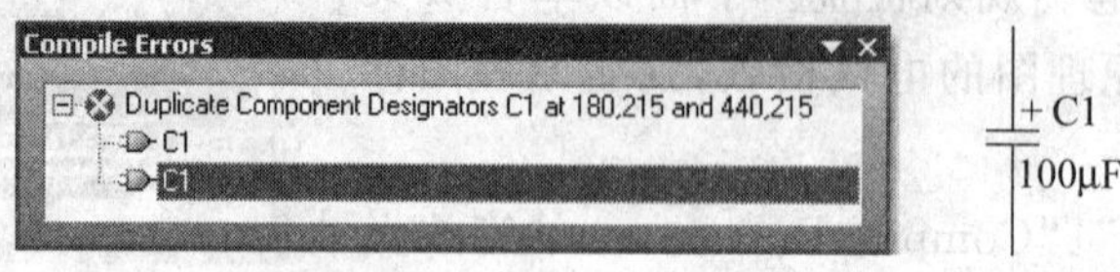

图 1.7-12 错误信息提示

中的 System|Message 命令进入。在弹出的对话框中若没有任何内容显示,说明原理图正确,如图 1.7-13 所示。

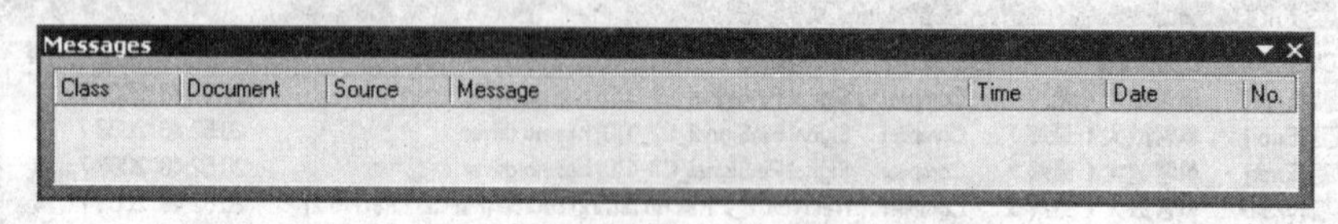

Class	Document	Source	Message	Time	Date	No.

图 1.7-13 “Messages”(信息)对话框(二)

1.7.3 生成网络表文件

当设计好电路原理图,经 ERC 电气规则测试正确无误后,就要生成网络表,为 PCB 布线做准备。网络表文件是电路原理图与印制电路板之间的连接桥梁和纽带。在 PCB 设计系统中,印制电路图根据网络表文件自动完成元器件之间的电气连接,并根据元器件的封装形式,自动给出元器件在板中的形状和大小。

网络表文件(*.Net)是一张电路图中全部元件和电气连接关系的列表,它主要说明电路中的元器件信息和连线信息,是原理图与印刷电路板的接口,也是电路板自动布线的灵魂。用户可以由原理图文件生成网络表,也可以由项目文件生成网络表。

1. 设置网络表选项

执行“项目管理”|“项目管理选项”菜单命令,打开“项目管理选项”对话框,然后单击“Options”选项卡进行网络表选项设置,如图 1.7-14 所示。

2. 生成文档的网络表

在生成网络表之前,必须在原理图中对所有的元器件设置好元器件标号(Designator)和封装形式(Footprint)。

执行“设计”|“文档的网络表”|Protel 菜单,系统自动生成 Protel 格式的网络表。在工作区面板中可以打开网络表文件(*.NET)。

在网络表中,以“[”和“]”将每个元器件单独归纳为一项,每项包括元器件名称、标称值和封装形式;以“(”和“)”把电气上相连的元器件引脚归纳为一项,并定义一个网络名。

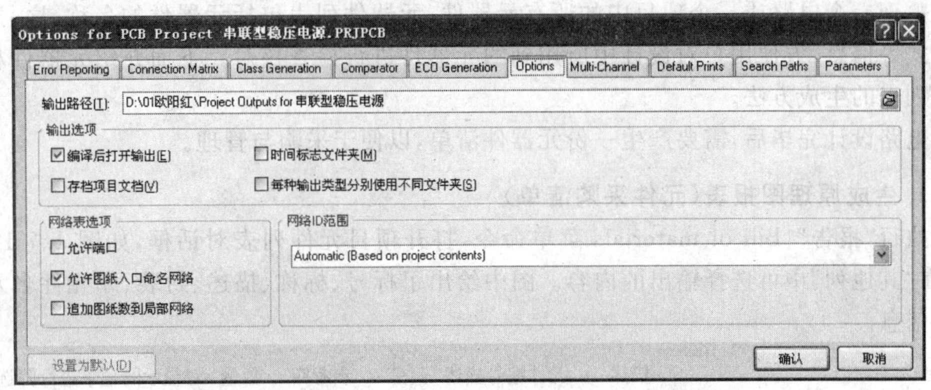

图 1.7-14　网络表选项设置

3. 生成设计项目的网络表

对于存在多个原理图的设计项目，如层次电路图，一般要采用生成设计项目网络表的方式产生网络表文件，以保证网络表文件的完整性。

执行"设计"|"设计项目的网络表"命令，则系统弹出项目网络表的格式选择菜单，如图 1.7-15 所示。执行 Protel 命令，系统自动生成 Protel 格式的网络表。在工作区面板中可以打开网络表文件(＊.NET)。网络表分两部分，方括号内的是元器件信息；圆括号内的是网络信息，即元器件的电气连接信息。网络表文件格式内容说明如图 1.7-16 所示。

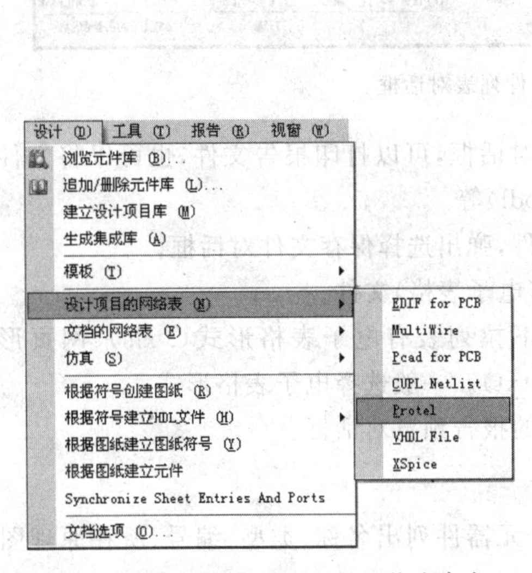

图 1.7-15　生成设计项目的网络表命令

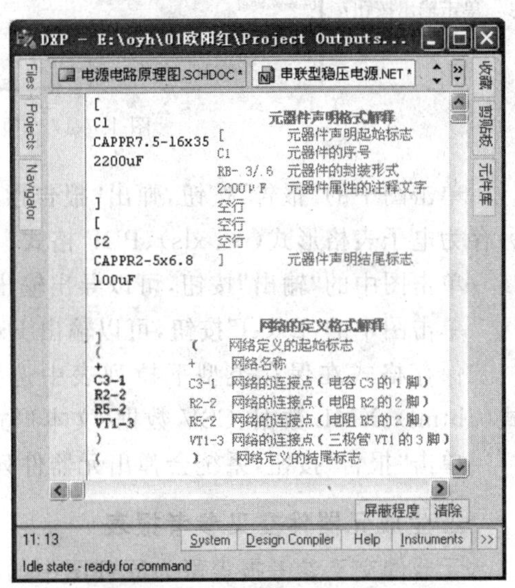

图 1.7-16　网络表文件格式说明

1.7.4　生成元器件材料清单

Protel DXP 2004 SP2 可以生成多种格式的元器件材料清单列表。元器件列表主要用于整理一个电路或一个项目中的所有元器件，元器件列表包括元器件的名称、序号、封装形式等信息，方便用户对设计中所用到的元器件进行检查核对。下面介绍元器件材料清单列表的生成方法。

电路设计完毕后，需要产生一份元器件清单，以便于采购与管理。

1. 生成原理图报表(元件采购清单)

执行"报告"|Bill of materials 菜单命令，打开项目元件列表对话框，如图 1.7-17 所示，在"其他列"中可选择输出的内容。图中给出了标号、标称、描述、封装、库元件名及数量等信息。

图 1.7-17　项目元件列表对话框

单击图中的"报告"按钮，弹出"报告预览"对话框，可以打印报告文件，也可以将文件另存为电子表格形式(＊.xls)、PDF 格式(＊.pdf)等。

单击图中的"输出"按钮，可以导出输出文件，弹出选择保存文件对话框。

单击图中的"Excel"按钮，可以输出 Excel(电子表格)文件。

保存格式在保存类型下拉列表中选择，下拉列表有电子表格形式(.xls)、网页形式(.html)、XML 数据、CSV 数据、文本形式(.txt)。一般选择电子表格形式。

单击"报告"按钮，系统会弹出元器件列表的报告预览对话框。

2. 生成元器件交叉参考报表

元器件交叉参考报表可为原理图中的每个元器件列出名称、类型、编号、所在原理图等信息。

打开原理图文件，执行"报告"|Component Cross Reference 菜单命令，即可打开元件交叉参考报表设置对话框。显示的元器件列表按照文档分组显示，对该列表的操作与上述一样。

CHAPTER 2

任务 2

稳压电源 PCB 的设计与制作

2.1 PCB 的设计常识

印制电路板(Printed Circuit Board,PCB)设计是电子工艺学科一个非常重要的组成部分,一台电子设备能否长期可靠地工作,不仅取决于电路的原理设计和电子元器件的选用,很大程度上还取决于印制电路板的设计。PCB 的设计直接关系到电子产品的质量。而且,随着人们审美意识的不断提高,PCB 的设计越来越美观,制作越来越精良,单纯地满足性能要求而忽视了审美,同样不被人们所接受。早期电子产品 PCB 中,元器件的排列、焊盘的形状、印制导线的走向、导线拐点的处理等,都无法与目前的 PCB 相比。一个设计精良的 PCB,不但要布局合理,满足电气要求,有效地抑制各种干扰,而且要充分体现审美意识,这也是 PCB 设计的新理念。现在各行各业都在激烈的竞争中发展,某一方面的疏忽都将给企业带来巨大损失。

对于同一张原理图,由不同的人来设计 PCB,会有不同的设计方案,在设计方案中会反映出人们对原理图的理解和审美观,这些最终都将在 PCB 的设计中体现出来。既能达到很好的电气性能,又具有良好的审美观点,并不是一朝一夕能做到的,但在设计时应力求完美,充分考虑电气性能与审美两方面因素。审美方面包括元器件的摆放位置(方向)、合理搭配,印制导线的走线方向、拐角形式,焊盘的大小、形状及 PCB 的整体布局。

PCB 的设计大都使用计算机专业设计软件进行,PCB 的制作也是由专业制作厂家完成的。大批量的 PCB 生产常常是用户自己设计好 PCB,将文档资料交给 PCB 生产厂家,由其完成 PCB 的制作。Protel DXP 2004 SP2 就是一种被广泛使用的 PCB 设计软件,它设计出的 PCB 文档可以广泛地被各专业 PCB 生产厂家所接受。因此,在 PCB 设计时必须遵守基本的设计原则。

2.1.1 PCB 结构

印制电路板是通过一定的制作工艺,在绝缘度非常高的基材上覆盖一层导电性能良好的铜箔构成覆铜板,然后按照 PCB 图的要求,在覆铜板上蚀刻出相关的图形,再经钻孔等后处理制成,以供元器件装配所用。

PCB 根据结构不同可分为单面板、双面板和多层板。

单面板是指在一面覆铜的电路板,只可在覆铜的一面布线。其制作成本简单,但由于只能在一面布线且不允许交叉,布线难度较大,适用于比较简单的电路。

双面板是两面覆铜，两面均可布线。其制作成本低于多层板，由于可以两面布线，布线难度降低，因此是最常用的结构。

多层板一般指三层以上的电路板。多层板不仅两面覆铜，在电路板内部也包含铜箔，各铜箔之间通过绝缘材料隔离。但其制作成本较高，多用于电路布线密集的情况。

2.1.2 PCB中的各种对象

1. 层(Layer)

Protel的“层”是PCB材料本身实实在在的铜箔层。目前，由于电路较复杂，元件面和焊接面容不下所有的导线，就要做成多面板。在元件面和焊接面的中间设置层面，用于放置导线，这样的层面称为内部层或中间层。中间层如果是专门用于放置电源导线的，则称电源层或地线层；如果是用于放置传递电路信号的导线的，称为中间信号层。这些层因加工相对较难，而且大多用于设置走线较为简单的电源布线层，常用大面积填充的办法来布线。多面板的元件面、焊接面要和中间层连通，靠PCB上的金属化孔完成，这种金属化孔称为通孔(Via)。PCB层结构示意如图2.1-1所示。

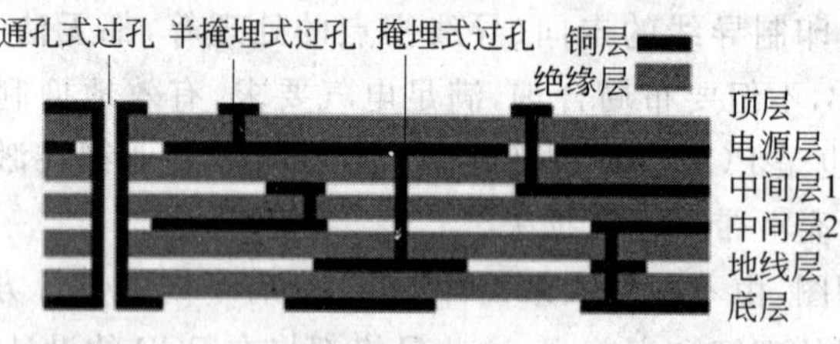

图2.1-1 PCB层结构示意图

2. 铜膜导线

用于各导电对象之间的连接，由铜箔构成，具有导电特性。

3. 元件面(Component Side)

对于PCB来说，一般情况下，总是把元件放在一面。我们把放置元件的一面称为元件面。大多数元件都安装在朝上的一面。

4. 焊接面(Solder Side)

PCB的另一面用于布置印制导线(对于双面板，元件面也要放置导线)和进行焊接。我们把布置导线的一面称为印制面或焊接面。

5. 丝印层(Overlay, Top Overlay)

为方便电路的安装和维修，需要在PCB的上、下两个表面印制所需要的标志图案和文字代号，例如元件标号和标称值、元件外廓形状以及厂家标志、生产日期等，这就是丝印层(Silkscreen Top/Bottom Overlay)。丝印层是印制在元件面上的一种不导电的图形；有时，焊接面上也可印丝印层，即Bottom Overlay，用一种绝缘白色涂料印制。在PCB上放置元件库中的元件时，其引脚的封装形状会自动放到丝印上。如果在PCB的两面放置元件，需要将两个丝印层都打开。元件序号必须标注在丝印层，否则可能引起不必要的电气连接。

6. 元件符号轮廓

表示元件实际所占空间大小，不具有导电特性。

7. 字符

可以是元件的标号、标注或其他需要标注的内容，不具有导电特性。

8. 助焊膜和阻焊膜

助焊膜是涂于焊盘上，用于提高可焊性能的一层膜，也就是在绿色 PCB 上比焊盘略大的浅色圆。阻焊膜是为了使制成的 PCB 适应波峰焊等焊接形式，要求 PCB 上非焊盘处的铜箔不能粘焊，因此在焊盘以外的各部位都要涂覆一层涂料，用于阻止这些部位上锡。可见，这两种膜是一种互补关系。

阻焊图为防止不需要焊接的印刷导线被焊接而绘制的一种图形。

9. 阻焊剂

为防止焊接时焊锡溢出造成短路，需要在铜膜导线上涂覆一层阻焊剂。阻焊剂只留出焊点的位置，而将铜膜导线覆盖住，不具有导电特性。

10. 焊盘(Land or Pad)

焊盘是用于连接和焊接元件的一种导电图形。

焊盘的作用是放置焊锡、连接导线和元件引脚，由铜箔构成，具有导电特性。

选择元件的焊盘类型要综合考虑该元件的形状、大小、布置形式、振动和受热情况、受力方向等因素。

11. 过孔

过孔的作用是连接不同板层的铜膜导线，由铜箔构成，具有导电特性。过孔有三种，即从顶层贯通到底层的穿透式过孔、从顶层通到内层或从内层通到底层的盲过孔，以及内层间的隐蔽过孔。

过孔从上面看上去，有两个尺寸，即通孔直径和过孔直径。通孔和过孔之间的孔壁由与导线相同的材料构成，用于连接不同层的导线。

12. 金属化孔(Plated Through)

金属化孔又称通孔，其孔壁沉积有金属，用于层间导电图形的连接。

13. 坐标网络(Grid)

坐标网络又称格点，是两组等距平行正交而成的网格，用于元件在 PCB 上的定位。一般要求元件的引脚必须位于网格的交点上，导线不一定按网格定位。

2.1.3　PCB 的设计原则

PCB 的设计是电子产品设计中一个很重要的工艺环节，若设计不当，会直接影响整机的电路性能，也直接影响整机的质量水平。它是工程技术人员学习电子技术和制作电子装置的基本功之一，是专业性与实践性都十分强的技术工作。

PCB的设计是根据电路原理图进行的，所以必须研究电路中各元器件的排列，确定它们在PCB上的最佳位置。在确定元器件的位置时，还应考虑各元器件的尺寸、重量、物理结构、放置方式、电气连接关系、散热及抗电磁干扰的能力、电子元器件与机壳的连接关系等因素。可先草拟几种方案，经比较后确定最佳方案，并按正确比例画出设计图样。画图在早期主要靠手工完成，十分烦琐，目前大多用计算机完成。下面介绍的设计原则既可适用于手工画图设计，也可适用于计算机设计。

1. 元器件排列原则

PCB上元器件的排列又称布局。元器件布局对电子设备的性能影响很大，不同电路在元器件排列时有不同的要求。元器件排列的一般原则如下：

(1) 按信号流向排列，一般从输入级开始，到输出级终止。

(2) 发热量较大的元器件应加装散热器，或尽可能放置在有利于散热的位置以及靠近机壳处。如电源电路中发热量较大的元器件，可以考虑安装在机壳上。

(3) 对于比较大、重的元器件，要另加支架或紧固件，不能直接焊在PCB上。

(4) 热敏元件要远离发热元件。

(5) 若元件或导线间有较大电位差，应加大它们之间的距离。

(6) 尽可能缩短高频元器件的连接线，设法减小它们的分布参数和相互间的干扰。易受干扰的元器件应加屏蔽。

(7) 可调元器件布置时，要考虑到调节方便。

(8) 对于对称式电路，如推挽功放电路、差动放大器电路、桥式电路等，应注意元器件的对称性，尽可能使其分布参数一致。

(9) 对于每个单元电路，应以其核心器件为中心，围绕它进行布局。

(10) 元器件排列应均匀、整齐、紧凑。单元电路之间的引线应尽可能短，引出线数目尽可能少。

(11) 对于位于边缘的元器件，离PCB边缘的距离至少应大于2mm。

(12) 元器件外壳之间的距离应根据它们之间的电压来确定，不应小于0.5mm。个别密集的地方应加套管。

(13) PCB需要固定的，应留有紧固的位置或打上螺钉孔。放置紧固件的位置应考虑到安装、拆卸方便。

(14) 若有引出线，最好使用接线插头。

(15) 对于有铁心的电感线圈，应尽量相互垂直放置且彼此远离，以减小相互间的耦合。

(16) 如果有元器件与机壳、面板有联系，如各种显示器件、调节元器件，它们均要与机壳相连，因此应当在PCB上有其固定的安装位置，这个位置不能被其他元器件占用。

(17) 应注意元器件排列整体重心的平衡、美观。

2. 元器件的整体布局原则

(1) 电子元器件的布局应使电磁场的影响减小到最低限度，避免电路之间形成干扰并防止外来的干扰，以保证电路性能指标的实现。

(2) 电子元器件的布局直接影响布线，布线长度和走线路径、走线方向必须合理，以免增加分布参数或产生寄生耦合。

(3) 电子元器件的布局要求结构紧凑、层次分明、排列美观、疏密一致、重量均衡，具有一定的防震功效。

(4) 电子元器件的布局最好实现功能单元区域划分，每个单元在安装、调试、维修等操作过程中都应具备一定的独立性。

3. 元器件安装数据及获取途径

要将一定数量的元器件按原理图中的电气连接关系安装在PCB上，必须事先知道各元器件的安装数据，以便元器件布局。一般采用下述方法获取和确定元器件的安装数据。

(1) 由电路设计者提供元器件正确的安装资料。

(2) 若没有提供元器件安装数据，应通过元器件型号查手册，找出元器件的安装数据。

(3) 想办法找到元器件样品，实测元器件，确定元器件安装数据。

如果是利用计算机设计PCB图，数据将用于制作PCB元器件库。

4. 布线原则

根据以上原则排定元器件之后，就可以按所排元器件的位置实施布线。PCB布线的原则如下：

(1) 布线要短。尤其是三极管的基极、高频引线、电位差比较大而又相邻近的引线，要尽可能短，间距要尽量大。

(2) 一般将公共地线布置在边缘部位，以便于将PCB安装到机壳上。电源、滤波、控制等低频电路的直流导线也应靠边缘部位。边缘应留有一定距离，一般不小于2mm。

(3) 高频元器件和高频导线一般布置在中间，以减小它们对地和机壳的分布电容。

(4) 导线拐弯要为圆形或钝角。因直角、尖角对高频和高压影响较大，拐弯处圆弧半径R应大于2mm，拐弯角度应大于90°。

(5) 在条件允许的情况下，导线可适当加宽，间距可适当加大。

(6) 大面积铜箔要开“天窗”。在大面积铜箔下，受热后产生的气体不便排出，易使铜箔膨胀、脱落。

(7) 单面印制电路板上的印制导线不能交叉。遇此情况，可绕着走线或平行走线。高频电路中的高频引线、管子引线、输入/输出线要短而直，避免相互平行。交叉导线回避不了时，可采取在元件面使用外跨导线连接的方法解决(这种外跨导线又称跳线)。交叉导线较多时，可采用双面板或多面板。

(8) 一般情况下，双面板两面的导线应相互垂直布线。如果元件面水平布线，则焊接面布线应与元件面布线垂直。如果线路较复杂，走线走不通时，需调整元器件的布局，再进行布线，直到布通为止。

(9) 走线正确、布线均匀，注意线路的美观。

PCB的布置与布线是一项专业性与实践性都很强的工作，以上原则在不同情况下有其不同的侧重点，应根据具体的电路特点和机械结构要求灵活运用。

2.1.4 元器件排列方式的设计与要求

元器件在 PCB 上的排列方式分为不规则与规则两种。在 PCB 上可单独采用一种方式，也可以同时采用两种方式。

1. 不规则排列

元器件不规则排列又称随机排列，如图 2.1-2(a)所示。即元器件轴线方向彼此不一致，排列顺序无一定规则。采用这种方式排列元器件，看起来杂乱无章，但由于元器件不受位置与方向的限制，因而印制导线布设方便，可以减少和缩短元器件的连接，这对于减少 PCB 的分布参数、抑制干扰，特别对高频电路极为有利，这种排列方式常在立式安装中采用。

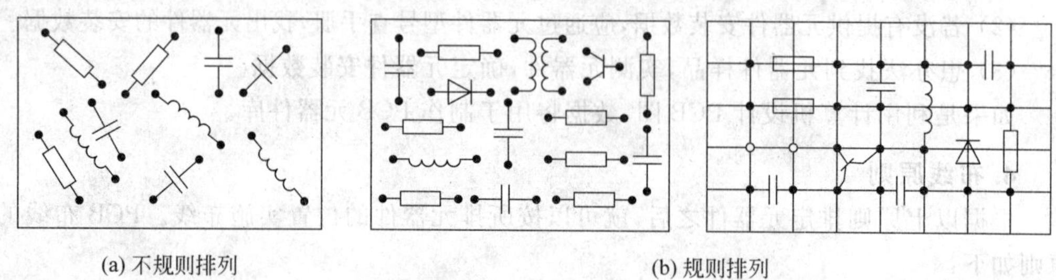

(a) 不规则排列　　(b) 规则排列

图 2.1-2 元器件排列方式

2. 规则排列

规则排列是指元器件轴线方向排列一致，并与板的四边垂直或平行，如图 2.1-2(b)所示。采用这种方式排列元器件，可使 PCB 元器件排列规范、整齐、美观，方便装焊、方便调试，易于生产和维修。但由于元器件排列要受一定方向和位置的限制，PCB 上的导线布设可能复杂一些，印制导线也会相应增加。这种排列方式常用于板面较大、元器件种类相对较少而数量较多的低频电路中。元器件卧式安装时一般以规则排列为主。

3. 元器件排列的方法及要求

电子元器件在 PCB 上的具体安插位置很大程度取决于电路的功能和设计需求。一般来讲，按电路原理图组成的顺序、电子信号的传递顺序按级成直线布置。若是机器内部结构有一定的限制，可遵循电路信号的传递顺序按一定路线排列，或排列成一个角度，或双排并行排列，或围绕某一中心元件适当排列。元器件的标准排列如图 2.1-3 所示。

无论以何种形式排列，必须遵守以下规则。

(1) 电子元器件的引线焊盘与 PCB 的边缘的距离必须大于等于 2mm。

(2) 电子元器件的外壳至引线焊盘的距离必须大于等于 2mm。

(3) 电子元器件的外壳至其他元器件的引线焊盘的距离必须大于等于 2mm。

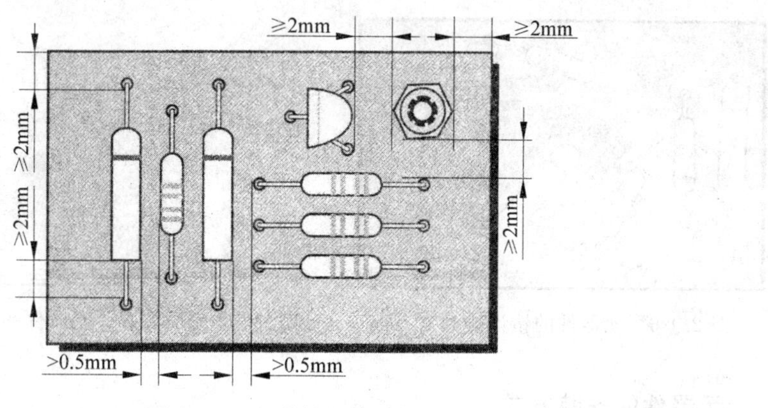

图 2.1-3　元器件的标准排列

(4) 相邻电子元器件的外壳间距必须大于 0.5mm。若是带有 200V 高压的元器件，相邻间距不得小于 1mm。

(5) 机械固定用的垫圈等零件与 PCB 的边缘的距离必须大于等于 2mm。

(6) 机械固定用的垫圈等零件与元器件的引线焊盘之间的距离必须大于等于 2mm。

(7) 高电位的元器件应排列在横轴方向上，低电位的元器件应排列在纵轴方向上。

(8) 轴向引出线的元器件一般采用卧式跨接，高密度组装。电气上有特殊要求的电路，可以采用立式跨接。

错误案例一：如图 2.1-4 所示，电子元器件之间不能过于紧密，特别是一些多功能小型电子产品，不能一味追求电路板的小巧，忽略了元器件之间由于距离过近而引发的各种电路干扰问题。部分高压、高电流、高发热的元器件更应该预留一定的空间。

错误案例二：如图 2.1-5 所示，元器件应整齐排列，同尺寸的元器件或尺寸相差很小的元器件的插接装孔距应尽量统一，不应随便倾斜放置。因为这样既浪费电路板的空间，又不利于电路的内容识别和组装维修。

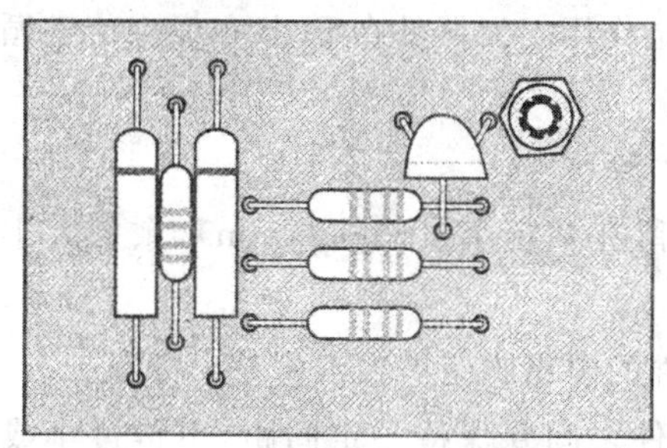

图 2.1-4　元器件的错误排列之一

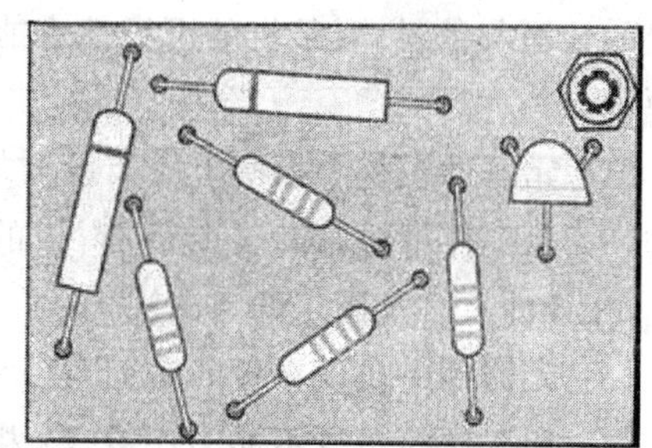

图 2.1-5　元器件的错误排列之二

错误案例三：如图 2.1-6 所示，元器件的跨距要趋向标准化，元器件的引线折弯成形也要求标准化，引线不能随意扭曲变形，长短也要适中。

错误案例四：如图 2.1-7 所示，元器件的引线不要交叉安插，也不可以叠加、横跨方式安插元器件。

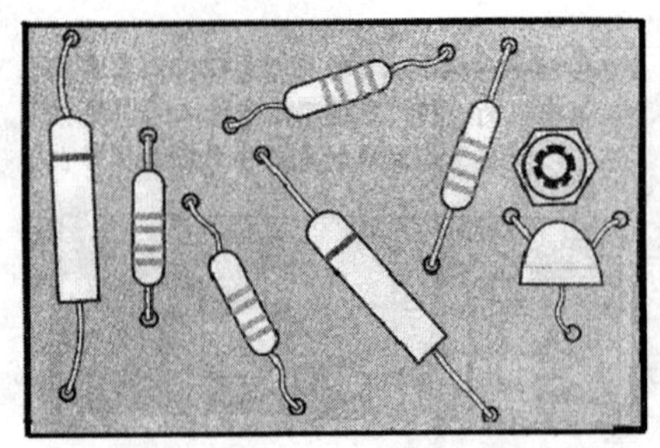

图 2.1-6　元器件的错误排列之三

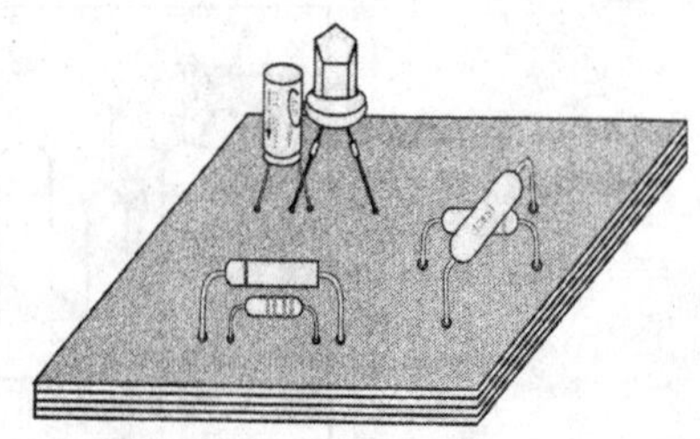

图 2.1-7　元器件的错误排列之四

4. 元器件的安装方式

元器件在 PCB 上的安装方式有立式、卧式两种。卧式安装是指元器件的轴线方向与 PCB 平行；立式则与 PCB 面垂直。两种方式特性各异。

(1) 立式安装

立式安装时，元器件占用面积小，单位面积内容纳元器件数量多，适合要求元器件排列紧凑密集的产品，如半导体收音机和小型便携式仪器。元器件过大、过重时，不宜采用立式安装，否则，整机的机械强度变差，抗震能力减弱，元器件容易倒伏而造成相互碰接，降低电路的可靠性。

(2) 卧式安装

元器件卧式安装具有机械稳定性好、排列整齐等优点。卧式安装由于元器件跨距大，两焊点间走线方便，对印制导线的布设十分有利。对于较大的元器件，装焊时应采取固定措施。

5. 元器件布设具体要求

元器件的布设在 PCB 的排版设计中至关重要，它决定板面的整齐、美观程度和印制导线的长短与数量，对整机的可靠性也能起到一定作用。元器件在 PCB 布设中应遵循以下原则。

(1) 元器件在整个板面上应布设均匀，疏密一致。

(2) 元器件不要布满整个板面，板的四周要留有一定余量(5～10mm)，余量大小应根据 PCB 的大小及固定的方式决定。

(3) 元器件应布设在板的一面，且每个元器件的引出脚应单独占用一个焊盘。

(4) 元器件的布设不能上下交叉，相邻元器件之间要保持一定间距，不得过小或碰接。相邻元器件如电位差较高，应留有安全间隙。一般环境中，安全间隙电压为 200V/mm。

(5) 元器件安装高度应尽量低，过高则安全性差、易倒伏，或与相邻元器件碰接。

(6) 根据 PCB 在整机中的安装状态确定元器件的轴向位置。对于规则排列的元器件，应使元器件轴线方向在整机内处于竖立状态，从而提高元器件在板上的稳定性，如图 2.1-8 所示。

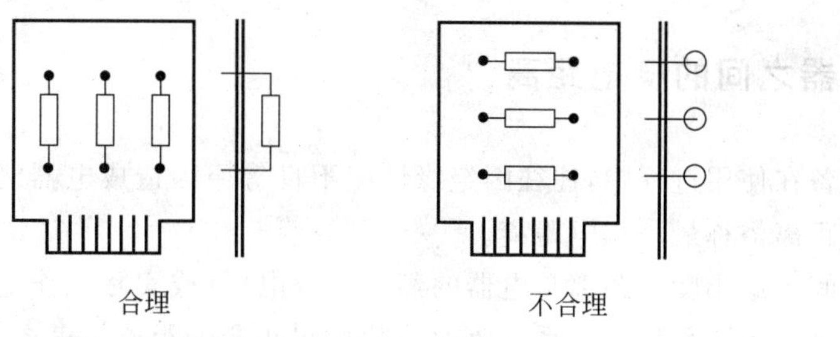

图 2.1-8 较大元器件布设方向

(7) 元器件两端跨距应稍大于元器件的轴向尺寸，如图 2.1-9 所示。弯引脚时不要齐根弯折，应留出一定距离(至少 2mm)，以免损坏元器件。

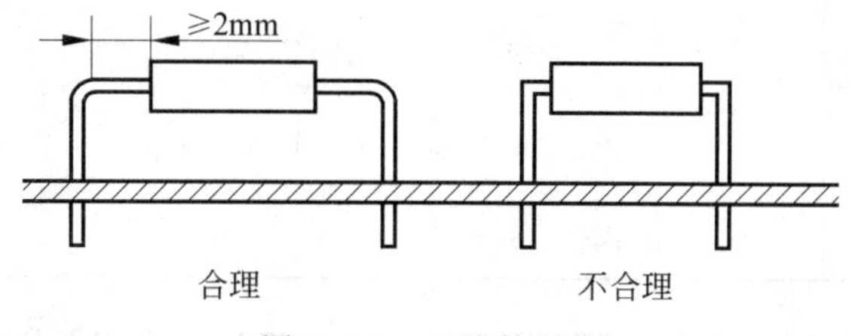

图 2.1-9 元器件安装

2.1.5 电器元器件间的间隙设计

电器元器件间的最小间隙通常与额定冲击耐受电压(或隔离电器规定的冲击耐受电压)及污染等级有关。污染等级通常分为四级。

(1) 1 级：通常是指无污染，或仅有干燥的非导电性的污染。

(2) 2 级：是指在一般情况下，仅有非导电性污染，但必须考虑到偶然由于凝露造成短暂的导电性。

(3) 3 级：是指有导电性的污染，或由于预期的凝露使干燥的非导电性污染变为导电性的污染。

(4) 4 级：通常是指造成了永久性的污染，例如由于导电尘埃等造成的污染。

表 2.1-1 列出了在海拔 2000m 范围内的均匀电场条件下，各种污染等级下的最小电气间隙。常用的电子产品工作环境污染等级为 2 级。

表 2.1-1 各种污染等级下的最小电气间隙

冲击耐受电压/kV		0.3	0.5	0.8	1.5	2	2.5	3
最小电气间隙/mm	1 级	0.01	0.04	0.1	0.3	0.45	0.6	0.8
	2 级	0.2	0.2	0.2	0.3	0.45	0.6	0.8
	3 级	0.8	0.8	0.8	0.8	1.2	1.5	2
	4 级	1.6	1.6	1.6	1.6	1.6	1.6	2

2.1.6 电器之间的爬电距离

电器设备在使用过程中，往往因绝缘性能不良等原因造成电器之间漏电。电器之间的最小漏电距离俗称最小爬电距离。

电器之间的最小爬电距离与电器的额定绝缘电压(或实际工作电压)、污染等级以及绝缘材料的级别等因素均有关系。PCB 常用的最小爬电距离如表 2.1-2 所示。

表 2.1-2 PCB 常用的最小爬电距离

额定绝缘电压/V	最小爬电距离/mm	额定绝缘电压/V	最小爬电距离/mm
10～50	0.04	200(208)	0.63
63	0.063	250	0.1
80	0.1	320	1.6
100	0.16	400	2
125(127)	0.25	500	2.5
160	0.4	630(690)	3.2

其中，绝缘材料级别可根据其漏电的起痕指数(CTI)分成四个级别。

(1) 1 级：漏电起痕指数大于或等于 600。

(2) 2 级：漏电起痕指数小于或等于 600，但大于或等于 400。

(3) 3 级：漏电起痕指数小于或等于 400，但大于或等于 175。

(4) 4 级：漏电起痕指数小于或等于 175，但大于或等于 100。

在 PCB 设计时，对于电压较高的电路间的距离，一定要留够，以免产生跳火。

2.1.7 焊盘的设计

PCB 的设计一定要符合元器件的安装要求，要充分考虑所安装元器件的大小、形状、规格、功能等一系列属性信息，尽量使安装后的元器件布设合理、分布均匀、疏密一致。

由于元器件是通过 PCB 上的引线孔安插到电路板上，再通过焊锡焊接固定好的，因此，引线孔和焊盘(引线孔及周围的铜箔称为焊盘)的布设直接决定了元器件的安装摆放位置。

在 PCB 板上，除了位置布设外，焊盘的形状也具有特殊的意义，不同形状的焊盘所适应的电路情况也不相同。通常，焊盘的形状主要有圆形、岛形、矩形和椭圆形，还有不规则焊盘。

焊盘，又称连接盘，在 PCB 中起到固定元器件和连接印制导线的作用。特别是金属化孔的双面 PCB，连接盘要使两面印制导线，以保证良好导通。焊盘的尺寸、形状将直接影响焊点的外观与质量。

1. 焊盘外径选取方法

PCB 上焊盘的外径一般应比引线孔直径大 1.3mm 以上，即应满足以下条件：

$$D \geqslant d + 1.3$$

式中,D 为焊盘的外径,单位为mm;d 为引线孔直径(以下同)。

在高密度的数字PCB上,焊盘的最小直径可按以下公式选取:

$$D_{min} = d + 1$$

在制作双列直插式集成电路的焊盘时,由于集成电路引脚距离较近,或引脚间有过线(通常为1或2根)要求,焊盘可制成方形、长方形或椭圆形等。

2. 焊盘的尺寸

连接盘的尺寸与钻孔设备、钻孔孔径、最小孔环宽度有关。为了便于加工和保持连接盘与基板之间有一定的黏附强度,应尽可能增大连接盘的尺寸。但是,对于布线密度高的PCB,若其连接盘的尺寸过大,就得减少导线宽度与间距。例如,引线中心距离为2.5mm(或2.54mm)的双列直插式集成电路的连接盘,当连接盘之间要通过一条0.3~0.4mm宽的印制导线时,连接盘的尺寸为ϕ1.5~1.6mm;如果要通过两条或三条印制导线,连接盘的尺寸则不能小于ϕ1.3mm。一般连接盘的环宽不小于0.3mm。表2.1-3列出了建议使用的不同钻孔直径所对应的最小连接盘直径。

表2.1-3　钻孔直径与最小连接盘直径

钻孔直径/mm		0.4	0.5	0.6	0.8	0.9	1.0	1.3	1.6	2.0
最小连接盘直径/mm	Ⅰ级	1.2	1.2	1.3	1.5	1.5	2.0	2.5	2.5	3.0
	Ⅱ级	1.3	1.3	1.5	2.0	2.0	2.5	3.0	3.5	4.0

3. 焊盘的形状

(1) 岛形焊盘

岛形焊盘的外形结构如图2.1-10(a)所示。这种焊盘结构是由几个焊盘聚集在一起,并且,焊盘与焊盘之间的连线合为一体,犹如水上小岛,故称为岛形焊盘。岛形焊盘常用于元器件的不规则排列,特别是当元器件采用立式安装时更为普遍。这种焊盘适合于元器件密集固定,可大量减少印制导线的长度与数量,在一定程度上能抑制分布参数对电路造成的影响。此外,焊盘与印制导线合为一体后,铜箔的面积加大,可增加印制导线的抗剥强度,并且增强了安装的可靠性。

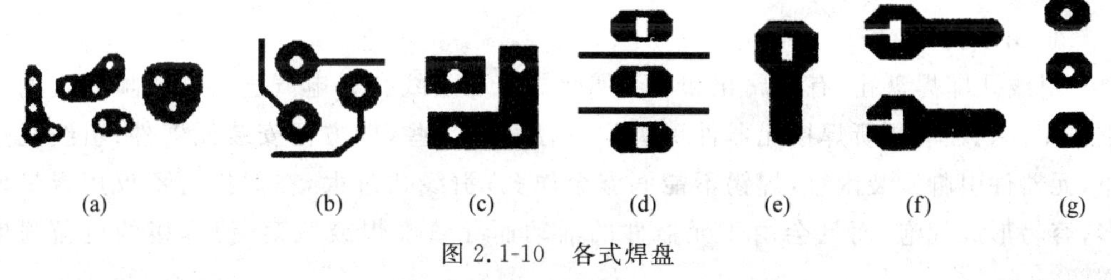

图2.1-10　各式焊盘

(2) 圆形焊盘

圆形焊盘的外形结构如图2.1-10(b)所示,它的特点是焊盘与引线孔为同心圆结构,多在元器件规则排列的情况下使用。在设计时,焊盘不宜过小,因为焊盘太小,会在焊接操作时造成脱落。但考虑到PCB密度的限制，圆形焊盘的外径一般是引线孔直径的2～3倍。设计时，如板面允许，应尽可能增大连接盘的尺寸，以方便加工制造和增强抗剥能力。

(3) 方形焊盘

方形焊盘也称矩形焊盘，其外形结构如图2.1-10(c)所示。这种焊盘的设计精度要求不高，结构形式也比较简单，当PCB上的元器件体积大、数量少且需要大电流时采用。这种形式可获得较大的载流量，焊盘设计制作简单，精度要求低，容易制作。所以，手工制作时常采用这种方式。

(4) 椭圆形焊盘

椭圆形焊盘的外形结构如图2.1-10(d)所示。这种焊盘既有足够的面积以增强抗剥能力，又在一个方向上尺寸较小，利于中间走线。常用于双列直插式器件的安装。

(5) 不规则焊盘

在实际PCB中，根据电路需要，还有许多不规则焊盘设计，常见的有泪滴形焊盘、异型孔焊盘、多边形焊盘等。

(6) 泪滴式焊盘

泪滴式焊盘与印制导线过渡圆滑，在高频电路中有利于减少传输损耗，提高传输速率，如图2.1-10(e)所示。

(7) 钳形(开口)焊盘

如图2.1-10(f)所示，钳形焊盘上钳形开口的作用是为了保证在波峰后，使焊盘孔不被焊锡封死，其钳形开口应小于外圆的1/4。

(8) 多边形焊盘和异形焊盘

如图2.1-10(g)所示，矩形和多边形焊盘一般用于区别某些外径接近而孔径不同的焊盘。

2.1.8 孔的设计

PCB上孔的种类主要有引线孔、过孔、安装孔和定位孔。

1. 引线孔

引线孔即焊盘孔，有金属化和非金属化之分。引线孔有电气连接和机械固定的双重作用。孔径应比所焊接元器件引脚的直径稍大一些，以方便安装元器件；引线孔过小，元器件引脚安装困难，焊锡不能润湿金属孔；引线孔过大，在焊接时不仅用锡量增多，容易形成气泡，而且会由于元器件的活动而导致虚焊或脱落，使焊接的机械强度变差。

引线孔的选取方法是：若元器件引线直径为 d_1，引线孔直径为 d，则有

$$d_1 + 0.2 < d \leqslant d_1 + 0.4(\text{mm})$$

常用的元器件引脚直径和安装孔的选取可根据表2.1-4所示选择。

表 2.1-4　PCB 上用于安装元器件的孔径

元器件引脚孔径/mm	0.4	0.5	0.6	0.8	0.9	1.0	1.2	1.6	2.0
误差/mm	±0.05	±0.05	±0.05	±0.05	±0.1	±0.1	±0.1	±0.1	±0.1

元器件引脚孔径如表 2.1-4 所示，通常优先选用 0.5mm、0.8mm 和 1.2mm 的孔径。在同一块印制电路板上，供安装元器件引脚的孔径规格尽可能要少一些。

金属化孔径的选取如表 2.1-5 所示。

表 2.1-5　金属化孔径选取表

金属化孔标称直径/mm	0.4	0.5	0.6	0.8	0.9	1.0	1.2	1.6	2.0
最小孔径/mm	0.35	0.45	0.55	0.75	0.85	0.9	1.1	1.5	1.9

组件孔与组件引线的间隙通常取值在以下范围内：非金属化孔为 0.2～0.4mm；金属化孔为 0.3～0.4mm。金属化孔的直径通常优先选用 0.8mm、1.2mm 和 1.6mm。

2. 过孔

过孔又称连接孔。过孔均为金属化孔，主要用于不同层间的电气连接。一般电路的过孔直径可取 0.6～0.8mm，高密度板可减少到 0.4mm，甚至用盲孔方式，即过孔完全用金属填充。孔的最小极限受制板技术和设备条件的制约。

3. 安装孔

安装孔用于大型元器件和 PCB 的固定，安装孔的位置应便于装配。

4. 定位孔

定位孔主要用于 PCB 的加工和测试定位，可用安装孔代替，也常用于 PCB 的安装定位。一般采用三孔定位方式，孔径根据装配工艺确定。

2.1.9　印制导线的设计

焊盘的布设用以确定元器件的安装位置，元器件彼此之间的电气连接则主要依靠 PCB 上的印制线，它也是 PCB 设计中很关键的步骤。

印制导线用于连接各个焊点，是 PCB 最重要的部分，PCB 设计都是围绕如何布置导线来进行的。因为印制导线具有一定的电阻，当电流通过时，要产生热量和一定的压降，因此，选用合适的印制导线是很重要的。

1. 印制导线的宽度

在 PCB 中，印制导线的主要作用是连接焊盘和承载电流，它的宽度主要由铜箔与绝缘基板之间的黏附强度和流过导线的电流决定。导线宽度应以能满足电气性能要求而又便于生产为宜，它的最小值由承受的电流大小决定，但最小不宜小于 0.2mm。在高密度、高精度的印制线路中，导线宽度和间距一般可取 0.3mm。由于印制导线具有一定的电阻，当电流通过时，要产生热量和一定的压降，单面板实验表明，或从国家电气试验标准来看，当铜箔厚度为 0.05mm，铜箔走线宽为 1～1.5mm，通过 2A 的电流时，其温升不超过3℃。因此,选用合适宽度的印制导线是很重要的,一般选用1～1.5mm宽度的导线就可以满足设计要求而不致引起温升过高。根据经验值,印制导线的载流量可按20A/mm(电流/导线截面积)计算,即当铜箔厚度为0.05mm时,1mm宽的印制导线允许通过1A电流,因此可以确定,导线宽度的毫米数值等于负载电流的安培数。对于集成电路的信号线,导线宽度可以选0.2～1mm。但是为了保证导线在板上的抗剥强度和工作可靠性,线不宜太细,只要PCB的面积及线条密度允许,应尽可能采取较宽的导线,特别是电源线、地线及大电流的信号线、发热元器件的引脚连接线等,更要适当加宽,如果可能,线宽应大于2mm。表2.1-6列出了最小导线宽度,供参考。

表2.1-6 最小导线宽度

铜箔厚度/mm	0.035	0.018	<0.018	其他
最小导线宽度/mm	0.3	0.2～0.25	0.2以下	一般应大于0.3

2. 印制导线的间距

印制导线之间的距离将直接影响电路的电气性能,导线之间间距的确定必须能满足电气安全要求,必须考虑导线之间的绝缘强度、相邻导线之间的峰值电压、电容耦合参数等。而且,为了便于操作和生产,间距应尽量宽些,最小间距至少要能适合承受的电压。这个电压一般包括工作电压、附加波动电压及其他原因引起的峰值电压。

当频率不同时,间距相同的印制导线,其绝缘强度也不同。频率越高时,相对绝缘强度就会下降。导线间距越小,分布电容越大,电路稳定性越差。

在布线密度较低时,信号线的间距可适当地加大,对高、低电平悬殊的信号线应尽可能短且加大间距。因此,设计者在考虑电压时应把这种因素考虑进去。表2.1-7给出的间距、电压参考值在一般设计中是安全的。

表2.1-7 印制导线间距最大允许工作电压

导线间距/mm	0.5	1	1.5	2	3
工作电压/V	100	200	300	500	700

两个相邻面的印制导线应采用相互垂直、斜交或弯曲走线的方式,尽量避免相互平行,以减小寄生耦合。

对于两条铜箔导线间的距离,应以最坏的工作条件下导线间的绝缘电阻和击穿电压来考虑。导线越短,间距越大,则绝缘电阻按比例增加。从试验的结果来看,导线间的距离在1.5mm左右时,其绝缘电阻将大于20MΩ,允许电压为300V;间距为1mm时,允许电压为200V左右。因此,导线的间距通常可在1～1.5mm范围内。

在同一面布设高频电路的印制导线时,应避免相邻导线过长,以免发生信号反馈或串扰。布线空间允许时,可适当加大线间距。高频电路中的互连导线应尽可能短。

3. 印制导线走向与形状

PCB布线是按照原理图要求,将元器件通过印制导线连接成电路。在布线时,"走通"是最起码的要求,"走好"是经验和技巧的表现。由于印制导线本身可能承受附加的机械应力，以及局部高电压引起的放电作用，在实际设计时，要根据具体电路选择走向。优先采用的和避免采用的导线形状如图2.1-11所示。

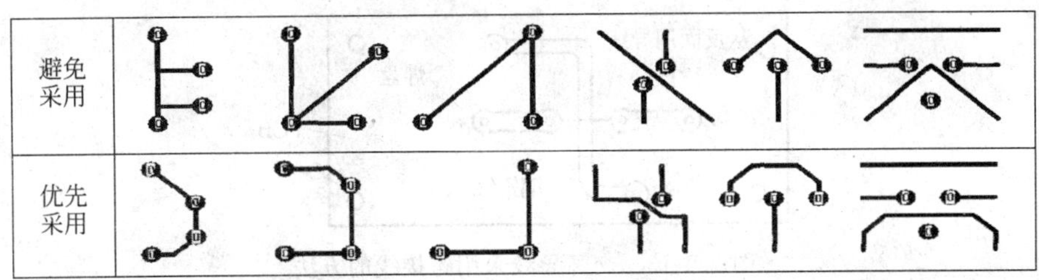

图2.1-11　印制导线的形状

4. 印制导线的屏蔽与接地

印制导线的公共地线应尽量布置在印制线路板的边缘。在高频电路中，PCB上应尽可能多地保留铜箔作为地线，最好形成环路或网状，这样不但屏蔽效果好，还可减小分布电容。多层PCB可采取其中若干层作为屏蔽层。电源层、地线层均可视为屏蔽层。一般情况下，地线层和电源层设计在多层PCB的内层，信号线设计在内层和外层。

如果印制导线需要屏蔽，通常采用的两种方法如图2.1-12所示，其屏蔽效果与屏蔽电缆基本相同。其中，图2.1-12(a)所示是将导线的两边加设两条接地铜箔印制线，以起到屏蔽作用。图2.1-12(b)所示是在PCB的另一面增设一个屏蔽层。

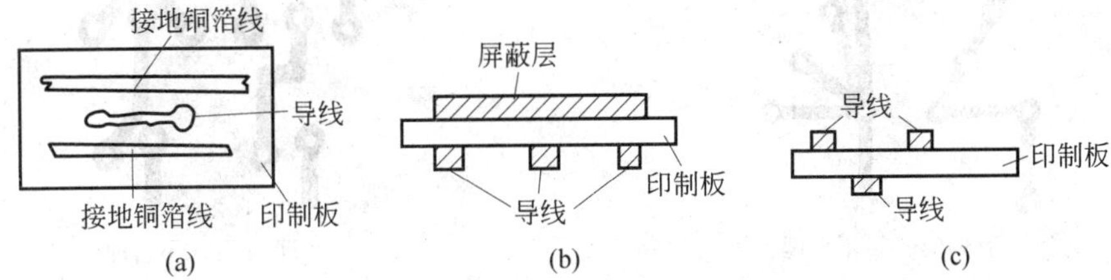

图2.1-12　印制导线屏蔽的常用方法

对于双面覆铜板、两面布置导线的情况，为了减小寄生耦合电容，一面的导线不可与另一面上的导线位置重合或平行，如图2.1-12(c)所示，两面的导线走向尽可能互相垂直。

5. 跨接线的使用

在单面PCB设计中，有些线路无法连接时，常会用到跨接线(又称飞线)。跨接线常是随意的，有长有短。放置跨接线时，其种类越少越好，通常情况下设6mm、8mm和10mm三种，超出此范围会给生产带来不便。

6. 布线密度与交叉线的处理

布线面选择的顺序是：单面、双面和多层。布线的密度应根据实际产品的结构来综合考虑，同时要根据加工条件以及电气性能要求等因素综合考虑。

在设计底板图时，应尽量避免导线交叉。这在采用双面铜箔板时比较容易做到，对于单面板就要困难一些。因此，在少数不得不交叉的地方，可在交叉点两旁设置两个焊盘,再在焊盘背面用绝缘导线连接。交叉导线采用跨接线的方法,如图 2.1-13 所示,但应尽量少出现跨接线。

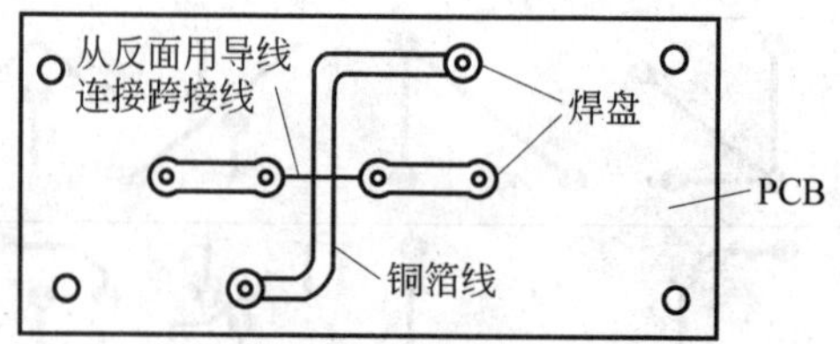

图 2.1-13　交叉导线采用跨接线的方法

在整个 PCB 上,布线的密度尽可能均匀,不要密一块,疏一块。

7. 实际印制导线的布设应注意的环节

印制线的布设要尽量直接,不要“绕远”。在条件允许的情况下,尽可能减少印制线的数目,避免印制线出现分支。图 2.1-14 为一组印制线直接布设的对比示意图。

印制线的布设要合理运用 PCB 上的有效面积,尽量保持不连通导线间的最大间距,保证焊盘与不连通导线间等距布设。另外,印制走线要尽量保持自然平滑,避免产生尖角,因为过尖外角处的铜箔容易出现翘起或剥离的情况,从而影响 PCB 的可靠性。图 2.1-15 为一组印制线等距布设的对比示意图。

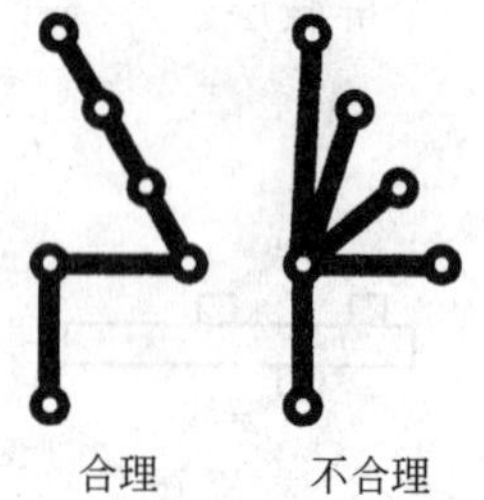

图 2.1-14　印制线直接布设对比示意图

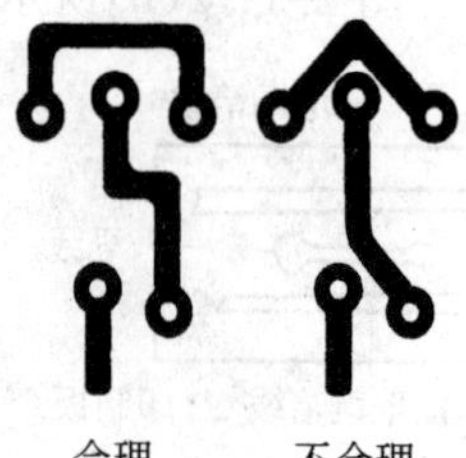

图 2.1-15　印制线等距布设的对比示意图

在 PCB 板面允许的情况下,对公共地线尽可能多地保留铜箔,最好能够使铜箔的宽度保持在 1.5～2mm,最小也不要小于 1mm。图 2.1-16 所示为实际 PCB 中的公共地线。

如果印制线的宽度大于 3mm,则应在印制线的中间进行切槽处理。因为印制线过宽,在焊接或温度变化时,铜箔容易鼓起或剥落,具体效果如图 2.1-17 所示。

图 2.1-16　实际 PCB 中的公共地线

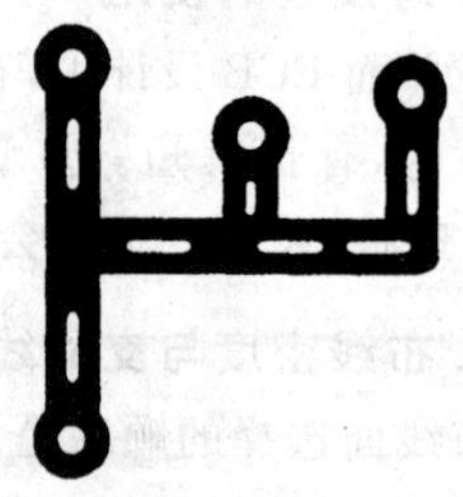

图 2.1-17　印制线的切槽

另外，在印制线布设时还要根据焊接工艺和实际电路的特点，充分考虑地线干扰、电磁干扰及电源干扰等情况。

2.1.10 PCB图设计中应注意的几个问题

1. 布线方向

从焊接面看，元件的排列方位尽可能保持与原理图相一致，布线方向最好与电路图走线方向相一致。因为生产过程中通常需要在焊接面进行各种参数的检测，这样做便于生产中的检查、调试及检修(注：指在满足电路性能及整机安装与面板布局要求的前提下)。

2. 元件分布

各元件分布要合理和均匀，力求整齐、美观，结构严谨。

3. 电阻和二极管

电阻和二极管的放置方式分为平放与竖放两种。

在电路元件数量不多，而且电路板尺寸较大的情况下，一般采用平放较好。对于1/4W以下的电阻平放时，两个焊盘间的距离一般取4/10in；1/2W的电阻平放时，两焊盘的间距一般取5/10in。二极管平放时，对于1N400X系列整流管，一般取3/10in；对于1N540X系列整流管，一般取4/10～5/10in。

在电路元件数较多，而且电路板尺寸不大的情况下，一般采用竖放。竖放时两个焊盘的间距一般取1～2/10in。

4. 电位器、IC座的放置原则

电位器在稳压器中用来调节输出电压，故设计电位器应满足顺时针调节时输出电压升高，逆时针调节时输出电压降低。在可调恒流充电器中，电位器用来调节充电电流的大小，设计电位器时应满足顺时针调节时电流增大。电位器安放位置应当满足整机结构安装及面板布局的要求，因此应尽可能放在板的边缘，旋转柄朝外。

设计PCB图时，在使用IC座的场合下，一定要特别注意IC座上定位槽放置的方位是否正确，并注意各个IC脚位是否正确。例如，第1脚只能位于IC座的右下角线或者左上角，而且紧靠定位槽(从焊接面看)。

5. 进出接线端布置

相关联的两个引线端不要距离太大，一般为2/10～3/10in较合适。进出线端尽可能集中在1或2个侧面，不要太过离散。

设计印制板图还要注意以下几个问题：设计布线图时要注意引脚排列顺序，元器件脚间距要合理；在保证电路性能要求的前提下，设计时应力求走线合理，少用外接跨线，并按一定顺序走线，力求直观，便于安装和检修；设计布线图时走线尽量少拐弯，力求线条简单明了；布线条宽窄和线条间距要适中，电容器的两个焊盘的间距应尽可能与电容引线脚的间距相符；设计应按一定的方向顺序进行，例如可以按由左往右和由上而下的顺序进行。

2.2 PCB 干扰的产生及抑制

干扰现象在电器设备的调试和使用中经常出现，其原因是多方面的，除外界因素造成干扰外，PCB 布线不合理、元器件安装位置不当等都可能产生干扰。如果这些干扰在排版设计时不给予重视并加以解决，会使设计失败，电器设备不能正常工作。因此，在 PCB 排版设计时，应讨论可能出现的干扰及抑制方法。

2.2.1 地线干扰的产生及抑制

任何电路都存在一个自身的接地点（不一定是真正的大地）。电路中的接地点在电位的概念中表示零电位，其他电位均相对这一点而言。但是在印制电路中，PCB 上的地线并不能保证是绝对零电位，往往存在一定数值，虽然电位可能很小，但是由于电路的放大作用，很小的电位就可能产生影响电路性能的干扰。

为克服地线干扰，在印制电路设计中，应尽量避免不同回路电流同时流经某一段共用地线，特别是在高频电路和大电流电路中，更要注意地线的接法。在 PCB 的地线设计中，首先要处理好各级的内部接地，同级电路的几个接地点要尽量集中（称一点接地），以避免其他回路的交流信号窜入本级，或本级中的交流信号窜到其他回路中。

在处理好同级电路接地后，在设计整个 PCB 上的地线时，防止各级电流干扰的主要方法有以下几种。

1. 正确选择接地方式

在高增益、高灵敏度电路中，可采用一点接地法来消除地线干扰，如图 2.2-1(a)所示。例如，一块 PCB 上有几个电路（或几级电路），各电子电路（各级）地线应分别设置（并联分路），并分别通过各处地线汇集到电路板的总接地点上，如图 2.2-1(b)所示。这只是理论上的接法，在实际设计时，印制电路的地线一般设计在印制板的边缘，并较一般印制导线宽，各级电路采取就近并联接地。

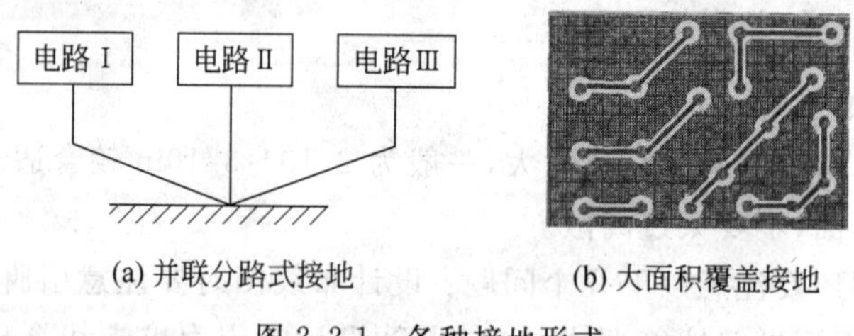

(a) 并联分路式接地　　(b) 大面积覆盖接地

图 2.2-1 各种接地形式

2. 将数字电路地与模拟电路地分开

在一块 PCB 上，如同时有模拟电路和数字电路，两种电路的地线应完全分开，供电也要完全分开，以抑制它们相互干扰。

3. 尽量加粗接地线

若接地线很细，接地点电位将随电流的变化而变化，致使电子设备的定时信号电平不稳，抗噪声性能变坏。因此，应将接地线尽量加粗，使它能通过3倍于 PCB 的允许电流。

4. 大面积覆盖接地

在高频电路中，设计时应尽量扩大 PCB 上的地线面积，以减少地线中的感抗，从而削弱在地线上产生的高频信号。同时，大面积接地还可对电场干扰起到屏蔽作用，如图 2.2-1(b)所示。

2.2.2 电源干扰及抑制

任何电子设备(电子产品)都需要电源供电，并且绝大多数直流电源是由交流电通过变压、整流、稳压后供电的。供电电源的质量会直接影响整机的技术指标。供电质量除了与电源电路原理设计是否合理有关外，电源电路的工艺布线和 PCB 设计不合理都会产生干扰，这里主要包含交流电源的干扰和直流电源电路产生的电场对其他电路造成的干扰。所以，印制电路布线时，交直流回路不能彼此相连，电源线不要平行大环形走线；电源线与信号线不要靠得太近，并避免平行。必要时，可以将供电电源的输出端和用电器之间加滤波器。图 2.2-2 所示就是由于布线不合理，致使交直流回路彼此相连，造成交流信号对直流产生干扰，从而使供电质量下降的例子。

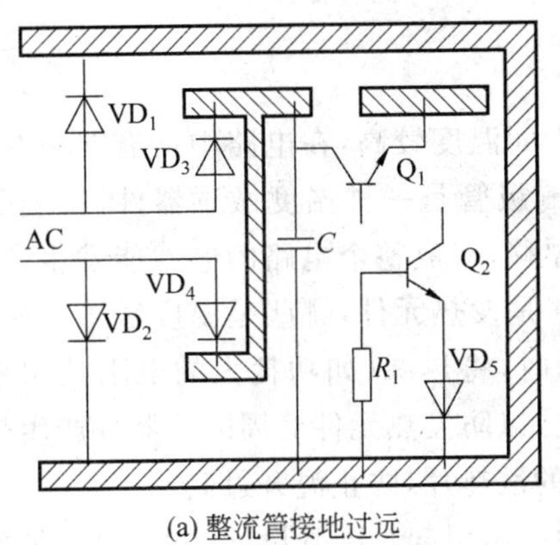

(a) 整流管接地过远

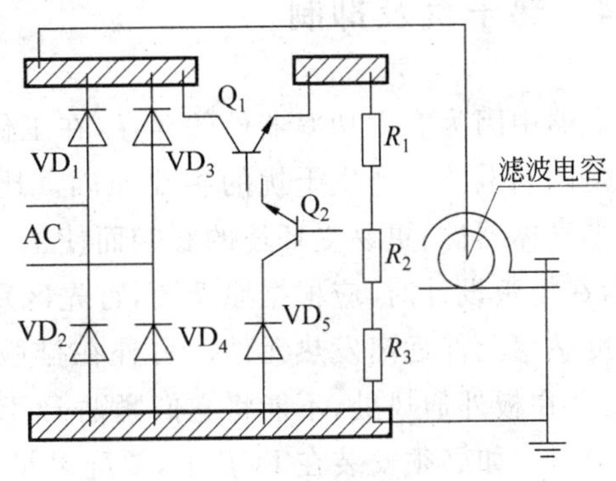

(b) 交流回路与取样电阻共地

图 2.2-2 布线不合理引起的干扰

2.2.3 电磁场的干扰及抑制方法

PCB 的特点是使元器件安装紧凑，连接密集，但是如果设计不当，这一特点也会给整机带来麻烦，如分布参数造成干扰、元器件的磁场干扰等。电磁干扰除了外界因素(如空间电磁波)造成以外，PCB 布线不合理、元器件安装位置不恰当等，都可能引起干扰。这些干扰因素如果在排版设计中事先予以重视，完全可以避免。电磁场干扰的产生主要有以下几种。

1. 印制导线间的寄生耦合

两条相距很近的平行导线，它们之间的分布参数可以等效为相互耦合的电感和电容，当其中一条导线中流过信号时，另一条导线内会产生感应信号。感应信号的大小与原始信号的频率及功率有关。感应信号就是干扰源。为了抑制这种干扰，排版时要分析原理图，区别强弱信号线，使弱信号线尽量短，并避免与其他信号线平行靠近。不同回路的信号线要尽量避免相互平行，布设双面板上的两面印制线要相互垂直，尽量做到不平行布设。这些措施可以减少分布参数造成的干扰。在某些信号线密集平行，无法摆脱较强信号干扰的情况下，可采用屏蔽线将弱信号屏蔽，以抑制干扰。使用高频电缆直接输送信号时，电缆的屏蔽层应一端接地。为了减少印制导线之间寄生电容所造成的干扰，可通过对印制线屏蔽进行抑制。

2. 磁性元器件相互间干扰

扬声器、电磁铁、永磁性仪表等产生的恒定磁场，以及高频变压器、继电器等产生的交变磁场，不仅对周围元器件产生干扰，对周围印制导线也会产生影响。根据不同情况采取的抑制对策有：

(1) 减少磁感线对印制导线的切割；

(2) 两个磁元件的相互位置应使两个元件的磁场方向相互垂直，以减少彼此间的耦合；

(3) 对干扰源进行磁屏蔽，屏蔽罩应接地良好。

2.2.4 热干扰及抑制

电器中因为有大功率器件的存在，在工作时表面温度较高，在电路中就有热源存在，这也是印制电路中产生干扰的主要原因。比如，三极管是一种温度敏感器件，特别是锗材料半导体器件，更易受环境的影响而使工作点漂移，造成整个电路的电性能发生变化。因此，在排版设计时，应根据原理图，首先区别哪些是发热元件，哪些是温度敏感元件，要使温度敏感元件远离发热元件。另外在排版设计时，将热源(如功耗大的电阻及功率器件)安装在板外通风处，不能将它们紧贴 PCB 安装，以防发热元件对周围元器件产生热传导或辐射。如必须安装在 PCB 上，要配以足够大的散热片，防止温升过高。

电子仪器的干扰问题较为复杂，它可能由多种因素引起。PCB 设计是否合理，是关系到整机是否存在干扰的原因之一。因此在进行 PCB 排版设计时，应分析原理图，尽量找出可能产生干扰的因素，然后采取相应措施，使 PCB 可能产生的干扰得到最大限度的抑制。

2.3 稳压电源 PCB 的设计要求

1. 稳压电源 PCB 制作要求

(1) PCB 的尺寸

稳定电压 PCB 的尺寸如图 2.3-1 所示。

(2) 稳压电源PCB的制板要求

稳压电源PCB采用单面覆铜板，变压器不放在电路板上，电位器放在外围以便于调节(注意，封装根据实物自制)，铜箔导线的宽度为1.5～2mm。在条件允许的情况下，尽可能采用较宽的导线，导线间的间距为1～1.5mm，焊盘直径为2.25mm。板孔直径为1.0mm、0.8mm两种，最小安全间距为1mm。所有印制导线的走向不能有急剧的拐弯和尖角，拐角大于90°。元器件尽量按信号传递的流程排列，布局合理，整齐美观，牢固可靠，要求使用手动布局和布线。

对有必要的部位进行覆铜，并在PCB上放置“学号、姓名”。

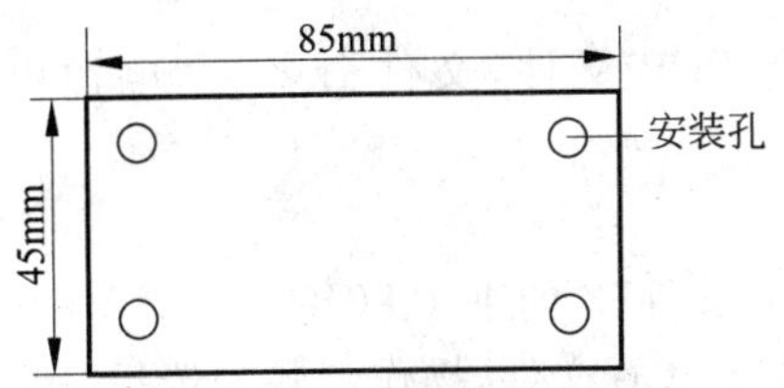

图2.3-1　稳压电源PCB的尺寸

图2.3-2　10kΩ多圈精密电位器实物图

2. 元件封装尺寸

(1) 10kΩ多圈精密电位器外形如图2.3-2所示，根据实物外形选择标准封装。

(2) WH5-1A 1kΩ 0.5W合成碳膜电位器外形尺寸(mm)如图2.3-3所示，根据实物尺寸自制封装。

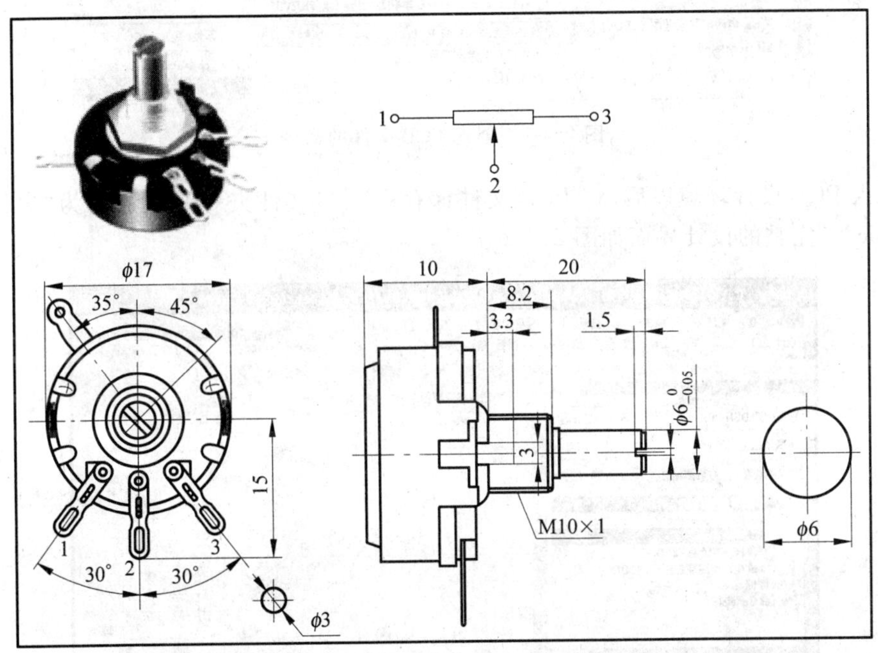

图2.3-3　WH5-1A 1kΩ 0.5W合成碳膜电位器外形尺寸图

2.4 稳压电源 PCB 图的设计

通常，设计一块 PCB 需要以下几个步骤：规划电路板→设置参数→装入网络表及元器件封装→元器件布局→布线→手工调整→保存及打印。

2.4.1 创建 PCB 文件

在“串联型稳压电源 PCB”项目中新建一个 PCB 文件，文件命名为“电源电路. PcbDoc”。PCB 图文件名的后缀为“. PcbDoc”。

创建 PCB 文件常用的方法有三种：

第一种是利用菜单命令直接创建 PCB 文件，执行“文件”|“创建”|“PCB 文件”菜单命令。

第二种是利用 PCB 的 Projects 工作区面板创建 PCB 文件，操作步骤为选择“串联型稳压电源 PCB”项目，然后右击，在弹出的快捷菜单中选择“追加新文件到项目中”| PCB 选项，如图 2.4-1 所示。

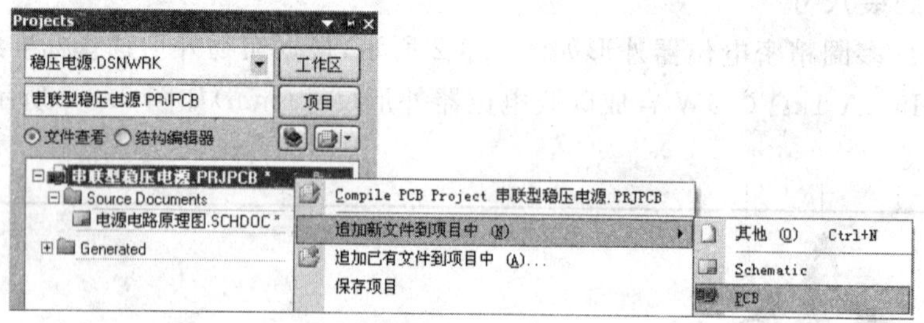

图 2.4-1 创建 PCB 文件的命令

进入 PCB 设计环境以后，将 PCB 文件保存在项目文件夹中并重命名为“电源电路. PcbDoc”。完整的设计界面如图 2.4-2 所示。

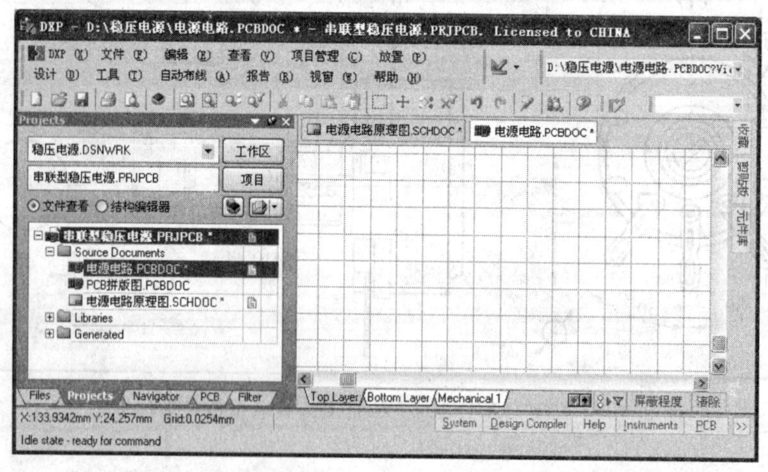

图 2.4-2 PCB 设计界面

第三种方法是在“Files”面板的“新建”栏内单击“PCB File”，创建 PCB 文件，如图 2.4-3 所示。

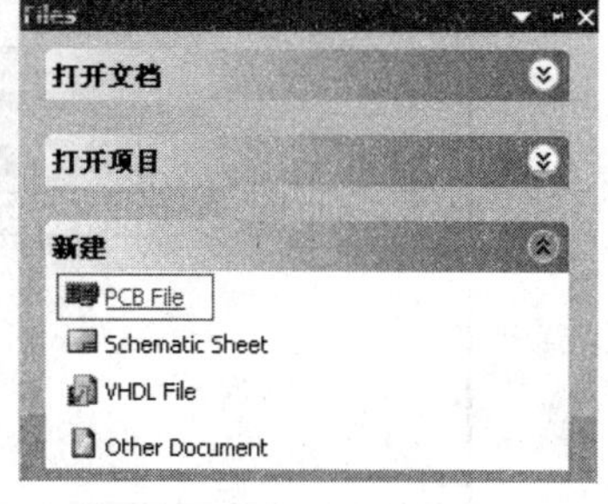

图 2.4-3　在“Files”面板创建 PCB 文件

2.4.2　工作层面设置

1. PCB 的工作层

为了 PCB 制作加工的需要，Protel DXP 2004 在电路板设计功能上提供了不同的层面，主要层面及意义如下所述。

(1) 信号层(Signal Layer)

信号层用于表示铜膜导线所在的层面，包括顶层(Top Layer)、底层(Bottom Layer)和 30 个中间层(Mid Layer)。其中，中间层只用于多层板。Top Layers 用于放置元器件，Bottom Layers 用于焊锡层。

(2) 内部电源/接地层(Internal Plane Layer)

内部电源/接地层共有 16 个，用于在多层板中布置电源线和接地线。

(3) 机械层(Mechanical Layer)

机械层共有 16 个，用于设置电路板的外形尺寸、数据标记、对齐标记、装配说明以及其他机械信息。这些信息因设计公司或 PCB 制造厂家的要求而有所不同。

(4) 阻焊层(Solder Mask Layer)

阻焊层用于表示阻焊剂的涂覆位置，包括顶层阻焊层(Top Solder)和底层阻焊层(Bottom Solder)。

(5) 锡膏防护层(Paste Mask Layer)

锡膏保护层与阻焊层的作用相似，不同的是，在机器焊接时对应的是表面粘贴式元件的焊盘。它包括顶层锡膏防护层(Top Paste)和底层锡膏防护层(Bottom Paste)。

(6) 丝印层(Silkscreen Layer)

丝印层用于放置元器件符号轮廓、元器件标注、元器件标号以及各种字符等印制信息。丝印层包括顶层丝印层(Top Overlay)和底层丝印层(Bottom Overlay)。

(7) 多层(Multi Layer)

多层用于显示焊盘和过孔。

(8) 禁止布线层(Keep Out Layer)

禁止布线层用于定义在电路板上能够有效放置元器件和布线的区域，主要用于 PCB 设计中的自动布局和自动布线。

2. 添加或删除板层

系统默认 PCB 为双面板，对于复杂电路需使用多层板。执行“设计”|“图层堆栈管理器...”菜单命令，弹出“图层堆栈管理器”对话框，可以看到板层的立体效果，如图 2.4-4 所示。

单层板电路可以直接在双层板上设计，既可只使用顶层放置元件，底层布线，也可在图层堆栈管理器中直接设置为单面板，方法是单击对话框的“菜单”按钮，执行“图层堆栈范例”|“单层”命令。对于各类多层板，也可以直接在“图层堆栈范例”中选择。

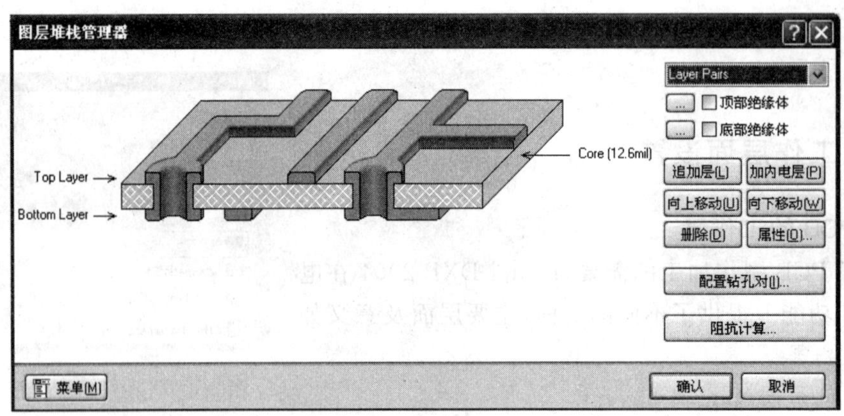

图 2.4-4 “图层堆栈管理器”对话框

3. 工作层的显示

执行 Design(设计)|Board Layers & Colors(PCB 板层和颜色)菜单命令,系统弹出“Board Layers & Colors”(板层和颜色)对话框,如图 2.4-5 所示。可以通过选中工作层名称下面的复选框来设置需要使用的层,各名称右边的“表示”列对应的复选框决定是否显示该层,复选框中打勾表示显示,不打勾表示不显示该层。

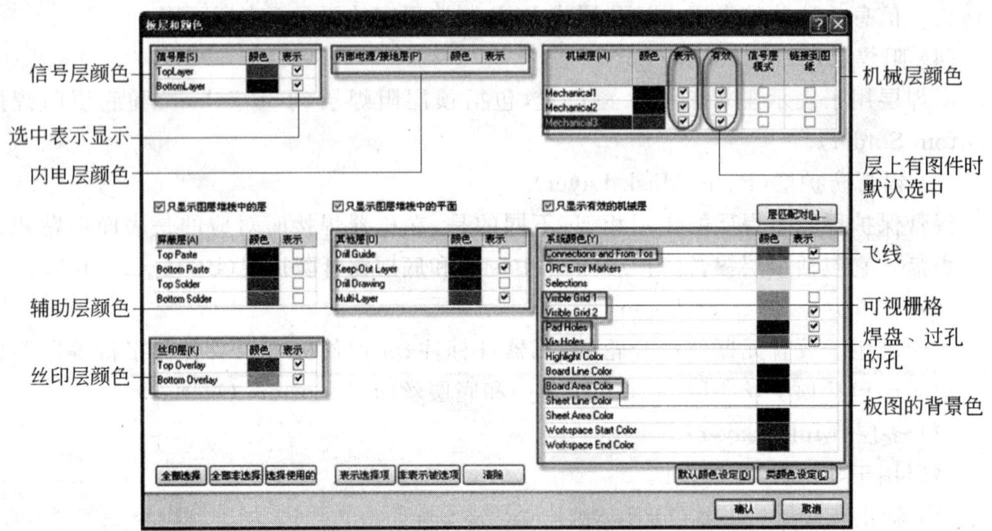

图 2.4-5 “板层和颜色”对话框

4. 工作层的颜色

在默认状态下,系统为每个工作层赋予一个颜色,如图 2.4-5 所示。要修改工作层颜色,可以单击工作层名称后面的颜色块,在弹出的调色板中进行修改。要注意,该颜色是指 PCB 编辑器窗口中该层所显示的颜色,而不是实际加工线路板时的各层颜色。

5. 当前工作层的转换

(1) 单击要设置为当前层的工作层标签,如图 2.4-6 所示。

Top Layer / Bottom Layer / Mechanical 1 / Top Overlay / Keep-Out Layer / Multi-Layer

图 2.4-6　PCB 文件中的工作层标签

(2) 按小键盘上的“ * ”键，可在 Top Layer 和 Bottom Layer 之间转换，这种方法在绘图过程中鼠标正在使用时非常方便。

(3) 按小键盘上的“＋”或“－”键，可按工作层标签的排列顺序依次将其设置为当前工作层。

2.4.3　铜膜导线、焊盘、过孔、字符等的表示

1. 铜膜导线(Track)

铜膜导线必须绘制在信号层，即顶层(Top Layer)、底层(Bottom Layer)和中间层(Mid Layer)。

2. 焊盘(Pad)

焊盘分为两类，即针脚式和表面粘贴式，分别对应具有针脚式引脚的元器件和表贴式(表面粘贴式)元器件，如图 2.4-7～图 2.4-9 所示。

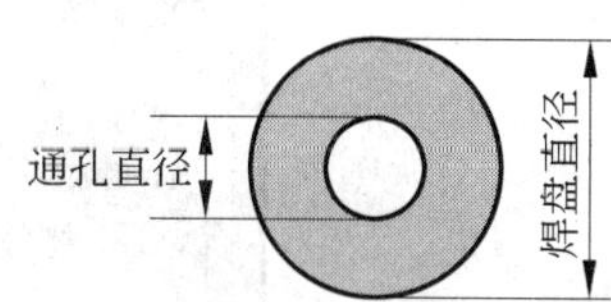

图 2.4-7　针脚式焊盘尺寸

(a) 圆形焊盘

(b) 方形焊盘

(c) 八角形焊盘

图 2.4-8　针脚式焊盘的三种类型

图 2.4-9　表面粘贴式焊盘

3. 过孔(Via)

过孔又称导孔，分为三种，即从顶层到底层的穿透式过孔(如图 2.4-10 所示)、从顶层到内层或从内层到底层的盲过孔(如图 2.4-11 所示)和层间的隐藏过孔。

4. 字符(String)

字符必须写在顶层丝印层(Top Overlay)和底层丝印层(Bottom Overlay)。

5. 安全间距(Clearance)

进行 PCB 图设计时，为了避免导线、过孔、焊盘及元器件间的相互干扰，必须在它们之间留出一定间隙，即安全间距(如图 2.4-12 所示)。

图 2.4-10　穿透式过孔

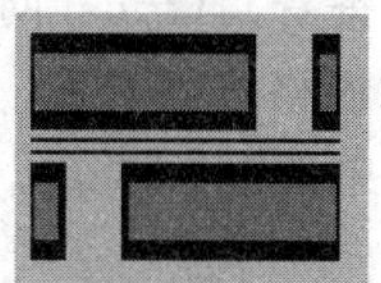

图 2.4-11　盲过孔

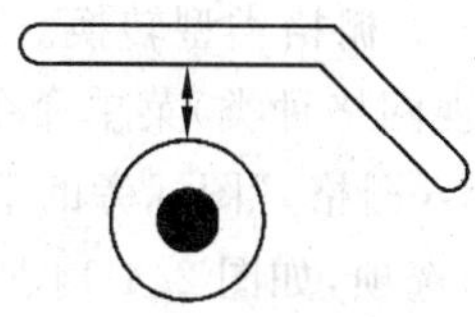

图 2.4-12　安全间距

2.4.4 PCB 编辑器的参数设置

1. 栅格、单位等参数设置

执行 Design(设计)|Board Options(PCB 板选择项)菜单命令或在 PCB 文件的工作窗口右击，然后在快捷菜单中选择 Options(选择项)|Board Options(PCB 板选择项)选项，系统将弹出“Board Options”(PCB 板选择项)对话框，如图 2.4-13 所示。

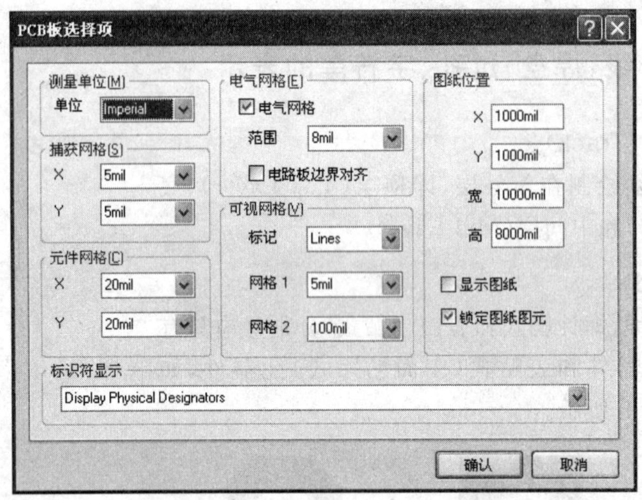

图 2.4-13 “PCB 板选择项”对话框

(1) 单位设置。在“Measurement Unit”(测量单位)区域中进行单位设置。

PCB 文件中共有两种单位，即 Imperial(英制)和 Metric(公制)。单击 Unit(单位)右侧的下拉按钮，从中选择。

PCB 文件的当前单位可在屏幕左下角的状态栏中显示，如 X:2995mil Y:3855mil Grid:5mil。

(2) 栅格类型设置。在“Visible Grid”(可视网格)区域的“Markers”(标记)中设置。

PCB 文件中共有两种栅格类型，即 Lines(线状)和 Dots(点状)。单击“Markers”(标记)右侧的下拉按钮，从中选择。

(3) 显示栅格设置。在“Visible Grid”(可视网格)区域的“Grid 1”(网格 1)和“Grid 2”(网格 2)中设置，注意要分别设置 X 值和 Y 值。

(4) 捕获栅格设置。在“Snap Grid”(捕获网格)区域中设置，要分别设置 X 值和 Y 值。

2. 快捷设置

(1) 栅格类型转换。执行 View(查看)|Grids(网格)|Toggle Visible Grid Kind(切换可视网格种类)菜单命令，可在两种栅格之间转换。或在“Utilities”实用工具栏中单击“Grids(栅格)”图标旁的下拉按钮，从中选择“Toggle Visible Grid Kind”(切换可视网格种类)选项，如图 2.4-14 所示。

(2) 单位转换。执行 View(查看)|Toggle Units(切换单位)菜单命令或直接按 Q

键,可在两种单位中转换。

(3) 捕获栅格设置。执行 View(查看)|Grids(网格)|Set Snap Grid(设定捕获网格)菜单命令,在弹出的对话框中直接输入捕获栅格数值即可,如图2.4-15所示。

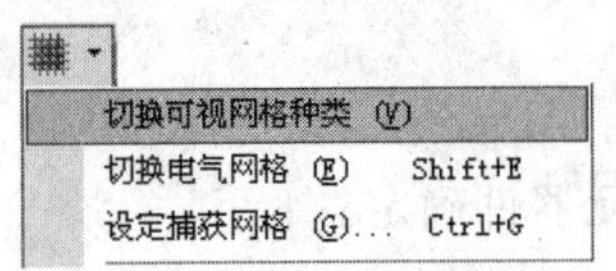

图2.4-14　栅格类型转换操作

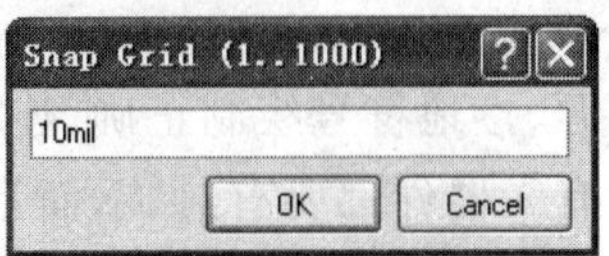

图2.4-15　"Snap Grid(捕获栅格)"对话框

2.4.5　管理 PCB 编辑器画面

(1) 放大画面:执行 View(查看)|Zoom In(放大)菜单命令或按 Page Up 键。

(2) 缩小画面:执行菜单命令 View(查看)|Zoom Out(缩小)或按 Page Down 键。

(3) 显示电路板的全部内容:执行 View(查看)|Fit Document(整个文件)菜单命令或单击"PCB Standard"标准工具栏中的图标,图纸上的全部内容都将显示在工作窗口中间。

(4) 放大指定区域:执行 View(查看)|Area(指定区域)菜单命令或单击"PCB Standard"标准工具栏中的图标,用十字光标分别在要放大区域的两个对角线顶点单击,则选定的区域放大在工作区中间。

(5) 快速移动画面:按住鼠标右键,光标变成手形,拖动即可。

2.4.6　规划电路板

电路板的规划是指根据公司或制造商的要求确定电路板的物理轮廓和电气轮廓。物理轮廓指电路板的外形、外部尺寸、参考孔位置、角标等。电气轮廓限定了放置元器件和布线的范围。

规划电路板就是设计前首先应确定采用单面板还是双面板,然后确定电路板的尺寸、元件的封装形式和放置位置等。

1. 单面 PCB 使用的工作层

单面 PCB 所使用的工作层共有以下六层。

(1) 顶层(Top Layer):放置元器件。

(2) 底层(Bottom Layer):布线,也可以放置元器件。

(3) 顶层丝印层(Top Over Layer):标注符号、文字等。

(4) 机械层(Mechanical Layer):绘制电路板物理边界以及其他一些尺寸标注等。

(5) 禁止布线层(Keep Out Layer):绘制电路板电气边界。

(6) 多层(Multi Layer):放置焊盘。

2. 准备原理图

(1) 所有元器件都要有标号,而且不能重复,不能为空。

(2) 元器件之间使用导线连接。在具有总线结构的电路图中,总线、总线分支线、网络标号缺一不可。

(3) 电源、接地符号绘制正确,连接正确,无遗漏。

(4) 所有元器件都要有封装,而且封装要根据实际元器件确定。

3. 绘制电路板边界

(1) 设置当前原点

① 显示原点标记。执行 Tools(工具)|Preferences(优先设定)菜单命令,系统弹出"Preferences"对话框,单击对话框左侧"Protel PCB"前的"+"图标,使其变为"-",然后单击"Protel PCB"文件夹下的"Display"选项,再在对话框右侧的"Show"区域中选中"Origin Marker(原点标记)"复选框,最后单击"OK"按钮显示原点标记。

② 设置当前原点。执行 Edit(编辑)|Origin(原点)|Set(设定)菜单命令,或在"Utilities"实用工具栏的下拉菜单中单击"Set Origin(设置当前原点)"图标。放置相对原点,光标变为"十"字形,在设计窗口内的适当位置单击,光标所指处即为坐标原点。屏幕左下角的状态栏显示为"X: 0mm Y: 0mm"。

(2) 转换公英制单位

① 执行"查看"|"状态栏"菜单命令打开状态栏,在屏幕的左下角可显示光标在设计窗口中的位置(英制 mil)。

② 执行"查看"|"切换单位"菜单命令,将坐标单位变为公制(mm)。按 Q 键,也可改变公英制单位。

(3) 绘制物理边界

① 单击"Mechanical1 Layer"工作层标签,将 Mechanical1 Layer 设置为当前层。

② 执行 Place(放置)|Line(线)菜单命令,或在"Utilities"实用工具栏中单击"Place Line"图标。

③ 以当前原点为起点,按尺寸要求绘制物理边界(宽为 86mm,高为 46mm)。

(4) 绘制电气边界

① 单击"Keep Out Layer"(禁止布线层)工作层标签,将 Keep Out Layer 设置为当前层。

② 执行 Place(放置)|Line(线)菜单命令,或在"Utilities"实用工具栏中单击"Place Line"图标。

③ 在物理边界内侧距物理边界 1mm 的位置绘制电气边界,如图 2.4-16 所示。

④ 单击"保存"图标,对文件进行保存。

(5) 精确定义 PCB 板尺寸

① 将光标移至工作区下面的工作层标签上,然后选中"Keep Out Layer"选项卡,将当前的工作层设为禁止布线层。

② 设置原点。执行 Edit(编辑)|Origin(原点)|Set(设定)菜单命令,也可以单击实

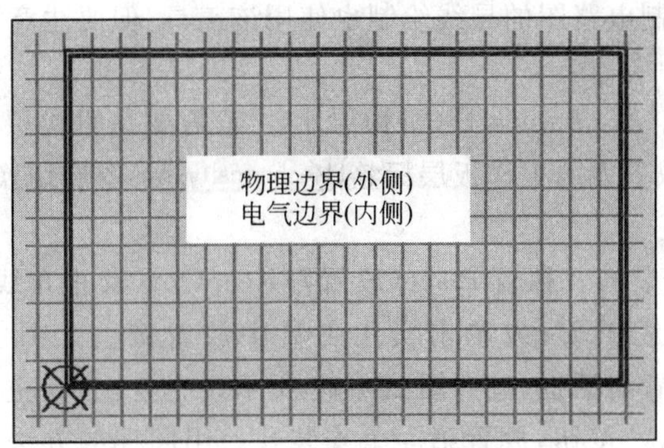

图 2.4-16　绘制完成的物理边界和电气边界

用工具栏下拉菜单中的设定原点（放置相对原点）按钮，光标变为“十”字形。然后，在设计窗口内的适当位置单击，光标所指处即为坐标原点。屏幕左下角的状态栏显示为“X：0mm Y：0mm”。

按 Ctrl＋End 组合键可自动找到原点。

③ 在设计窗口中画出板的外形尺寸。要绘制电源 PCB 的外形尺寸（85mm×45mm），先绘制电路板的第一条边线，步骤如下：

- 执行 Place（放置）|Line（线）菜单命令，或单击实用工具栏中的按钮，也可以通过快捷键 P|L 实现直线的放置。光标呈“十”字形，处于待放置导线的状态。
- 按快捷键 Ctrl＋End，让鼠标回到原点。
- 单击，或按回车（Enter）键一次。
- 按快捷键 J|L，弹出如图 2.4-17 所示确定鼠标位置的对话框。在“X 位置”处输入“85mm”，在“Y 位置”处输入“0mm”，然后单击“确认”按钮。

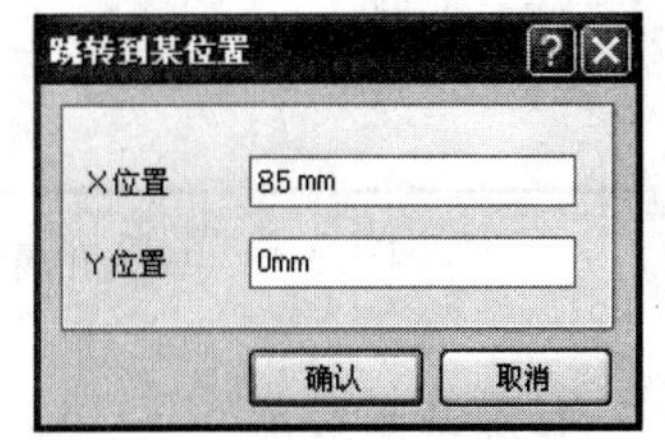

图 2.4-17　确定鼠标位置对话框

- 双击或按回车键两次，确定电路板的第一条边线。

下面，绘制电路板的其他边线：

- 按快捷键 J|L，在弹出的确定鼠标位置的对话框中，在“X 位置”处输入“85mm”，在“Y 位置”处输入“45mm”，然后单击“确认”按钮。双击或按回车键两次，确定第二条边线。
- 按快捷键 J|L，在“X 位置”处输入“0mm”，在“Y 位置”处输入“45mm”，然后单击“确认”按钮。双击或按回车键两次，确定第三条边线。
- 按快捷键 J|L，在“X 位置”处输入“0mm”，在“Y 位置”处输入“0mm”，然后单击“确认”按钮。双击或按回车键两次，确定第四条边线。

至此，完成电源电路的 PCB 边框定制。

(6) 线宽设置

线的宽度可以设置。双击线段，在出现的对话框中可以设置线宽（Width）、层面（Layer）及线段的起始点（Start）、终止点（End）坐标，也可以在单击画线工具后，按 Tab

键设置。手工设计印制电路图的导线绘制也使用该工具，但要注意选择层面。

(7) 放置安装孔

① 将图层切换到"Mechanical1"(机构层 1)。若需要在机构层 1(Mechanical1)放置安装孔，单击设计区域下方的工作板层标签 Mechanical1 ，将图层切换到"Mechanical1"(机构层 1)。

② 按要求放置安装孔。执行 Place(放置)|KeepOut(禁止布线区)|Full Circle(圆)菜单命令，或按快捷键 P|U；或单击实用工具中放置圆的工具。按 Tab 键，打开"Arcs"(圆弧)属性设置对话框，按照图 2.4-18 所示设置各选项，主要包括安装孔的线宽和半径，然后单击"确认"按钮，放置第一个安装孔。用同样的方法放置其他安装孔。放置好后的安装孔如图 2.4-19 所示。

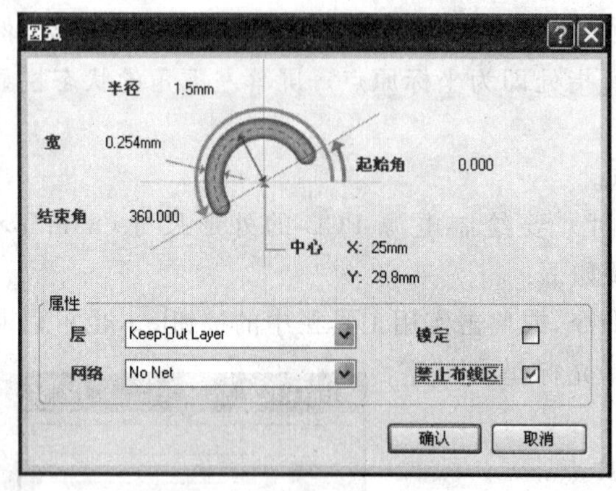

图 2.4-18 安装孔属性对话框

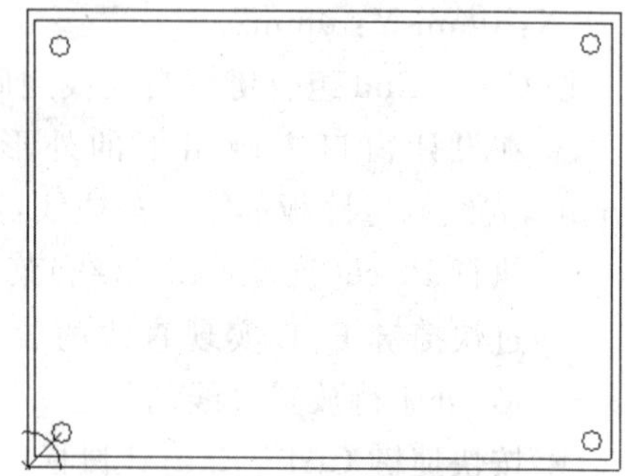

图 2.4-19 放置安装孔后的 PCB 界面

4. 加载封装库

安装封装库的方法与安装原理图库的方法相同。一般情况下，元件在原理图中使用的库和 PCB 图中元件封装使用的库是相同的，在同一个项目里不需要重复加载。

2.4.7 载入网络表

在定义好电路板的尺寸并已经装入所需的 PCB 元件库的情况下，便可以开始装入网络表和元件。Protel DXP 2004 SP2 加载网络表的方式有两种。

方法一：在原理图中执行"设计"|"Update PCB Document 串联型稳压电源.PcbDoc"菜单命令。

方法二：在 PCB 制板图中执行"设计"|"Import Changes from 电源电路.PrjPcb"菜单命令，弹出如图 2.4-20 所示的"工程变化订单(ECO)"对话框。工程变化订单反映原理图和制板图中不一致的地方，或显示本次更新的对象和内容，这里主要是元件和网络，如图中"受影响对象"一列所示。在"行为"一列中显示"Add"，表示原理图中有，但是制板图中没有的元素，因此需要在 PCB 中添加。单击"使变化生效"按钮，系统将自动检查各项

变化是否正确有效。对于所有正确的更新对象，在检查栏内显示“√”符号，不正确的显示“×”符号，如图 2.4-21 所示。

图 2.4-20　“工程变化订单(ECO)”对话框

图 2.4-21　检查修改变化后的对话框

从图 2.4-21 所示中可以看出，存在一个错误信息，此错误可以忽略。当各项检查中发现有错误时，不能执行变化，务必单击“关闭”按钮，重新检查并修改原理图，直至完全正确，才可以执行变化。

如果检查完全正确，单击“执行变化”按钮，系统将接受工程变化，将元件封装和网络表添加到PCB编辑器中。单击“关闭”按钮关闭对话框，加载网络表和元件后的PCB如图2.4-22所示。

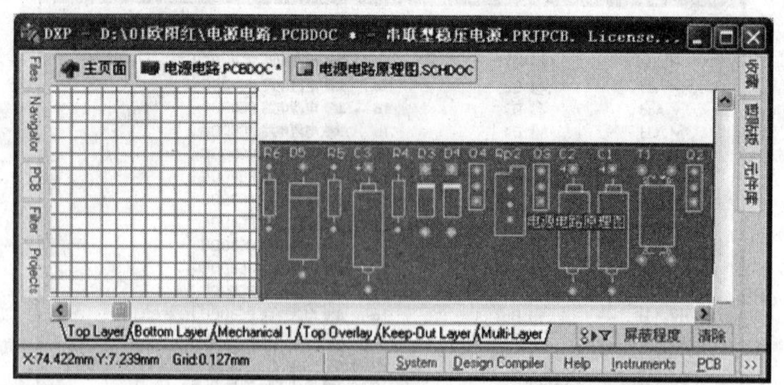

图2.4-22 加载网络表和元件后的PCB编辑器

从图2.4-22所示中可以看出，系统自动建立了一个Room空间，同时加载的元件封装和网络表放置在规划好的PCB边界之外，因此还必须进行元件布局。

注意：“Update PCB Document...”命令只能在工程项目中才能使用，必须将原理图文件和PCB文件保存到同一个项目中，且在执行该命令前必须先保存PCB文件。

2.4.8 PCB元件的布局

当执行了上述装载网络表和元件的操作后，元件显示在PCB的边界之外，必须进行布局设计。布局的方法有自动布局和手动布局两种。

调整布局的两个基本原则是：就近原则，使元器件之间的连线最短；信号流原则，按信号流向布放元件，以避免输入、输出及高、低电平部分交叉成环。

1. 元件手工布局及调整

在图2.4-22中，元件是散在电气轮廓之外的，显然不能满足布局的要求，此时可以通过手工布局的方式将元件排列到适当的位置。

(1) 通过Room空间移动元件

由于元件排列范围太宽，不利于选取元件，所以一般先将元件移动到规划好的电气边界之内。

从原理图中调用元件封装和网络表后，系统自定义一个Room空间(本例中，系统自定义的Room空间为“电源电路原理图”)，其中包含了所有元件。移动Room空间，对应的元件也会跟着一起移动。

将Room空间移动到电气边框内，执行“工具”|“放置元件”|“Room内部排列”菜单命令。移动光标至Room空间内单击，元件将自动按类型整齐排列在Room空间内。右击结束操作，此时屏幕上会有一些画面残缺，可执行“查看”|“更新”菜单命令来刷新画面。

(2) 手工布局调整

元件调入Room空间后,可以先删除Room空间,再进行手工布局调整。

单击元件并按住左键不放,拖动鼠标移动元件。在移动过程中按下空格键可以旋转元件,一般在布局时不进行元件的翻转,以免造成元件引脚无法对应。

手工布局调整按原理图来完成,调整好后的PCB如图2.4-23所示。

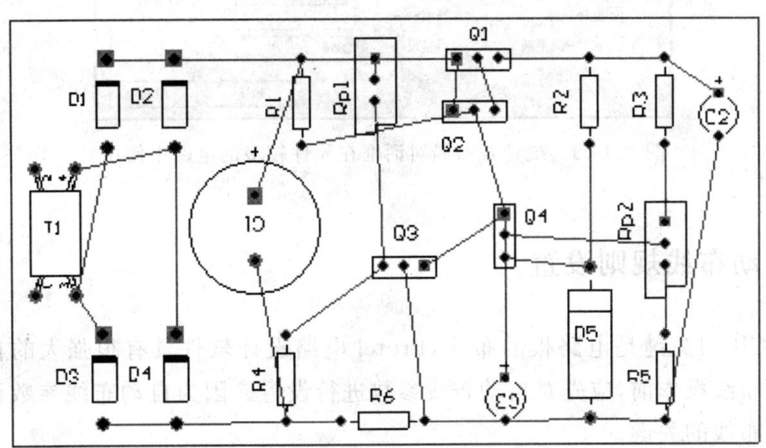

图2.4-23　按原理图布局调整后的PCB图

2. 元件自动布局及调整

自动布局是利用软件按随机方式将元器件均匀布设。因为布局的随机性,元件的放置位置并没有考虑连线最短、干扰最小的布线原则,所以还需要手工调整。自动布局分为以下两种。

(1) 分组布局

执行"工具"|"放置元件"|"自动布局"菜单命令,弹出"自动布局"对话框,如图2.4-24所示。该方法适合较少的元件,还可选中"快速元件布局"选项来加快系统的布局速度。

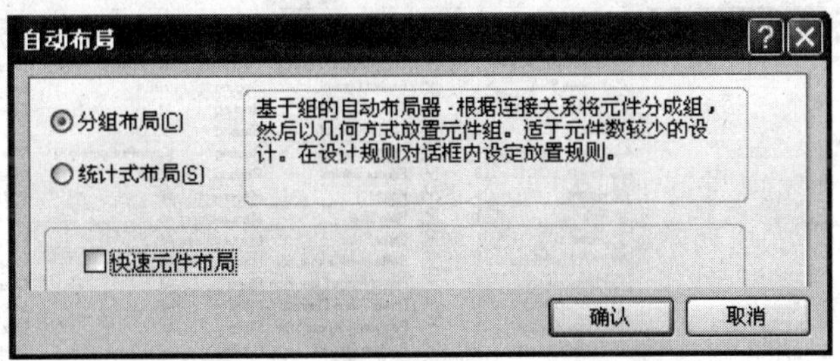

图2.4-24　分组布局对话框在元件较少的电路中使用

(2) 统计式布局

统计式布局是应用统计学算法,以使布线长度最短为目标进行自动布局。该方法适合元件数目较多的情况。选择该方法布局时,自动布局参数设置对话框如图2.4-25所示。

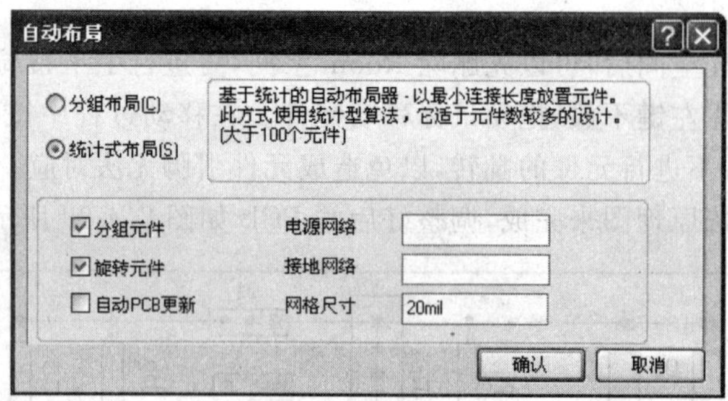

图 2.4-25　统计式布局对话框在元件较多的电路中使用

2.4.9　自动布线规则设置

绘制 PCB 的关键是电路板的布线，Protel 电路设计软件具有很强大的自动布线功能。在自动布线操作前，应先对自动布线参数进行设置。因为自动布线参数设置的正确与否是成功布线的关键。

自动布线参数的设置包括安全间距设置、布线拐角模式设置、布线工作层面设置、布线优先权设置及布线宽度设置等。

设置自动布线参数的步骤如下：执行 Design(设计)|Rules...(规则)菜单命令，弹出"PCB 规则和约束编辑器"对话框，如图 2.4-26 所示，它有 10 个类别的设计规则，分别为 Electrical(电气规则)、Routing(布线规则)、SMT(表面贴装技术规则)、Mask(防护层设置规则)、Plane(内电层设置规则)、Testpoint(测试点规则)、Manufacturing(电路板制造规则)、High Speed(高频电路设计规则)、Placement(元器件放置规则)、Signal Integrity(信号完整性分析规则)。

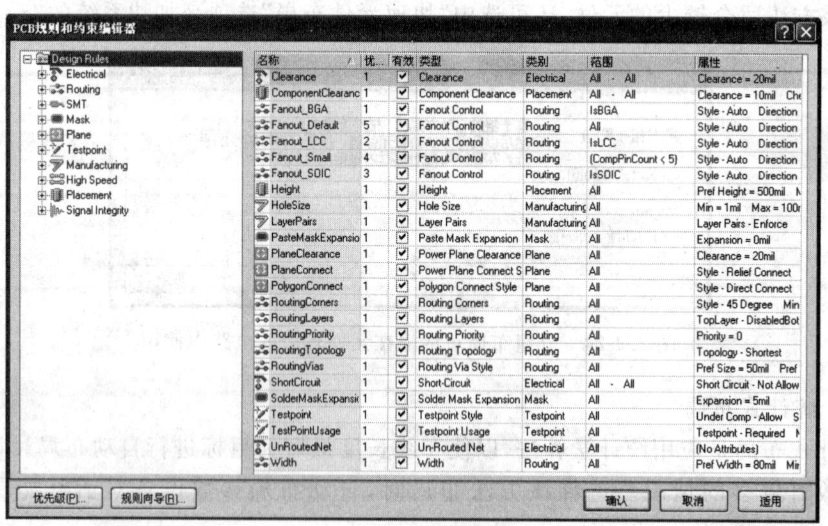

名称	优...	有效	类型	类别	范围	属性
Clearance	1	✔	Clearance	Electrical	All - All	Clearance = 20mil
ComponentClearanc	1	✔	Component Clearance	Placement	All - All	Clearance = 10mil Ch
Fanout_BGA	1	✔	Fanout Control	Routing	IsBGA	Style - Auto Direction
Fanout_Default	5	✔	Fanout Control	Routing	All	Style - Auto Direction
Fanout_LCC	2	✔	Fanout Control	Routing	IsLCC	Style - Auto Direction
Fanout_Small	4	✔	Fanout Control	Routing	(CompPinCount < 5)	Style - Auto Direction
Fanout_SOIC	3	✔	Fanout Control	Routing	IsSOIC	Style - Auto Direction
Height	1	✔	Height	Placement	All	Pref Height = 500mil M
HoleSize	1	✔	Hole Size	Manufacturing	All	Min = 1mil Max = 100
LayerPairs	1	✔	Layer Pairs	Manufacturing	All	Layer Pairs - Enforce
PasteMaskExpansio	1	✔	Paste Mask Expansion	Mask	All	Expansion = 0mil
PlaneClearance	1	✔	Power Plane Clearance	Plane	All	Clearance = 20mil
PlaneConnect	1	✔	Power Plane Connect S	Plane	All	Style - Relief Connect
PolygonConnect	1	✔	Polygon Connect Style	Plane	All	Style - Direct Connect
RoutingCorners	1	✔	Routing Corners	Routing	All	Style - 45 Degree Min
RoutingLayers	1	✔	Routing Layers	Routing	All	TopLayer - DisabledBot
RoutingPriority	1	✔	Routing Priority	Routing	All	Priority = 0
RoutingTopology	1	✔	Routing Topology	Routing	All	Topology - Shortest
RoutingVias	1	✔	Routing Via Style	Routing	All	Pref Size = 50mil Pref
ShortCircuit	1	✔	Short-Circuit	Electrical	All - All	Short Circuit - Not Allow
SolderMaskExpansi	1	✔	Solder Mask Expansion	Mask	All	Expansion = 5mil
Testpoint	1	✔	Testpoint Style	Testpoint	All	Under Comp - Allow S
TestPointUsage	1	✔	Testpoint Usage	Testpoint	All	Testpoint - Required N
UnRoutedNet	1	✔	Un-Routed Net	Electrical	All	(No Attributes)
Width	1	✔	Width	Routing	All	Pref Width = 80mil Mi

图 2.4-26　"PCB 规则和约束编辑器"对话框

一般主要对电气设计规则和布线规则进行设置。具体参数规则设置如下。

1. 电气设计规则(Electrical)

电气设计规则是 PCB 布线过程中所遵循的电气方面的规则，主要用于 DRC 电气校验，共包含了四个子规则，分别为 Clearance(安全间距)、Short-Circuit(短路约束)、Un-Routed Net(未布通网络)和 Un-Connected Pin(未连接引脚)。

(1) Clearance(安全间距规则设置)

安全间距规则用于设置 PCB 上不同网络的导线、焊盘、过孔及覆铜等导电图形之间的最小间距。通常情况下，安全间距越大越好，但是太大的安全间距会造成电路布局不够紧凑，增加 PCB 的尺寸，提高制板成本。

安全间距通常设置为 10～20mil(0.254～0.508mm)。

单击图 2.4-27 中的"Clearance"规则，系统默认一个名称为"Clearance"的子规则。单击该规则名称，则显示该规则的属性设置信息。

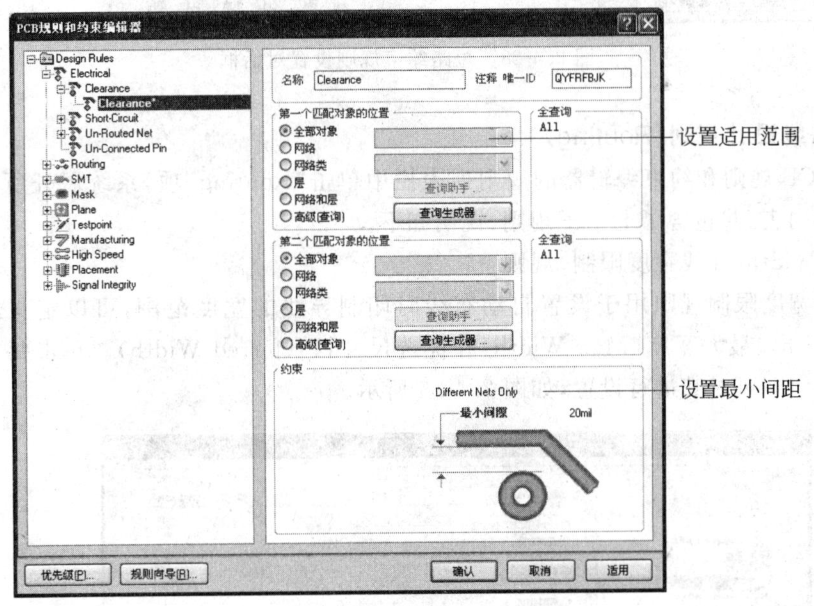

图 2.4-27　安全间距规则设置对话框

(2) Short-Circuit(短路约束规则设置)

短路约束规则用于设置 PCB 上的导线等对象是否允许短路。单击图 2.4-28 中所示的"Short-Circuit"规则，系统默认一个名称为"ShortCircuit"的子规则。单击该规则名称，显示该规则的属性设置信息，如图 2.4-28 所示。

系统默认的短路约束规则是不允许短路的。但在一些特殊的电路中，如带有模拟地和数字地的模数混合电路，在设计时，这两个地是属于不同网络的，在电路设计完成之前，设计者必须将这两个地在某一点连接起来，这就需要允许短路存在。为此，可以针对两个地线网络单独设置一个允许短路的规则，在两个匹配对象的位置区中分别选中数字地和模拟地，然后选中"允许短回路"复选框即可。

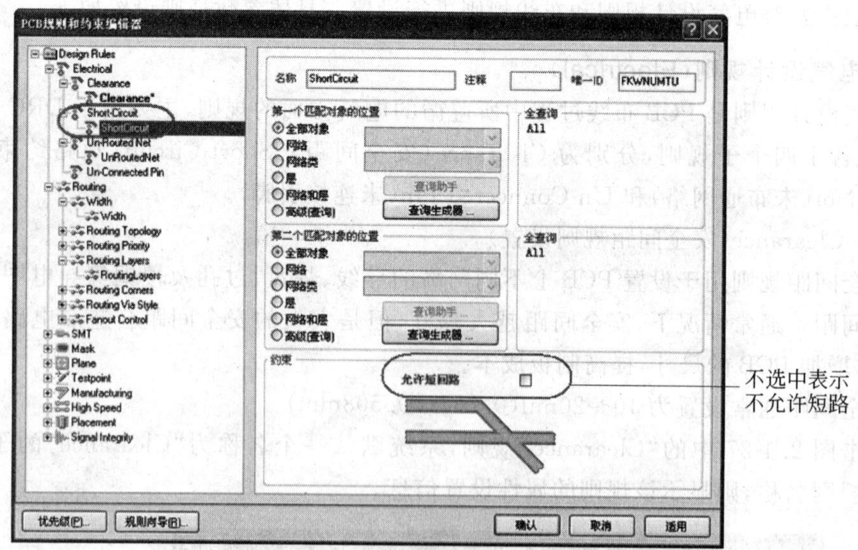

图 2.4-28 短路约束规则设置对话框

2. 布线设计规则(Routing)

在 PCB 规则和约束编辑器的规则列表栏中单击"Routing"项,系统展开所有的布线设计规则列表,共包含了七个子规则,说明如下。

(1) Width(导线宽度限制)规则

导线宽度限制规则用于设置自动布线时印制导线的宽度范围,可以定义最小宽度(Min Width)、最大宽度(Max Width)和优选尺寸(Preferred Width)。单击每个宽度栏并输入数值即可对其进行设置,如图 2.4-29 所示。

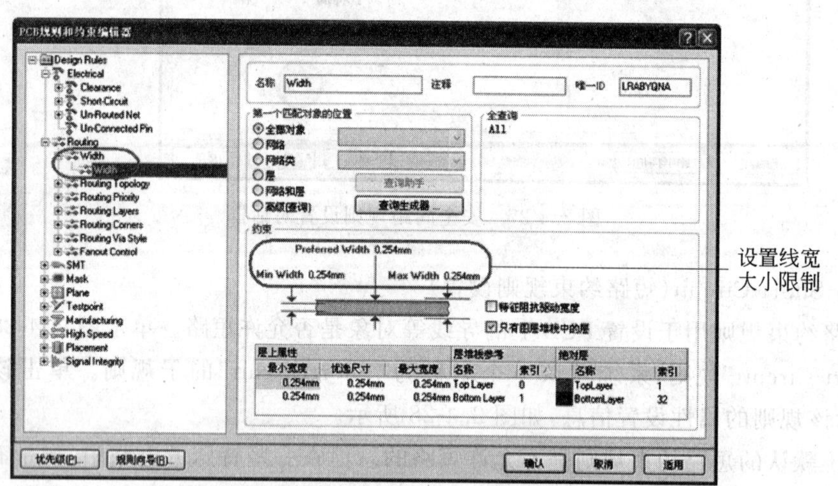

图 2.4-29 导线宽度限制规则设置对话框

在实际使用中,通常会针对不同的网络设置不同的线宽限制规则,特别是地线网络的线宽,此时可以建立新的线宽限制规则。

下面以新增线宽为2mm的GND网络限制规则为例，介绍建立新的线宽限制规则的方法。

右击“Width”子规则，系统将弹出一个快捷菜单，如图2.4-30所示，选中“新规则”子菜单，系统增加一个线宽限制规则“Width_1”。在“第一匹配对象的位置”区中选中“网络”前的复选框，在其后的下拉列表框中选中网络“GND”选项；在“约束”区设置线宽均为2mm。参数设置完毕，单击“适用”按钮确认设置，如图2.4-31所示。

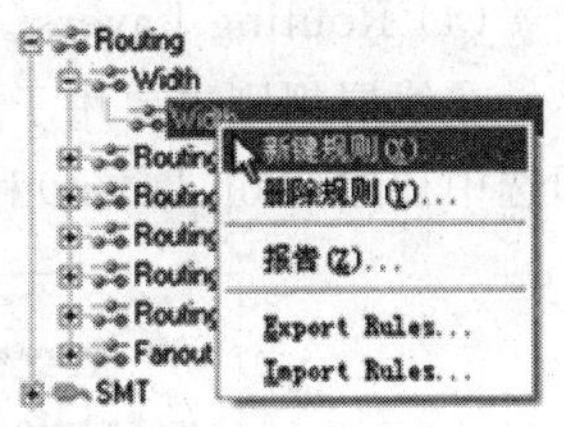

图2.4-30　新建规则菜单

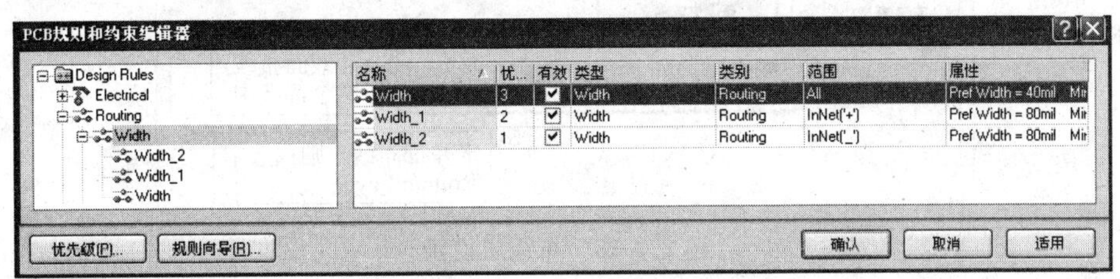

图2.4-31　本例的线宽限制规则

若要删除规则，可右击要删除的规则，并选择“删除规则”选项，将该规则删除。

一个电路中可以针对不同的网络设定不同的线宽限制规则。对于电源和地，设置的线宽一般较粗。如图2.4-31所示，共有三个线宽限制规则，其中GND的线宽为2mm，VCC的线宽为2mm，其他信号线的线宽为1mm。

由于设置了多个不同的线宽限制规则，所以必须设定它们的优先等级，以保证布线正常进行。单击图2.4-31中所示左下角的“优先级”按钮，弹出“编辑规则优先级”对话框，如图2.4-32所示。

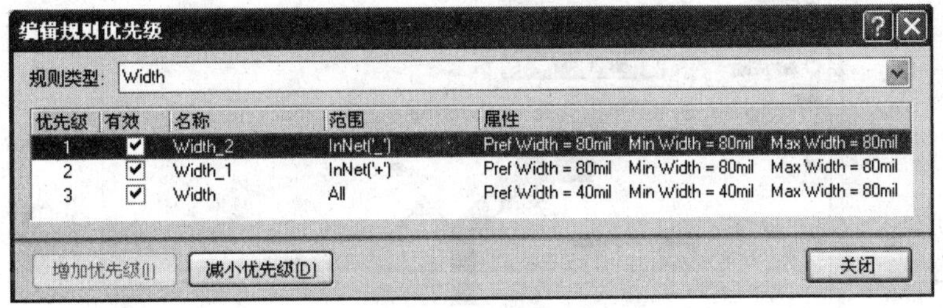

图2.4-32　规则优先级设置

选中规则，然后单击“增加优先级”或“减小优先级”按钮，可以改变线宽限制规则的优先级。本例中，优先级最高的是“GND”，优先级最低的是“All”。

(2) Routing Topology(设置布线的拓扑结构)规则

拓扑结构决定了网格内各节点间走线的方式。该规则用于设置由飞线生成的拓扑结构。

(3) Routing Priority(布线优先级)规则

该规则用于设置各布线网络的优先级(布线的先后顺序)。

(4) Routing Layers(布线工作层)规则

布线层规则主要用于规定自动布线时所使用的工作层面，系统默认采用双面布线，即选中顶层(Top Layer)和底层(Bottom Layer)，如图 2.4-33 所示。

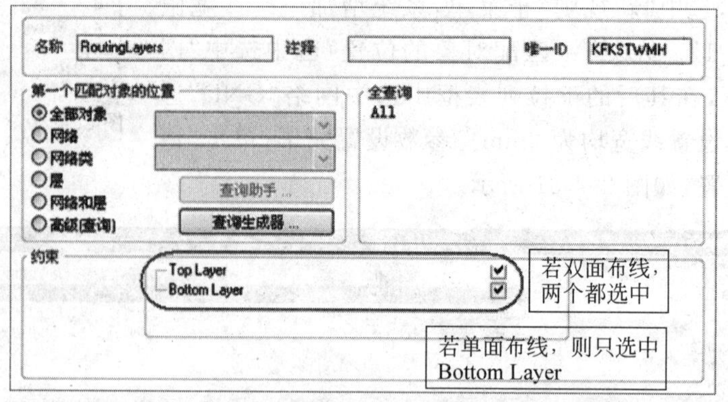

图 2.4-33 布线层设置

(5) Routing Corners(布线拐角模式)规则

该规则主要用于设置布线时拐角的形状、拐角走线垂直距离的最小值和最大值。

布线拐角规则规定自动布线时印制导线拐弯的方式，如图 2.4-34 所示。"风格"选项用于选择导线拐弯的方式，在下拉列表框中可以选择三种转弯方式：45°拐弯、90°拐弯和圆弧拐弯(Rounded)。

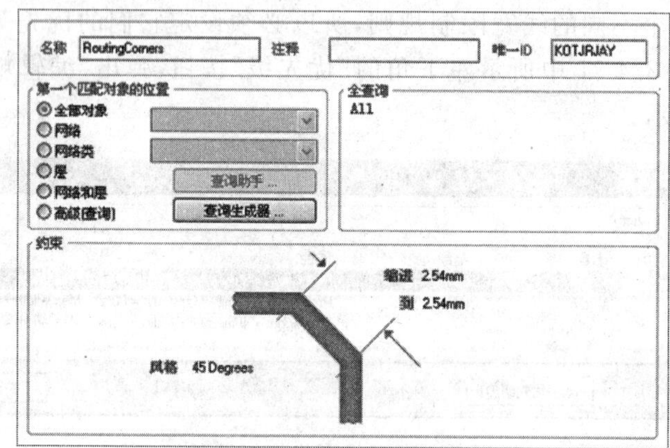

图 2.4-34 布线拐角规则设置

(6) Routing Via Style(过孔类型)规则

该规则用于设置自动布线时所采用的过孔类型，可以设置规则适用的范围以及设置过孔的外径(Diameter)和内径(Hole Size)的尺寸，如图 2.4-35 所示。

过孔在设计双面以上的板中使用，单面板无须设置过孔类型规则。

(7) Fanout Control(扇出式布线)规则

该规则用于设置扇出式导线的形状、方向及焊盘、过孔的放置等。

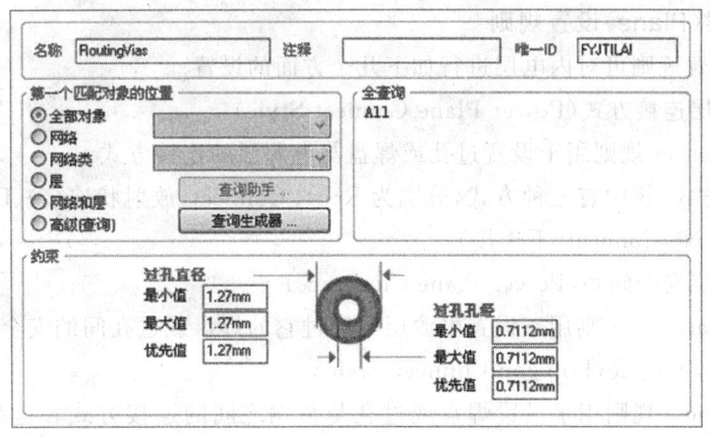

图 2.4-35 过孔类型规则设置对话框

3. 表面贴装(SMT)技术规则

(1) SMD To Corner 规则：用于设置 SMD 元器件焊盘与导线拐角之间的最小距离。

(2) SMD To Plane 规则：用于设置 SMD 与内层(Plane)的焊盘或过孔之间的距离。

(3) SMD Neck-Down 规则：用于设置 SMD 引出导线宽度与 SMD 元器件焊盘宽度之间的比值关系。

4. 防护层(Mask)设置规则

(1) Solder Mask Expansion 规则：用于设置阻焊层中焊盘的延伸量，即阻焊层中的焊盘孔径比焊盘大多少。

要设置焊盘与阻焊层的间距，可执行“设计”|“规则”菜单命令，如图 2.4-36 所示。设置阻焊层与焊盘之间的间距为“5mil”。

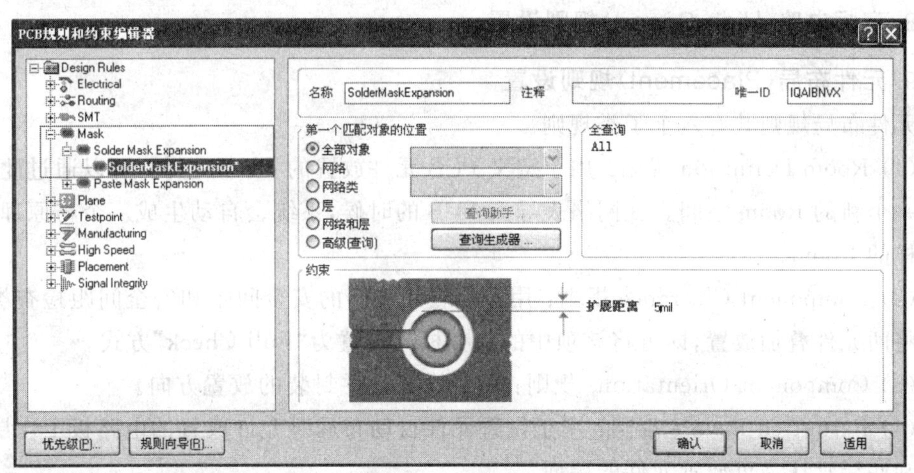

图 2.4-36 焊盘与阻焊层间距的设置

(2) Paste Mask Expansion 规则：用于设置 SMD 焊盘的延伸量，该延伸量是 SMD 焊盘与铜膜焊盘之间的距离。

5. 内电层(Plane)设置规则

内电层设置规则可对内电层进行如下几个方面的设置。

(1) 电源层连接方式(Power Plane Connect Style)

Plane Connect 规则用于设置过孔或焊盘与电源层的连接方式。

在“连接方式”栏中有三种方式,分别为 Relief Connect(放射状连接)、Direct Connect(直接连接)和 No Connect(不连接)。

(2) 电源层安全间距(Power Plane Clearance)

Plane Clearance 规则用于设置电源层与穿过它的焊盘或过孔间的安全距离。

(3) 覆铜连接方式(Polygon Connect Style)

Poly Connect 规则用于设置焊盘或过孔与覆铜之间的连接方式。这是一个常用的设计规则。线路板在布线前(如为使某一区域不布线,有其他用途)或后(增加抗干扰等)要在一些地方覆铜。

在“连接方式”栏中也有三种方式,分别为 Relief Connect(放射状连接)、Direct Connect(直接连接)和 No Connect(不连接)。

6. 测试点(Testpoint)规则

(1) Minimum Annular Ring 规则:用于设置最小环宽,即焊盘或过孔与其通孔之间的直径之差。

(2) Acute Angle 规则:用于设置具有电气特性的导线与导线之间的最小夹角。

7. 电路板制造生产(Manufacturing)规则

(1) Hole Size 规则:用于焊盘孔径设置。

(2) Layer Paris 规则:用于设置是否允许使用板层对。

8. 高频电路(High Speed)规则设置

9. 元件布局(Placement)规则设置

元件布局规则共有六个子类规则。

(1) Room Definition 规则:用于定义 PCB 元件放置的 Room 空间,可以通过此规则创建一个新的 Room 空间。在网络表导入 PCB 的时候,系统会自动生成一个与原理图名称一样的 Room。

(2) Component Clearance 规则:用于设置元件间的安全间距和安全间距检查类型。如果将两元件叠加放置,即可将该项中的检查模式设置为“Full Check”方式。

(3) Component Orientations 规则:用于设置元件封装的放置方向。

(4) Permitted Layers 规则:用于设置元件自动布局时允许放置的电路板工作层面,顶层和底层默认为可放置元件的层面。

(5) Nets To Ignore 规则:用于设置元件自动布局时是否忽略布局的网络,如忽略电源网络,将大大加快元件自动布局的速度,并提高元件布局质量。

(6) Height 规则:用于设置元件允许高度值。

10. 信号完整性(Signal Integrity)规则设置

本例中,布线设计规则设置的主要内容如下。

(1) 安全间距规则设置：0.5mm,适用于全部对象；

(2) 短路约束规则：不允许短路；

(3) 导线宽度限制规则：GND的线宽为2mm,VCC的线宽为2mm,其他信号线的线宽为1mm,优先级依次降低；

(4) 布线层规则：单面布线；

(5) 布线拐角规则：45°拐弯；

(6) 其他规则选择默认。

2.4.10 自动布线

1. 自动布线的基本菜单命令

(1) 指定网络自动布线

执行Auto Route(自动布线)|Net(网络)菜单命令,光标变成“十”字形。将光标移到需要布线的网络上,然后单击,该网络立即被自动布线。

(2) 指定飞线自动布线

执行Auto Route(自动布线)|Connection(飞线)菜单命令,光标变成“十”字形。将光标移到需要布线的某条飞线上,然后单击,该飞线所连接的焊盘立即被自动布线。执行上述命令仅对该飞线布线,而不是对该飞线所在的网络布线。

(3) 指定元件自动布线

执行Auto Route(自动布线)|Component(元件)菜单命令,光标变成“十”字形。将光标移到需要布线的元件上,然后单击,与该元件的焊盘相连的所有飞线立即被自动布线。

(4) 指定区域自动布线

执行Auto Route(自动布线)|Area(整个区域)菜单命令,光标变成“十”字形,然后按住鼠标左键,拖动出一个矩形区域。在矩形的另一对角线位置单击,系统自动完成指定区域内布线,凡是全部或部分在区域内的飞线都将被自动布线。

2. 锁定预布线

有些电路在自动布线前已经针对某些网络进行了预布线,如果要在自动布线时保留这些预布线,可以在自动布线器选项中设置锁定所有预布线。

执行Auto Route(自动布线)|“设定”菜单命令,弹出“Situs布线策略”对话框,选中对话框下方的“锁定全部预布线”复选框锁定全部预布线,然后单击“OK”按钮退出设置状态。

3. 全局布线

在PCB设计界面中,执行Auto Route (自动布线)|All(全部对象)菜单命令,可对整个电路板自动布线。执行该命令后,系统弹出如图2.4-37所示的“Situs Routing Strategies”(Situs布线策略)对话框。

(1) 查看已设置的布线设计规则

图 2.4-37 中所示的“布线设置报告”区显示的是当前已设置的布线设计规则，用鼠标拖动该区右侧的拖动条可以查看布线设计规则。若要修改规则，单击下方的“编辑规则”按钮，将弹出如图 2.4-26 所示的“PCB 规则和约束编辑器”对话框，可在其中修改设计规则。

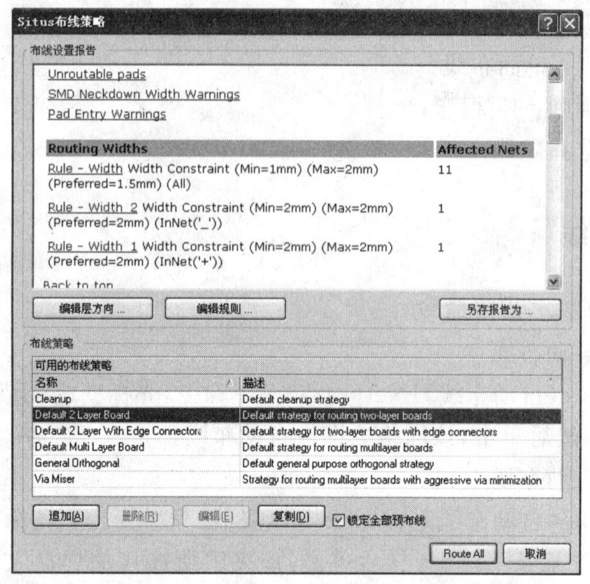

图 2.4-37 “Situs 布线策略”对话框

(2) 设置布线层的走线方式

单击图 2.4-37 中的“编辑层方向”按钮，弹出图 2.4-38 所示的“层方向”对话框，可以设置布线层的走线方向。系统默认为双面布线，顶层走垂直线，底层走水平线。单击“当前设置”区下的“Automatic”，出现下拉列表框，可以选择布线层的走线方向，如图 2.4-39 所示。

图 2.4-38 “层方向”对话框

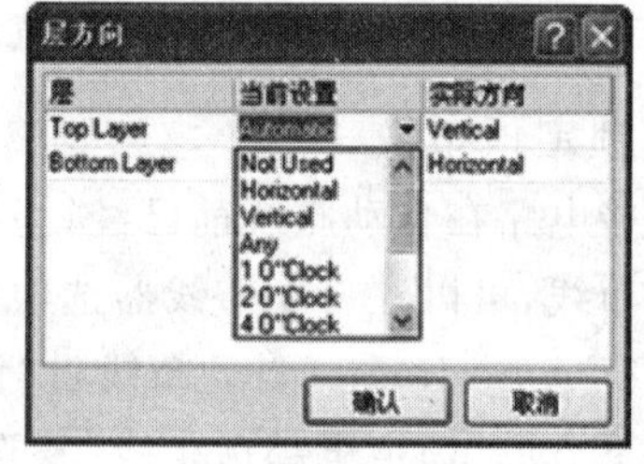

图 2.4-39 选择布线层走线方式

在图 2.4-39 中，下拉列表中的内容说明如下。

Not Used：不使用本层；

Horizontal：本层水平布线；

Vertical：本层垂直布线；

Any：本层任意方向布线；

1～5 O″Clock：1～5 点钟方向布线；

45 Up：向上 45°方向布线；

45 Down：向下 45°方向布线；

Fan Out：散开方式布线；

Automatic：自动设置。

布线时应根据实际要求设置布线层的走线方式，如采用单面布线，设置“Bottom Layer”为“Any”(底层任意方向布线)，其他层“Not Used”(不使用)；采用双面布线时，设置“Top Layer”为“Vertical”(垂直布线)，“Bottom Layer”层为“Horizontal”(水平布线)，其他层“Not Used”(不使用)。

一般在两层以上的 PCB 布线中，布线层的走线方式可以选择“Automatic”，系统会自动设置相邻层采用正交方式走线。

(3) 自动布线

单击图 2.4-37 中所示的“Route All”按钮对整个电路板自动布线，系统弹出“Messages”(信息)窗口显示当前布线进程，如图 2.4-40 所示。

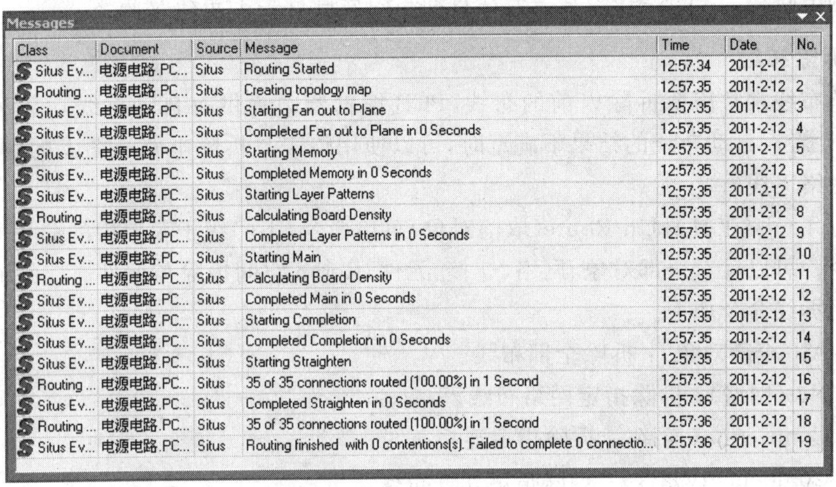

Messages

Class	Document	Source	Message	Time	Date	No.
Situs Ev...	电源电路.PC...	Situs	Routing Started	12:57:34	2011-2-12	1
Routing ...	电源电路.PC...	Situs	Creating topology map	12:57:35	2011-2-12	2
Situs Ev...	电源电路.PC...	Situs	Starting Fan out to Plane	12:57:35	2011-2-12	3
Situs Ev...	电源电路.PC...	Situs	Completed Fan out to Plane in 0 Seconds	12:57:35	2011-2-12	4
Situs Ev...	电源电路.PC...	Situs	Starting Memory	12:57:35	2011-2-12	5
Situs Ev...	电源电路.PC...	Situs	Completed Memory in 0 Seconds	12:57:35	2011-2-12	6
Situs Ev...	电源电路.PC...	Situs	Starting Layer Patterns	12:57:35	2011-2-12	7
Routing ...	电源电路.PC...	Situs	Calculating Board Density	12:57:35	2011-2-12	8
Situs Ev...	电源电路.PC...	Situs	Completed Layer Patterns in 0 Seconds	12:57:35	2011-2-12	9
Situs Ev...	电源电路.PC...	Situs	Starting Main	12:57:35	2011-2-12	10
Routing ...	电源电路.PC...	Situs	Calculating Board Density	12:57:35	2011-2-12	11
Situs Ev...	电源电路.PC...	Situs	Completed Main in 0 Seconds	12:57:35	2011-2-12	12
Situs Ev...	电源电路.PC...	Situs	Starting Completion	12:57:35	2011-2-12	13
Situs Ev...	电源电路.PC...	Situs	Completed Completion in 0 Seconds	12:57:35	2011-2-12	14
Situs Ev...	电源电路.PC...	Situs	Starting Straighten	12:57:35	2011-2-12	15
Routing ...	电源电路.PC...	Situs	35 of 35 connections routed (100.00%) in 1 Second	12:57:35	2011-2-12	16
Situs Ev...	电源电路.PC...	Situs	Completed Straighten in 0 Seconds	12:57:36	2011-2-12	17
Routing ...	电源电路.PC...	Situs	35 of 35 connections routed (100.00%) in 1 Second	12:57:36	2011-2-12	18
Situs Ev...	电源电路.PC...	Situs	Routing finished with 0 contentions(s). Failed to complete 0 connectio...	12:57:36	2011-2-12	19

图 2.4-40　自动布线信息

一般自动布线的效果不能完全满足用户的要求。用户可以先观察布线中存在的问题，然后撤销布线，调整元件栅格，适当微调元件的位置，再次进行自动布线，直到达到比较满意的效果。自动布线后的效果如图 2.4-41 所示，存在环绕和部分区域布线过密的问题。

2.4.11　手动调整布线

虽然 Protel DXP 2004 SP2 的自动布线成功率几乎高达 100%，但是并不代表其布线的结果是合理的。实际上，自动布线的结果往往不能令人满意，最典型的缺点就是布置的走线拐弯太多，有一些布线甚至是舍近求远。因此，一个最后成形的能够拿到制板厂

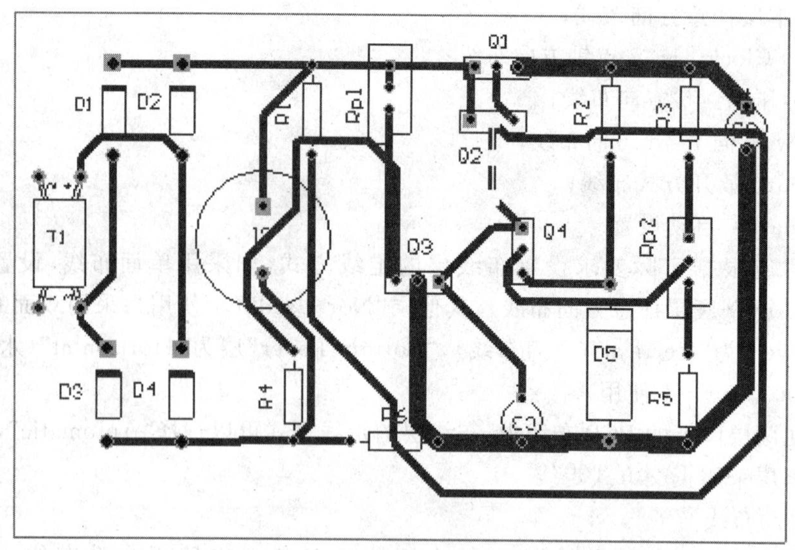

图 2.4-41　自动布线后的效果

制作印制电路板的 PCB 图,经常需要在自动布线后进行手工布线及调整。

1. 拆除布线

调整布线常常需要拆除以前的布线,PCB 编辑器中提供有自动拆线功能和撤销功能,当设计者对自动布线的结果不满意时,可以使用该工具拆除电路板图上的铜膜线,而只剩下网络飞线。

执行 Tools(工具)|Un-Route(取消对象)菜单命令,下一级子菜单中的命令即为各种拆线命令。可以针对全部对象、网络、连接、元件、Room 空间拆除与元件连接的铜膜线。

常用拆线命令如下。

(1) All(全部对象):拆除全部布线。

(2) Net(网络):拆除指定网络布线。

(3) Connection(连接):拆除指定连接布线。

(4) Component(元件):拆除指定元件布线。

(5) Room 空间:拆除指定空间布线。

2. 设置工作层

执行"设计"|"PCB 板层次颜色"菜单命令,屏幕弹出"板层和颜色"对话框。在要设置为显示状态的工作层后的"表示"复选框内单击打勾,选中该层。

本例中采用单面布线,元件采用通孔式元件,故选中"Bottom Layer"(底层)、"Top Overlay"(顶层丝网层)、"Keep Out Layer"(禁止布线层)及"Multi-Layer"(焊盘多层)。

PCB 单面布线的布线层为"Bottom Layer",故在工作区的下方单击"Bottom Layer"标签,选中工作层为"Bottom Layer"。

3. 为手工布线设置栅格

在电路工作区中右击,在弹出的快捷菜单中选择"捕获栅格"选项,将弹出栅格设置对话框，从中可以选择捕获栅格尺寸，本例中选择0.500mm。也可以按G键来设置光标移动的最小间隔。

4. 通过“放置直线”的方式布线

通过“放置直线”方式放置的印制导线可以放置在PCB的信号层和非信号层上。当放置在信号层上时，具有电气特性，称为印制导线；当放置在其他层时，代表无电气特性的绘图标志线，在规划PCB时就是采用这种方式放置导线。

执行“放置”|“直线”菜单命令，进入放置PCB导线状态。系统默认放置线宽为10mil的连线。若在放置连线的初始状态，单击键盘上的Tab键，就可以修改线宽和线的所在层。连线示意如图2.4-42所示。

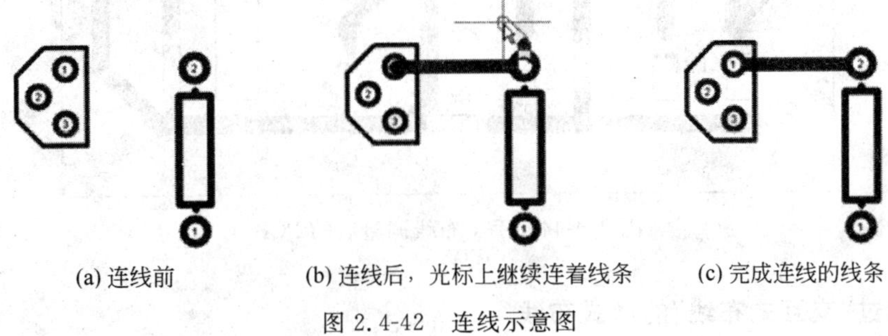

(a) 连线前　(b) 连线后，光标上继续连着线条　(c) 完成连线的线条

图2.4-42　连线示意图

若要在布线过程中取消导线段，则在导线布线状态按Backspace（退格）键，可以取消刚刚放置的一段导线。

在放置印制导线过程中，同时按快捷键Shift＋空格(Space)，可以切换印制导线转折方式，共有六种，分别是45°、弧线、90°、圆弧角、任意角度和1/4圆弧转折，如图2.4-43所示。

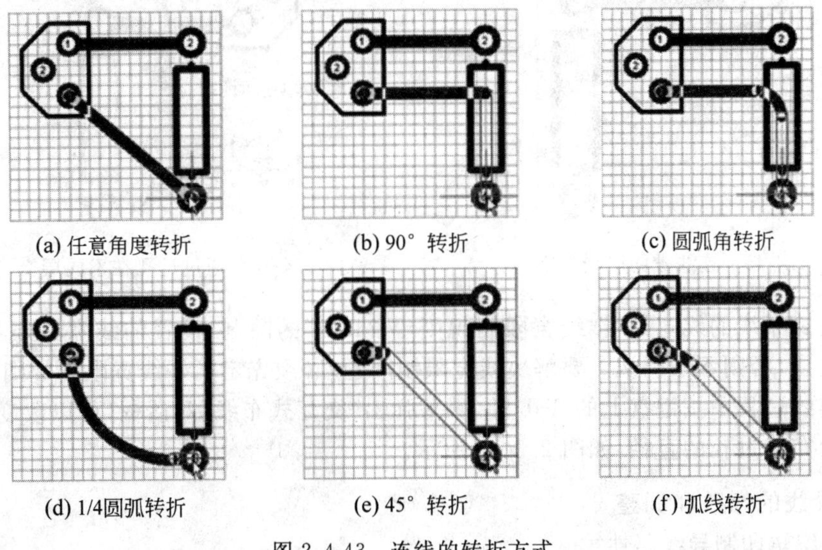

(a) 任意角度转折　(b) 90° 转折　(c) 圆弧角转折

(d) 1/4圆弧转折　(e) 45° 转折　(f) 弧线转折

图2.4-43　连线的转折方式

本例中设计的是单面板，故布线层为 Bottom Layer（底层），手工布线后的电路如图 2.4-44 所示，其中印制导线的线宽设置为 2mm，焊盘的直径为 2.5mm，采用了 45°转折方式。

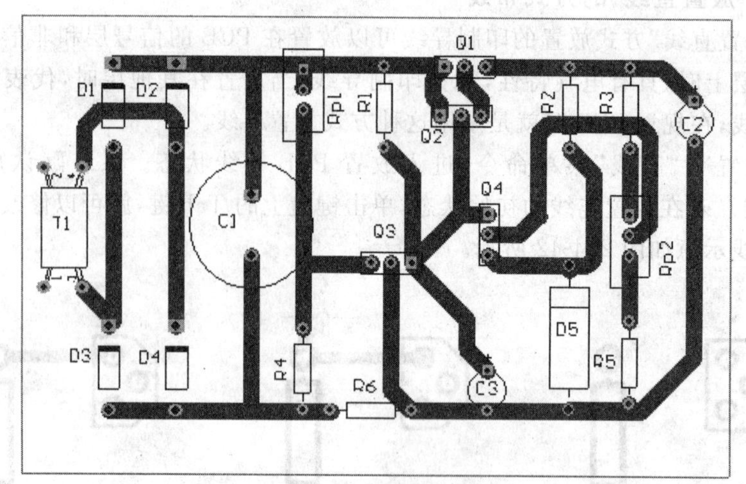

图 2.4-44 手工布线调整后的 PCB

5. 通过"交互式布线"的形式布线

单击配线工具栏中的布线图标 或执行"放置"|"交互式布线"菜单命令，先画图 2.4-45 所示的底层的线，到要转换到顶层的位置后单击小键盘的 * 键进行层切换，系统在该处自动添加过孔。继续单击完成剩余的连线，如图 2.4-46 所示。

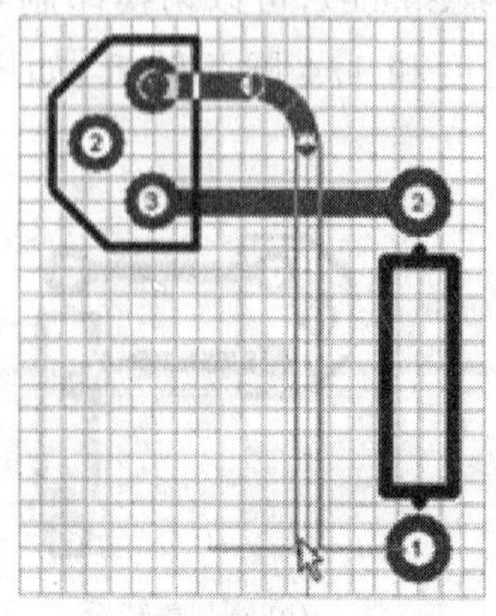

图 2.4-45 连线被同层线条阻挡

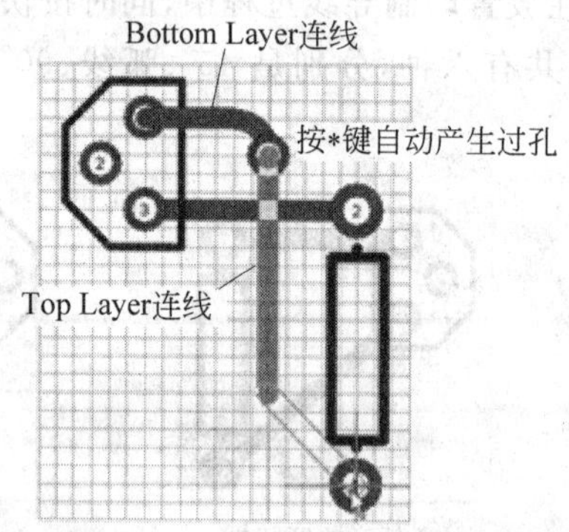

图 2.4-46 通过过孔在不同层交叉连线

交互式布线的线宽是受"线宽限制规则（Width）"的限制，设置的线宽必须在该规则的范围之内，否则不予确认。要解决线宽限制问题，必须先定义好线宽限制规则。

在连线过程中按键盘上的 Tab 键，屏幕弹出"交互式布线"对话框，可以改变线宽、线所在层及布线过孔的直径，如图 2.4-47 所示。

6. 导线的修改和调整

（1）编辑印制导线属性

双击 PCB 中的印制导线，屏幕弹出印制导线属性对话框，可以修改印制导线的属性。

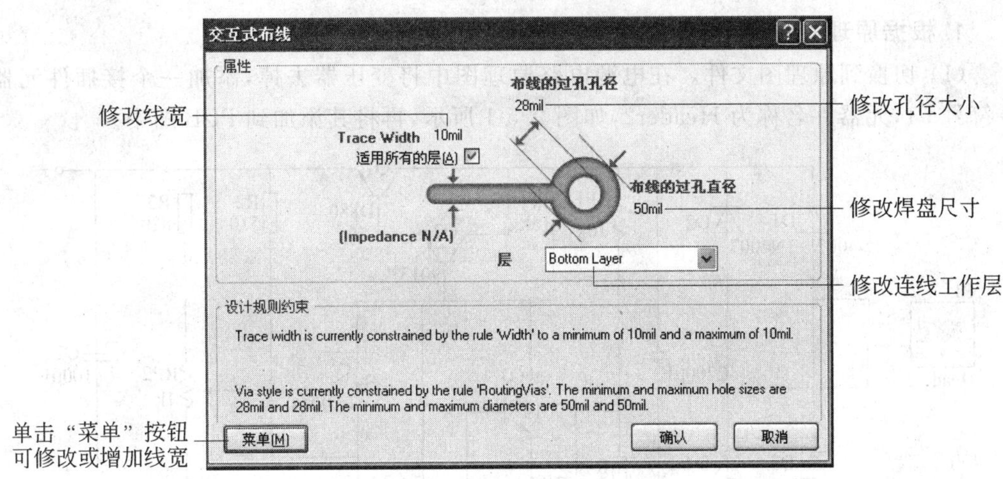

图2.4-47　“交互式布线”对话框

在印制板设计中，一般地线要加宽一些。加宽地线可以先将原来的地线删除，然后执行“放置”|“矩形填充”菜单命令，在相应位置单击拉出一个矩形填充区进行放置。

(2) 修改导线

修改导线时需要首先点取该导线段，点取的导线段上会出现三个操作控点，可利用这三个控点调整导线。

① 利用中间控点调整导线：在中间控点上单击，控点将随光标一起移动，将点取的导线段分成两段，并且这两段导线随控点伸缩。

② 加长或压缩导线：单击上、下端控点可伸缩该段导线。

③ 移动导线：单击已选取的导线段(控点除外)，可移动该导线(按住鼠标左键不放，该导线段将和其他导线分离；不按鼠标左键，该导线段和其他两段导线不分离，一起随光标带着该导线段移动)。

(3) 导线的删除

单击要删除的导线，然后按Delete键删除；或执行Edit(编辑)|Delete(删除)菜单命令，将光标移动到要删除的导线段上单击即可。

2.5　布线后PCB处理及DRC检查

2.5.1　PCB和原理图的双向更新

有时候需要在原理图中对元器件进行修改，如变更元器件名称或封装等，这时可以在原理图环境下直接更新PCB；也可以在PCB环境下根据对元器件所做的修改对原理图进行更新。

1. 根据原理图更新 PCB 文件

(1) 切换到原理图文件。在电源电路原理图中将变压器去掉，添加一个接插件元器件符号 P1，元器件名称为 Header2，如图 2.5-1 所示，再将其添加到 PCB 图中。

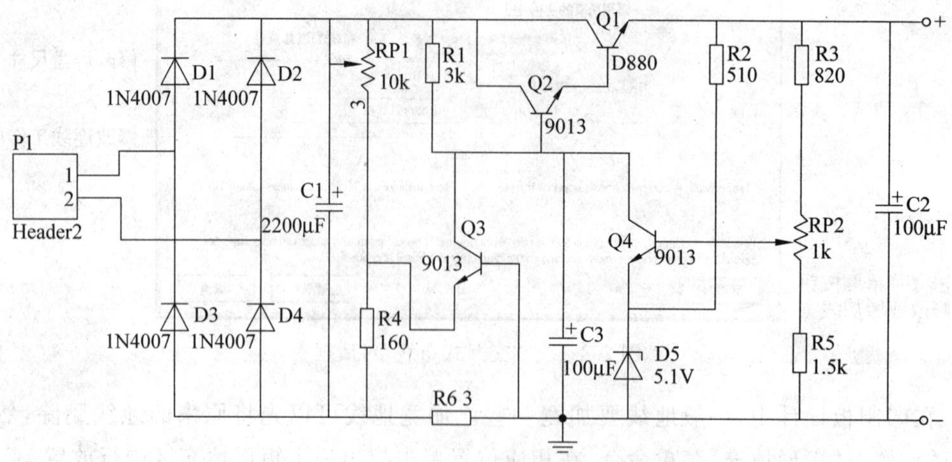

图 2.5-1　添加 P1 元件后的电源电路原理图

(2) 执行 Design(设计)|Update PCB Document 电源电路 PCB. PcbDoc 菜单命令，系统弹出如图 2.5-2 所示的对话框。单击"Yes"按钮后，弹出"Engineering Change Order"(工程变化订单)对话框。此对话框中列出了增加 P1 的情况。

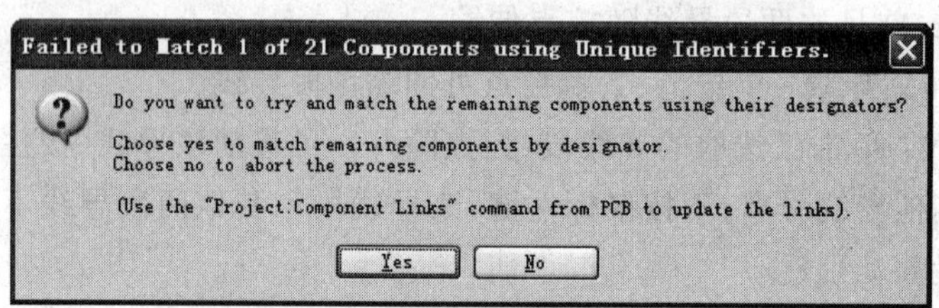

图 2.5-2　确认更新对话框

(3) 在对话框中单击 "Execute Changes"(使变化生效)按钮，将 P1 和新增网络连接导入到 PCB 文件中。再单击"执行变化"按钮，此时，"Engineering Change Order"对话框中的"Done"一列全部显示"√"，说明所有元器件和网络连接均被装入 PCB 文件。

(4) 单击"Close"按钮，关闭"Engineering Change Order"对话框。此时，P1 出现在 PCB 文件中。

(5) 重新调整元器件布局，将 P1 放在合适位置，如图 2.5-3 所示。

2. 根据 PCB 文件对原理图进行更新

(1) 打开图 2.5-3 所对应的原理图文件。

(2) 打开图 2.5-3 所示电路所在的 PCB 文件。

(3) 将图 2.5-3 所示电路所在 PCB 文件中 D5 的封装改为"DIODE0.4"，然后单击"保存"按钮。

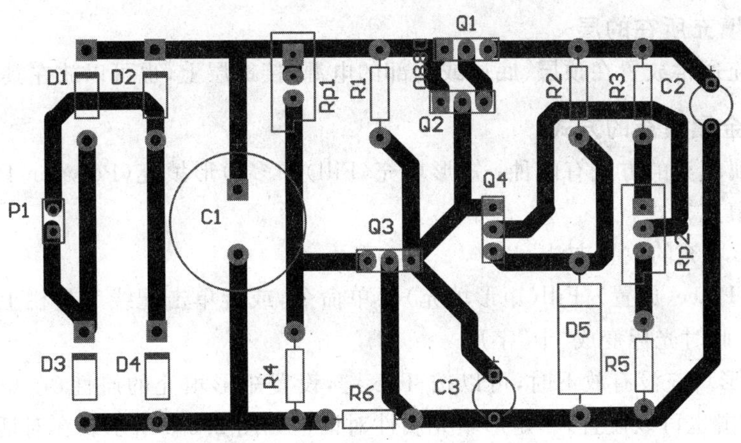

图 2.5-3 更新 PCB 后的电源电路

(4) 执行 Design|"Update Schematics in 串联型稳压电源. PRJPCB"菜单命令,系统弹出"Confirm"对话框,如图 2.5-4 所示,单击"Yes"按钮继续。

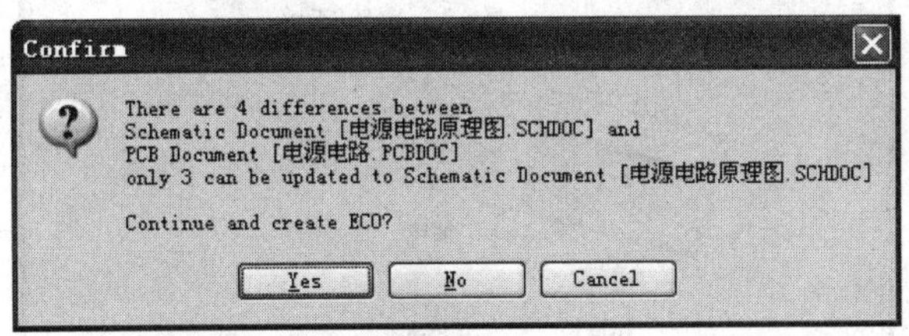

图 2.5-4 确认更新

(5) 系统弹出"Engineering Change Order"(工程变化订单)对话框,列出需要更新的内容。单击"Execute Changes"(使变化生效)按钮进行更新,然后单击"Close"按钮关闭该对话框。

(6) 将窗口切换到原理图,会发现元器件 D5 的封装已改。

2.5.2 金属填充

在 PCB 设计过程中,为了增强 PCB 与外部接口部件间的接触面,或增强 PCB 的抗干扰性和承载大电流能力,常采用矩形填充来放置矩形金属铜膜,又称覆铜。

覆铜是指在电路板的空白处铺满铜膜。覆铜的目的是提高电路板的抗干扰能力,通常将铜膜接电源、接地,作为电源和地线的扩展。覆铜必须在电路板调整完成后进行。

1. 金属填充的作用

(1) 在信号层上作为实现实心矩形的导体。

(2) 在内部电源层作为实心矩形的绝缘体。

(3) 在文档层上设计实心矩形的几何图形。

2. 金属填充所在的层

金属填充通常放置在顶层、底层或内部的电源/接地层上，也可以放在其他工作层。

3. 放置金属填充的方式

放置金属填充的方式有两种：矩形填充(Fill)和多边形填充(Polygon Plane)。一般采用多边形填充方式。

(1) 矩形填充的放置方法

① 使用 Place(放置)|Fill(矩形填充)菜单命令，或者单击配线工具栏上的放置矩形填充图标▩，此时光标变成"十"字形。

② 在矩形填充没有放下时，可以按 Tab 键，设置矩形填充的属性(在矩形填充已经放下以后，双击也可以设置)。矩形填充属性对话框如图 2.5-5 所示。在对话框中可以对矩形填充所处的板层(Layer)、连接的网络(Net)、旋转角度(Rotation)、两个角的坐标等参数进行设定，设置完毕后单击"确认"按钮。

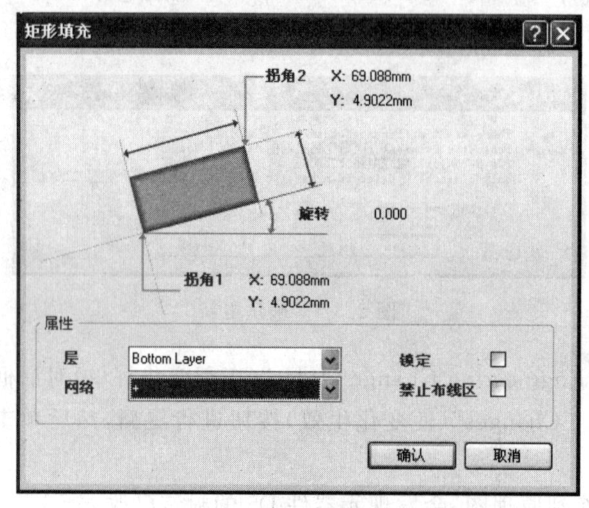

图 2.5-5 矩形填充属性设置对话框

③ 移动光标，依次确定矩形区域对角线的两个顶点，完成对该区域的矩形填充，如图 2.5-6 所示。

④ 矩形填充的基本操作。若不满意矩形填充的位置，可以移动矩形填充以满足要求。具体的方法如下：在矩形填充上单击，矩形填充的中心会出现一个小"十"字形，其一边有个小圆圈，周边出现 8 个控制点，如图 2.5-6 所示。

图 2.5-6 矩形填充

移动——在矩形填充的任何位置单击，光标都将自动移到矩形填充中心的小"十"字上，此时光标变成"十"字形，而且矩形填充会粘在光标上随之移动。在合适的位置单击，放下矩形填充即可。

旋转——在矩形填充的小圆圈上单击，光标变成"十"字形。移动鼠标，矩形填充随之转动。在合适的位置单击,完成矩形填充的旋转。

修改大小——单击如图 2.5-6 所示矩形填充四周的某个控制点,可以改变控制点所在边的位置。如果控制点在角上,可同时改变两条边的位置。在合适的位置单击,可修改矩形填充的大小。

(2) 多边形填充(Polygon Plane)

在 PCB 中,多边形填充与矩形填充的作用相似,都是为了增强系统的抗干扰性而设置的大面积电源或接地区域(通常放置在 PCB 的顶层、底层及内部电源或接地层上)。

需要放置多边形填充时,要先切换到需要的工作层面,然后单击配线工具栏上的放置覆铜平面图标,或执行"放置"|"覆铜"菜单命令,出现如图 2.5-7 所示的"覆铜"对话框。

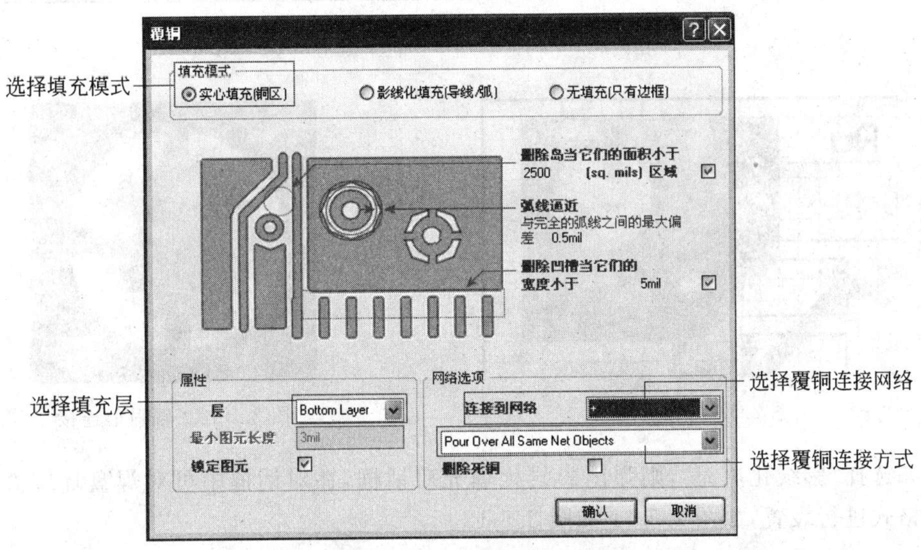

图 2.5-7　"覆铜"对话框

打开"连接到网络"下方的下拉菜单,有三项供选择。

① "Don't Pour Over Same Net Objects":表示覆铜时不覆盖相同网络的对象,只为对象实体勾画出轮廓。

② "Pour Over All Same Net Objects":表示覆铜时将覆盖相同网络的所有对象(覆铜、导线等)。

③ "Pour Over Same Net Polygons Only":表示覆铜时仅对相同网络覆铜,并为对象实体勾画出轮廓。

此外,用户还可以选中"删除死铜"复选框,去除 PCB 中孤立的死铜。

(3) 设置覆铜与焊盘的连接方式

执行"设计"|"规则"菜单命令,弹出如图 2.5-8 所示的对话框。覆铜连接方式选择"直接连接"。多边形覆铜焊盘的直接连接效果如图 2.5-9 所示。辐射形连接效果如图 2.5-10 所示。

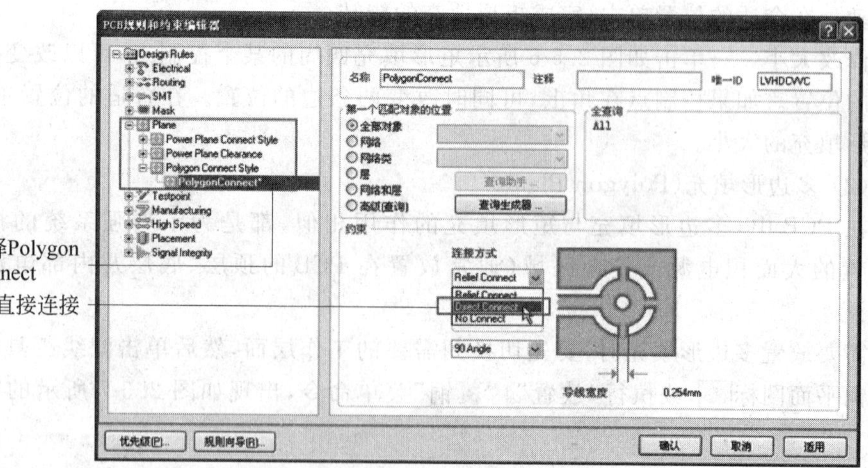

图 2.5-8 覆铜与焊盘的连接方式

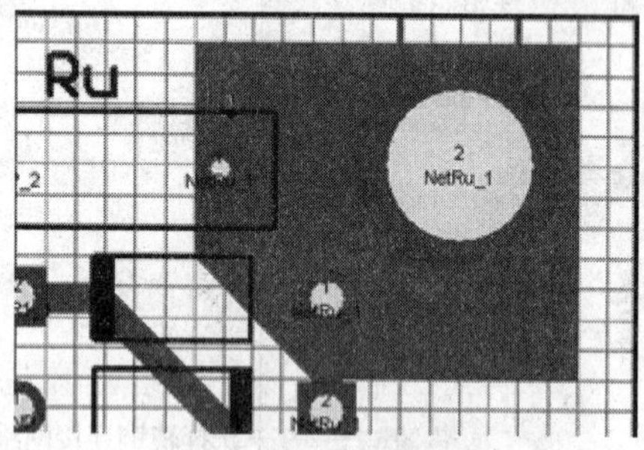

图 2.5-9 直接连接

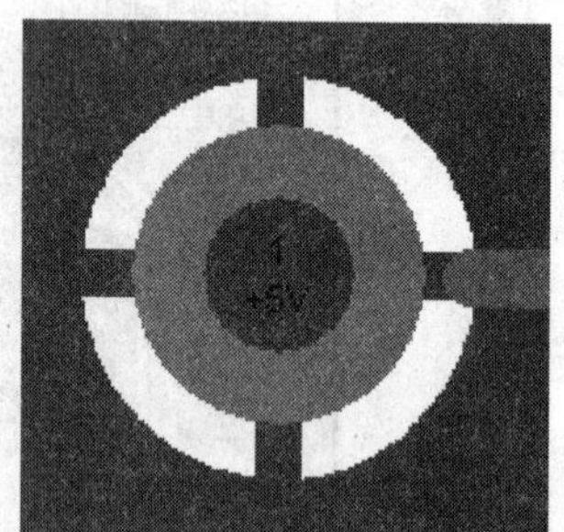

图 2.5-10 辐射形连接

如选择“影线化填充”，则弹出影线化填充对话框，在对话框中可对焊盘环绕方式及填充格式进行设置，如图 2.5-11 和图 2.5-12 所示。

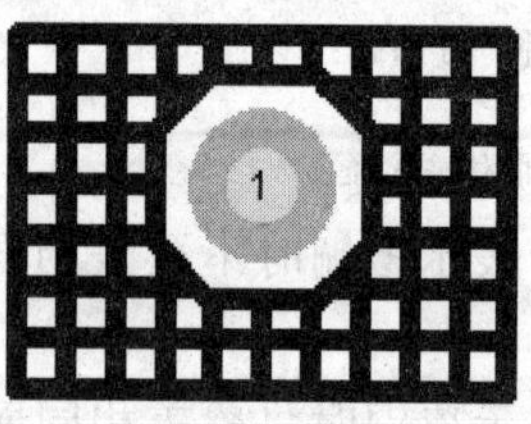

(a) Octagons(八角形)方式

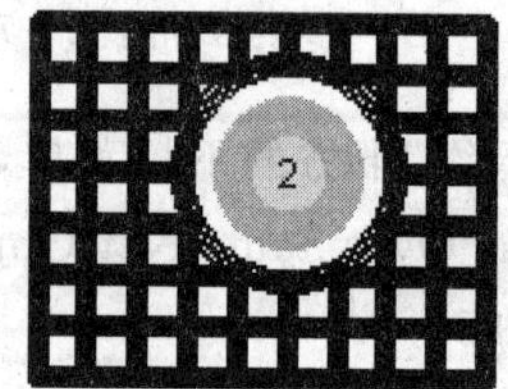

(b) Arcs(圆弧)方式

图 2.5-11 焊盘环绕方式

(a) 90°格

(b) 45°格

(c) 垂直线

(d) 水平线

图 2.5-12 四种不同的填充格式

在实际使用时，只需将上述参数按照需要设置，其他参数选择默认值即可。设置完成后，单击“确认”按钮即可进行多边形覆铜的绘制工作了。

设置完属性对话框后，单击“确认”按钮，光标变成“十”字形，进入放置多边形填充状态。移动光标，在合适位置单击，可确定多边形填充的第一个端点，然后依次在每个拐点单击，确定各端点。在确定了多边形终点位置后直接右击，系统会自动将起点和终点连接起来，形成一个多边形区域。绘制好的多边形平面填充处于选中状态，在多边形平面填充以外的任意地方单击，可取消选中状态。

虽然在 PCB 中多边形覆铜与矩形覆铜的作用相似，但它们之间的区别不仅仅是覆铜图形不同，在电气性能上也有很大的区别。矩形覆铜是填充整个区域，它会覆盖区域内的所有导线、焊盘、过孔，使它们连接起来；多边形覆铜是用铜线来填充区域，它会自动绕开区域内的导线、过孔及焊盘等电气图件，不会改变它们原有的电气连接关系。

在自动或手动布线完成后，还应进行多边形覆铜，加宽铜箔导线以增加强度和抗剥的能力。对电源电路进行修饰完善处理后的最终效果如图 2.5-13 所示。

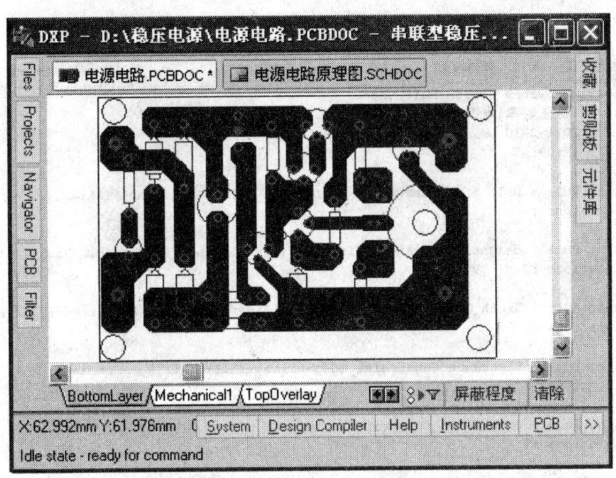

图 2.5-13　修饰处理后的 PCB 布线图

2.5.3　PCB 设计规则检查(DRC)

布线完成后应对 PCB 进行布线设计规则检查，检查布线过程中是否有违反规则的地方。执行 Tools(工具)|Design Rule Check(设计规则检查)菜单命令，或使用快捷键 T|D，会弹出如图 2.5-14 所示“设计规则检查器”对话框。

各项规则设置完毕，单击“运行设计规则检查”按钮进行检测，系统将弹出“Message”窗口。如果 PCB 有违反规则的问题，将在窗口中显示错误信息，同时在 PCB 上高亮显示违规的对象，并生成一个报告文件，扩展名为“. DRC”。用户可以根据违规信息对 PCB 进行修改，直到检查没有错误为止。

如果检查没有错误，“Message”信息窗口为空白显示。“. DRC”报告如图 2.5-15 所示。

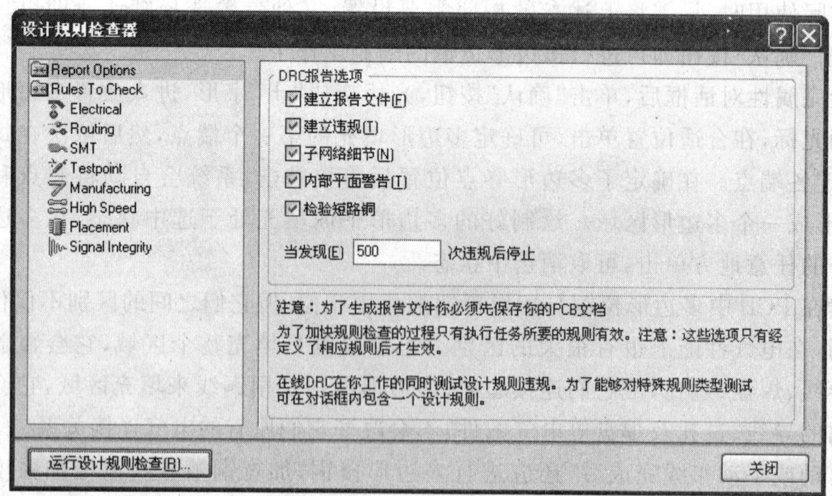

图 2.5-14 “设计规则检查器”对话框

电源电路原理图.SCHDOC | 电源电路.PCBDOC * | 电源电路.DRC

```
Protel Design System Design Rule Check
PCB File : \稳压电源\电源电路.PCBDOC
Date     : 2011-3-10
Time     : 12:09:43

Processing Rule : Hole Size Constraint (Min=0.0254mm) (Max=2.54mm) (All)
Rule Violations :0

Processing Rule : Height Constraint (Min=0mm) (Max=25.4mm) (Prefered=12.7mm) (All)
Rule Violations :0

Processing Rule : Width Constraint (Min=2.032mm) (Max=2.032mm) (Preferred=2.032mm) (All)
Rule Violations :0

Processing Rule : Clearance Constraint (Gap=0.1mm) (All),(All)
Rule Violations :0

Processing Rule : Broken-Net Constraint ( (All) )
Rule Violations :0

Processing Rule : Short-Circuit Constraint (Allowed=No) (All),(All)
Rule Violations :0


Violations Detected : 0
Time Elapsed        : 00:00:01
```

图 2.5-15 电源电路.DRC 检查报告

2.5.4 添加字符和重新编号及查看 3D 效果

1. 添加说明字符串

PCB 板中的字符串放置在顶层丝印层(Top Overlay)，在 PCB 板空余的部位放置绘制者的姓名“Design: ***”和绘制日期“2011. 3”；设置文本高为“60mil”；字宽为“5mil”；选择层为顶层丝印层(Top Overlay)。

(1) 放置字符串步骤

将当前层设置为顶层丝印层(Top Overlay)或底层丝印层(Bottom Overlay)。单击

“Wiring”配线工具栏中的“放置字符串”图标A，或执行 Place(放置)|String(字符串)菜单命令，光标变成“十”字形，并且光标上带有前一次放置的字符串。此时按 Tab 键，或双击已放置好的字符串，均可弹出 String(字符串)属性对话框。设置完毕，单击“OK”按钮，将光标移到相应的位置后单击，完成一次放置操作。

将光标移到新的位置，可继续放置字符串。右击，退出放置状态。放置好的字符串处于选中状态，在字符串以外的任何地方单击，可取消选中状态。

(2) 字符串的移动和旋转操作

① 字符串的选择：单击字符串，该字符串就处于选中状态。

② 字符串的移动：将光标放在字符串上，按住鼠标左键拖动。

③ 字符串的任意角度旋转：在字符串上单击，使字符串处于选中状态，此时在字符串的右下方出现一个小方块。将光标放在小方块上，则光标变成双向箭头，用鼠标左键按住此双向箭头并旋转光标，该字符串就会以左侧的“+”号为中心做任意角度旋转。

④ 字符串的翻转与 90°旋转：用鼠标左键按住字符串不放，同时按下 X 键，字符串可水平翻转；按下 Y 键，字符串可垂直翻转；按下空格键，字符串可进行逆时针 90°旋转。

(3) 特殊字符串显示

① 设置特殊字符串显示模式。执行 Tools(工具)|Preferences(优先设定)菜单命令，系统弹出“Preferences”对话框。在“Protel PCB”文件夹下选择“Display”，在右侧的“Display Options”区域中选中“Convert Special String”(转换特殊字符串)复选框。

② 选择特殊字符串。按照放置字符串的步骤调出“String”对话框，然后单击“Text”旁的下拉按钮，在下拉列表中选择需要的字符串变量，如.Print_Date(显示日期)，放置后就会显示当前的日期。

2. 调整元件标注

PCB 元器件自动布局后，元件的编号和标注会比较杂乱，影响 PCB 的美观，可以通过手动或自动的方式进行调整。

对于自动方式调整，执行“工具”|“重新注释”菜单命令，系统将弹出“位置的重注释”对话框。该对话框提供了五种元件重注释的编号方式，选择其中的一种，单击“确认”按钮即可。系统还生成一个.WAS 文件，该文件为自由文档，记录了元件编号的变化情况。

3. 查看三维 PCB

执行“查看”|“显示三维 PCB”菜单命令可查看 PCB 三维效果。用户可以根据三维图查看 PCB 板设计完成后的效果，若不满意，可进行布局和布线的调整。

2.5.5 生成 PCB 报表及封装库

1. 查看 PCB 信息

用户可以通过执行“报告”|“PCB 板信息...”菜单命令，查看电路的 PCB、元件和网络的相关参数信息。注意，这里的“电路板尺寸”内显示的尺寸大小为 PCB 上布置现有元器件的最小尺寸，而不是当前 PCB 的尺寸大小(没有定义 PCB 尺寸)。

2. 生成 BOM 清单

BOM 是以数据格式来描述产品结构的文件,即物料清单,它能帮助计算机读出企业所制造的产品构成和所有要涉及的物料,又称产品结构表或产品结构树。

执行"报告"|"项目报告"|Simple BOM 菜单命令,可生成"串联型稳压电源.PRJPCB"文件,内容如下:

```
Bill of Material for 串联型稳压电源.PRJPCB
On 2011-2-13 at 14:29:39

Comment   Pattern             Quantity  Components
------------------------------------------------------
1n4007    DI010.46-5.3x2.8    4         D1,D2,D3,D4 1 Amp General Purpose Rectifier
220V/18V  TRANS               1         T1          Transformer
5.1V      DIODE-0.7           1         D5          Zener Diode
9013      HDR1X3              3         Q2,Q3,Q4    NPN Bipolar Transistor
Cap Pol2  CAPPA14.05-10.5x6.3 1         C1          Polarized Capacitor (Axial)
Cap Pol2  CAPPR2-5x6.8        1         C3          Polarized Capacitor (Axial)
Cap Pol2  CAPPR5-5x5          1         C2          Polarized Capacitor (Axial)
D880      HDR1X3              1         Q1          NPN Bipolar Transistor
Res2      AXIAL-0.4           6         R1,R2,R3,R4,R5,R6  Resistor
RPot      VR5                 2         Rp1,Rp2     Potentiometer
```

3. 生成项目封装库

当一个电路板完成后,为了便于文件管理以及元件封装的读取、修改,常常需要生成项目元件的封装库,该封装库包含了本项目电路板中的所有元件封装。

生成项目元件封装库的方法如下:执行"设计"|"生成 PCB 库"菜单命令,系统将生成一个与当前 PCB 文件同名的文件,后缀为".PcbLib",同时系统自动切换到元件封装库编辑器。

2.5.6 PCB 拼板

为了进一步减少 PCB 的制作成本,对于尺寸较小的 PCB,往往采用拼板的方法设计,在完成产品后进行裁切。在同一块 PCB 中可以放置相同的电路图,也可以放置不同的电路图。在拼板的两侧应预留侧边,以方便 PCB 制作时机器固定和剪裁。

要打开需要拼图的 PCB 文件,因拼图要保持原图件的标识符,所以要采用特殊粘贴方式,具体操作如下。

1. 对象的复制

(1) 用鼠标框选住要复制的电路图,并将待粘贴对象的层设置为当前层。

(2) 执行 Edit|Copy 菜单命令,或按快捷键 Ctrl+C,或单击"复制"图标,光标变成"十"字形。

(3) 移动"十"字光标,在选中的图形上单击,确定粘贴时的基准点。这一步一定要做，否则不能粘贴。

2. 特殊粘贴

(1) 执行“编辑”|“特殊粘贴”菜单命令，或按快捷键 E|A，将弹出如图 2.5-16 所示“特殊粘贴”对话框。如果未先复制对象而直接执行特殊粘贴，光标将变成“十”字形，选择粘贴参考点后才能弹出该对话框。

对话框中各复选框含义如下。

① 粘贴到当前层：选中该项，则把对象粘贴到当前层。

② 保持网络名：选中该项，则被粘贴对象将保持该对象所有的网络名称，并保持网络连接。

③ 复制标识符：选中该项，则粘贴对象将保持其标识符；否则，系统将自动按固定增量修改标识符的编号。

④ 加入到元件类：本项在“复制标识符”选项未选中时有效。选中该项时，将把粘贴元件加入到元件类中，然后进行特殊粘贴。

本例选择“复制标识符”，如图 2.5-16 所示。单击“粘贴”按钮，直接进行粘贴。

(2) 复制对象粘贴在鼠标上，然后移动鼠标到合适的地方单击，弹出是否重建多边形覆铜确认对话框，如图 2.5-17 所示，单击“No”按钮。粘贴后的图形如图 2.5-18 所示。

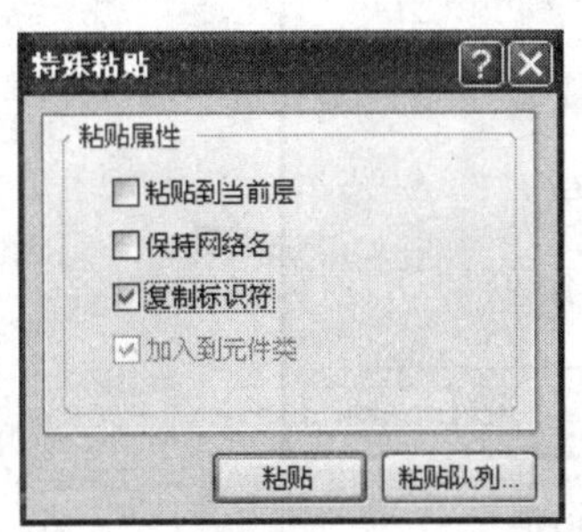

图 2.5-16　“特殊粘贴　粘贴属性”对话框

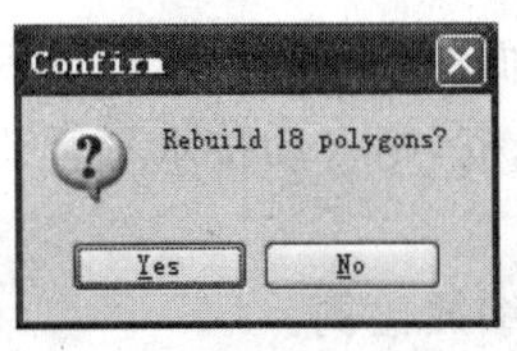

图 2.5-17　确认对话框

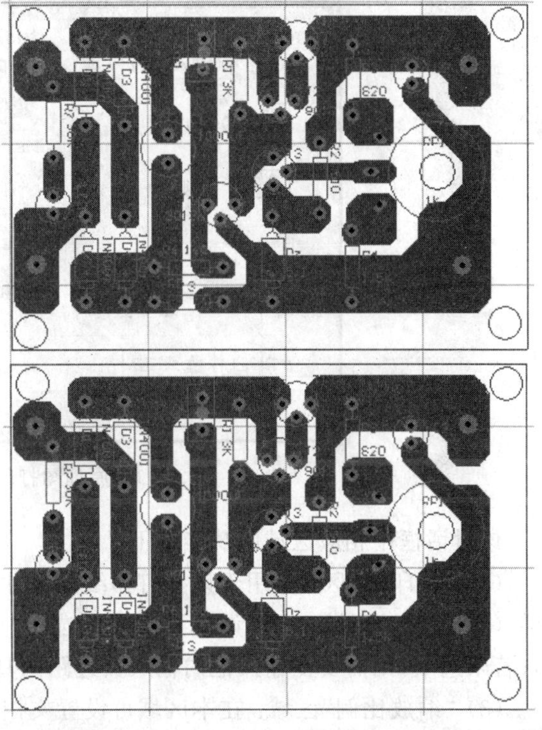

图 2.5-18　执行特殊粘贴后的图形

(3) 清除绿色的错误标记。拼图后会产生绿色的错误标记，违反了设计规则，但该错误是允许产生的，所以需要清除。

执行“工具”|“重置错误标记”菜单命令，即清除了绿色标记。

这只是清除了错误标记，并没有把错误改正过来。所以，在使用该命令时一定要注意。

2.6 打印设计文件

完成设计工作之后，除了需要将设计文件保存在计算机硬盘中以便日后查阅外，还需要将这些设计文件通过打印机或者绘图仪打印或绘制出来，以供检查、校对及存档。最常用的打印输出设备是打印机，故下面仅介绍通过打印机输出设计文件的操作方法。

2.6.1 打印电路原理图

1. 页面设置

打开需要打印的原理图文件，执行 File(文件)|“页面设定”菜单命令，系统将弹出如图 2.6-1 所示的“Schematic Print Properties”(原理图打印设置)对话框。

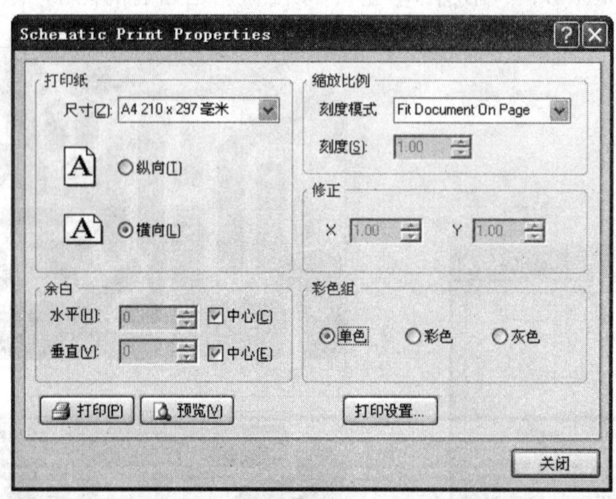

图 2.6-1 原理图打印设置对话框

该对话框中相应区域的功能如下。

(1)“打印纸”区域：用于设置打印纸的尺寸和打印方向。

(2)“余白”区域：用于设置页边距。选择“中心”复选框，则自动按水平垂直居中打印；若未选中，则需要在输入框内输入页边距的具体数值。

(3)“缩放比例”区域：在本区域可设置文档打印时的缩放比例。

单击“刻度模式”列表框右侧的下拉按钮，系统将弹出两种缩放模式。如果选中“Fit Document On Page”选项，文档将按打印纸的大小整页打印；如果选中“Scaled Print”选项，文档将按设定的比例打印。要设定缩放比例系数，可单击“刻度”选项右边的上、下箭头,或者直接在输入栏内输入缩放比例系数。

(4)"修正"区域:当"刻度模式"的缩放模式设定为"Scaled Print"时,本区域可以分别设定X方向及Y方向上的缩放比例。

(5)"彩色组":用于设定打印时的色彩模式。选择"单色",即黑白打印。

设置完毕以后,单击"关闭"按钮即可自动保存并退出原理图打印设置对话框。

2. 打印预览

原理图打印页面设置完成后,在单击"关闭"按钮前,可单击"预览"按钮预览打印效果,检查设置是否符合要求;也可以执行"文件"|"打印预览"菜单命令预览打印效果。

3. 设置打印机

在原理图打印页面设置完成后,还可以通过单击"打印设置"按钮,在"Printer Configuration for"对话框中进行打印机的相关设置。

4. 打印操作

执行"文件"|Print(打印)菜单命令,系统将按照预先设定的格式在指定的打印机中将文件打印出来。

2.6.2　打印PCB图

为了存档PCB设计资料,需要对PCB图进行打印输出。稳压电源PCB图打印输出的操作步骤如下。

1. 设置PCB打印页面

执行File(文件)|"页面设定"菜单命令,系统将弹出如图2.6-2所示的"Composite Properties"(打印页面设置)对话框,用于设置打印纸的尺寸和打印方向,设置方法同上。打印纸张默认A4,默认横向打印,默认刻度模式。此时,打印比例为1∶1,不可设置,打印颜色设置为单色。

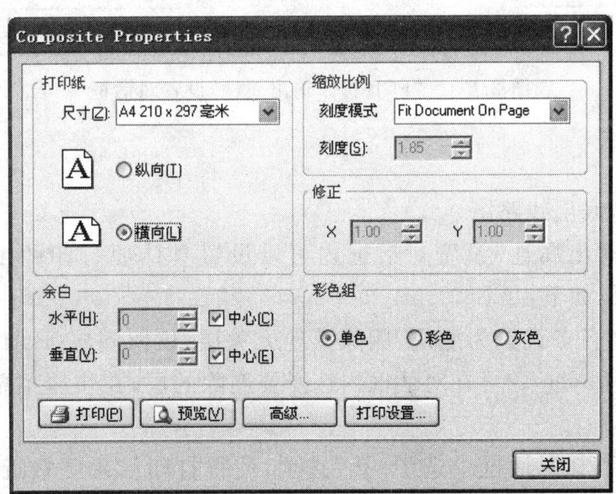

图2.6-2　打印页面设置对话框

在该对话框内还有以下几个按钮。

(1) 打印：单击该按钮即可以打印 PCB 图。

(2) 预览：该按钮功能与执行 File(文件)|Print Preview(打印预览)菜单命令功能相同。单击该按钮，弹出如图 2.6-3 所示的打印预览画面，预览和设置 PCB 层的打印效果。

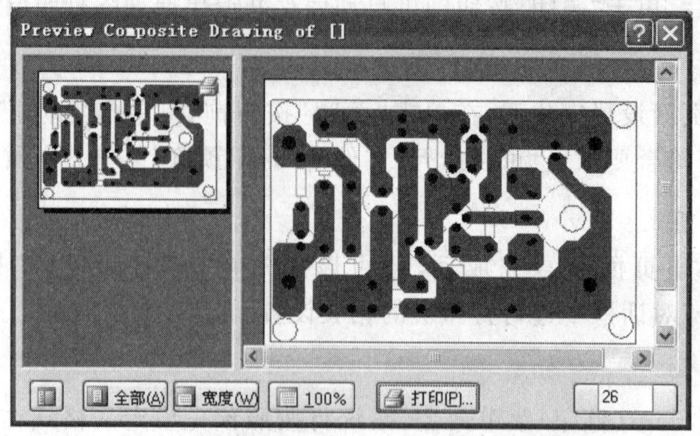

图 2.6-3 打印预览画面

(3) 高级…：单击该按钮，将弹出如图 2.6-4 所示的“PCB 打印输出属性”设置对话框。在打印预览页面内右击，在弹出的快捷菜单中选择“配置”选项，也可弹出该对话框。

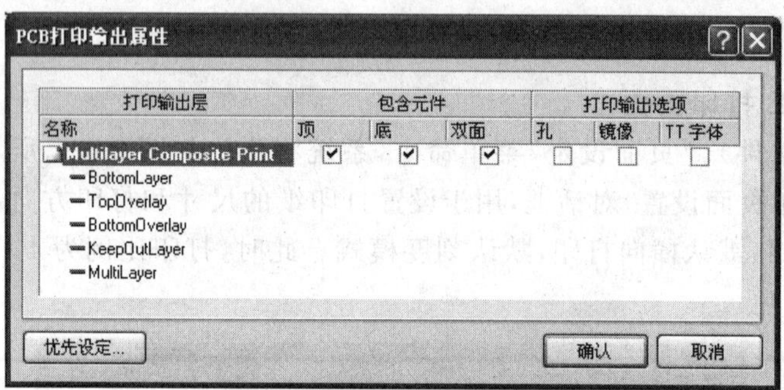

图 2.6-4 “PCB 打印输出属性”设置对话框

2. 分层打印

(1) 打印 PCB 底层线路图

在“PCB 打印输出属性”设置对话框内可以设置具体要打印的 PCB 层面，如打印 PCB 底层，具体操作如下：

① 将当前打印任务设置为底层，删除其他无关层，仅留底层(Bottom Layer)和禁止布线层(Keep Out Layer)。可在对话框内选择要删除的层，在快捷菜单内选择“删除”选项，然后确认删除。

② 删除完毕后，在对话框中选中“孔”选项，使得打印结果更接近于真实的 PCB 视图，如图 2.6-5 所示。

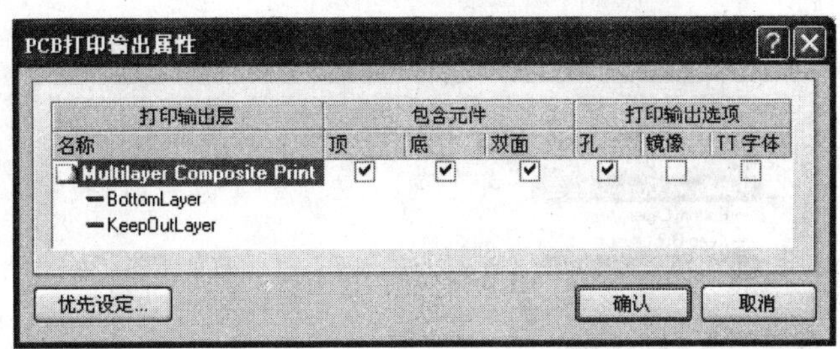

图 2.6-5 打印底层设置对话框

③ 设置完打印任务后单击“确认”按钮返回，先预览打印效果，如图 2.6-6 所示，再打印输出。

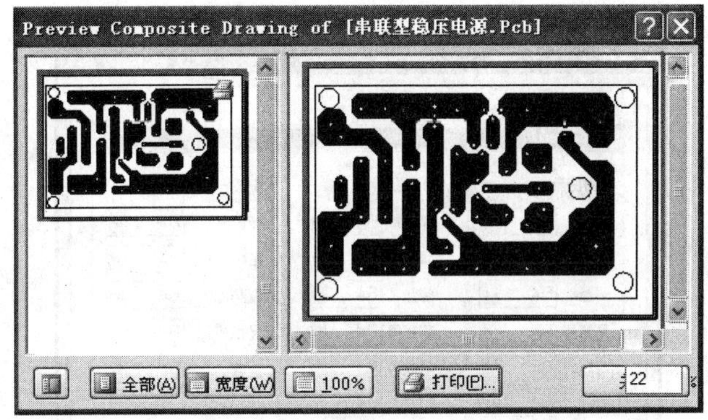

图 2.6-6 底图打印效果图

(2) 打印丝印层

要添加新的打印任务，如添加丝印层打印，具体操作如下：

① 在“PCB 打印输出属性”对话框内右击，在弹出的快捷菜单中选择“插入打印输出”选项，如图 2.6-7 所示。

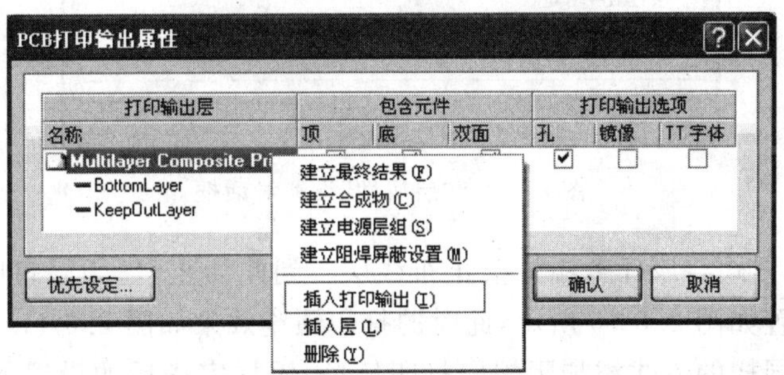

图 2.6-7 添加一个新的 PCB 打印任务

② 系统将新建一个名为“New PrintOut 1”的打印任务，可以修改它的名称。此处使用默认值。继续在“PCB 打印输出属性”对话框内右击，在弹出的快捷菜单中选择“插入层”选项，如图 2.6-8 所示，将弹出如图 2.6-9 所示的“层属性”设置对话框。在下拉列表中选择顶层丝印层，顶层丝印层需设置镜像，然后确认返回。

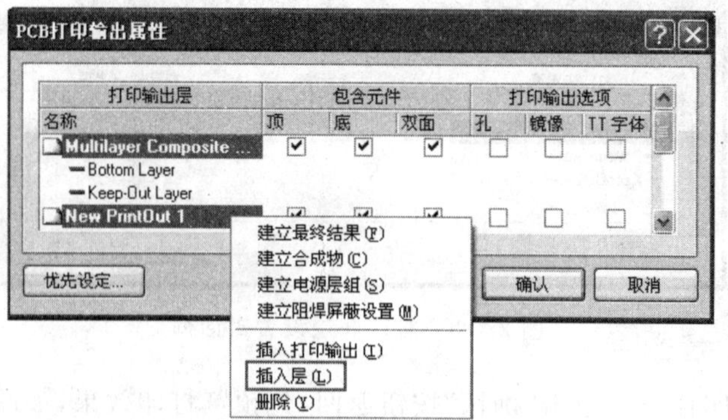

图 2.6-8 插入层命令

图 2.6-9 "层属性"设置对话框

③ 以同样的方式给该任务添加禁止布线层。到此为止，丝印层打印任务设置完成。添加完毕后的设置如图 2.6-10 所示，此时的打印预览效果如图 2.6-11 所示。

用户可以以同样的方式添加阻焊层打印任务，添加完毕后的设置如图 2.6-12 所示，打印预览效果如图 2.6-13 所示。整体的打印任务如图 2.6-14 所示。

3. 打印机设置

执行"文件"|"打印"菜单命令，或在打印预览窗口内任意处右击，然后在弹出的快捷菜单中选择"打印设定"选项，弹出如图 2.6-15 所示的打印机参数设置对话框。在该对话框内选择合适的打印机名称以及打印范围，其他选择默认值即可。

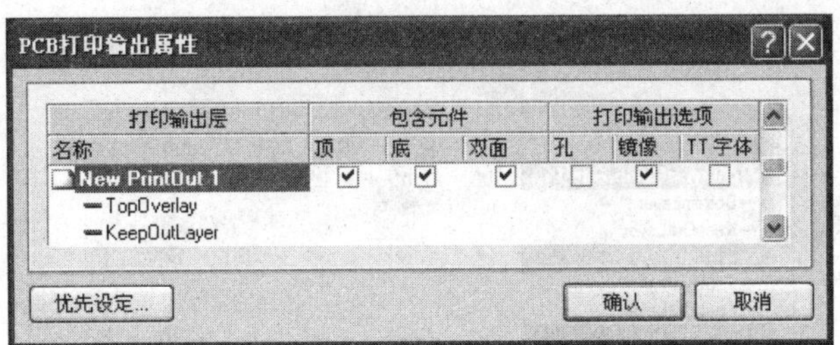

图 2.6-10　丝印层打印属性设置

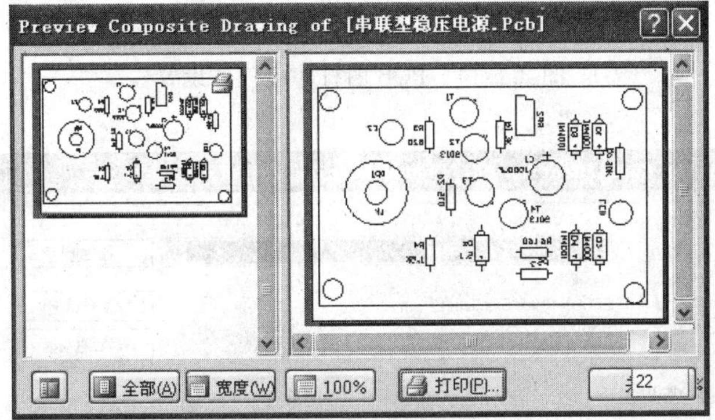

图 2.6-11　丝印层打印预览

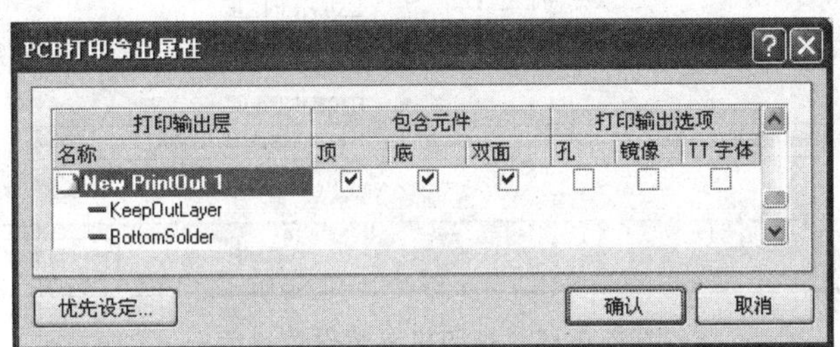

图 2.6-12　阻焊层打印属性设置

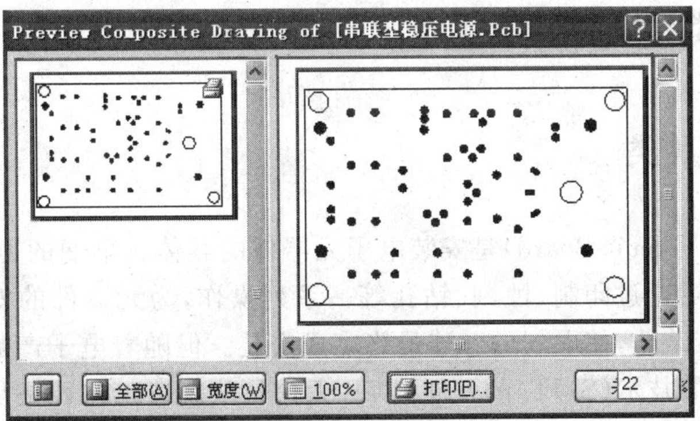

图 2.6-13　阻焊层打印预览

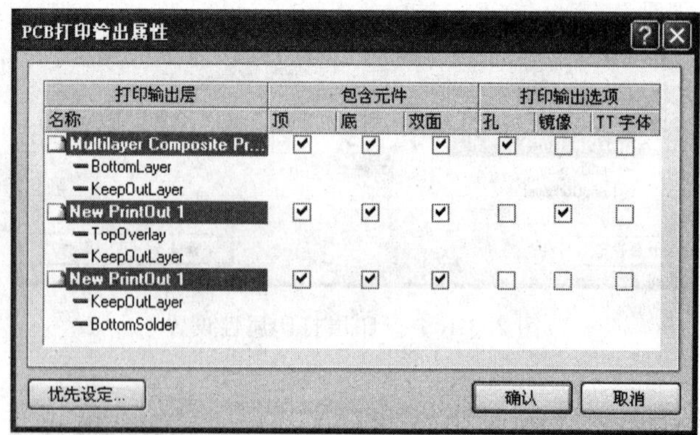

图 2.6-14　PCB 图打印多任务设置

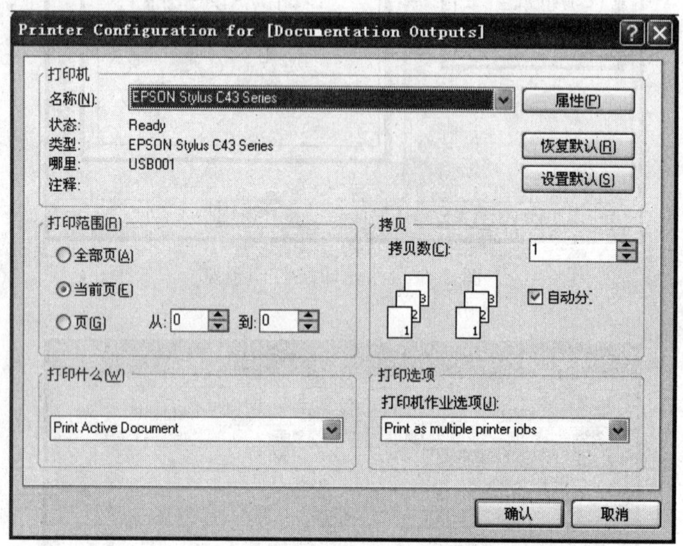

图 2.6-15　打印机参数设置对话框

2.7　PCB 类型与制作工艺

2.7.1　PCB 的种类

PCB(Printed Circuit Board)是安装电子元器件的载体。早期的 PCB 是将铜箔粘压在绝缘基板上，然后通过印制、蚀刻、钻孔等一系列操作，为元器件的安装制造出一个性能可靠的基础连接载体，使电气的互连最终完成安装。但随着电子产品安装技术不断进步，尤其是表面安装技术(SMT)的发展，PCB 无论是从制造工艺还是从种类上都有了很大的突破。

一般来说，PCB 是由基板和印制电路两部分组成的。基板大体可以分为两类，一类是无机类基板，它主要是陶瓷板或瓷釉包覆钢基板。另一类是有机类基板，这类基板采用增强材料（如玻璃纤维布、纤维纸等）浸以树脂（如酚醛树脂、环氧树脂、聚四氟乙烯等）粘合，然后烘干成坯料，再覆上铜箔（铜箔纯度大于 99.8%，厚度约在 18～105μm），经高温高压处理而制成。这类基板俗称覆铜板，英文简称 CCL（Copper Clad Laminates）。

1. 以材质分

（1）有机材质：酚醛树脂、玻璃纤维/环氧树脂、聚酰亚胺等。

（2）无机材质：铝、键盘夹心板（Copper-invar-copper）、压电陶瓷等，主要取其散热功能。

2. 以成品软硬分

以成品软硬可分为硬板 Rigid PCB、软板 Flexible PCB 和软硬板 Rigid-Flex PCB。

3. 以用途分

按用途可分为通信、耗用性电子、军用、计算机、半导体、电测板等。

4. 以结构分

按结构可分为以下几种。

（1）单面 PCB

单面 PCB 就是在一面上有印制电路的 PCB。这种 PCB 的导电图形比较简单，在早期的电子产品中使用较多。但目前随着电子产品精密度的提高，这种 PCB 在高精度复杂电子产品中不常用。

（2）双面 PCB

双层 PCB 就是指在 PCB 正、反两面都有导电图形的 PCB。这种 PCB 是通过金属化孔使两面的导电图形连接起来。因此，与单面 PCB 相比，双面 PCB 的设计更加复杂，布线密度更高。

（3）多层 PCB

多层 PCB 是指由三层或三层以上导电图形构成的 PCB。它通常是将导电图形与绝缘材料层交替压合成的，即导体图形之间由绝缘层隔开，相互绝缘的各导电图形之间按设计要求通过金属化孔实现电连接，然后，将外层覆箔板与其压制成为统一的整体。

这种 PCB 实现了在单位面积上更复杂的电连接，与集成电路配合，大大提升了电子产品的精度。叠层电通路缩短了信号的传输距离，减小了元器件的焊接点，降低了故障率，而且由于引入了屏蔽层，有效地减小了信号的干扰，提高了整机的可靠性。

（4）软性 PCB

软性 PCB 是采用软性基材制成的 PCB，它也被称为柔性 PCB 或挠性 PCB。这种 PCB 的最大特点是体积小、重量轻，可以折叠、卷缩和弯曲，常用于连接不同平面间的电路或活动部件，实现三维布线。其挠性基材可与刚性基材互连，用以替代接插件，有效地保证在振动、冲击、潮湿等环境下的可靠性。

正是由于这些特性，使得软性 PCB 成为各 PCB 中发展速度最快的一种。目前，这种 PCB 被广泛地应用于电子计算机、自动化仪表以及通信等领域。

2.7.2 PCB制作前的准备

1. 覆铜板板材、板厚、形状及尺寸的确定

(1) 选择板材

由于PCB的结构和种类很多,每一种基板的性能和属性都存在差异,而且其制作成本各不相同,这就要求在进行PCB设计之初,根据电路特性选择适合的基板。例如,纸基板价格低廉,性能较差,常用于低成本的电路(如民用收音机、收录机等)。玻璃布及合成纤维基板价格较高,性能较好,在许多电子电器中经常采用,这种基板也是目前最常用的一种基板。聚四氟乙烯由于具有介电常数低、介电损耗小、耐高温、耐腐蚀等特性,常被用于微波、航天以及其他高频电路,但这种电路板相对较为昂贵。

在设计选用时,应根据产品的电气特性和机械特性及使用环境,选用不同的覆铜板,主要依据是:电路中有无发热元器件(如大功率元器件)及电路的工作频率;结构要求PCB在电器中的放置方式(垂直或水平)及板上有无质量较重的元器件;是否工作在潮湿、高温的环境中。覆铜板的选用将直接影响电器的性能及使用寿命。

(2) PCB厚度的确定

在选择PCB的厚度时,主要根据PCB尺寸和所选元器件的重量及使用条件等因素确定。如果PCB的尺寸过大和所选元器件过重,应适当增加PCB的厚度,如PCB采用直接式插座连接时,板厚一般选1.5mm。在国家标准中,覆铜板的厚度有系列标准值,应尽量采用标准厚度值。

(3) PCB形状的确定

PCB的形状通常与整机外形有关,一般采用长宽比例不太悬殊的长方形,可简化成形加工。若采用异形板,将会增加制板难度和加工成本。

(4) PCB尺寸的确定

PCB尺寸的确定要考虑到整机的内部结构和PCB上元器件的数量、尺寸及安装排列方式。PCB上元器件的排列彼此间应留存一定的间隔,特别在高压电路中,要注意留存足够的间距。在考虑元器件所占面积时,要注意发热元器件需安装散热器的尺寸,在确定PCB的净面积后,还应向外扩出5～10mm(单边),以便于PCB在整机安装中固定。

(5) PCB结构的确定

选择好适合的基板后,接下来需要根据电路特性确定PCB的结构,即采用单板结构还是多板结构。

单板结构就是将所印制的电路全部设计在一块PCB上,这种结构适用于电路结构简单或电路功能单一的场合。由于印制电路全部在一块PCB上完成,因此单板结构设计的可靠性较高,安装、使用方便。但其在功能扩展和工艺调试等方面较难操作。

多板结构是将电路划分到多块电路板上,这种结构适用于中等复杂程度的电路设计。与单板结构相比,多板结构在电路功能的扩展以及工艺调试等方面具有较大的优势,而且电路结构较为复杂,可以实现较为多样、复杂的功能,但出现故障的几率有所增加。

另外，还要根据所安装元器件的特性确定是采用单面板形式、双面板形式还是多层板形式。一般单面板形式较适合于分立元件较多的场合；双面板形式常用于集成电路(特别是双列直插封装式器件)较多的场合；对于更复杂的电路形式，则使用多层板形式。

(6) 电路结构的划分

PCB结构确定后，需要对电路结构进行划分，尤其是在较为复杂的电路情况下，对电路结构的划分显得十分重要。

电路结构的划分要遵守一定的原则，如下所述。

① 按照电路各部分的功能进行划分，将能够完成某种功能的电路划分在同一块PCB上(多板结构)或一块PCB(单板结构)的某一个区域内。

② 尽量将模拟电路和数字电路分开，这样可防止两种电路互相干扰。

③ 尽量分开(最好采用分板设计)与高、低电平差异较大的电路部分。高频部分需考虑单独屏蔽起来，以防止外界电磁场的干扰。

④ 功率电路应与其他电路隔开，并考虑采取散热保护措施。

⑤ 为避免电路中的噪声干扰，将易产生噪声的电路与其他电路分隔开。

⑥ 将电路的输入/输出接口部分放置于靠近电路板的边缘，以便于连接。

2. 选择对外连接方式

PCB是整机中的一个组成部分，因此，存在PCB与PCB间、PCB与板外元器件之间的连接问题。要根据整机结构选择连接方式，总的原则是：连接可靠，安装、调试、维修方便。

(1) 焊接方式

① 导线焊接。如图2.7-1所示是一种操作简单、价格低廉且可靠性高的连接方式，即导线焊接。连接时不需任何接插件，只需用导线将PCB上的对外连接点与板外元器件或其他部件直接焊牢即可。其优点是成本低、可靠性高，可避免因接触不良而造成的故障；缺点是维修不方便。这种方式一般适用于对外引线较少的场合，如收音机中的喇叭、电池盒等。

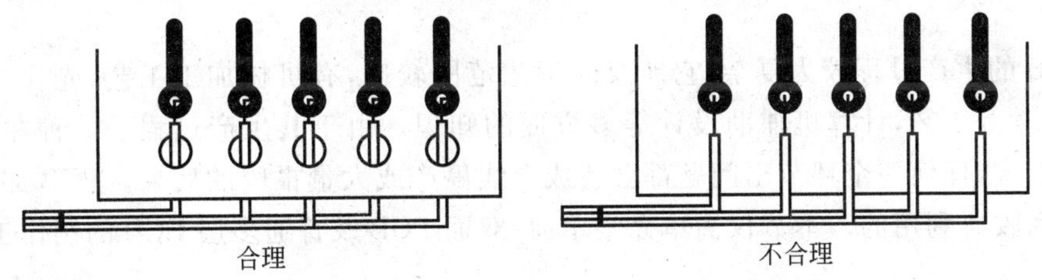

图2.7-1　线路板对外导线焊接

焊接时应注意PCB的对外焊接导线的焊盘尽可能在PCB边缘，并按统一尺寸排列，以利于焊接与维修；为提高导线与板上焊盘的机械强度，引线应通过PCB上的穿线孔，再从PCB的元器件面穿过焊盘；将导线排列或捆扎整齐，通过线卡或其他紧固件将导线与PCB固定，避免导线移动而折断。

② 排线焊接。如图 2.7-2 所示，两块 PCB 之间采用排线连接，既可靠，又不易出现连接错误，而且两块 PCB 的相对位置不受限制。

③ PCB 之间直接焊接。此方式常用于两块 PCB 之间为 90°夹角的连接，连接后成为一个整体 PCB 部件。

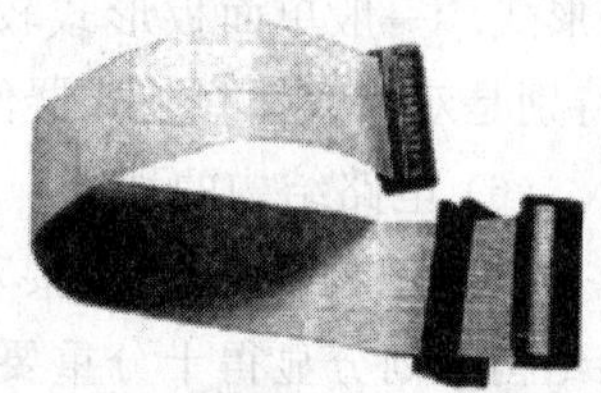
图 2.7-2 PCB 间排线焊接

(2) 插接器连接方式

在较复杂的电子仪器设备中，为了安装调试方便，经常采用插接器的连接方式。这是在电子设备中经常采用的连接方式，它是将 PCB 边缘按照插座的尺寸、接点数、接点距离、定位孔的位置进行设计，做出印制插头，使其与专用 PCB 插座相配。

这种连接方式的优点是可保证批量产品的质量，调试、维修方便；缺点是因为触点多，所以可靠性比较差。在 PCB 制作时，为提高性能，插头部分根据需要可进行覆涂金属处理。

适用于 PCB 对外连接的插头、插座的种类很多，常用的为矩形连接器、口形连接器、圆形连接器等，如图 2.7-3 所示。一块 PCB 根据需要可有一种或多种连接方式。

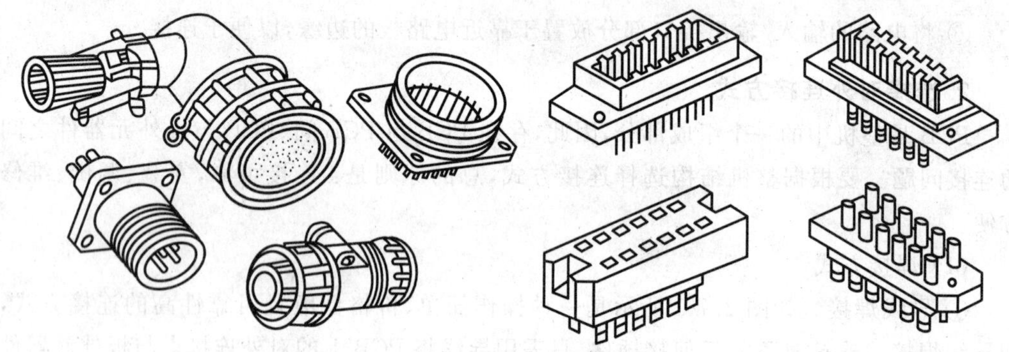
图 2.7-3 各种插接器

2.7.3 PCB 的制作工艺

PCB 的生产过程较为复杂，它涉及的工艺范围较广，有机械加工工艺，光化学、电化学、热化学等工艺，计算机辅助设计等多方面的知识。由于其生产过程是一种非连续的流水线形式，任何一个环节出问题都会造成全线停产或大量报废的后果。PCB 如果报废是无法回收再利用的。本节仅简单介绍单面、双面 PCB 及普通多层 PCB 的制作工艺。

1. 单面 PCB 的制作工艺流程

对于单面刚性 PCB，其制作工艺流程为：单面覆铜板→下料→(刷洗、干燥)→钻孔或冲孔→网印线路抗蚀刻图形或使用干膜→固化检查修板→蚀刻铜→去抗蚀印料、干燥→刷洗、干燥→网印阻焊图形(常用绿油)、UV 固化→网印字符标记图形、UV 固化→预热、冲孔及外形→电气开、短路测试→刷洗、干燥→预涂助焊防氧化剂(干燥)或喷锡热风整平→检验包装→成品出厂。

2. 双面 PCB 的制作工艺流程

双面刚性 PCB 的制作工艺流程为：双面覆铜板→下料→叠板→数控钻导通孔→检验、去毛刺刷洗→化学镀（导通孔金属化）→全板电镀薄铜→检验刷洗→网印负性电路图形、固化（干膜或湿膜、曝光、显影）→检验、修板→线路图形电镀→电镀锡（抗蚀镍/金）→去印料（感光膜）→蚀刻铜→（退锡）→清洁刷洗→网印阻焊图形（贴感光干膜或湿膜、曝光、显影、热固化，常用感光热固化绿油）→清洗、干燥→网印标记字符图形、固化→喷锡或有机保焊膜→外形加工→清洗、干燥→电气通断检测→检验包装→成品出厂。

3. 多层板的制作工艺流程

贯通孔金属化法制造多层 PCB 的工艺流程为：内层覆铜板双面开料→刷洗→钻定位孔→贴光致抗蚀干膜或涂覆光致抗蚀剂→曝光→显影→蚀刻与去膜→内层粗化、去氧化→内层检查→外层单面覆铜板线路制作、板材粘结片检查、钻定位孔→层压→数控制钻孔→孔检查→孔前处理与化学镀铜→全板镀薄铜→镀层检查→贴光致耐电镀干膜或涂覆光致耐电镀剂→面层底板曝光→显影、修板→线路图形电镀→电镀锡铅合金或镀镍、金→去膜与蚀刻→检查→网印阻焊图形或光致阻焊图形→印制字符图形→热风整平或有机保焊膜→数控洗外形→清洗、干燥→电气通断检测→成品检查→包装出厂。

从工艺流程可以看出，多层板工艺是从双面孔金属化工艺基础上发展起来的，它除了继承双面工艺外，还有几个独特内容：金属化孔内层互连、钻孔与去环氧钻污、定位系统、层压及专用材料。

2.8　用热转印单面制板工艺制作稳压电源 PCB

热转印就是利用静电成像原理，将打印在含树脂静电墨粉的热转印纸上的线路图，通过静电热转印，在覆铜板上生成电路板图的防蚀图层，然后用蚀刻（腐蚀）液腐蚀已进行热转印的电路板，最终生成所需的电路板。

2.8.1　热转印制作工艺

使用激光打印机，将设计的 PCB 铜箔图形打印到热转印纸上，再将热转印纸紧贴在覆铜板的铜箔面上，然后以适当的温度加热，转印纸上原先打印上去的图形（其实是碳粉）就会受热融化，并转移到铜箔面上，形成腐蚀保护层。这种方法比常规制版印刷的方法更简单，而且现在大多数的电路都是使用计算机 CAD 设计，激光打印机相当普及，故这个工艺比较容易实现。

2.8.2　热转印单面制板流程

热转印单面制板流程为：选材→剪板→钻孔→热转印图形→腐蚀→退膜→阻焊制

作→丝印字符→外形加工→表面处理→检验、检查→包装出货。

2.8.3 热转印制作步骤

现以串联型稳压电源PCB的制作过程为例，介绍热转印制作单面PCB的方法。制作电路板所涉及的制板设备，是我院与科瑞特联合创建的小批量PCB设计与制作实训车间的设备。

1. 选材

根据电路的电气功能和使用环境，选取合适的印制板材。对于要制作的串联型稳压电路板，选择一般的单面纸基板，厚度在1mm左右即可。

2. 裁板

裁板又称下料，在PCB制作前，应根据设计好的PCB图的大小来确定所需PCB板基的尺寸规格。覆铜板出厂的规格一般为1200mm×1000mm，市面上一般提供的实验用覆铜板规格为300mm×200mm或300mm×150mm。因此，裁板是制板的第一步。

3. 钻孔

用数控钻孔机自动钻针插式元件引脚孔。

(1) Create-DCD3000全自动数控钻床

Create-DCD3000全自动数控钻床能根据Protel生成的PCB文件的钻孔信息，快速、精确地完成定位、钻孔等任务。用户只需在计算机上完成PCB文件设计并将其通过RS-232串行通信口传送给数控钻床，数控钻床就能快速地完成终点定位、分批钻孔等动作。该设备体积小，操作极其简单，性能可靠。Create-DCD3000全自动数控钻床的结构如图2.8-1和图2.8-2所示。

图2.8-1 Create-DCD3000全自动数控钻正面结构图

(2) 特性

Create-DCD3000全自动数控钻床性能特性如表2.8-1所示。

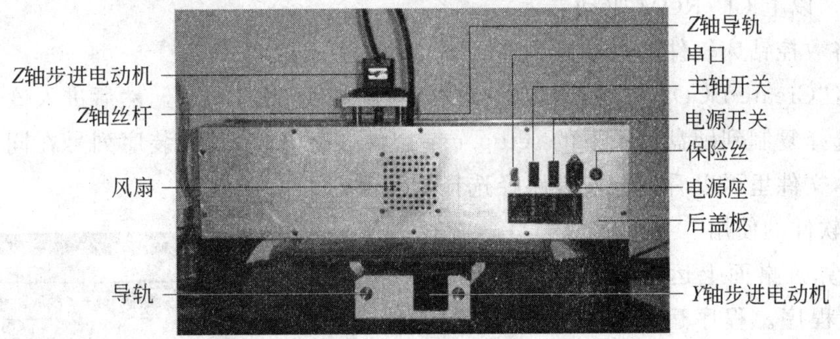

图 2.8-2　Create-DCD3000 全自动数控钻背部面板图

表 2.8-1　Create-DCD3000 全自动数控钻床性能参数

序号	性能参数	参数规格
01	有效工作面积	350mm×250mm
02	驱动方式	X、Y、Z 轴步进电动机
03	移动速度	1.0m/min(Max)
04	孔径范围	0.3～3.715mm
05	钻孔深度	0～8mm
06	最大钻孔速度	60Strokes/min
07	操作方式	自动
08	最大转速	10000r/s
09	通信接口	RS-232
10	传输速率	57600b/s
11	操作系统	Windows Me/2000/XP
12	计算机配置	CPU：586DX-500MHz;RAM：256MB
13	工作电压	AC 200～240V/50Hz
14	功率	100W
15	体积	540mm×460mm×410mm
16	质量	25kg

(3) 数控钻床的安装

Create-DCD3000 数控钻床包括硬件和软件的安装。硬件的安装需要完成数控钻床电源线的连接以及数控钻床与 PC 之间数据线路的连接，软件安装主要完成在 PC 上安装与操作系统版本相应的控制软件。

① 硬件的安装。将数控钻床放在电脑桌的一旁，为操作方便，最好将数控钻床置于与计算机桌相同高度的桌面，将随机附带的串口线一头连接到数控钻床的串口，另一头连接到 PC 的串口(串口 1 或串口 2 均可，但需要注意在控制软件中一定要设置正确的串行端口号)，再将数控钻床的电源线一段接入数控钻床电源接口，另一端连接到 AC 220V 电源插座。

② 软件的安装，具体如下：

- PC 配置要求：586DX-500MHz 以上，256MB 以上内存；1 个以上可用的串口(COM1/COM2)；操作系统 Windows 98/2000/NT/XP 可选；200MB 空间硬盘，

8×以上 CD-ROM 驱动器。

- 将数控钻床软件光盘插入到 CD-ROM 中，打开光盘。
- 将"Create-DCD3000"目录复制到 PC 的任意硬盘逻辑分区，然后进入该目录。
- 选择复制到硬盘目录下的 setup.exe 文件进行安装，其安装序列号在同目录的文本文件里可以看到。安装路径选择默认值即可。

(4) 软件的使用

从计算机桌面上运行控制软件快捷方式，启动应用程序。程序运行后在桌面上弹出如图 2.8-3 所示菜单与快捷按钮的窗口。下面分别介绍工具条中各按钮和菜单的功能。

图 2.8-3 软件通信配置界面

① 板厚：板厚是指数控钻床钻孔时，沿 Z 轴向下丝杆的进给量，如图 2.8-4 所示。

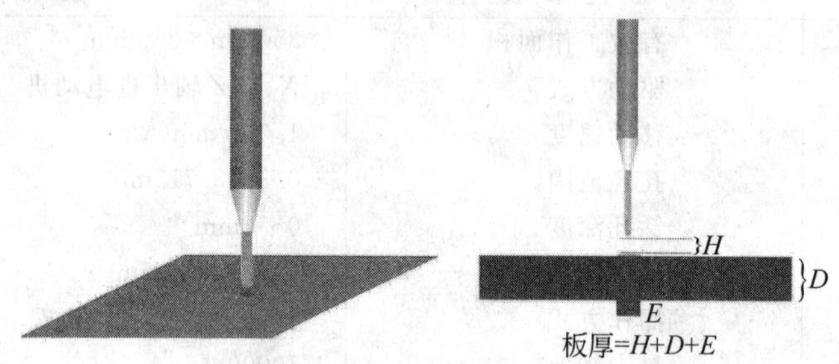

图 2.8-4 钻头进给量示意图

一般 H 取值为 0.5mm，E 取值 0.1mm 以上(0.1～0.3mm)，如果待钻的覆铜板厚 $D=1.6$mm，则按图上公式，板厚设置最小为 $0.5+1.6+0.1=2.2$(mm)。只有 2.2mm 以上才可能保证板孔钻透。

② 串口 1/2：一般计算机上有串口 1 与串口 2，从 PC 上所选择的串口应该与数控钻控制软件所选择串口一致。如果选择的串口不匹配，则控制软件在导入 PCB 图后进行输出时，会弹出"无效端口号"错误对话框，此时需要重新选择正确的串口，并重新输出。

③ 放大/缩小/适当：这三个按钮主要用于预钻孔的 PCB 文件导入控制软件后，通过鼠标与"放大/缩小/适当"按钮的配合来调整 PCB 图的预览效果。

④ 输出：输出按钮是该控制软件的核心控制按钮。该软件几乎全部控制功能都集中在该面板中。将 PCB 文件导入控制软件后，选择与计算机匹配的串口号，然后打开输出按钮，弹出如图 2.8-5 所示"输出控制"基本功能操作界面。

⑤ 主轴左移/主轴右移：移动最小精度为 0.01mm。当输入偏移数据为正时，主轴向 X 正方向移动/反方向移动；负数则反之。

⑥ 底板前移/底板后移：移动最小精度为 0.01mm。当输入偏移数据为正时，底板向 Y 反方向移动/正方向移动；负数则反之。

⑦ 钻头下降/钻头上升：移动最小精度为 0.01mm。当输入偏移数据为正时，底板向

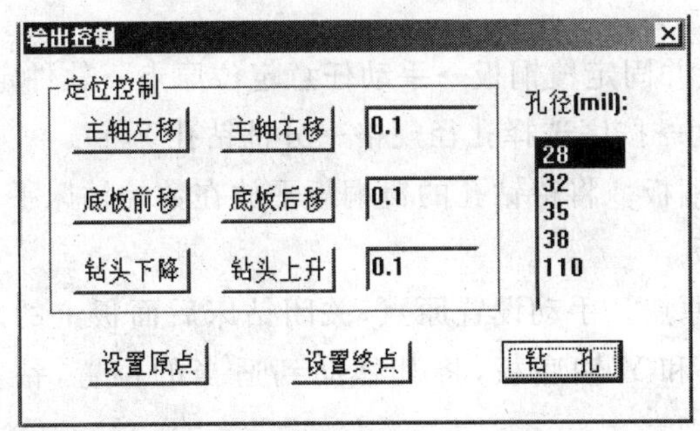

图 2.8-5　钻孔输出控制主界面

Z 正方向移动/反方向移动；负数则反之。

⑧ 设置原点：原点即为钻孔平面的起始点，也为钻孔平面的一个对角点。

⑨ 设置终点：终点即钻孔平面的另一个对角点，钻孔平面的位置与大小由原点与终点决定。

⑩ 孔径：孔径的大小与多少取决于被导入的 PCB 图的钻孔信息，大小一般在 0.35～3mm 之间。

⑪ 钻孔：在所有钻孔前的准备工作完成后，按下"钻孔"按钮，即可开始一批孔的钻取。

钻孔文件的导入按如下步骤进行：

① 打开"电源电路. PcbDoc"文件，执行"文件"|"另存为"菜单命令，在弹出的对话框中选择保存类型，如图 2.8-6 所示，再按指定的文件夹保存。

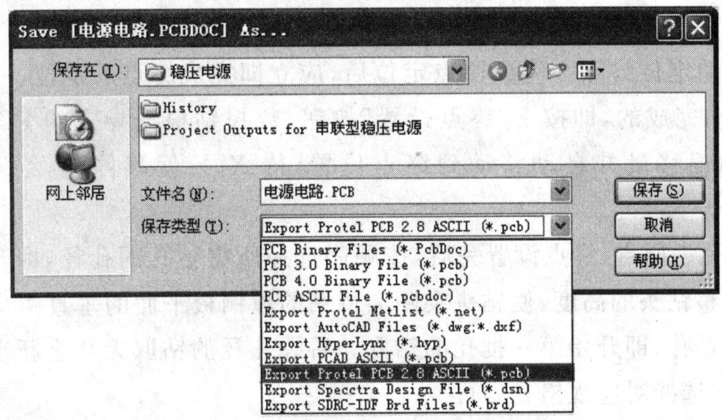

图 2.8-6　导出钻孔的 PCB 文件示意图

② 关闭 Protel DXP 2004 软件后，打开指定的保存该 PCB 文件的文件夹，如 D 盘的"稳压电源"文件夹，复制"电源电路. PCB"文件图标为 电源电路 PCB 文件 29 KB。

③ 将计算机中复制出的"电源电路. PCB"文件粘贴到数控钻计算机桌面上。

④ 打开钻孔软件，单击"文件"，选择要钻孔的文件(电源电路. PCB)，再在对话框中选择"串口 1"，然后单击"输出"按钮，即显示"电源电路. PCB"图，如图 2.8-7 所示。

(5) 钻孔流程

钻孔流程为：放置并固定覆铜板→手动任意定位原点→软件定置原点→软件自动定位终点→调节钻头高度→按序选择孔径规格→分批钻孔。

① 放置并固定覆铜板。将待钻孔的覆铜板平放在数控钻床平台的有效钻孔区域内，并用单面胶固定覆铜板。

② 手动任意定位原点。手动设置原点，关闭钻床后面板上的总电源，如图 2.8-8 所示，然后拖动 Z 轴主机和 Y 轴底板，将其移动到适当的位置，钻头垂直对准的点就是原点。

图 2.8-7　导入钻孔文件后显示钻孔印制板“电源电路.PCB”图

图 2.8-8　数控钻床后面板

③ 软件定置原点。开启总电源和主轴电源，按下控制软件的“设置原点”按钮，钻孔平面的原点即设置好。如果需要微调原点的位置，可在按下“设置原点”按钮前调整主轴左移、主轴右移、底板前移、底板后移的偏移量来完成原点位置的调整。

④ 软件自动定位终点。完成原点定位后，应立即完成终点的定位。本数控机床的终点定位是自动完成的，即按下“终点设置”按钮，数控钻根据导入的 PCB 文件信息自动获取 X、Y 轴偏移量并自动移动到终点位置，待 X、Y 偏移停止，终点设置动作即完成。

⑤ 分批钻孔。原点、终点设置完后，按顺序选择所需钻孔的孔径，即开始分批钻孔。钻孔前，应先调整钻头的高度，使钻头尖距离待钻的覆铜板平面的垂直距离在 0.5mm 左右。然后，按下钻孔，即开始第一批孔的钻取。后续孔径的钻取无须重新定位，只需更换所需规格钻头并选择对应规格孔即可。

钻完第一批孔后，需换钻头钻第二批孔。更换钻头前，一定要先关闭主轴电源，但不要关闭总电源，否则需要重新定位。换好钻头后，钻第二批孔……直到钻完所有的孔。

4. 清洁板面

清洁板面所使用的设备为自动刷光机。

自动刷光机主要用于 PCB 基板表面抛光处理，清除板基表面的污垢及孔内的粉屑，为后序的化学沉铜等工艺做准备。自动刷光机的结构如图 2.8-9 所示。

本机操作简单，内部结构紧凑，传动采用直流电动机无级调速，速度任意可调，刷辊

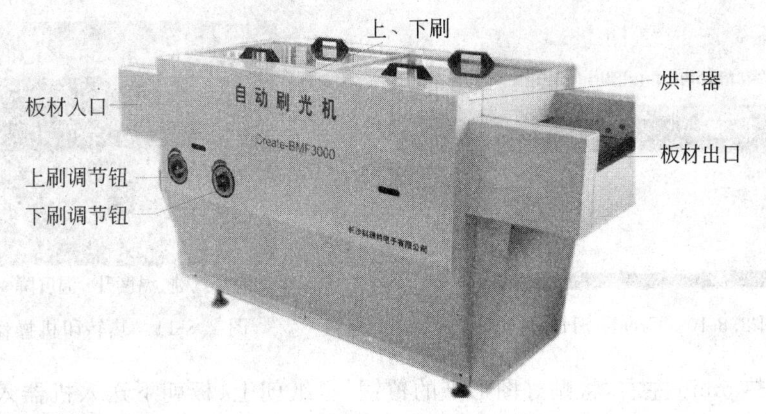

图 2.8-9 Create-BMF3000 自动刷光机

用Y系列电动机,烘干采用远红外电加热管,使用寿命长,热效率高。经过刷光后的板子直接可丝印,简化了生产环节,在产品质量、节能方面有独特之处。

(1) 自动刷光机的使用方法

开启自动刷光机,按自动刷光机操作规程进行操作,将裁剪好的覆铜板的铜箔面朝上送入自动刷光机的入口进行清洁和干燥。

(2) 自动刷光机操作规程

① 旋转刷辊调节手轮,调节上、下刷辊与压辊至适当距离;

② 调节调压器调速旋钮,将电压调节至45V左右,使板材传送保持均匀的速度;

③ 开启水阀,查看喷出的水流是否畅通,水流不畅或干刷易损坏刷辊;

④ 启动刷辊,检查刷辊转速是否均匀;

⑤ 开启风机及加热器开关,使温度达到设定温度;

⑥ 启动传动开关,将覆铜板置于板材入口的传送轮上,将自动完成板材抛光;

⑦ 抛光完毕,先关闭加热开关,后关闭传送开关,数秒后再关闭刷辊电源开关,最后关闭水阀。将调速旋钮调至0V位置。如长时间不使用机器,需切断机器输入电源。

5. 打印底图

将PCB底层线路图通过激光打印机打印到热转印纸上,注意图形要打印在热转印纸光滑的一面。连接激光打印机即可将PCB图打印到热转印纸上。

6. 图形转移

将打印到热转印纸上的PCB图通过热转印机印到覆铜板上。热转印机的外观如图2.8-10所示,热转印机的操作面板如图2.8-11所示。

热转印机操作方法如下:

(1) 将打印好PCB图的热转印纸平铺在覆铜板面上(注意线路图形面紧贴铜箔面),并用耐热胶带固定,准备转印。

(2) 开启电源,将热转印机温度设置在160～180℃之间,用户可根据需要自行设定,但不可超过190℃,以防止胶辊损坏。

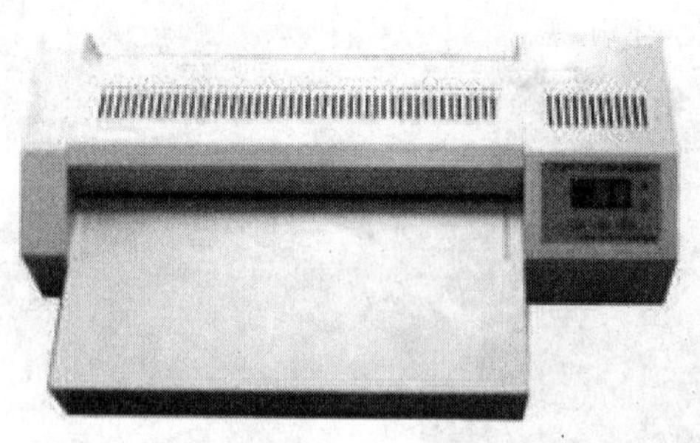

图 2.8-10 Create-SHP 热转印机

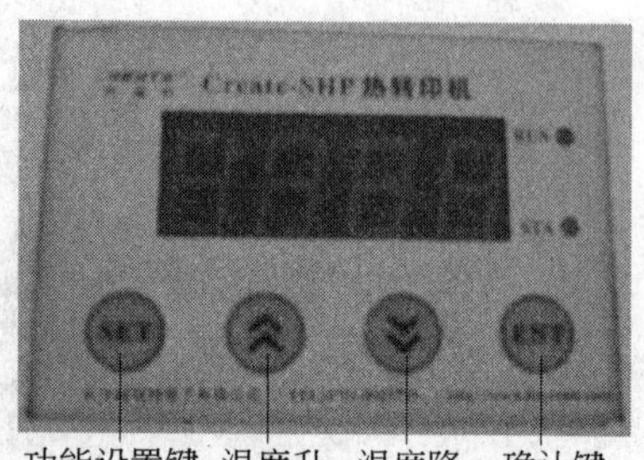

图 2.8-11 热转印机操作面板

(3) 预热 5min 左右，将贴好图形纸的覆铜板，纸朝上、板朝下送入机器入口，稍等片刻，覆铜板将从机器背部出口自动送出。转印完成后，要等温度下降后，再将转印纸揭下来，慢慢地揭，发现没转印好的部分再盖上，再送入机器中印一次。

注意：如有个别线路出现断裂现象，可用油性记号笔进行修补。

7. 腐蚀

腐蚀就是利用氧化—还原反应，把线路板上的非线路铜箔层去除，从而剩下符合设计要求的电路图形。

腐蚀机的结构如图 2.8-12 所示。腐蚀机分为四个槽体，从左至右数起，第一、二个为蚀刻槽，第三个为去锡槽，第四个为水洗槽，可同时用于酸性蚀刻和碱性蚀刻。

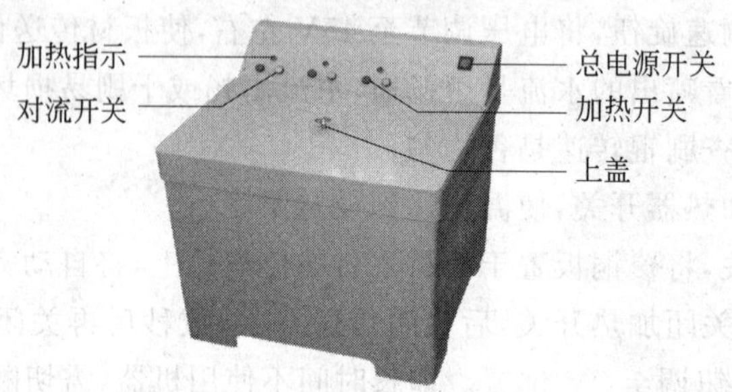

图 2.8-12 Create-AEM3030 全自动多槽腐蚀机

腐蚀操作步骤如下：打开全自动蚀刻机电源开关，按下"加热"按钮，即开始对腐蚀液加热。此时加热指示灯闪烁，表明液体正在加热。按下"对流"按钮，液体开始对流，待蚀刻液温度升至机器设定温度后，加热指示灯变为常亮。将转印好的线路板用防腐挂钩挂好，置于碱性蚀刻槽中约 3min，取出线路板，检查是否腐蚀完毕。如有部分铜箔未腐蚀完，需再置于蚀刻液中腐蚀片刻。腐蚀完毕后，用水冲洗干净。如不需即刻腐蚀其他线路板，按下"加热"按钮，关闭加热器；按下"对流"按钮，关闭液体对流装置，以避免液体加热对流被挥发。如长时间不使用腐蚀机，应切断腐蚀机总电源，并盖好上盖。

8. 退膜

腐蚀后，用退膜制剂将板面的黑色膜退除，裸露出设计需要的线路图形。

9. 阻焊制作

通过丝网印刷，对不需要焊接线路图形的部位涂上油墨。这层油墨就称为阻焊膜。

阻焊膜的作用是保证线路之间的电器绝缘性可靠，防止波焊时产生桥接现象，提高焊接质量和节约焊料。其表面阻焊膜多数为绿色，有少数采用黄色、黑色、蓝色等，所以在 PCB 行业常把阻焊油称为绿油。它也是 PCB 的永久性保护层，能起到防潮、防腐蚀、防霉和防机械擦伤等作用。从外观看，表面光滑明亮的绿色阻焊膜为菲林对板感光热固化绿油，不但外观比较好看，其焊盘精确度较高，提高了焊点的可靠性。

阻焊制作步骤如下：

(1) 将阻焊油墨和固化剂按 3∶1 的剂量调匀。

(2) 通过丝网将调匀后的阻焊油墨均匀地刷在退膜后的线路板上。

(3) 将刷好阻焊油墨的线路板放进烘烤箱中预烤，烤箱温度设置在 70～80℃，15min 左右取出。烘烤箱如图 2.8-13 所示。

(4) 通过打印机将 PCB 阻焊层打印在菲林纸上。

(5) 将打印好阻焊层的菲林纸平铺在烤干的阻焊油墨的线路板上，对好焊盘和线路板并用胶带固定，准备曝光。使用的曝光机如图 2.8-14 所示。

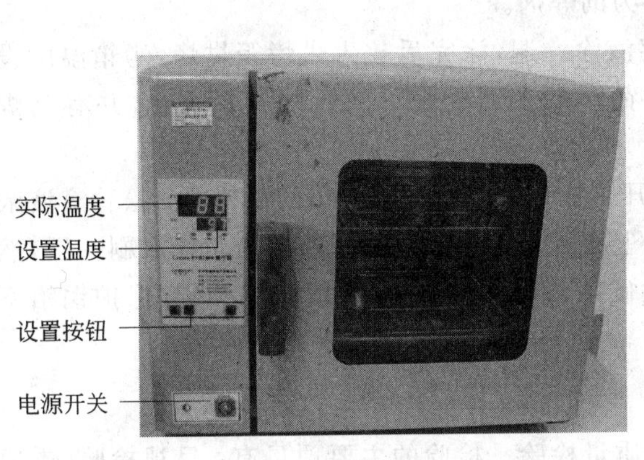

图 2.8-13　烘烤箱

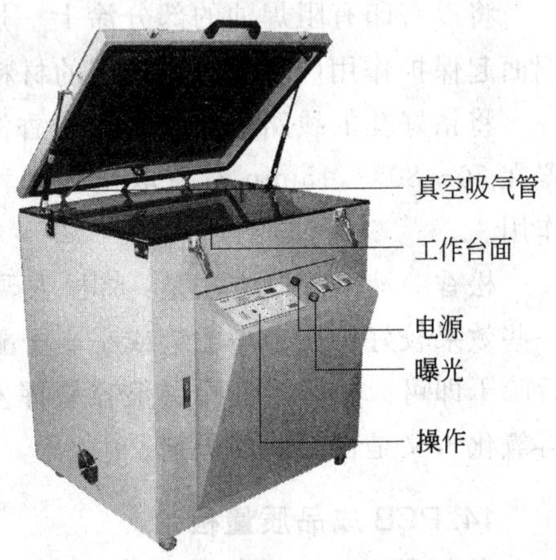

图 2.8-14　Create-EXP3000 曝光机

(6) 曝光机的操作。在曝光前需先将菲林底片有序地摆放在曝光机的玻璃面上，底片按照有图形面朝下、背图形面朝上的方法放置，然后将干透的待曝光的线路板压在菲林底片上，盖上曝光机盖并扣紧，同时要关上进气阀，设置曝光机的真空时间在“15 秒”左右，曝光时间在“60 秒”左右即可。开启电源并启动真空抽气机，曝光开始；待曝光灯熄灭，曝光完成。打开排气阀，松开上盖扣紧锁，取出线路板即可。

10. 显影固化

显影是将没有曝光的湿膜层部分除去，得到所需阻焊图形的过程。

将油墨显影粉(Na_2CO_3)按 1∶20 的浓度配制显影液，如显影粉 20g 配 400mL 水，24h 内有效，可供 8 片 10cm×15cm 单面板显影。再将曝光后的线路板放入显影液中，晃动清洗，即可将没有曝上光的焊盘上的绿色油墨洗净，露出焊盘。显影完后，用自来水冲洗焊盘，再放入烤箱中固化，温度设置为150℃，烘烤1h即可。

11. 字符制作

通过丝印的方式，在板面留有安装元件的位置及符号，以满足客户在组装元器件时或维修、更换元器件时有明确的标志。

字符制作方法如下：

(1) 图形转移

将丝印层的图形转印到丝网上，通过曝光显影在丝网上显示出字符图形(具体操作方法和制作阻焊方法相同)。

(2) 丝网漏印

将线路板放在带有字符图形的丝网下面。对好图形后，用白色的字符油墨涂在丝网上，用丝网漏印的方法将字符转印到线路板上。

12. 外形加工

按照客户对线路板外形的尺寸要求，通过冲床、铣床或机械加工来完成。

13. 表面处理

将没有印有阻焊油的部分涂上一层松香或抗氧化膜，为今后插装、贴装元器件时对铜面起保护作用(可焊层)。使用的材料为助焊剂。

将钻好孔的线路板用酒精和松香溶液涂一遍，涂完后放入烘烤箱烘烤，烤箱温度设置在70～80℃，15min左右取出。这种简单的表面处理可防止线路板氧化，并有助焊作用。

松香溶液的配制方法是：将松香碾压成粉末，溶解于2～3倍的酒精中。松香溶液浓一些效果较好。用干净毛笔或小刷子蘸上松香水，在PCB的铜箔面均匀地涂刷一层，然后晾干即可。松香溶液涂层很容易挥发硬结，覆盖在电路板上既是保护层(保护铜箔不再氧化)，又是良好的助焊剂。

14. PCB成品质量检验

在完成机械加工后，应对PCB进行质量检验。检验的主要项目有：目视检验、连通性试验、绝缘电阻的检测和可焊性检验。

需要检测孔径大小是否在规格内(自动测孔径仪)，检测线路板是否有短路和断路故障。

2.9 制作PCB的安全操作规程

PCB的制作过程是一个相对复杂的加工过程，既有机械加工，也有化学作业，操作失误容易造成人身安全受损与环境污染。所以在PCB制作过程中制订了严格的安全操作规程，PCB生产与制作人员一定要严格遵守。具体安全操作规程如下：

(1) 必须穿好工作服才能进入生产车间，在工作场所严禁喧哗，上班期间严禁串岗。

在工作场所,尤其是有化学药品的场所严禁吸烟。

(2) 公司员工要按时上下班,严禁迟到、早退。

(3) 严格遵守岗位操作规程,共同维持良好的工作秩序。

(4) 工作前,提前对车间进行通风换气处理。

(5) 熟悉设备使用注意事项,严格按照操作规程使用设备。

(6) 严格遵守定置管理,对所用的设备与工具要按规定位置摆放好。

(7) 不允许私自拆装、安装及任意切断电源或更换电源接线,当设备出现问题时,要及时向上反映。

(8) 严禁不戴手套与口罩进入放置或使用化学药品的场所,杜绝不戴手套接触化学药品。

(9) 药液取用要遵守相应的流程,药液用量要严格遵守规定。

(10) 由于操作不当而引起设备工作异常,要及时断电,保护好现场,并及时向车间反映,确认排除故障后才能通电。

(11) 故障断电或断电进行排除故障作业时,要在断电开关处挂牌警示,以避免他人误开电源而造成安全事故。

(12) 对于计算机控制的智能设备,严禁在计算机上私自安装软件或删除文件,也严禁私自在计算机上使用移动存储设备。

(13) 公司所有计算机一定要采用正常关机,严禁直接拉电关机。

(14) 每天最后一班员工在下班前一定要打扫所在岗位区的卫生,操作设备要按规定进行维护保养。

CHAPTER 3

任务 3

稳压电源的安装调试与检测

3.1 电子产品制作过程中的安全操作规则

电子产品设计与制作课程是在实训车间或机房完成的，为了保证人身安全，防止实训仪器设备损坏，必须严格遵守安全操作规程。该课程是建立在有一定电工电子实训基础上的，在实施的过程中，除了在电工实训中提到的安全操作常识外，还要在实训操作过程中培养学生的安全意识和防范能力，应从以下几个方面去遵守执行。

1. 电子产品制作过程中的安全操作规程

(1) 操作者应穿好工作服，扎紧袖口。

(2) 操作者必须熟悉实训场地电源的配备及工作台的交、直流供电系统，当发生触电、火情等意外事故时，能立即切断电源。

(3) 操作前应检查电源线、插头座、保险丝、闸刀开关等是否安全可靠。使用市电时要注意仪器、装置连线等应绝缘良好，带电的部分不能裸露。

(4) 在任何情况下，均不能用手来鉴定接线端或裸露导线是否带电。

(5) 进行带电操作前应检查电源线有无破损，插头有无外露金属或内部松动。

(6) 操作者要注意力高度集中，认真完成每一个细节，要有较强的责任心，爱护实训场所的设备和仪表。

(7) 操作者必须首先学习并熟悉仪器、仪表的基本性能，掌握注意事项和操作方法后方可启用。

(8) 使用电烙铁时，为了避免烙铁烫坏其他东西，平常在焊接间隙都应将烙铁放在烙铁架上，烙铁架应放在右手的上方(如左手使用应放在左手的上方)，并检查烙铁头是否会碰到电线、书包或其他易燃物品，并离被测试电路板和仪器要有一定距离，且操作者不容易误触及的地方。

(9) 烙铁通电前应将烙铁的电线拉直并检查电线的绝缘层是否有损坏，不能使电线缠在手上。

(10) 不能用力拉扯电线或敲打电烙铁。电源线与烙铁芯的连接是依靠螺钉或绕接的，用力拉扯会使电路断开，用力敲打会使烙铁芯的陶瓷、石英或云母片碎裂，影响绝缘，带来触电隐患或者电阻丝振断，无法通电。

(11) 烙铁加热过程中及加热后都不能用手触摸烙铁的发热金属部分，以免烫伤或触电。使用过程中不得乱甩焊锡，敲打烙铁，不用时须拔掉插头。

(12) 女生在焊接时，应将长发扎到脑后，防止烙铁烧伤头发。

(13) 焊接完成后,要及时洗手,以免铅锡留在手上,引起铅中毒。

(14) 印制板制作时,应避免将腐蚀液沾到身上,腐蚀完成后,应及时洗手。

(15) 洗手未擦干或手潮湿时,不要带电作业。

(16) 在使用钻床时,不要戴手套或披散长发操作钻床。

(17) 安装或检验设备时,应先切断电源。实验装置(或实验电路)接好后需经认真检查,确认无误后方可接通电源。在接通电源之前需通知实训合作者。

(18) 更换保险丝(管)时,应先切断电源,切勿带电操作。

(19) 在一般情况下,要尽量避免带电作业。要养成先接好实验线路、后接通电源,先关断电源、后拆除实验线路的习惯。

(20) 在操作中除要避免严重触电外,还应防止轻微触电(如触及已充电电容器等),因为有时轻微的触电也可能使操作者置于危险的境地。例如,轻微触电有时会使操作者触及高压或摔伤。

(21) 实训环境要经常保持整洁、通风与干燥,以保证工作台与地之间的绝缘性能。

(22) 在实训中遇到有人触电、火灾等险情时,立即切断电源,然后采取相应的措施。

(23) 工作结束后,应立即切断电源,拆除连线,清理好自已的工位,各种工具、设备摆放整齐。应及时做好各工位和室内的卫生工作,关好门窗,切断总电源,经指导老师检查合格后方可离开。

2. 在电子线路连接和测试中的安全操作规程

(1) 不得在带电情况下改接电路与拆装元器件;电源线要最后连接。

(2) 拆除时应首先断开电源,再拆除电源连线。

(3) 测量、调节时,手不可触及带电部分。

(4) 连接电源前,应先按电路要求调好稳压源的电压值。连接时,电源极性不可接反;电源和信号源的输出端均不可短接;切忌将高压源误接入低压电路,交流电源误接入直流电路,或信号线和电源线误接等。

(5) 为安全起见,电源线规定用比较醒目的颜色来表示,一般用红线连接直流电源的正极(交流电源的火线),黑线(或白线)连接直流电源的负极(交流电源的中线)。

(6) 安全电压是指直流电压60V以下,交流电压36V以下。

3. 实训现场的安全规范操作

实训现场的安全规范操作是电气技术人员必须养成的良好的工作习惯之一。首先要做好实训现场(桌面)的整理和布置,留有足够的空间,然后在此空间合理安置好被测电路板及仪器、仪表的位置,使接线、操作和读数均比较安全、方便。接线时,要做到布线清楚合理、长短恰当;尽量避免交错,更不应几根线绞合在一起。电路接好经检查无误后,还应清理现场,把多余导线、工具及书等取走,做好记录准备,便可通电测试了。

3.2　印制电路板的装配工艺

印制电路板在整机结构中由于具有许多独特的优点而被大量使用,电子产品的整机组装几乎都是以印制电路板为核心展开的。印制电路板的装配主要就是将电阻器、电容器、晶体管，以及各种电子元器件通过焊接或表面贴装的方法安装到印制电路板上。

印制电路板的装配主要分成如下几个步骤。

(1) 收集、准备需要的元器件、零配件和印制电路板。

(2) 元器件引线的预加工。

(3) 清洁印制电路板。

(4) 检测元器件和印制电路板是否性能良好。

(5) 按组装顺序将元器件分类放置。

(6) 按照工艺要求，将元器件安装到印制电路板上。

(7) 检查元器件插装在印制电路上的位置是否正确。

(8) 对元器件进行焊接固定。

(9) 清除残留的焊剂残渣。

(10) 检查焊点质量及整体外观。

(11) 检查印制电路上的元器件性能是否正常。

(12) 对质最不高的焊点和错焊、漏焊点进行补焊。

(13) 按技术文件要求进行电气测试。

(14) 将质量达到要求的印制电路板部件入库保存或转到下一个工序。

印制电路板的装配根据安装元器件种类以及设备的不同，其操作工艺也不相同，主要分为单面表面安装和双面表面安装、单面混装和双面混装，其具体的操作方式分为手工操作方式，手工插装元器件、自动焊接方式，部分元器件自动插装、自动焊接方式等。

通常，在产品的样机试制阶段或小批量试生产时，印制电路板的装配主要靠手工操作完成，是将散装的元器件(插装元器件)逐个装接(以焊接操作为主)到印制电路板上，这种方式效率低，而且错误率较高。

对于大批量生产的产品，电路设计较为复杂，印制电路板装配一般采用流水线自动装配。流水线操作就是把一个复杂的工作过程分成若干道简单的工序，然后通过传送带将被装配件自动送到另一个装配工序，元器件的安插一般采用自动或半自动插件机和自动定位机等设备完成，锡焊主要依靠焊接机自动焊接，整个装配过程全部由自动化设备自动完成生产过程。这种流水线装配的方式可大大提高生产效率，减少差错，提高了产品的合格率。

另外，对于表面安装元器件(SMC/SMD)来说，由于其结构小巧、电路精细复杂，只能由机器完成自动化装配过程。

3.3 印制电路板的焊接

3.3.1 印制电路板的处理

虚焊等焊接质量问题，往往是制作失败的原因之一。努力提高焊接质量对于初学者是十分重要的。在印制电路板的处理过程中应着重注意以下两个环节。

(1) 清除铜箔面氧化层

① 印制电路板制好后，首先应彻底清除铜箔面氧化层，一般情况下可用擦字橡皮擦，这样不易损伤铜箔。

② 有些印制电路板，由于受潮或存放时间较久，铜箔面氧化严重，用橡皮不易擦净的，可先用细砂纸轻轻打磨，再用橡皮擦，直至铜箔面光洁如新。

(2) 涂覆助焊保护层

在去掉铜膜氧化层后，给焊接面涂上一层助焊剂。助焊剂用松香、酒精按体积 2：1 的比例配制，将印刷线路板烤至烫手时即可喷、刷助焊剂。助焊剂干燥后，就得到了所要求的印刷线路板。

3.3.2　元器件引脚与导线线头的处理

所有元器件的引脚和连接导线的线头，在焊入电路板之前，都必须清洁后镀上锡。有的元器件出厂时引脚已镀锡，因长期存放而氧化了，也应重新清洁后镀锡。

1. 元器件引脚的处理

清洁元器件引脚可用橡皮擦。对于氧化严重的元器件引脚，可用小刀等利器将其刮净，在用刀刮的过程中应注意旋转元器件引脚，务必将引脚的四周一圈全部刮净。清洁后的元器件引脚应及时镀锡，以防再度氧化。电烙铁头部蘸锡后，在松香的助焊作用下，沿元器件引脚拖动，即可在引脚上镀上薄薄的一层焊锡。

2. 漆包线或纱包线线头的处理

有一些电感类元器件是用漆包线或纱包线绕制的，例如，输入、输出变压器是用漆包线绕制的，高频扼流圈是用单股纱包线或漆包线绕制的；天线输入线圈一般是用多股纱包线绕制的，也有用漆包线绕制的。漆包线是在铜丝外面涂了一层绝缘漆，纱包线则是在单股或多股漆包线外面再缠绕上一层绝缘纱。

由于漆皮和纱层都是绝缘的，装机时，如果不把这类引脚线上的漆皮和纱层去掉就焊接，表面看是焊接上了，实际上是假焊，电气上并未接通，其结果肯定是装机失败。因此，焊接前一定要把引脚线上的漆皮和纱层去除干净，方法如下：

(1) 去除漆皮和纱层一般常用刀刮法，即用小刀或断锯条将漆皮刮掉，边刮边旋转漆包线一周以上，将线头四周的漆皮刮除干净。单股纱包线也可用此法，将纱层与漆皮一起直接刮去。

(2) 对于多股纱包线，应先将纱层逆缠绕方向拆至所需长度后剪掉，再按上述方法刮去纱层和漆皮。

(3) 去除漆皮和纱层还可用火烧法，即用火柴或打火机将线头上的漆皮和纱层烧掉，然后抹去线头上残留的灰末。对于较细的漆包线和纱包线，注意烧的时间不可太长，以免烧化铜丝。

(4) 采用刀刮法或火烧法去除漆皮和纱层后，应立即用蘸有焊锡和松香的电烙铁在线头上镀锡备焊。镀锡方法与元器件引脚镀锡方法相同。

(5) 很细的漆包线和纱包线极易被刮断或烧断，可采用烫蹭法处理。将线头放在木板上，用蘸有焊锡和松香的烙铁头压在线头上，然后将线头抽出，旋转一个角度后再重复以上动作，重复旋转烫蹭漆包线或纱包线一周以上，线头上的漆皮和纱层即被蹭去，线头同时镀上了锡。

3.3.3 焊点形状的控制

1. 焊料与助焊剂的选用

焊锡应首选松香芯焊锡丝。焊铁皮桶等用的焊锡块因含杂质较多，不宜使用。元器件引脚镀锡时应选用松香作助焊剂。

印制电路板上已涂有松香水，元器件焊入时不必再用助焊剂。

焊锡膏、焊油等焊剂腐蚀性大，不宜使用。

2. 焊接方法

焊接时，电烙铁头部蘸锡量要恰当，不可太少，也不可太多。每焊接一个焊点时，将蘸了锡的烙铁头沿元器件引脚环绕一圈，使焊锡与元器件引脚和铜箔线条充分接触。烙铁头在焊点处再稍停留一下后离开，即可焊出一个光滑牢固的焊点。如果烙铁头在焊点停留的时间过短，焊不牢固，而且由于助焊剂未能充分挥发，会形成虚焊。

如果烙铁头在焊点停留的时间过长，可能使焊锡流散，还会烫坏元器件，或烫坏电路板，造成电路板上铜箔线条脱落。

3. 焊点要求

标准的合格焊点应圆而光滑、无毛刺，有毛刺的焊点易产生放电干扰，特别是在电压较高、焊点间距较小的情况下。像豆腐渣一样的蜂窝状焊点是虚焊现象。焊接每个焊点时的用锡量也要掌握适当，过少、过多都不能保证焊接质量。

3.3.4 元器件安装

元器件的规格多种多样，引脚长短不一，装机时应根据需要和允许的安装高度，将所有元器件的引脚适当剪短、剪齐。

元器件在电路板上的安装方式主要有立式和卧式两种。

1. 立式安装

立式安装的元器件直立于电路板上。安装时，应注意将元器件的标志朝向便于观察的方向，以便校核电路和日后维修。元器件立式安装占用电路板平面面积较小，有利于缩小整机电路板面积。

2. 卧式安装

卧式安装的元器件横卧于电路板上。安装时，同样应注意将元器件的标志朝向便于观察的方向。元器件卧式安装时可降低电路板上的安装高度，在电路板上部空间距离较小时很适用。根据整机的具体空间情况，一块电路板上的元器件往往混合采用立式安装和卧式安装方式,如图 3.3-1 所示。

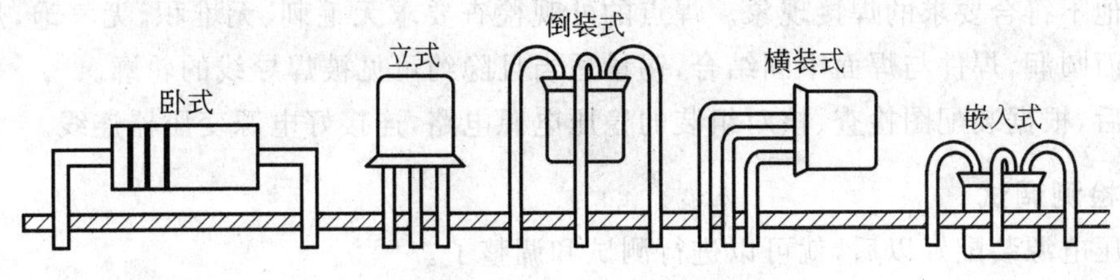

图 3.3-1　元器件的安装方法

由于安装环境的限制,有些元器件的引脚在安装焊接到电路板上时需要折转方向或弯曲。但应注意,所有元器件的引脚都不能齐根部折弯,以防引脚齐根折断。塑封半导体器件如果齐根折弯其管脚,还可能损坏管芯。元器件引脚需要改变方向或间距时,应采用图 3.3-2 所示的正确方法来折弯后安装。

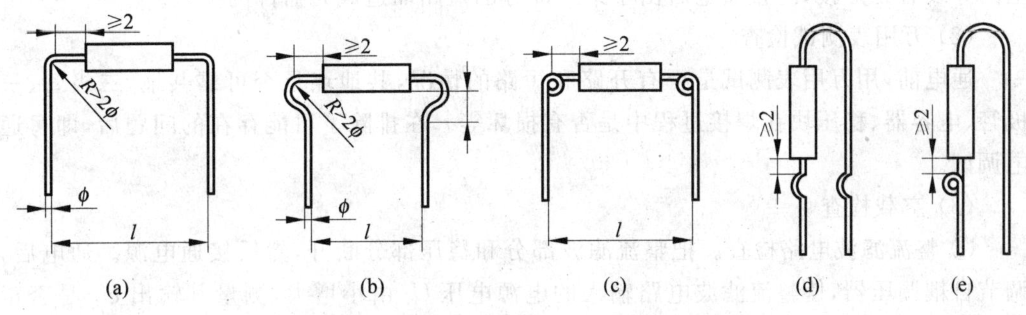

图 3.3-2　元器件引线的成形方法示意图

对于金属大功率管、变压器等自身分量较重的元器件,仅仅直接依靠引脚的焊接不足以支撑元器件自身重量,应用螺钉固定在电路板上,再将其引脚焊入电路板。

3.4　稳压电源的安装、调试与检测

1. 绘制装配图

应用已绘制的电源电路 PCB 图,结合装接元件及接线装置,要求焊接元件的排列完全按照实际的位置进行,绘出各元器件的连接引线,构成装配图,供组装稳压电源时使用。

2. 元器件的识别与检测

为了使稳压电源达到设计技术指标,在组装前必须对元器件的质量进行检测和挑选,不合格的不能采用。

对照电路原理图认真核对各个元器件的型号、参数,用万用表对器件进行初步检测,以确保元器件性能符合要求。

3. 安装与焊接

印制电路板的装配可以分为元器件装配前的准备、插装和焊接三个步骤进行。

在完成全部的焊接工作后，应对焊接质量进行检查，主要检查有无虚焊、漏焊、错焊以及其他不符合要求的焊接现象。焊点的外观检查要求无毛刺、无堆积、无气泡，焊点表面光亮而圆润，焊件与焊面牢固结合，锡量适当且隐约可见被焊导线的轮廓。

然后，根据装配图检查、核对组装的稳压电源电路，连接好电源变压器连线。

4. 检测调试

稳压电源装配好以后，就可以进行测试和调整了。

电路的调试过程一般是分级调试，再级联调试，最后进行整机调试与性能指标测试，本电源电路具体调试过程分为以下 7 步。

(1) 感观检查

首先检查电路的元器件是否有装配差错，特别应检查晶体管、二极管及电容等元器件的极性有无接反。再检查焊点有无漏焊、虚焊，特别应该注意焊点之间或印制线路板上的导线有无短接，防止通电后由于某一部分的短路而造成元器件的损害。

(2) 万用表测试检查

通电前，用万用表测试是否有开路和短路的情况，共地点是否可靠共地，二极管、三极管、电容器、稳压块在焊接过程中是否有损坏等。在排除了可能存在的问题后，即可通电调试。

(3) 空载检查

① 整流滤波电路检查。把整流滤波部分和稳压部分断开，然后接通电源。通电后，调节自耦调压器，使整流滤波电路输入的电源电压 U_i 由小增大，测量其输出 U_o 是否正常；当 $U_i=220V$ 时，U_o 是否为设计值。如正常，则进行下一步调试；若不正常，先排除故障，再进行下一步调试。

② 稳压电路的检查。把整流滤波电路与稳压电路接通(若有保护电路，需断开)，然后接通电源。通电后，先观察各元件的发热情况是否正常，如元件有发热过快、冒烟、打火花等异常现象，应立刻断电检查，直至排除故障。再用万用表检查输出电压是否正常，同时测试稳压管、调整管、放大管各管脚的电压值是否正常。调节电位器 RP_1，输出电压应在一定范围内连续可调，否则适当更换取样电路电阻的阻值。如果接通电源后稳压电路无输出电压，或输出电压与输入电压相同，说明稳压电路有故障，应排除故障后再继续调试。

(4) 保护电路检查

在稳压电路输出端接假负载电阻 R_L，可用滑线变阻器或电阻箱作假负载电阻。将电流表串在负载回路中，电流表量程选在合适的位置。

① 调节 RP_1，看输出电压是否随之变化。变化正常，说明电路的工作电压正常；否则，先排除故障再调试。

② 将输出电压调在额定值处，然后改变 R_L 数值，使输出电流达到额定输出值，这时输出电压应基本不降低。输出电流升高到额定值的 20%后，过流保护电路工作，使输出电压降为零，起到保护作用；否则，应检查、调整保护电路的取样电阻值，直至符合要求。

(5) 稳压性能检查

将输入电压变化约±5%或±10%，这时输出电压应稳定在正常值。如稳压不良，应检查取样电压、基准电压、输入电压，以及调整管、比较放大管等各级电压。比较放大器基极电位太高或太低将引起集电极电位太高或太低，造成稳压不良，原因可能是基准电压电路或取样电路产生故障。

(6) 调整管功耗检查

在输入电压最高，即 $U_i=(1+10\%)U_i$ 时，调整管的 $U_{CE}I_o$ 应不大于晶体管所允许的最大功耗 P_{CM}。在通电 15 分钟后用手触摸调整管，应无异常温升现象，还要用示波器观察其输出是否有寄生震荡。

(7) 测量稳压系数 S 和电源内阻 r_0

① 测量稳压系数 S。使稳压电源处于空载状态，调节自耦变压器，使输入电压分别为 242V 和 198V，测量对应的输出电压变化量 ΔU_o，将两个结果中 ΔU_o 大的代入下列公式，可计算电源的稳压系数：

$$S=\frac{\Delta U_o/U_o}{\Delta U_i/U_i}$$

$$\text{电压调整率}=\left(\frac{\Delta U_o}{U_o}\right)\%$$

② 测量稳压电源内阻 r_0。在输入电压为 220V 时，改变负载电阻值，测量相应的输出电流的变化量 ΔI_o，读出相应的输出电压的变化量 ΔU_o，计算电源内阻 r_0，即

$$r_0=\left|\frac{\Delta U_o}{\Delta I_o}\right|_{\Delta U_i=0}$$

③ 纹波系数测量。将稳压电源的输出通过电容器连至交流毫伏表，读出交流毫伏表的指示值，则纹波系数为毫伏表读数与电源输出电压的比值。

5. 常见故障

(1) 无输出电压

$U_o\approx 0$，这是由于调整管截止或整流滤波电路不正常造成的，应检查整流滤波电路的输出电压。如不正常，先检查和排除整流滤波电路的故障；如为正常值，说明调整管或电路的其他部分有故障，此时可断开调整管基极，观察输出电压有无变化。如 U_o 升高接近整流滤波电路的输出电压，说明故障出在比较放大极，检查放大管是否损坏或断路，各点连接是否正确，找到故障并排除。

(2) 输出电压与稳压器输入电压近似相等

输出电压与稳压器输入电压近似相等，说明调整管饱和，把放大管集电极断开，如 U_o 降到0，表明调整管良好，故障出在比较放大极，检查比较放大部分，找到故障并排除；如 U_o 不降，表明故障在调整管部分，找到故障并排除。

(3) 输出电压不可调节

输出电压不可调节时，应检查取样电路的电位器是否完好，然后检查比较放大部分，找到故障并排除。

6. 串联型稳压电源的检修、检测方法

在调试过程中若出现故障，可按下面介绍的方法进行检修。

（1）电压检查法

用万用表电压挡按图 3.4-1 所示步骤测量电压，把测出来的数据进行分析比较，从而判断故障所在，再排除故障。

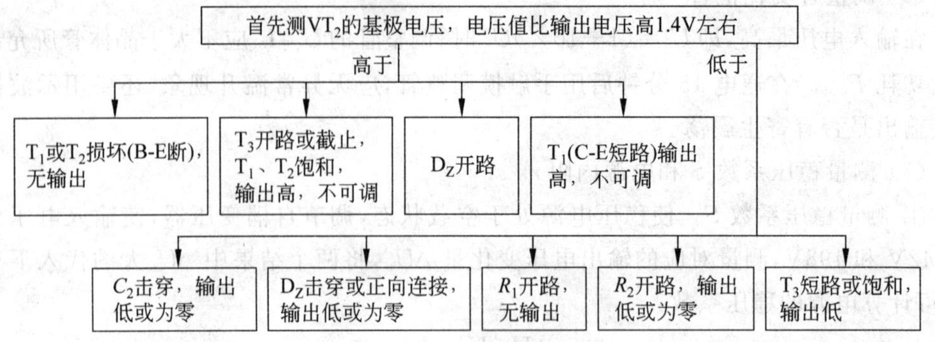

图 3.4-1 电压检查程序图

（2）电路元件故障图示

图 3.4-2 所示为由于元器件损坏而引起电路故障的现象。图中的断路、开路现象包括元件本身的引线断裂、假焊、漏焊、漏装等，短路现象包括元件引线间有碰锡、碰线、击穿等。对图中所罗列的情形，只能看做是相对的。

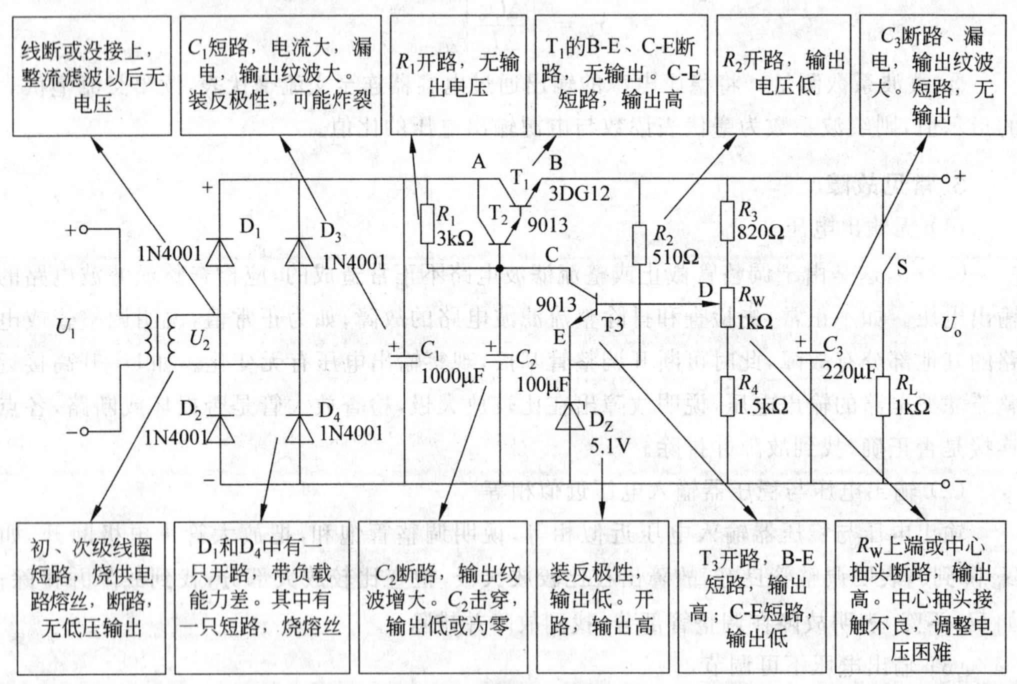

图 3.4-2 各元件的故障示意图

7. 验收考核

根据直流稳压电源考核评分细则表进行。

3.5　稳压电源的测试

3.5.1　稳压电源元器件的测试

根据制作的电路中的所有元器件进行测量，下面的表格可增减（表格中的元器件是以教材中的电路元器件定的），但测量的内容不变，没有涉及的元器件自拟表格测量。

（1）电阻器的识别与检测

根据电阻器的外形、标志，判定其标称值、偏差、功率，选择合适的挡位测试电阻器的实际值，并将结果填入表 3.5-1。

表 3.5-1　电阻器的识别与检测

序号	色环颜色（按从左到右的顺序填写）	识　别				测　量			合格否
		阻值	允许误差	功率	材料	量程选择	调零否	实测阻值	
R_1									
R_2									
R_3									
R_4									
R_5									
R_6									

（2）电位器的识别与检测

① 测试可变电阻器的固定阻值；

② 调节可变电阻器，判断有无质量问题；

③ 测量电位器阻值变化规律，判断被测电位器的类型（对数型、指数型、直线型），并将结果填入表 3.5-2。

表 3.5-2　电位器的识别与检测

序号	标志	识　别			测　量				合格否
		阻值	允许误差	功率	量程	调零否	阻值	类型	
RP_1									
RP_2									

（3）电容器的检测训练

根据所给电容器的外形和标志判断其类型、标称容量、耐压。用万用表判别电解电容器的好坏，将测试的情况填入表 3.5-3。

表 3.5-3 电容器测量

序号	标志	识别				测量漏电电阻		合格否
		容量	允许误差	耐压	材料	量程	阻值	
C_1								
C_2								
C_3								

(4) 二极管的检测

用万用表判断所给二极管的好坏和极性，并测其正、反向电阻值，将值填入表 3.5-4 中。

表 3.5-4 二极管的识别与检测

项目 序号	规格型号	正向电阻/Ω	万用表挡位	反向电阻/Ω	万用表挡位	材料		质量识别	
						锗	硅	好	坏
VD_1									
VD_2									
VD_3									
VD_4									
VD_5									

(5) 三极管的检测

用万用表判别所给三极管的类型和极性。三极管定义为管脚朝下，面对型号从左到右排序，将测量结果填入表 3.5-5。

表 3.5-5 三极管的识别与检测

项目 序号	晶体管型号	基极(B)	管型		集电极(C)	发射极(E)	材料		万用表挡位
			NPN	PNP			锗	硅	
VT_1									
VT_2									
VT_3									
VT_4									

(6) 变压器的检测

变压器的检测包括检测绕组线圈、绝缘电阻和变压器的次级电压，将检测结果填入表 3.5-6。

3.5.2 稳压电源的性能指标测试

(1) 测量输出直流电压 U_o 的可调范围

调节输入电压 $U_i=220V$，再调节 RP_1 测输出电压 U_o的最大值 U_{omax} 和最小值 U_{omin}，填入表 3.5-7。

表 3.5-6　变压器的测量值

测线圈绕组阻值			测绕组线圈之间的阻值		
万用表电阻挡量程		阻值	万用表电阻挡量程		阻值
初级绕组			1 脚与 3 脚		
次级绕组			2 脚与 4 脚		
线圈与铁芯之间的阻值			测变压器次级电压		
万用表电阻挡量程		阻值	万用表交流电压挡量程		电压值
2 脚与铁芯			次级绕组		
4 脚与铁芯					

表 3.5-7　输出直流电压 U_o 可调范围及最大输出电流测试表

最大值 U_{omax}/V	最小值 U_{omin}/V	最大输出电流 I_{omax}/mA

(2) 测量最大输出电流

最大输出电流是指稳压电源正常工作时能输出的最大电流，用 I_{omax} 表示。一般情况下的工作电流 $I_o < I_{omax}$。稳压电路内部应有保护电路，以防止 $I_o > I_{omax}$ 时损坏稳压器。

采用如图 3.5-1 所示的测试电路，可以同时测量 U_o 与 I_{omax}，测试过程为：输出端接负载电阻 R_L（R_L 是一种可调负载电阻器，可选用阻值为 100Ω、功率为 5A 左右的滑动电阻器，也可以用其他类型的可调电阻器，但功率一定要足够），输入端接 220V 交流电压，数字电压表的测量值即为 U_o。测试前，首先将 R_3 两端的电压调整到 0.46V 左右。调节 RP_1，使输出电压为 12V，再使 R_L 逐渐减小，直到 U_o 的值下降 5%，此时流经负载 R_L 的电流即为 I_{omax}（记下 I_{omax} 后迅速增大 R_L，以减小稳压电源的功耗）。还需适当调节 RP_2，将测量值填入表 3.5-7。

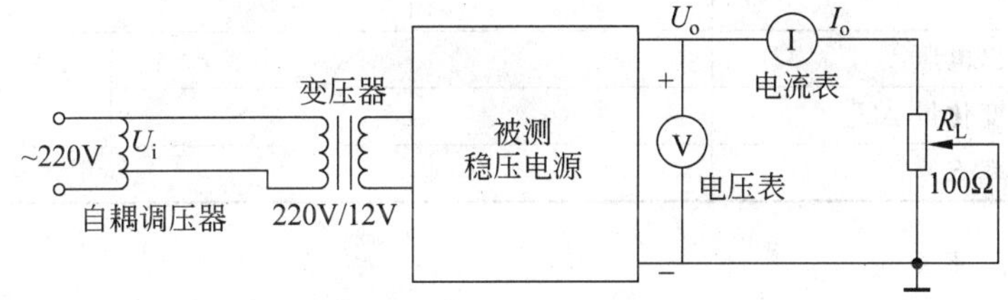

图 3.5-1　稳压电源性能指标测试电路

(3) 测量负载电流 I_o 变化时，输出电压 U_o 的稳定情况

调节自耦调压器，使 U_i=220V，再调节 RP_1 测输出电压 U_o=12V。调节 R_L 值，使负载电流 I_o 按照表 3.5-8 中的数据变化，每次测出相应的 U_o 值，记入表 3.5-8。

表 3.5-8　I_o 变化引起 U_o 变化情况测试表

I_o/mA	10	50	100	150	200	300	500	600	700	800
U_o/V										

(4) 测量电压调整率

调节负载装置，使输出电压为额定值。输出电流达到额定电流时，调节交流源，使 U_i 在 220×(1±0.1)V 的范围内变化，测出相应的输出电压，算出 ΔU_o，其中 ΔU_o 为 U_1 和 U_2 中相对 U_o 变化较大的值 $(U_o - U_o')$。并按公式计算电压调整率 S_U，填入表 3.5-9。计算公式为

$$S_U = \left|\frac{\Delta U_o}{U_o}\right|$$

表 3.5-9 电压调整率 S_U 测试表

电源电压 U_i 变动±10%	198V	220V	242V
输出电压	U_1	U_o	U_2
对应的输出电压			
输出电压变化量 ΔU_o			
电压调整率 S_U			
稳压系数 S			

(5) 测量电流调整率

通过调节自耦调压器、RP_1 及 R_L，使 $U_i = 220V$，$I_o = 800mA$，测量此时的 U_{o1}；当输出空载时，电流 $I_o = 0$（断开 R_L），测量此时的 U_{o2}；当输出为 50% 满载时，电流为 $I_o = 400mA$，测量对应的输出电压 U_o。电流调整率按下列公式计算：

$$S_i = \left|\frac{\Delta U_o''}{U_o}\right|$$

式中，$\Delta U_o''$ 为 U_{o1} 和 U_{o2} 中相对 U_o 变化较大的值，填入表 3.5-10。

表 3.5-10 电流调整率 S_i 测试表

输入电流 I_o 的变化	800mA	400mA	0mA
输出电压	U_{o1}	U_o	U_{o2}
对应的输出电压			
输出电压变化量 $\Delta U_o''$			
电流调整率 S_i			

(6) 测量稳压系数

指在负载电流 I_o、环境温度 T 不变的情况下，输入电压的相对变化引起输出电压的相对变化，即稳压系数

$$S = \frac{\Delta U_o / U_o}{\Delta U_i / U_i}$$

测试过程为：先调节自耦调压器，使输入电压增加 10%，即 $U_i = 242V$，测量此时对应的输出电压 U_{o1}；再调节自耦调压器，使输入电压减少 10%，即 $U_i = 198V$，测量这时的输出电压 U_{o2}；然后测出 $U_i = 220V$ 时对应的输出电压 U_o，则稳压系数为

$$S = \frac{\Delta U_o / U_o}{\Delta U_i / U_i} = \frac{220}{242 - 198} \cdot \frac{U_{o1} - U_{o2}}{U_o}$$

将以上计算值填入表3.5-9。

(7) 纹波电压的测量

纹波电压指叠加在输出电压U_o上的交流分量，一般为mV级。在额定220V电压下，输出满载(800mA)，输出电压达到最大值时，用示波器观察输出电压波形，选择观察交流成分，所观察到的信号为纹波电压信号，读出其峰—峰值$\Delta U_{op\text{-}p}$。也可以用交流电压表测量其有效值ΔU_o，由于纹波电压不是正弦波，所以用有效值衡量存在一定误差。

纹波系数测量方法为：将稳压电源的输出通过电容器连至交流毫伏表，读出交流毫伏表的指示值，则纹波系数为毫伏表读数与电源输出电压的比值。将测量值填入表3.5-11。

表3.5-11　纹波电压及纹波系数的测量

示波器读出其峰—峰值$\Delta U_{op\text{-}p}$/mV		万用表读出的直流电压值/mV	
交流电压表测量的有效值ΔU_o/mV		纹波系数	

(8) 负载效应的测量

对于直流稳压电源，负载效应指电网电压和温度不变时，负载从空载到满载时输出电压的相对变化量。它反映了当输入电压和环境温度不变，输出电阻变化时输出电压保持稳定的能力，即稳压电路的带负载能力。负载效应按下式计算：

$$负载效应 = \frac{|U - U_o|}{U_o} \times 100\%$$

式中，U为U_1和U_2中相对U_o变化较大的值。

测试方法如下：

① 输入电压为额定值，输出空载时，记录此时的输出电压U_1；

② 调节负载为满载时(输出电流为800mA)，记录此时的输出电压U_2；

③ 调节负载为50%满载时(输出电流为400mA)，记录此时的输出电压U_o；

④ 将上述测量值填入表3.5-12，并计算出负载效应。

表3.5-12　负载效应的测试表

额定输入电压U_i		输出半满载时的输出电压U_o	
输出空载时的输出电压U_1		输出电压变化量ΔU_o	
输出满载时的输出电压U_2		负载效应	

(9) 限流式电子保护电路的测试

① 把稳压电源先调好，输出电压调到额定值。

② 用万用表电压挡测量R_3两端的电压，改变微调电位器RP_2，使电表读数为0.4V左右，这时电源输出电流将被限制在800mA以内。保护电路动作的电流规定为输出电流的20%。

③ 让电源处于超载状态，检查保护电路的动作情况。如果电流超出额定值，保护电路还不动作，可加大RP_2；当输出电流很小时，保护电路就起作用，则可减少RP_2，使VT_4发射极电位适当升高一些。调整时，不能让电源长时间处于超载状态，否则易损坏调整管。

学习情境2

扩音机的设计与制作

CHAPTER 4

任务 4

扩音机的设计与原理图绘制

4.1 扩音机电路设计

4.1.1 扩音机电路的主要技术指标

(1) 额定输出功率 P_o。

在满足规定的失真系数和整机频率特性指标以内，功率放大器所输出的最大功率称额定功率，其表达式为

$$P_o = \frac{U_o^2}{R_L}$$

U_o 亦称输出额定电压。

(2) 静态功耗 P_Q

指放大器处于静态情况下所消耗的电源功率。

(3) 效率

放大器在达到额定输出功率时，输出功率 P_o 对消耗电源功率 P_E 的百分比，用 η 表示：

$$\eta = \frac{P_o}{P_E} \times 100\%$$

(4) 频率响应(频带宽度)

放大倍数随频率变化的曲线表明，通频带越宽，放大电路对不同频率信号的适应能力越强。在输入信号不变的情况下，输出幅度随频率的变化下降至中频时输出幅度的 0.707 倍时所对应的频率范围，如图 4.1-1 所示。图中，f_L 称为下限频率，f_H 称为上限频率。

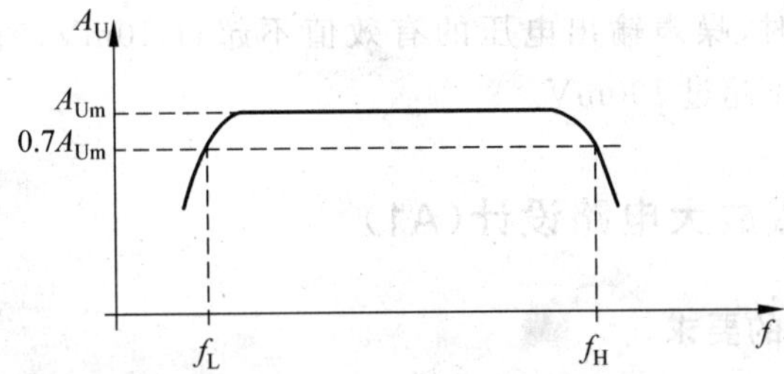

图 4.1-1 输出幅度随频率的变化曲线

(5) 音调控制范围

为了改善放大器的频率响应,常对高、低频增益进行控制,如提升或衰减若干分贝,而对中频增益不产生影响。若未控制的输出幅度为 U_o,控制后的输出幅度为 U_{o1},则音调控制范围为 $20\lg\frac{A_{U1}}{A_U}\left(\text{即 } 20\lg\frac{U_{o1}}{U_o}\right)$。

(6) 非线性失真 γ

在规定的频带内和额定输出功率状态下,输出信号中谐波电压有效值的总和与基波电压有效值之比:

$$\gamma=\frac{\sqrt{U_2^2+U_3^2+\cdots+U_n^2}}{U_1}$$

式中,U_1 为输出电压基波分量有效值;$U_2,U_3,\cdots,U_n$ 分别为 2 次,3 次,…,n 次谐波分量有效值。γ 可由失真度测量仪测得。

(7) 噪声电压 U_N

扩音机输入信号为零时,在输出端负载上测得的电压有效值为噪声电压 U_N。噪声电压是扩音机机内各种噪声经放大后的总和。

(8) 输入灵敏度 U_{imax}

保证扩音机在额定的输出功率时所需的输入信号。

4.1.2 扩音机电路的设计要求

(1) 采用集成运算放大电路、音调控制电路、音频功率放大电路,设计一个对受话器输出信号具有放大能力的扩音机。

(2) 最大输出功率为 8W。

(3) 负载阻抗为 4Ω。

(4) 在通频带内,满功率下非线性失真不大于 3%。

(5) 具有音调控制功能,即用两个电位器分别调节高音和低音。

(6) 输入信号源为话筒输入,其幅度为 5mV,输入灵敏度不大于 20mV。

(7) 输入阻抗不小于 50kΩ。

(8) 输入端短路时,噪声输出电压的有效值不超过 10mV,直流输出电压不超过 50mV,静态电源电压不超过 100mV。

4.1.3 扩音机前置放大电路设计(A1)

1. 对前置放大器的要求

(1) 信噪比要高。由于前置放大器的输入信号微弱,最易感应交流声、杂音等干扰。改善信噪比的关键是抗干扰,其次是减少放大器自身的噪声。前置放大器的信噪比一般要大于 90dB。

(2) 谐波失真要小。谐波失真是由放大电路中晶体管的非线性引起的。它是指放音设备重放后的声音比原输入信号多出来的谐波成分。前置放大器的谐波失真应小于等于0.1%,瞬态互调失真应小于0.05%。

(3) 输入阻抗要高,输出阻抗要低,能较好地与信号源和功率放大器配接。

(4) 立体声通道的一致性要好,能准确再现重放声像的位置。

(5) 通道的隔离度要高。左、右通道的隔离度要高,尽量避免或减小左、右通道信号间的相互串扰。

2. 选用集成运算放大电路(运算芯片LM741)作为扩音机的前置放大电路

利用集成运放对电压信号进行放大,不仅可以减少元器件的数量,而且会使电路更加稳定。由LM741组成的前置放大电路是一个同相输入比例放大器,前置级电路如图4.1-2所示。

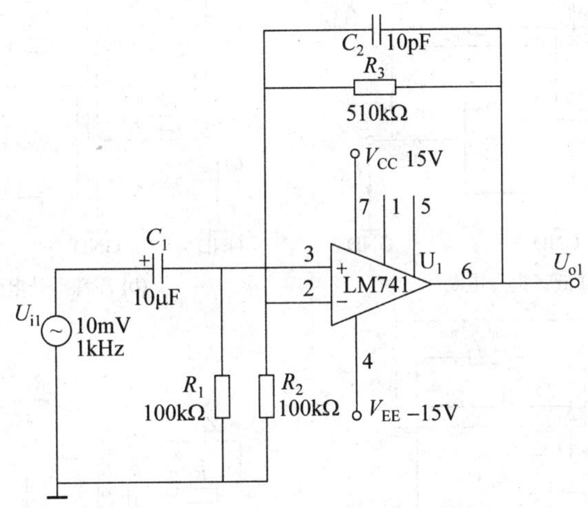

图4.1-2 前置级电路图

电路的闭环特性如下:理想闭环电压增益;输入电阻 $r_{if}=R_1$,输出电阻 $r_{of}=0$。

扩音机电路的增益是很高的,所以扩音机的噪声主要取决于前置放大器的性能。为了减小前置级放大器的噪声,第一级要选用低噪声的运放。另外,如输入线的屏蔽情况、地线的安装等都对噪声有很大影响。

4.1.4 音调控制电路的设计(A2)

音调控制电路主要是实现高、低音的提升和衰减。

常用的音调控制电路有三种形式,第一种是衰减式RC音调控制电路,其调节范围宽,但容易产生失真;第二种是反馈型音调控制电路,其调节范围小一些,但失真小;第三种是混合式音调控制电路,其电路复杂,多用于高级收录机。为使电路简单而失真又小,本电路中采用了由阻容网络组成的RC型负反馈音调控制电路。它是通过不同的负反馈网络和输入网络构成放大器,使闭环放大倍数随信号频率不同而改变,从而达到音调控制的目的。

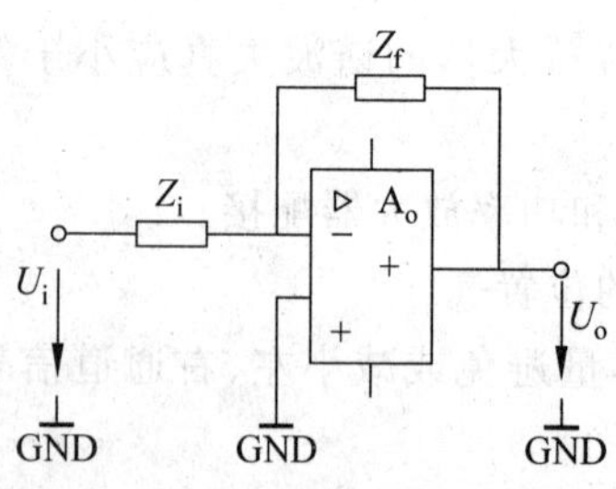

图 4.1-3 音调控制电路方框图

图 4.1-3 是这种音调控制电路的方框图，它实际上是一种电压并联型负反馈电路，图中 Z_f 代表反馈回路的总阻抗，Z_i 代表输入回路的总阻抗。

电路的电压增益为

$$A_{Uf}=\frac{U_o}{U_i}=-\frac{Z_f}{Z_i}$$

只要合适选择并调节输入回路和反馈回路的阻容网络，就能使放大器的闭环增益随信号频率改变，从而达到音调控制的目的。组成 Z_i 和 Z_f 的 RC 网络通常有图 4.1-4 所示的四种形式。

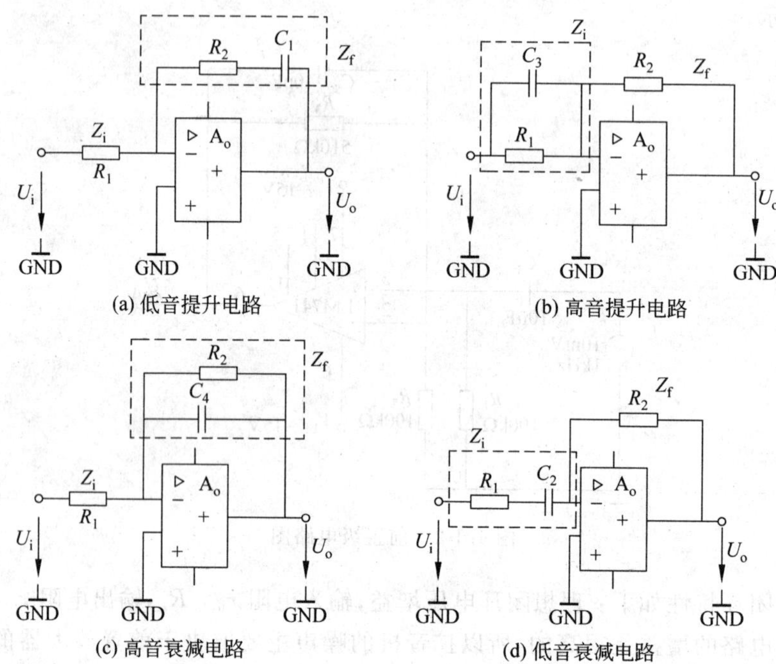

图 4.1-4 四种形式的音调控制电路

1. 音调控制电路的四种形式

(1) 低音提升

电路如图 4.1-4(a)所示。图中若 C_1 取值较大，只有在频率很低时才起作用，则当信号频率在低频区时，随频率降低，$|Z_f|$ 增大，所以 $|A_{Uf}|$ 提高，从而得到低音提升。

(2) 高音提升

电路如图 4.1-4(b)所示。图中，若 C_3 取值较小，只有高频区起作用，则当信号在高频区时，随频率升高 $|Z_i|$ 减小，所以 $|A_{Uf}|$ 提高，从而得到高音提升。

(3) 高音、低音衰减

同理可以分析图 4.1-4(c)和(d)，分别可用作高、低音衰减。

2. 反馈型音调控制电路分析

如果将以上这四种电路形式组合起来，可得到图 4.1-5 所示的反馈型音调控制电路。

先假设 $R_1=R_2=R_3=R, C_1=C_2\gg C_3, RP_1=RP_2\approx 9R$。

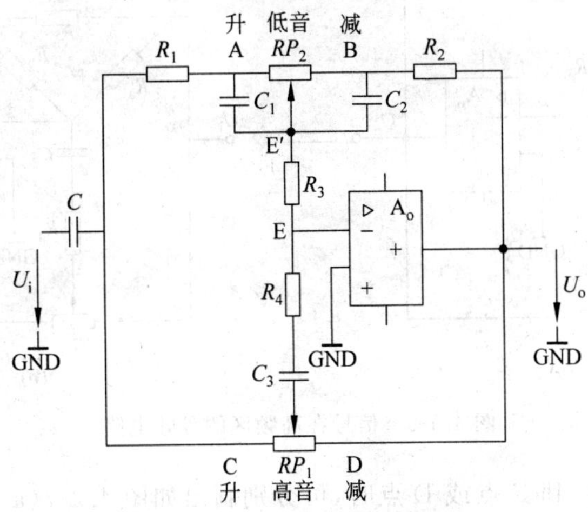

图 4.1-5　反馈型音调控制电路

(1) 信号在低频区

在低频区，因为 C_3 很小，所以 C_3、R_4 支路可视为开路，反馈网络主要由上半部分电路起作用。又因运放的开环增益很高，$U'_E\approx U_E\approx 0$(虚地)，故 R_3 的影响可忽略，当电位器 RP_2 的活动端移至 A 点时，C_1 被短路，可以得到低音最大提升量为

$$A_{UA}=\frac{R_2+RP_2}{R_1}$$

按实际电路参数 $R_1=R_2=R_3=20\text{k}\Omega, RP_1=RP_2=150\text{k}\Omega, C_1=C_2=0.022\mu\text{F}$，可得 $A_{UA}\approx 8.5$(约 18.6dB)。转折频率为

$$f_{L1}=\frac{1}{2\pi RP_2C_2}=48\text{Hz},\quad f_{L2}=\frac{R_2+RP_2}{2\pi R_2RP_2C_2}=410\text{Hz}$$

以同样的方式可以说明，在 RP_2 滑动到 B 点时，低音的最大衰减量为

$$A_{UB}=\frac{R_2}{R_1+RP_2}$$

按实际电路参数可得

$$A_{UB}\approx 0.118(\text{约}-18.6\text{dB})$$

转折频率为

$$f'_{L1}=f_{L1}=48\text{Hz},\quad f'_{L2}=f_{L2}=410\text{Hz}$$

(2) 信号在高频区

在高频区，因为 C_1 和 C_2 较大，对高频可视为短路，而 C_3 较小，故 C_3、R_4 支路已起作用，其等效电路可画成如图 4.1-6(a)所示形式。

为了便于说明，R_1、R_2、R_3 电路变换成图 4.1-6(b)所示的三角形电路，这里 $R_a=R_b=R_c=3R$(当 $R_1=R_2=R_3=R$ 时)。设前级输出电阻很小(如小于 500Ω)，输出电压 U_o 通过 R_c 反馈到输入端的信号被前级输出电阻所旁路，故 R_c 的影响可忽略(视为开

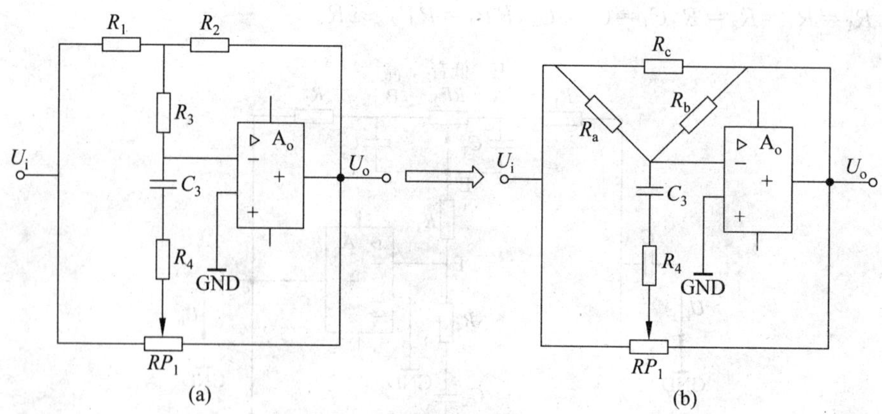

图 4.1-6 信号在高频区的等效电路

路)。因此当 RP_1 滑动到 C 点或 D 点时,可分别画出如图 4.1-7(a)和(b)所示的等效电路(因 RP_1 的数值很大,为简单起见,可视为开路)。

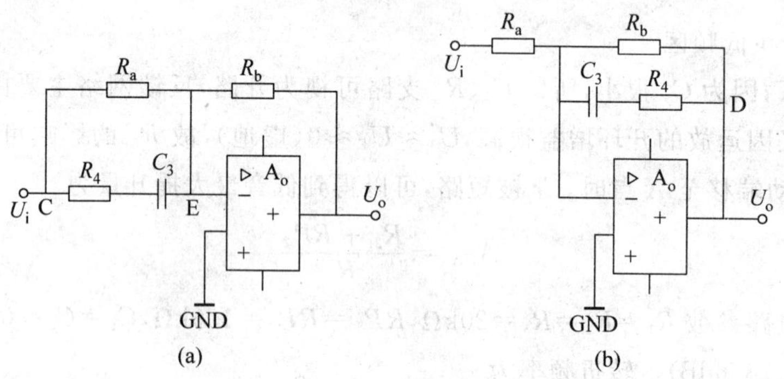

图 4.1-7 前级输出电阻很小时的等效电路

图 4.1-7(a)显然具有高音提升作用,其最大提升量 $A_{UC}=\dfrac{R_b}{R_a /\!/ R_4}=\dfrac{R_4+3R}{R_4}$。

按电路实际参数 $R=20\text{k}\Omega$,$R_4=8.2\text{k}\Omega$,$C_3=1000\text{pF}$,所以 $A_{UC}\approx 8.3$(约 18dB)。

图 4.1-7(b)所示为高音衰减电路,其衰减量 $A_{UD}=\dfrac{R_b /\!/ R_4}{R_a}=\dfrac{R_4}{R_4+3R}$。按电路实际参数,$A_{UD}\approx 0.12$(约$-18$dB)。

高频转折频率为

$$f_{H1}=\frac{1}{2\pi}\times\frac{1}{C_3(R_a+R_4)}=2.3(\text{kHz}),\quad f_{H2}=\frac{1}{2\pi}\times\frac{1}{C_3R_4}=19(\text{kHz})$$

若将音调控制电路高、低音提升和衰减曲线画在一起,可得到如图 4.1-8 所示幅频特性曲线。

由图 4.1-8 可见,音调控制级的中频电压放大倍数 $A_{Um}=1$;当 $f<f_{L1}$(48Hz)时,低音控制范围为±18dB;当 $f>f_{H2}$(19kHz)时,高音控制范围也为±18dB。

综上所述,音调控制级设计电路如图 4.1-9 所示。

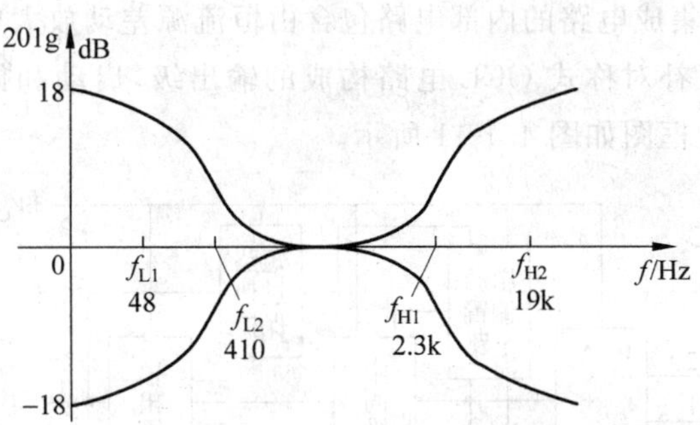

图 4.1-8 幅频特性曲线

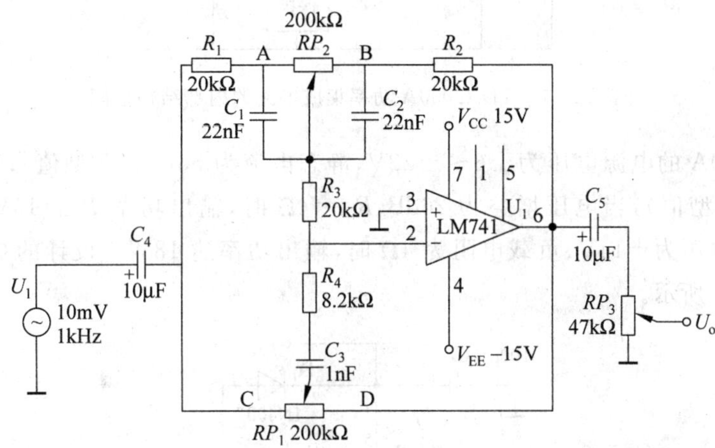

图 4.1-9 音调控制级电路

4.1.5 功率放大级电路的设计

功率放大级主要是将电压信号进行功率放大，保证在扬声器上得到不失真的额定功率。功率放大级由集成功率器件 TDA2030A 连成 OCL 电路形式。

TDA2030A 功率集成电路具有转换速率高、失真小、输出功率大、外围电路简单等特点，采用 5 脚塑料封装结构。其中，1 脚为同相输入端，2 脚为反相输入端，3 脚为负电源，4 脚为输出端，5 脚为正电源。芯片管脚如图 4.1-10 所示。

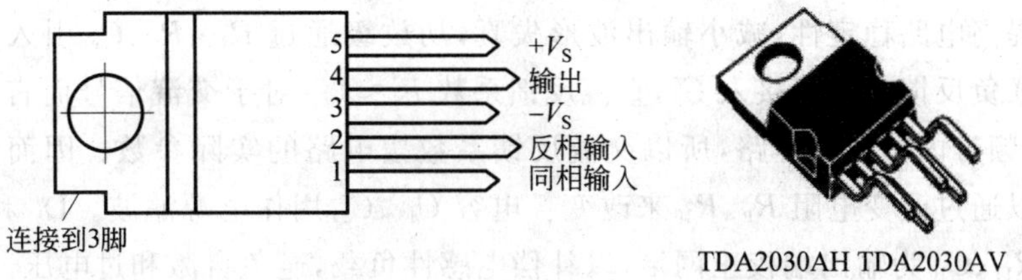

图 4.1-10 TDA2030A 功率集成芯片管脚图和实物图形

TDA2030A 功率集成电路的内部电路包含由恒流源差动放大电路构成的输入级、中间电压放大级，复合互补对称式 OCL 电路构成的输出级，启动和偏置电路以及短路、过热保护电路等，其结构框图如图 4.1-11 所示。

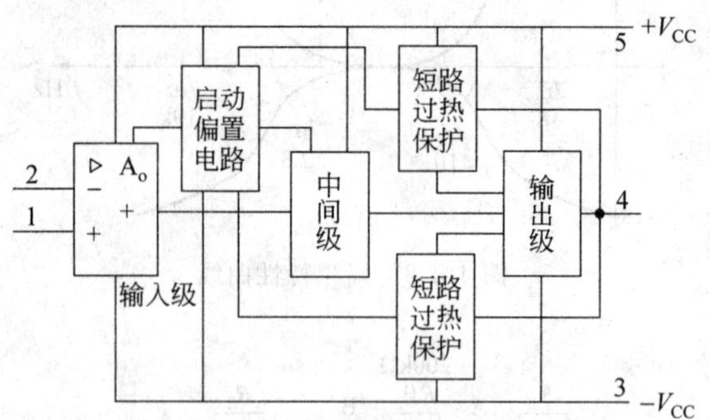

图 4.1-11　TDA2030A 功率集成电路的内部结构框图

TDA2030A 的电源电压为 ±6～±22V，静态电流为 50mA（典型值）；1 脚的输入阻抗为 5MΩ（典型值），当电压增益为 26dB、$R_L = 4\Omega$ 时，输出功率 $P_o = 15W$。频带宽为 100kHz。当电源为 ±14V、负载电阻为 4Ω 时，输出功率达 18W。设计的功率放大级电路如图 4.1-12 所示。

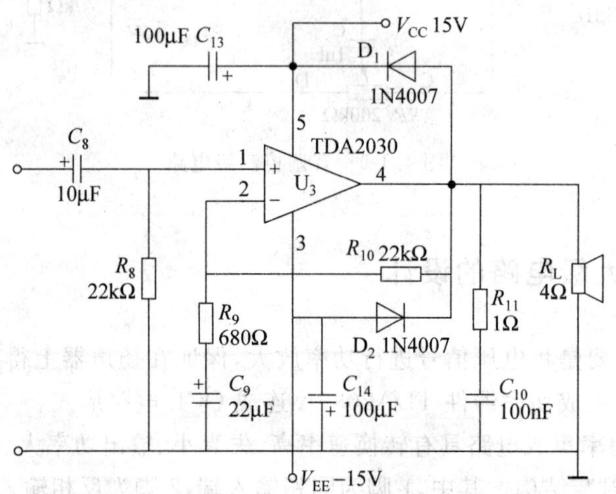

图 4.1-12　功率放大级电路

为了提高电路稳定性，减小输出波形失真，功放级通过 R_{10}、R_9、C_9 引入了深度交直流电压串联负反馈。由于接入 C_9，直流反馈系数 $F' \approx 1$。对于交流信号而言，因为 C_9 足够大，在通频带内可视为短路，所以交流反馈系数按电路的实际参数。因而该电路的电压增益可以通过改变电阻 R_9、R_{10} 来改变。电容 C_{13}、C_{14} 用作电源滤波。D_1 和 D_2 为保护二极管。R_{11}、C_{10} 为输出端校正网络，以补偿电感性负载，避免自激和过电压。

4.1.6　扩音机整机电路设计

扩音机整机电路确定由以上分析的三部分构成，即分为前置放大级、音调控制级和功率输出级。最终扩音机的整机电路如图 4.1-13 所示。

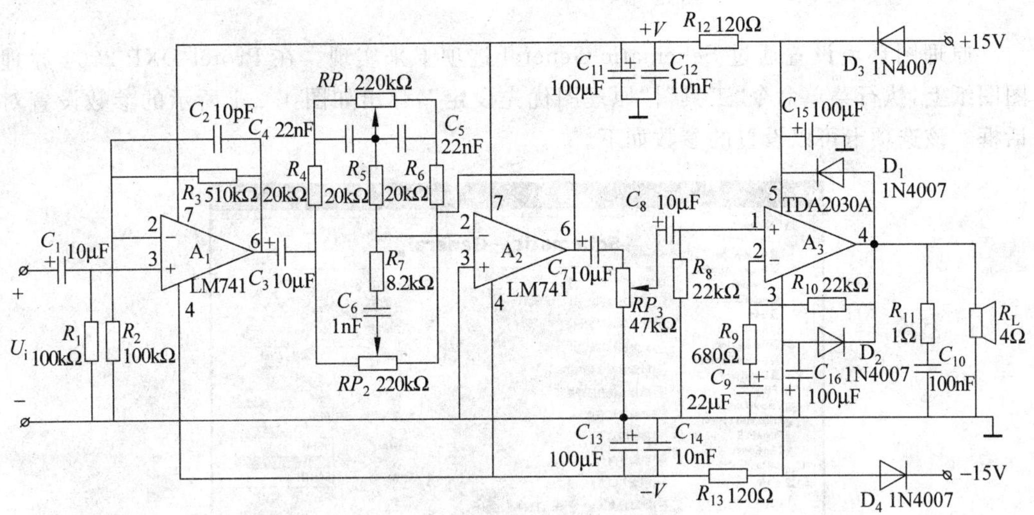

图 4.1-13　扩音机整机电路原理图

4.1.7　扩音机电路元器件的选择

扩音机电路元器件的选择以满足电路参数为准，音量控制级电位器选择指数型(Z 型)电位器，音调控制电位器选择对数型(D 型)电位器，所有电阻器的功率选择 1/4W 或 1/2W，所有电容器的工作电压选择 50V 以上，TDA2030A 功率集成芯片加散热片。扩音机电路元器件清单如表 4.1-1 所示。

表 4.1-1　扩音机电路元器件清单

代　号	名　称	规　格	数量	代　号	名　称	规　格	数量
R_1、R_2	电阻器	100kΩ	2	C_6	电容器	1nF	1
R_3	电阻器	510kΩ	2	C_9	电容器	22μF	1
R_4、R_5、R_6	电阻器	20kΩ	3	C_{10}	电容器	100nF	1
R_8、R_{10}	电阻器	22kΩ	2	C_{11}、C_{13}、C_{15}、C_{16}	电容器	100μF	4
R_9	电阻器	680Ω	2	C_{12}、C_{14}	电容器	10nF	2
R_{11}	电阻器	1Ω	2	D_1～D_4	二极管	1N4007	4
R_{12}、R_{13}	电阻器	120Ω	2	A_1、A_2	运算放大器	LM741	2
R_L	电阻器	4Ω	1	A_3	功率集成电路	TDA2030A	1
C_1、C_3、C_7、C_8	电容器	10μF	4	RP_1、RP_2	可调电阻器	200～150kΩ	2
C_2	电容器	10pF	1	RP_3	可调电阻器	47kΩ	1
C_4、C_5	电容器	22nF	2				

4.2 原理图环境参数的设置

4.2.1 设置原理图环境

原理图环境设置通过 Schematic-General 选项卡来实现。在 Protel DXP 2004 原理图图纸上，执行菜单命令“工具”|“原理图优先设定”，弹出如图 4.2-1 所示的参数设置对话框。该选项卡可以设置的参数如下。

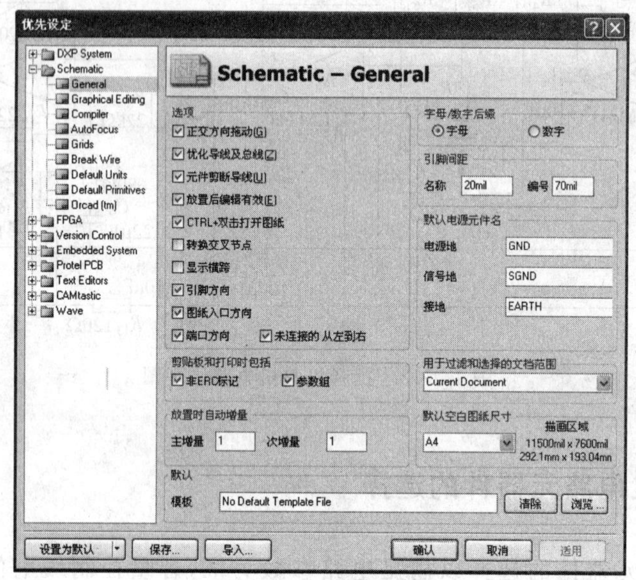

图 4.2-1 参数设置对话框

1. Options(选项)

该操作框有 11 个复选框，主要用来设置连接导线时的一些功能，其意义如下。

(1) Drag Orthogonal(正交方向拖动)：选中该复选框后，只能以正交方式拖动或插入元件，或者绘制图形对象；如果不选中该复选框，则以环境设置的分辨率拖动对象。

(2) Optimize Wires & Buses(优化导线及总线)：选中该复选框后，可以防止多余的导线、多段线或总线相互重叠。重叠的导线和总线会被自动去除。

(3) Component Cut Wires(元件剪断导线)：如果选中了“Optimize Wires & Buses”复选框，“Component Cut Wires”选项也可以操作。选中“Component Cut Wires”复选框后，可以拖动一个元件到原理图上，导线将被切割成两段，并且各段导线能自动连接到该元件的敏感管脚上。

(4) Enable In-Place Editing(放置后编辑有效)：选中该复选框后，用户可以对嵌套对象进行编辑，即可以对插入的连接对象实现编辑操作。

(5) CTRL+Double Click Opens Sheet(CTRL+双击打开图纸)：选中该选项后，双

击原理图中的符号(包括元件或子图),会选中元件或打开对应的子原理图,否则会弹出属性对话框。

(6) Convert Cross-Junctions(转换交叉节点):选中该选项后,当用户在"T"字连接处增加一段导线形成4个方向的连接时,会自动产生2个相邻的三向连接点,如图4.2-2所示。如果没选中该复选框,会形成两条交叉的导线,并且没有电气连接,如图4.2-3所示。

图4.2-2　连接前后的导线(选中复选框)　　图4.2-3　连接前后的导线(未选中复选框)

(7) Display Cross-Overs(显示横跨):选中该选项,则在无连接的"十"字相交处显示一个拐过的曲线桥,如图4.2-4所示。

(8) Pin Direction(引脚方向):选中该选项后,在原理图中会显示元件引脚的方向,如图4.2-5所示。引脚的方向用一个三角符号表示。

图4.2-4　"十"字连接的相关点处的曲线桥　　图4.2-5　显示元件引脚的方向

(9) Sheet Entry Direction(图纸入口方向):选中该选项后,层次原理图中入口的方向会显示出来,否则只显示入口的基本形状,即双向显示。

(10) Port Direction(端口方向):选中该选项,端口属性对话框中样式(style)的设置被I/O类型选项所覆盖。

(11) Unconnected Left To Right(未连接的从左到右):该选项只有在选择了"Port Direction"后才有效。若没选中该选项,原理图中未连接的端口将显示为由左到右的方向。

2. Alpha Numeric Suffix(字母数字后缀)

设置多元件流水号的后缀。有些元件内部是由多个元件组成的,比如74LS04就是由6个非门组成,通过该编辑框可以设置元件的后缀。

(1) Alpha:选中该单选按钮,后缀以字母表示,如A、B等。

(2) Numeric:选中该单选按钮,后缀以数字表示,如1、2等。

3. Pin Margin(引脚间距)

设置引脚选项。通过该操作项,可以设置元件的引脚号和名称离边界(元件的主图形)的距离。

(1) Name：在该编辑框输入数值，可以设置引脚名称离元件边界的距离。

(2) Number：在该编辑框输入数值，可以设置引脚号离元件边界的距离。

4. Default Power Object Names（默认电源元件名）

该操作框中的各操作项用来设置默认电源的接地名称。

(1) Power Ground：该编辑框用来设置电源地名称，如GND。

(2) Signal Ground：该编辑框用来设置信号地名称，如SGND。

(3) Earth：该编辑框用来设置地球地名称，如EARTH。

5. Include with Clipboard and Prints（剪贴板和打印时包括）

该操作框的设置项用来设置剪贴和打印的相关属性。

(1) NO-ERC Markers：选中该选项，则复制设计对象到剪贴板或打印时，会包括非ERC标记。

(2) Parameter Sets：选中该选项，则复制设计对象到剪贴板或打印时，会包括参数集。

6. Document scope for filtering and selection（用于过滤和选择的文档范围）

该操作框用来选择应用到文档的过滤和选择集的范围。可以分别选择应用到当前文档或任意打开的文档。

7. Auto-Increment During Placement（放置时的自动增量）

该操作框用来设置放置元件时，元件号或元件的引脚号的自动增量大小。

(1) Primary：设置该选项的值后，在放置元件时，元件号会按设置的值自动增加。

(2) Secondary：该选项在编辑元件库时有效。设置该项的值后，在编辑元件库时，放置的引脚号会按照设定的值自动增加。

8. Default Blank Sheet Size（默认空白图纸尺寸）

该操作框用来设置默认的空白原理图纸大小。用户可以在其下拉列表中选择。在下一次新建原理图文件时，就会自动选取默认的图纸大小。

9. Default Template Name（默认）

该操作框可以用来设置默认的模板文件。当设置了该文件后，下次进行新的原理图设计时，就会调用该模板文件来设置新文件的环境变量。单击“Browse”按钮可以从一个对话框中选择模板文件，单击“Clear”按钮可清除模板文件。

4.2.2 设置图形编辑环境

图形编辑环境设置可以通过Graphical Editing（图形编辑）选项卡来实现，该选项卡如图4.2-6所示。

1. Options（选项）

“选项”操作框可用来设置图形编辑环境的一些基本参数，分别介绍如下。

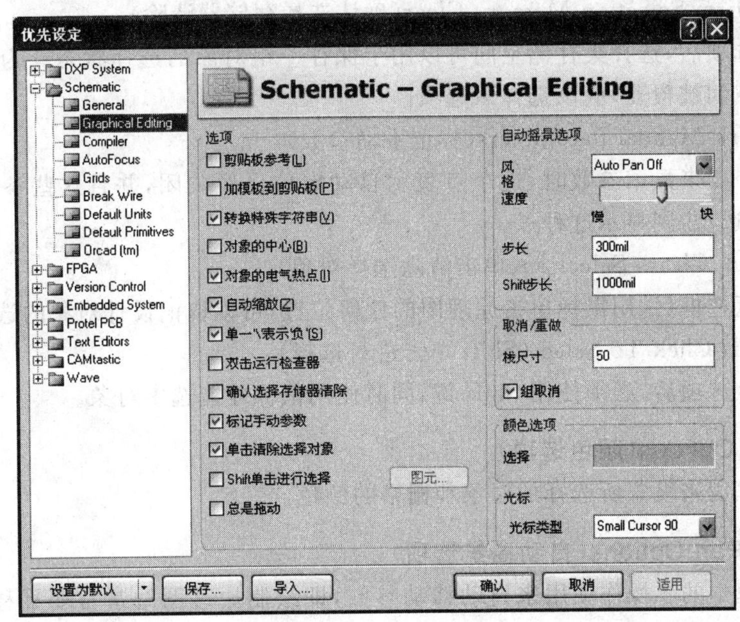

图 4.2-6　图形编辑选项卡

(1) Clipboard Reference(剪贴板参考)

选中该复选框后,当用户选择 Edit(编辑)|Copy(复制)或 Cut(剪切)命令时,系统会要求用户选择一个参考点,这对于复制一个将要粘贴回原位置的原理图部分很重要。该参考点将是粘贴时被保留部分的点,建议用户选中该复选框。

(2) Add Template to Clipboard(加模板到剪贴板)

选中该复选框后,当用户选择 Edit(编辑)|Copy(复制)或 Cut(剪切)命令时,系统会把模板文件添加到剪贴印制电路板上。建议用户也选中该复选框,以便保持环境的一致性。

(3) Convert Special Strings(转换特殊字符串)

选中该复选框后,用户就可以在屏幕上看到特殊字符串的内容。

(4) Center of Object(对象的中心)

选中该复选框后,可以使对象通过参考点或对象的中心进行移动或拖动。

(5) Object Electrical Hot Spot(对象的电气热点)

选中该复选框后,可以使对象通过与对象最近的电气点进行移动或拖动。

(6) Auto Zoom(自动缩放)

选中该复选框,则当插入元件时,原理图可以自动实现缩放。

(7) Single "\"Negation(单一"\"表示"负")

选中该复选框后,可以用"\"表示某字符为非或负。

(8) Double Click Runs Inspector(双击运行检查器)

选中该复选框后,则在一个设计对象上双击鼠标时,会激活一个 Inspector(检查器)对话框,而不是对象属性对话框。

(9) Confirm Selection Memory Clear(确认选择存储器清除)

选中该选项后,选择集存储空间可以用于保存一组对象的选择状态。为了防止一个选择集存储空间被覆盖,应该选择该选项。

(10) Mark Manual Parameters(标记手动参数)

当用一个点来显示参数时,这个点表示自动定位已经关闭,并且这些参数被移动或旋转;选择该选项,则显示这种点。

(11) Click Clears Selection(单击清除选择对象)

选中该复选框后,用鼠标单击原理图的任何位置,可以取消设计对象的选中状态。

(12) Shift Click To Select(Shift 单击进行选择)

当选择该选项后,必须使用 Shift 键,同时使用鼠标才能选中对象。

2. Color Options(颜色选项)

该操作框用来设置所选择的对象和栅格的颜色。

3. Auto Pan Options(自动摇景选项)

该操作框中的各操作项用来自动移动参数,即绘制原理图时常常要平移图形,通过该操作框可设置移动的形式和速度。

4. Undo/Redo(取消/重做)

设置撤销操作和重操作的最深堆栈次数。设置了该数目后,用户可以执行此数目的撤销和重操作。

5. Cursor(光标)

光标类型设置。

4.3 原理图元器件设计

Protel DXP 2004 SP2 的元器件库尽管非常庞大,但由于电子制造业的迅猛发展,新的元器件不断涌现,使得元器件库无法及时囊括所有元器件符号。本节通过几个简单实例,介绍在原理图元器件库文件中如何绘制元器件符号,以及如何调用自己绘制的元器件符号。

4.3.1 创建新的原理图库文件

(1) 新建一个项目,将其命名为"自制元件.PrjPCB",并保存。

(2) 执行菜单命令 File(文件)|New(创建)|Library(库)|Schematic Library(原理图库),或在项目名称上右击,然后在快捷菜单中选择 Add New to Project(追加新文件到项目中)|Schematic Library(原理图库),则在左边的"Projects(项目)"面板中出现了 Schlib1.SchLib 的文件名。

(3) 继续执行菜单命令 File(文件)|Save(保存),系统弹出“保存”对话框,从中选择工程项目文件所在文件夹,将新建的文件命名为“自制原理图元件.SCHLIB”,然后单击“保存”按钮。

(4) 同时在右边打开一个原理图元器件库文件,进入原理图元件库编辑器界面,如图4.3-1所示。

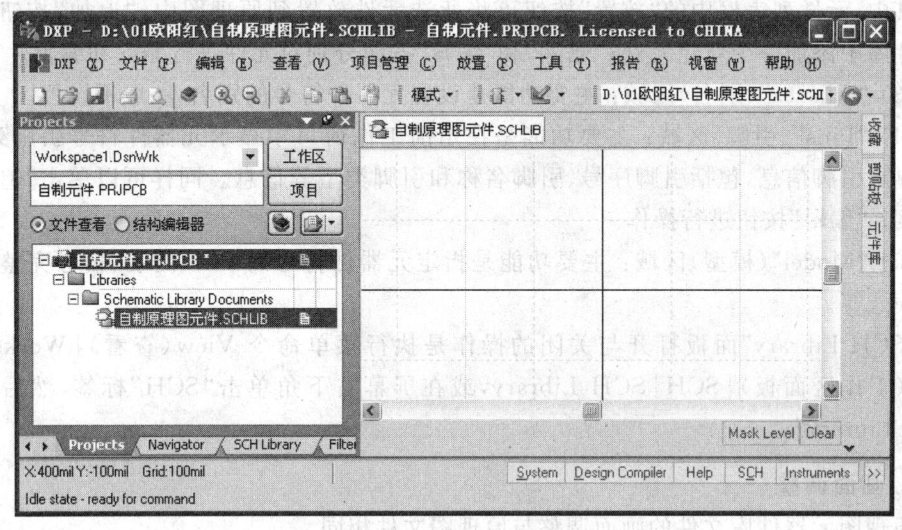

图4.3-1 新建的原理图元器件库文件界面

4.3.2 原理图元器件库编辑器

1. 工作窗口

元器件库编辑器环境与原理图编辑环境非常相似,主要有元件库管理器、主菜单、主工具栏和编辑区等。明显的不同是在编辑区的中心有一个“十”字形坐标轴,即坐标原点在“十”字中心,将元件编辑区划分为4个象限。一般在第4象限原点附近绘制原理图库元件图形。

提示:原理图库元件图形应新建在编辑区的坐标原点附近位置。

2. “SCH Library”面板

“SCH Library”面板是元器件库管理器,主要作用是管理该文件中的元器件符号。

在完成新建元件库后,将自动新建一个元件符号,默认名为“Component-1”,可以通过单击标签栏中的“SCH Library”标签,打开元件库编辑器看到该元件符号,如图4.3-2

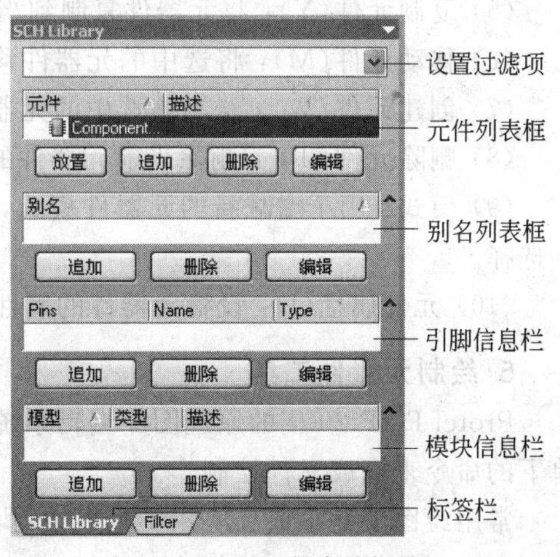

图4.3-2 元件库编辑器

所示，它的操作面板由如图 4.3-2 所示的五个部分构成。

(1) 第一行空白文本框：用于筛选元件。在此文本框中输入元件名的开头字符，在元件列表中就会显示以这些字符开头的元件。

(2) “Components”(元件)区域：主要功能是管理元器件，如查找、增加新的元器件符号，删除元器件符号，将元器件符号放置到原理图文件中，编辑元器件符号等。

其中，元件列表框中的“放置”按钮可将所选元件放置到原理图中；“追加”按钮则在该元件库中添加一个新建元件；“删除”和“编辑”按钮分别对元件进行删除和编辑。

(3) “Aliases”(别名)区域：主要功能是设置元器件符号的别名，一般不设置。

(4) “Pins”(引脚)区域：主要功能是在当前工作窗口中显示元器件符号引脚列表，以及显示引脚信息，包括引脚序号、引脚名称和引脚类型等信息。同样可以单击“追加”、“删除”、“编辑”按钮进行操作。

(5) “Model”(模型)区域：主要功能是指定元器件符号的 PCB 封装、信号完整性或仿真模式等。

“SCH Library”面板打开与关闭的操作是执行菜单命令 View(查看)|Workspace Pants(工作区面板)|SCH|SCH Library，或在屏幕右下角单击“SCH”标签，然后选择“SCH Library”。

3. 画面调整

原理图元器件库文件的画面调整与原理图文件相同。

4. 利用“工具”菜单管理元件

元件库管理器的功能还可以通过“工具”菜单的命令来实现，下面对一些命令加以说明。

(1) 新元件(C)：在编辑的元器件库中建立新元件。

(2) 删除元件(R)：删除在元器件库管理器中选中的元件。

(3) 删除重复(S)：删除元器件库中的同名元件。

(4) 重新命名元件(E)：修改选中元器件的名称。

(5) 复制元件(Y)：将元器件复制到当前元器件库中。

(6) 移动元件(M)：将选中的元器件移动到目标元器件库中。

(7) 创建元件(W)：给当前选中的元器件增加一个新的功能单元(部件)。

(8) 删除元件(T)：删除当前元器件的某个功能单元(部件)。

(9) 模式：用于增减新的元器件模式，即在一个元器件中可以定义多种元器件符号供选择。

(10) 元件属性(I)：设置元器件的属性。

5. 绘制元器件工具

Protel DXP 2004 的原理图库编辑系统提供了绘图工具、IEEE 符号工具及“工具”菜单下的命令来完成元件绘制。

常用绘图工具集成在实用工具栏中，执行菜单命令“查看”|“工具栏”|“实用工具栏”打开实用工具栏。该工具栏中包含 IEEE 工具栏、绘图工具栏及栅格设置工具栏等，如

图 4.3-3 所示。

(1) IEEE 符号工具栏

单击实用工具栏上的图标，然后单击图标旁的下拉箭头，弹出如图 4.3-4 所示的 IEEE 符号工具栏。

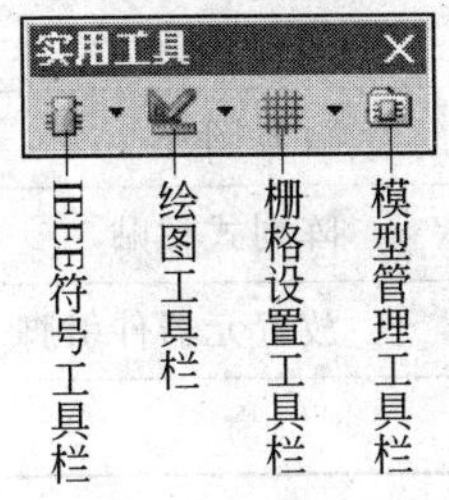

图 4.3-3　实用工具栏

图 4.3-4　IEEE 符号工具栏

IEEE 符号工具栏主要用来绘制电路中具有电气意义功能的各种符号。IEEE 符号工具栏中各按钮的功能如表 4.3-1 所示。

表 4.3-1　IEEE 符号工具栏中各按钮的功能

按钮	功能意义	按钮	功能意义
○	放置低电平输出符号		放置低电平有效的输出符号
←	放置由右向左信号流符号	π	放置圆周率 π 符号
	放置时钟输入符号	≥	放置大于等于符号
	放置低电平有效的输入符号		放置开集电极上拉输出符号
	放置模拟信号输入符号		放置发射极开路输出符号
	放置无逻辑性连接符号		放置开发射极下拉输出符号
	放置延迟性输出符号	#	放置数字信号输入符号
	放置集电极开路输出符号	▷	放置反相器符号
▽	放置高阻抗状态符号		放置双向符号
	放置高电平输出电流符号		放置数据左移符号
	放置脉冲符号	≤	放置小于等于符号
	放置延迟符号	Σ	放置求和符号
]	放置并行线符号		放置施密特触发器符号
}	放置并行二进制符号		放置数据右移符号

(2) 绘图工具栏按钮功能

单击实用工具栏上的图标，然后单击图标旁的下拉箭头，弹出如图 4.3-5 所示的绘图工具栏。

元器件库绘图工具栏提供了绘制库元件常用的工具。元器件库绘图工具栏中各按钮的功能见表 4.3-2。

表 4.3-2 绘图工具栏中各按钮的功能

按钮	功能意义	按钮	功能意义
	绘制直线		绘制矩形
	绘制贝塞尔曲线		绘制圆角矩形
	绘制圆弧线		绘制椭圆
	绘制多边形		放置图片
A	放置说明文字		阵列式粘贴
	创建新元器件		放置元器件引脚
	添加元器件的子件		

(3) 栅格设置工具栏

单击实用工具栏上的▦ ▾图标，然后单击图标旁的下拉箭头，弹出如图 4.3-6 所示的栅格设置工具栏。

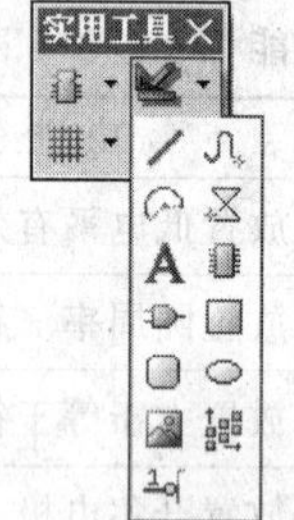

图 4.3-5 绘图工具栏

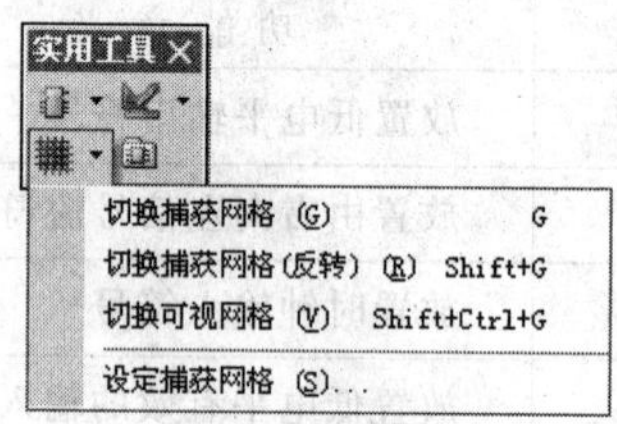

图 4.3-6 栅格设置工具栏

4.3.3 手工法绘制库元件

在设计原理图时，当所需要放置的元件在 Protel DXP 2004 SP2 提供的集成库中无法找到时，就需要自己绘制原理图元件。

在一个原理图元件库文档中，允许创建一个或多个元件，但每个库元件要单独使用一张图样。创建原理图库元件通常有两种方法，即手工绘制库元件法和拷贝修改法。

1. 绘制普通元器件符号

手工绘制原理图库元件时，一般先绘制元器件图形符号，再添加引脚。下面以 TDA2030A 功放芯片为例讲解原理图库元件的绘制过程。

(1) 打开新建的原理图库文件

单击左边的“Projects(项目)”弹出项目面板，在项目名称列表文件中找到“自制原理图元件.SchLib”，将光标移动到该文件上右击，然后在快捷菜单中选择“Open”(打开)命令或双击该文件，即打开原理图库编辑器。

(2) 原理图库编辑器环境的设置

在绘制库元件时，为了更方便操作，一般要对库编辑器环境进行设置。

① 文档选项设置。执行"工具"|"文档选项..."菜单命令，弹出如图 4.3-7 所示"库编辑器工作区"对话框，设置元件符号库图纸，包括图纸的大小、度量单位、网格大小等。在"网格"区中设置捕获栅格为 1mil。单击"单位"选项卡，选择使用英制，设置英制的单位为"Dxp Defaults"。

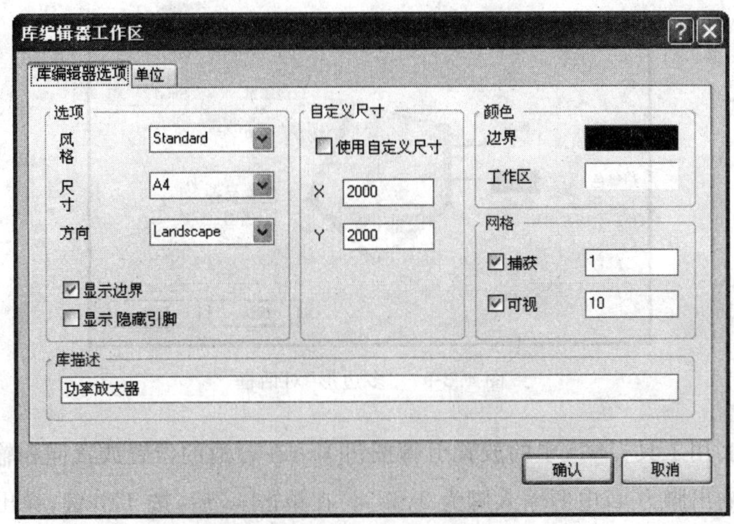

图 4.3-7 设置元件符号库图纸

注意：制作元器件时为了画图形实体的外形，捕获网格的值可以按照需要改动，但是在放置引脚之前，捕获网格的值一定要改回到 10。

② 关闭自动滚屏。执行"工具"|"原理图优先设定"菜单命令，弹出"优先设定"对话框，然后选择"Schematic"下的"Graphical Editing"选项，在"自动摇景选项"的"风格"下拉列表框中选中"Auto Pan Off"取消自动滚屏。

(3) 调整绘图编辑区域视图窗口

在默认情况下，编辑区域的显示方式往往不便于绘制库元件图形，这时可以使用菜单命令 View(视图)|Area(区域)，或快捷键 V|A 进行区间选取，选取并放大原点附近的四象限区域。

(4) 元件重新命名

在元件列表框将默认的元件"Component-1"选中，然后执行"工具"|"重新命令元件..."菜单命令，弹出如图 4.3-8 所示对话框，将元件重新命名为"TDA2030"。

(5) 原理图元件绘制

原理图元件由两部分组成：元件外形和元件引脚。元件外形仅仅起提示元件功能的作用；元件引脚是元件的核心部分，具有电气特性，必须有序号，名称可以为空。

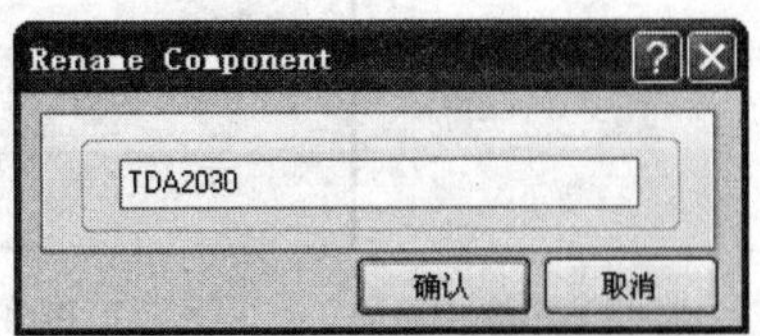

图 4.3-8 元件重新命名

① 将光标定位到坐标原点。在绘制元器件图形时，一般要在坐标原点处开始设计，而实际操作中可能找不到坐标原点，这时执行“编辑”|“跳转到”|“原点”菜单命令，光标将自动回到坐标原点。

② 单击实用工具栏中的放置多边形按钮，绘制一个三角形的功放符号。

③ 绘制完三角形后，选中它并单击鼠标右键，在弹出的快捷菜单中选择“属性”，将出现“多边形”对话框，可对其属性进行修改，如图 4.3-9 所示。

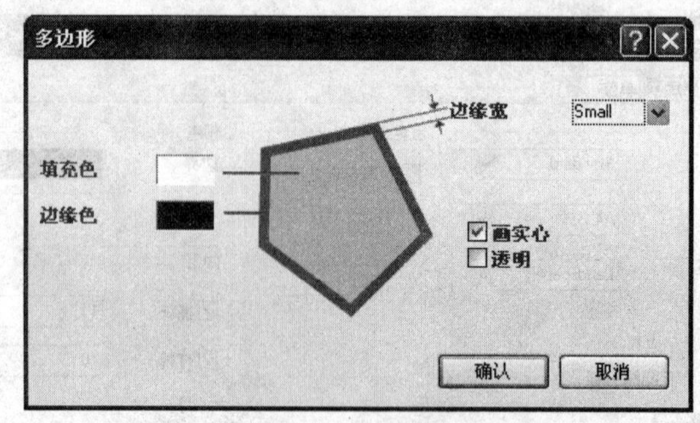

图 4.3-9 “多边形”对话框

④ 单击实用工具栏中的放置引脚按钮，在合适的位置放置同相输入脚 1 和反相输入脚 2，输出脚为 4，电源输入脚为 3 和 5。在单击后，按 Tab 键，弹出如图 4.3-10 所示的“引脚属性”对话框；或者双击已放置的引脚，也可以出现此对话框。

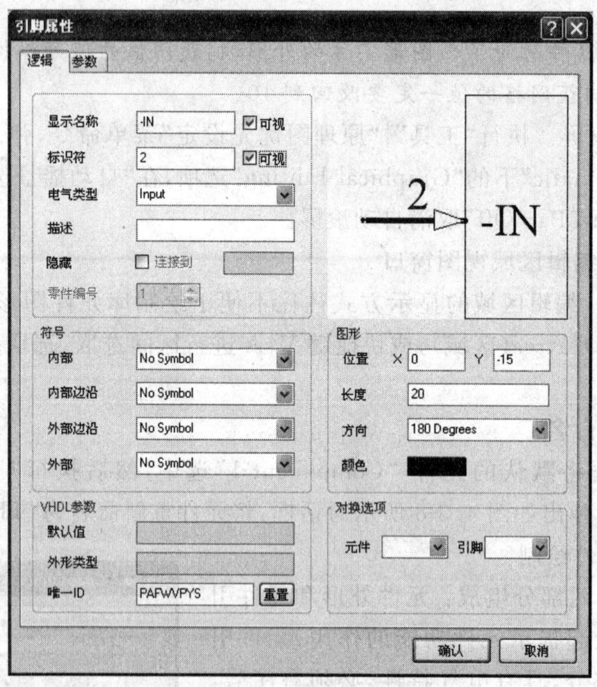

图 4.3-10 “引脚属性”对话框

“Pin Properties(引脚属性)”对话框中常用选项的含义如下。

a. Display Name(显示名称)：输入管脚的名称。选中“Display Name”右侧的“Visible”,则在引脚上显示引脚名。

b. Designator(标识符)：输入管脚编号,每个引脚必须有。选中“Designator”右侧的“Visible”,则在引脚上显示引脚号。

c. Electrical Type(电气类型)：设置引脚的电气性质。在“电气类型”下拉列表中有如下类型。

- Input：输入引脚；
- I/O：输入/输出双向引脚；
- Output：输出引脚；
- Open Collector：集电极开路型引脚；
- Passive：无源引脚(如电阻、电容的引脚)；
- HiZ：高阻引脚；
- Emitter：射极输出；
- Power：电源(如 V_{CC}和 GND)。

d. “Location X”(位置 X)、“Location Y”(位置 Y)：引脚的位置。

e. “Length”(长度)：引脚长度,修改 Length 的值可以改变引脚长度。引脚长度一般设置为 10mil、20mil 或 30mil。

在放置 V_{CC}和 GND 引脚时要注意,在“Electrical Type(电气类型)”中选择“Power”(电源)。

如图 4.3-10 所示为引脚 2 的属性设置对话框,在“显示名称”(输入引脚名称)和“标识符”(输入引脚标号)文本框中输入引脚 2 的信息;将引脚“长度”设置为“20”,在“电气类型”下拉列表中选择“Input”,表示此引脚为输入脚,也可以选择默认的“Passive”(非输入/输出型普通引脚)。最后单击“确认”按钮完成设置。

最终绘制好的运算放大器符号如图 4.3-11 所示。

注意：放置引脚时,要通过按空格键,使引脚旋转,一定要保证具有电气特性的一端,即带有“×”号的一端朝外,使其可以与导线相连,如图 4.3-12 所示,然后单击,放置引脚。放置时,将管脚和栅格线对齐;否则,在原理图中该元件的管脚将很难连线。

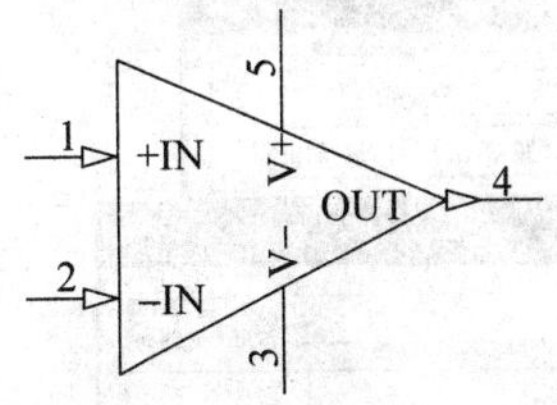

图 4.3-11　运算放大器符号

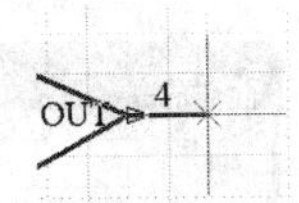

图 4.3-12　放置引脚

(6) 设置元件原理图符号属性

符号绘制完成后,还要对原理图符号进行属性设置。在元件编辑器面板上的元件列表框中选中元件“LM741”,然后单击“编辑”按钮,就会弹出如图 4.3-13 所示的对话框。

在该对话框中可以设置原理图符号的各项属性。保存后,元件原理图符号设计完毕。

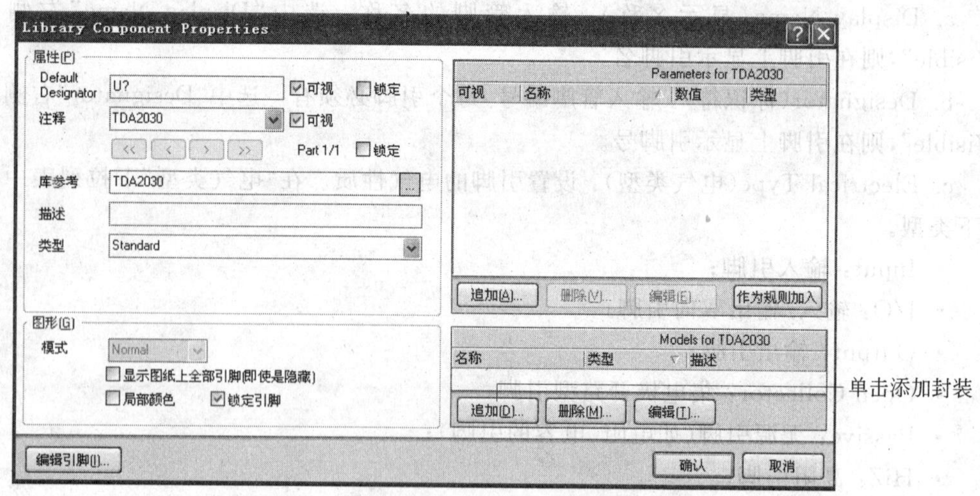

图 4.3-13　元件原理图符号属性设置对话框

还可以单击"追加..."按钮,添加元件的管脚封装。

(7) 元件封装的添加

① 在元件原理图符号属性设置对话框中,单击"追加..."按钮弹出"加新的模型"对话框。也可以在"SCH Library"面板中单击"模型"栏下的"追加"按钮,弹出如图 4.3-14 所示的"加新的模型"对话框。可看到,模型类型包括 Footprint(封装模型)、Signal Integrity(信号完整性模型)、Simulation(仿真模型)和 PCB 3D。如果要制作 PCB 板,封装模型是必须添加的。

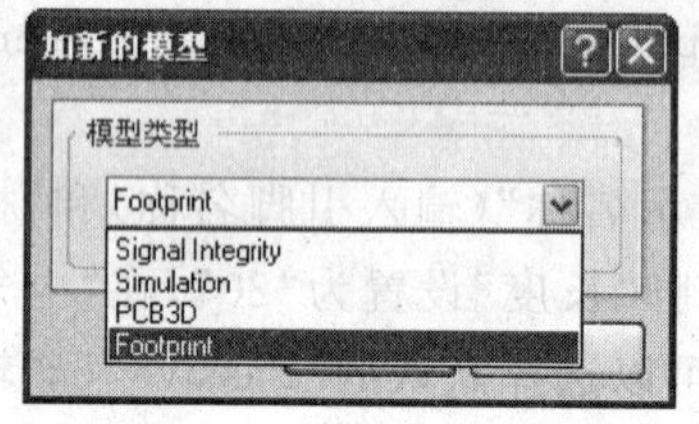

图 4.3-14　"加新的模型"对话框

② 选中"Footprint"后单击"确认"按钮,弹出"PCB 模型"对话框,进行封装查找。

③ 在"PCB 模型"对话框中,单击"浏览"按钮,将弹出"库浏览"对话框,如图 4.3-15 所示。如果当前 PCB 库里没有所需要的封装,则单击"查找"按钮,弹出"元件库查找"对

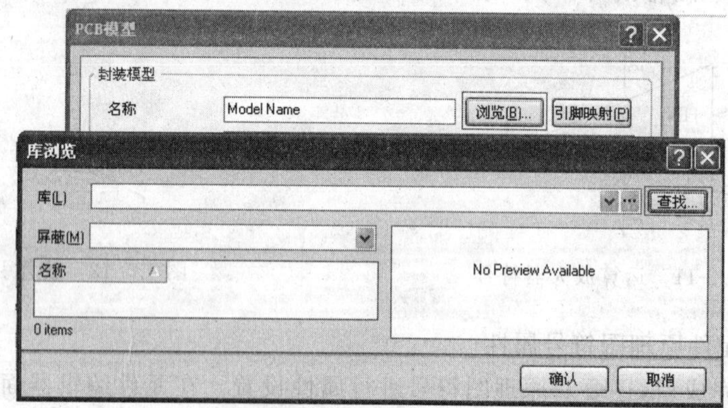

图 4.3-15　"PCB 模型"对话框和"库浏览"对话框

话框，如图 4.3-16 所示。按“查找”按钮就开始查找封装，之后，对话框返回“库浏览”对话框，在对话框里列出了在指定路径中的库里的封装。

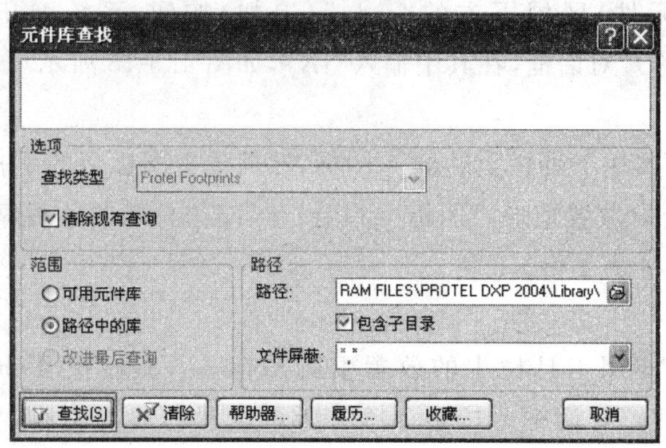

图 4.3-16　“元件库查找”对话框

④ 在弹出的“库浏览”对话框中，如果有封装，则在“屏蔽”栏中输入封装名 “DFM-T5/X1.7V”，或在下拉列表框中选择合适的封装，如图 4.3-17 所示。然后，单击“确认”按钮。

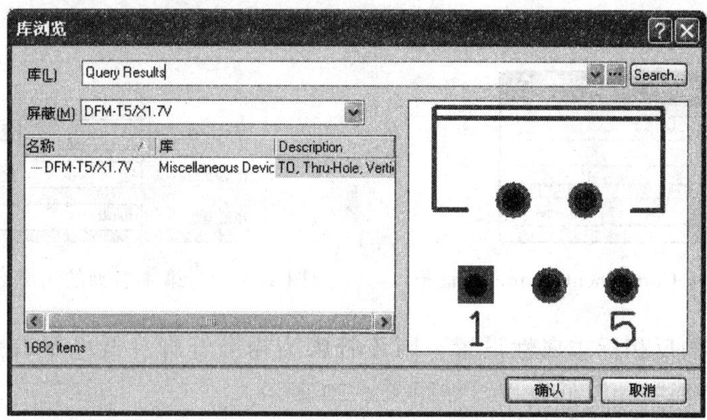

图 4.3-17　在“库浏览”对话框中选择合适的库文件和封装名称

2. 绘制 JK 触发器逻辑符号

要求：在上述绘制 TDA2030 符号的原理图元器件库文件中，绘制 JK 触发器逻辑符号，矩形尺寸为 4 格×5 格，元器件符号名称为 JK，引脚参数设置如表 4.3-3 所示。

表 4.3-3　引脚参数设置

JK 触发器逻辑符号	引脚名称	引脚编号	电气类型	管脚长度
J　Q CLK K　$\overline{Q}$	J	1	Input	20
	K	2	Input	20
	Q	3	Output	20
	$\overline{Q}$	4	Output	20
	CLK	5	Input	20

(1) 建立一个新元器件

执行菜单命令 Tools(工具)|New Component(新元件),或单击“SCH Library”面板中“Components”(元件)区域下方的“Add”(追加)按钮,系统弹出“New Component Name(新元器件名称)”对话框,在其中输入“JK”,如图 4.3-18 所示。

(2) 放置矩形

单击“Utilities”实用工具栏上的图标,然后单击图标旁的下拉箭头,在工具栏中单击“Place Rectangle(放置矩形)”图标。在“十”字坐标第四象限靠近中心的位置绘制元器件符号外形,尺寸为 4 格×5 格。

(3) 放置引脚

单击“Utilities”实用工具栏中的放置引脚图标,然后按 Tab 键,系统弹出“Pin Properties(引脚属性)”对话框。按表 4.3-1 所示设置和放置引脚,如放置 4 脚的方法如下:

① 引脚 $\overline{Q}$ 的名称设置。因这个引脚的引脚名上有反相标志,应注意引脚名的正确输入,如图 4.3-19 所示。在“Q”中,字符后面输入一个反斜杠“\”(注意:如有多个字符,则每个字符后面均输入一个反斜杠“\”)。反斜杠显示出来就是反相标志。这种表示反相的方法,只在“Display Name”(显示名称)中有效。

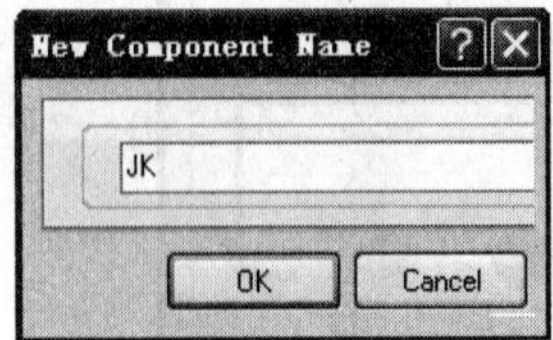

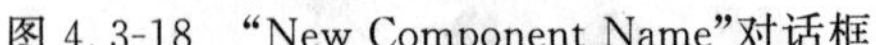

图 4.3-18 “New Component Name”对话框

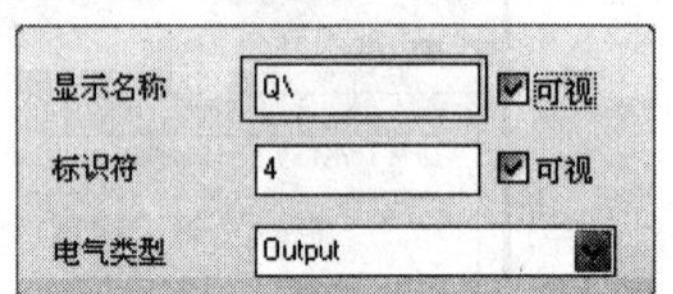

图 4.3-19 第 4 引脚的引脚名输入方式

② 引脚 $\overline{Q}$ 的反相标志属性设置。因该管脚为输出管脚且低电平有效,可在符号栏“外部边沿”中选择“Dot”(低电平),如图 4.3-20 所示。

③ 引脚 CLK 的反相和时钟标志属性设置。因 5 脚为反相时钟输入脚,可在符号栏“内部边沿”中选择“Clock”(时钟),在“外部边沿”中选择“Dot”(低电平),如图 4.3-21 所示。

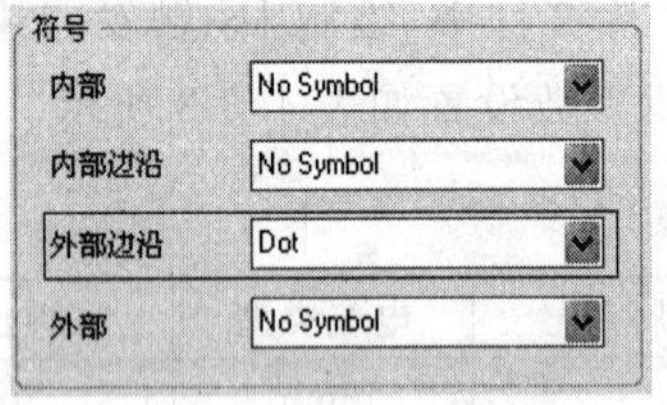

图 4.3-20 引脚的反相标志属性设置

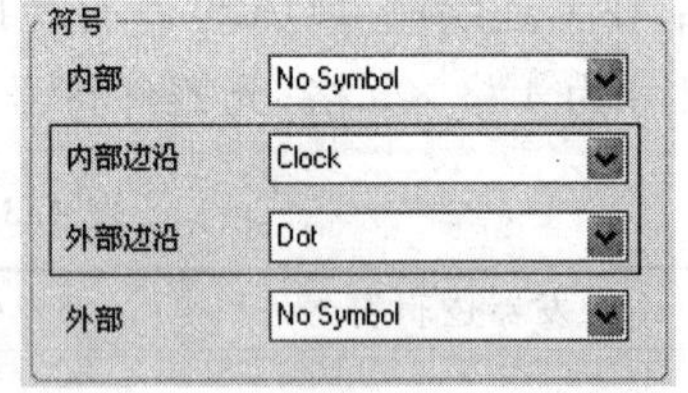

图 4.3-21 引脚 CLK 的反相和时钟标志属性设置

(4) 保存

3. 绘制复合式元器件符号

要求：在建立的“自制原理图元件. SchLib”文件中绘制如图 4. 3-22 所示 4011 元器件符号。

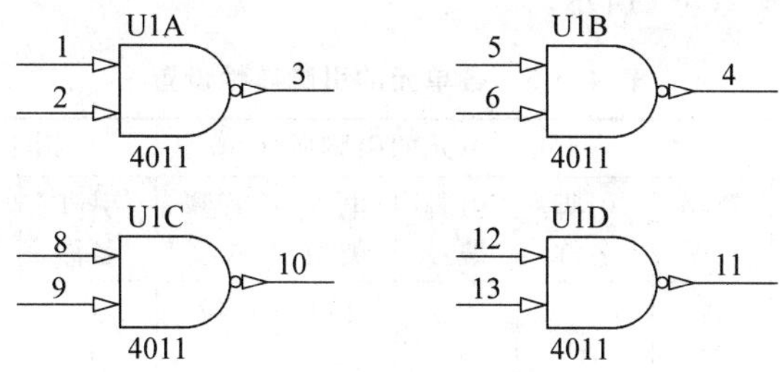

图 4. 3-22　4011 元器件符号

(1) 建立一个新元器件

执行菜单命令 Tools(工具)|New Component(新元件)，在弹出的“New Component Name”(新元器件名称)对话框中输入“4011”，建立一个名为 4011 的新元器件符号。

(2) 按照表 4. 3-4 中所示尺寸绘制第一单元

表 4. 3-4　4011 引脚参数设置

4011 第一单元图形	引脚名称	引脚编号	电气类型	管脚长度
1 2 3 7 14 GND VCC	A	1	Input	20
	B	2	Input	20
	J	3	Output	20
	GND	7	Power	20
	VCC	14	Power	20

① 绘制元器件符号轮廓中的直线。单击“Utilities”实用工具栏上的“Place Line(绘制直线)”图标，按表 4. 3-4 所示尺寸绘制直线。

② 绘制元器件符号轮廓中的圆弧。单击“Utilities”实用工具栏上的“Place Elliptical Arcs(绘制圆弧)”图标，按表 4. 3-4 所示尺寸绘制圆弧。

③ 放置引脚。按表 4. 3-4 所示的设置放置引脚。

(3) 绘制第二单元

执行菜单命令 Tools(工具)|New Part(创建元件(W)菜单命令)，或者单击中的新加元件按钮，此时在“SCH Library”面板“Components”(元件)区域中的“4011”前出现了一个“+”。单击“+”，发现在“4011”下出现了“Part A”和“Part B”两个单元名，如图 4. 3-23 所示。

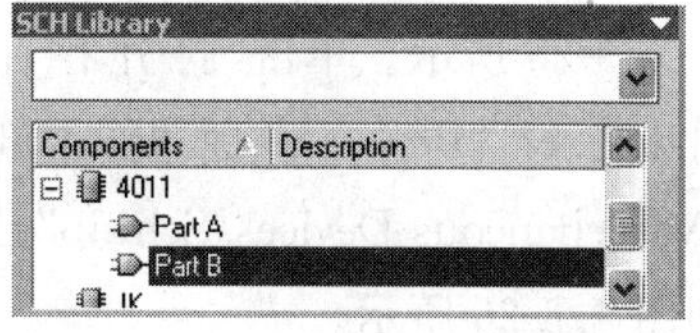

图 4. 3-23　建立复合式元器件符号中的第二单元

单击“Part A”，则工作窗口显示以上绘制好的第一单元图形。单击“Part B”，工作窗口显示新建立的第二单元画面。

将 Part A 中的图形复制到 Part B 中，对第 4、5、6

引脚进行修改，第 7 和第 14 引脚保留。

（4）绘制第三、四单元

按照绘制第二单元的方法，绘制第三、四单元。每个单元都保留第 7 和第 14 引脚。各单元的引脚属性如表 4.3-5 所示。

表 4.3-5　各单元的引脚属性设置

第二单元的引脚属性				第三单元的引脚属性				第四单元的引脚属性			
引脚名称	引脚编号	电气类型	管脚长度	引脚名称	引脚编号	电气类型	管脚长度	引脚名称	引脚编号	电气类型	管脚长度
A	5	Input	20	A	8	Input	20	A	12	Input	20
B	6	Input	20	B	9	Input	20	B	13	Input	20
J	4	Output	20	J	10	Output	20	J	11	Output	20

（5）对电源和地即第 7 和第 14 引脚的设置

双击第 7 引脚，在属性对话框中选中“隐藏”右侧的复选框，并连接到“GND”；双击第 14 引脚，在属性对话框中选中“隐藏”右侧的复选框，并连接到“VCC”。

也可以在制作复合式元件时，对电源和地引脚将其归属于 0 单元，这样该引脚就只需要放置一次，之后所有的单元将自动拥有该引脚，可省去上述对电源和地引脚的一些操作。

（6）保存

4.3.4　拷贝修改法绘制库元件

所谓拷贝修改法，就是利用已有原理图元件库中的相似元件来创建新的库元件，具体步骤如下：

（1）打开原元件库。在 Protel DXP 中，NPN 型三极管的原理图符号位于 Miscellaneous Devices. SchLib 集成库中。要复制该元件，必须先打开该集成库。单击工具栏的打开文件按钮，在弹出的对话框中按路径“C:\Program Files\Protel DXP 2004\Library\Miscellaneous Devices”打开该元件库，然后单击“打开”按钮，弹出如图 4.3-24 所示的“抽取源码或安装”对话框。根据提示，这里单击“抽取源”按钮，弹出“抽出位置”对话框，如图 4.3-25 所示。单击“打开存在的集成库项目”查看“Projects”面板，原理图库文件“Miscellaneous Devices. SchLib”已经添加其中，如图 4.3-26 所示。

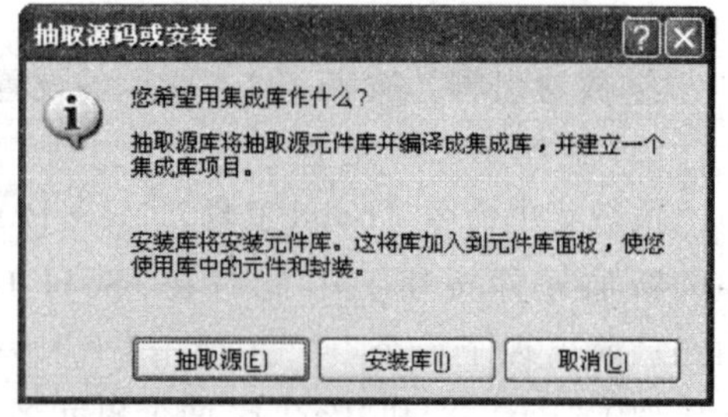

图 4.3-24　“抽取源码或安装”对话框

（2）转到库编辑面板，在“Components”（元件）栏中选择 NPN 三极管原理图符号。

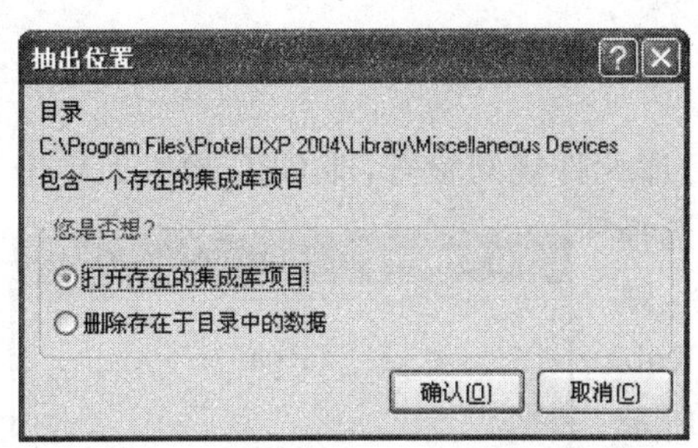

图 4.3-25　“抽出位置”对话框

图 4.3-26　库文件打开后的“Projects”面板

(3) 选取该三极管原理图符号，并按 Ctrl+C 组合键将其复制到剪贴板。

(4) 在自制元件库中单击新建元件按钮，将弹出新元件名称对话框。输入新元件名称“ZZNPN”，表示自制 NPN 型三极管。

(5) 粘贴原元件。单击“OK”按钮，进入原理图元件编辑器。在图纸中心按 Ctrl+V 组合键粘贴原复制的三极管，如图 4.3-27 所示。

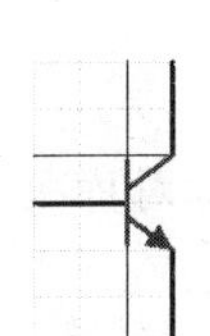
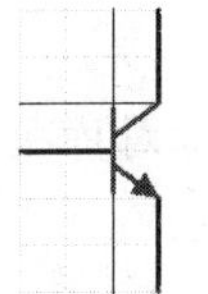

图 4.3-27　原三极管图形

图 4.3-28　设置椭圆属性对话框

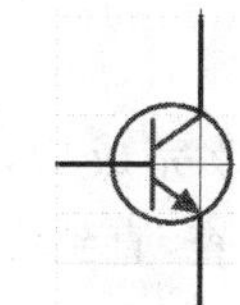

图 4.3-29　修改后的图形

(6) 修改三极管图形符号。单击实用工具栏中的放置椭圆按钮，然后按 Tab 键设置椭圆属性，如图 4.3-28 所示。编辑好圆的大小后，放置到三极管合适的位置即可。编辑好后的三极管如图 4.3-29 所示。

(7) 设置三极管的属性和封装。单击左侧的标签“SCH Library”，选中元件“ZZNPN”，然后单击“元件”区的“编辑”按钮，将弹出“元件信息设置”对话框。在其中设置元件的各种信息，如三极管名称设置为“Q?”。单击“追加”封装按钮，因封装名和封装所在的库都已知，可直接在“PCB 模型”对话框中输入元件封装名，如图 4.3-30所示。

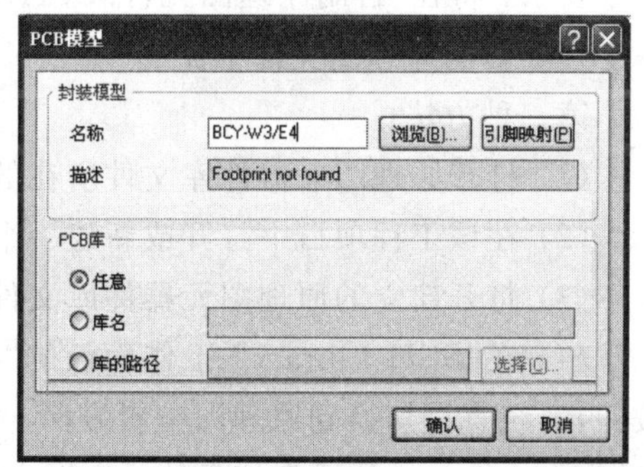

图 4.3-30　在“PCB 模型”对话框中设置三极管的封装

(8) 执行菜单命令“文件”|“保存”，保存元器件。

4.3.5 检查设计的元件符号

库元件绘制完成后，应对所绘制的库元件进行库元件规则检查，即 CRC 检查。单击菜单栏中的“Reports”(报告)，在弹出的下拉菜单中选择“Component Rule Check...”(元件规则检查)命令，弹出如图 4.3-31 所示的“Library Component Rule Check”(库元件规则检查)对话框。按图 4.3-31 所示的设置，对库元件进行库元件规则检查，然后单击“确认”按钮，系统自动生成如图 4.3-32 所示的错误报告文件。从报告文件中可以看出，元件名称为“JK”的元件有错误：“No Footprint”(没有封装)。根据错误报告提示对“JK”进行修改，添加该元件的封装。

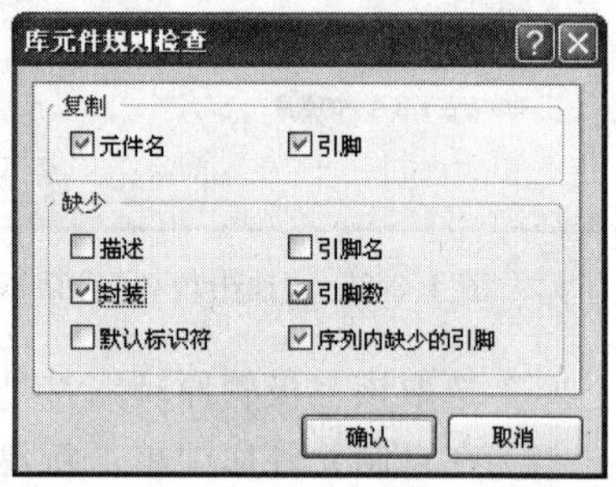

图 4.3-31 “库元件规则检查”对话框

```
自制原理图元件.ERR
Component Rule Check Report for : D:\01欧阳红\自制原理图元件.SCHLIB

Name                Errors
---------------------------------------------------------------------
JK                  (No Footprint)
```

图 4.3-32 CRC 检查后的错误报告

修改完成后，再执行菜单命令 Reports|Component Rule Check...，对库元件进行 CRC 检查，直到没有错误。

4.3.6 使用自己绘制的元器件符号

1. 在同一工程项目中使用

要求：将在“自制原理图元件.SCHLIB”中绘制的元器件符号“TDA2030”放置到同一工程项目的原理图文件中。

第一种方法：

(1) 打开原理图元器件库文件所在的工程项目文件。

(2) 在该工程项目中打开或新建一个原理图文件。

(3) 打开建立的原理图元器件库文件，并调到 TDA2030 元器件符号所在的画面。

(4) 在“SCH Library” 工作面板的“Components”(元件)区域中单击“Place”(放置)按钮，系统直接切换到原理图编辑界面，光标处于放置元件状态。在合适位置单击放置，TDA2030 符号被放置到打开的原理图文件中。

单击“Place”按钮后，如果工作窗口没有打开的原理图文件，则系统自动打开一个原理图文件，并将该元器件符号放置在其中。

第二种方法：

切换到原理图编辑界面，选择元件库工作面板，在元件库列表中选择“自制原理图元件. SCHLIB”，然后拖动元件或双击元件名到编辑区直接放置即可。

2. 在不同工程项目中使用

要求：将在“自制原理图元件. SCHLIB”中绘制的元器件符号“TDA2030”放置到另一工程项目的原理图文件中。

第一种方法：

将元器件符号“TDA2030”所在的原理图元器件库文件导入到原理图文件所在的工程项目中。

(1) 打开或新建一个工程项目文件。

(2) 在“Projects”面板的工程项目名称上单击。

(3) 在弹出的快捷菜单中选择“Add Existing To Project”(追加已有文件到项目中)。

(4) 选择元器件符号“TDA2030”所在的原理图元器件库文件，将其导入到工程项目中。

(5) 以下按照上述第二种方法操作。

第二种方法：

将元器件符号“TDA2030”所在的原理图元器件库文件加载到原理图文件中。

(1) 在工程项目文件中打开或新建一个原理图文件。

(2) 单击屏幕右下角的“System”标签，然后选择“Libraries”(元件库)，打开“Libraries”(元件库)面板。

(3) 在“Libraries”(元件库)面板中单击“Libraries”(元件库)按钮，然后在弹出的“Available Libraries”(可用元件库)对话框中单击“Install”(安装)按钮，将弹出“打开”对话框，如图 4.3-33 所示。

图 4.3-33 “打开”对话框

(4) 单击“文件类型”右侧的下拉按钮，从中选择“Schematic Libraries(*.SCHLIB)”。在“查找范围”中找到元器件符号“TDA2030”所在的原理图元器件库文件，然后单击“打开”按钮。

(5) 返回“Available Libraries”(可用元件库)对话框，此时，该原理图元器件库已加载到“Libraries”面板中。单击“Close”按钮，回到“Libraries”面板，即可在“Libraries”面板中看到加载的原理图元器件库文件。

(6) 从中选择"TDA2030"元器件，然后单击"Place TDA2030"按钮，即可将"TDA2030"放置到原理图中。

3. 从 Protel 99 SE 中导入元件库

下面介绍在 Protel DXP 中，使用 Protel 99 SE 中常用数字集成电路原理图库 Protel DOS Schematic Libraries. DDB 的具体方法。

(1) 转换元件库格式。在 Protel DXP 中打开 Protel 99 SE 元件库。单击工具栏中的打开文件按钮，在弹出的对话框中找到路径"C:\Program Files\Design Explorer 99 SE \Library\Sch\Protel DOS Schematic Libraries. DDB"，然后单击"打开"按钮，弹出是否进行文件格式转换对话框。单击"Yes"按钮，完成转换。

(2) 单击工具栏中的"保存"按钮，将弹出选择文件格式对话框。选中"SCH Library Version 5.0"选项，将文件保存。

(3) 加载转换好的元件库并放置元件。

4.4 扩音机原理图的绘制

1. 绘制原理图

用 Protel DXP 绘制功放电路原理图，并按以下步骤完成相关学习性工作任务。

(1) 新建文件夹

在 D 盘的"学号姓名"的文件夹内新建一个文件夹，命名为"扩音机"。

(2) 新建设计工作区

启动 Protel DXP 2004 SP2 软件，执行菜单命令 File(文件)|New(创建)|Design Workspace(设计工作区)，再执行菜单命令 File(文件)|Save Design Workspace(保存设计工作区)，命名设计工作区为"扩音机. DsnWrk"，并保存到 D 盘的"扩音机"文件夹中。

(3) 新建 PCB 项目

执行菜单命令 File(文件)|New(创建)|Project(项目)|PCB Project(PCB 项目)，再执行菜单命令 File(文件)|Save Project(保存项目)，命名项目文件为"扩音机电路. PrjPCB"，保存到 D 盘的"扩音机"文件夹中。

(4) 新建原理图文件

执行菜单命令 File(文件)|New(创建)|Schematic(原理图)，再执行菜单命令 File(文件)|Save，将文件命名为"扩音机原理图. SchDoc"，并保存到 D 盘的"扩音机"文件夹中。

(5) 绘制原理图库元件

对于库中没有的元器件，如 TDA2030，要求在元件库编辑器中绘制，生成自己的库文件，命名为"自制原理图元件. SchLib"，并加载此库文件。

(6) 设置图纸的属性

① 根据电路，自定义图纸大小宽 980mil，高 600mil，工作区颜色为 233 号色，边框颜

色为 10 号色，不显示参考边框，设置系统字体为 Times New Roman，大小为 12。

② 设置所有元件名称，字体为宋体，大小为四号，颜色为 3 号色。设置所有元件类型，字体为仿宋_GB2312，大小为 12 号，颜色为 3 号色。

③ 用“特殊字符串”设置制图者为“学号姓名”，标题为电路名称，字体为楷体_GB2312，字号为 12，颜色为 208 号色。

④ 自定义标题栏并调用。按图 4.4-1 所示制作一个本校的模板，标题栏一般定义在图纸的右下方，尺寸220mil×60mil，行间距 10mil。去除“图纸明细表”复选框，图纸上将不显示标准标题栏。

学校名称			CAVTC
系、班级			
标题		版本	
图纸编号		图纸总数	
制图者		绘制时间	
校验者		校验时间	

图 4.4-1 自定义标题栏

2. 电路图的后期处理

(1) 对原理图进行电气规则检查，直到没有错误。

(2) 生成材料清单。

(3) 创建 Protel 网表。

绘制完成后的扩音机电源电路如图 4.4-2 所示，扩音机电路如图 4.4-3 所示。

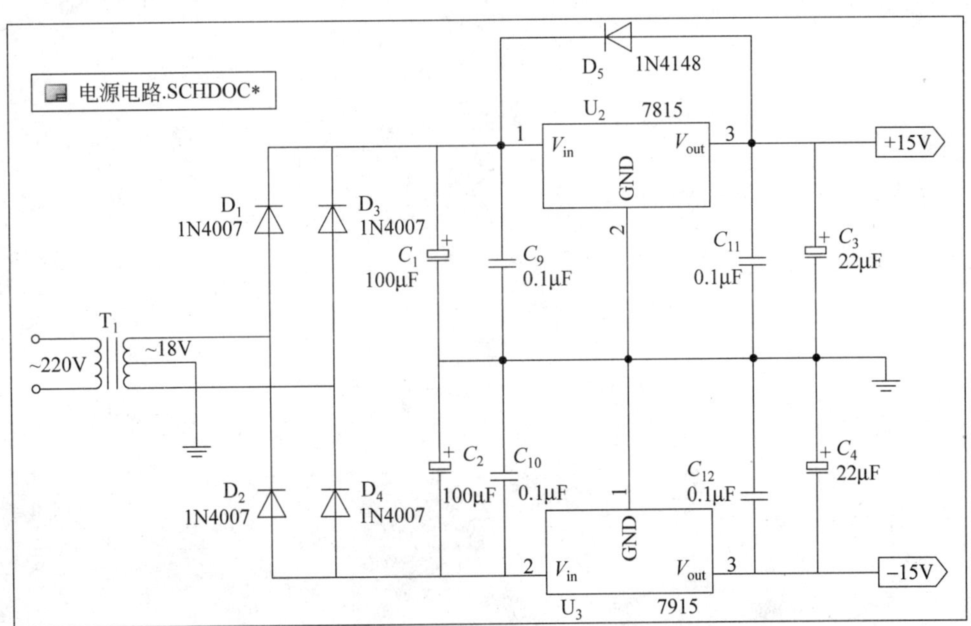

图 4.4-2 扩音机电源电路图

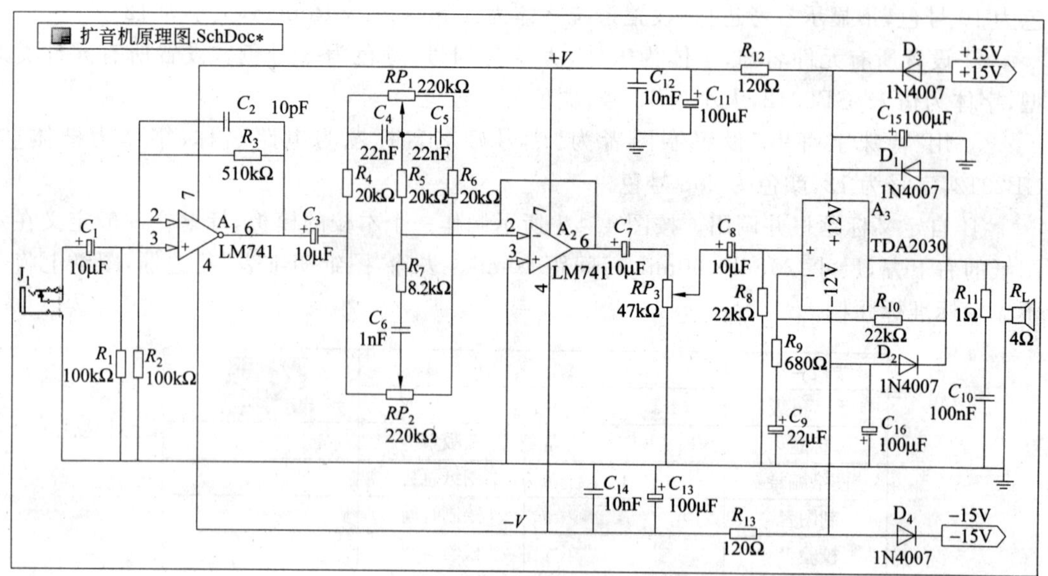

图 4-4-3 扩音机电路原理图

CHAPTER 5

任务 5

扩音机 PCB 的设计与制作

5.1 PCB 中的元器件

电路原理图与印制电路板都要与元器件打交道，但形式不同：电路原理图中的元器件仅仅是一个符号，只要形似即可；印制电路板中的元器件却要求外形必须与实际元器件相同，否则，在布线和安装元器件时，可能会遇到麻烦。PCB 中的元器件是以不同的元器件封装存在的。元器件封装是指实际元件焊接到电路板时所指示的外形尺寸和焊点的位置。它是纯粹的空间概念，它是元器件实际引脚和印制电路板上的焊点一致的保证。

5.1.1 PCB 中元器件的组成

PCB 中的元器件主要由元器件图形（即封装外形）、焊盘及元器件属性三部分组成，如图 5.1-1 所示。

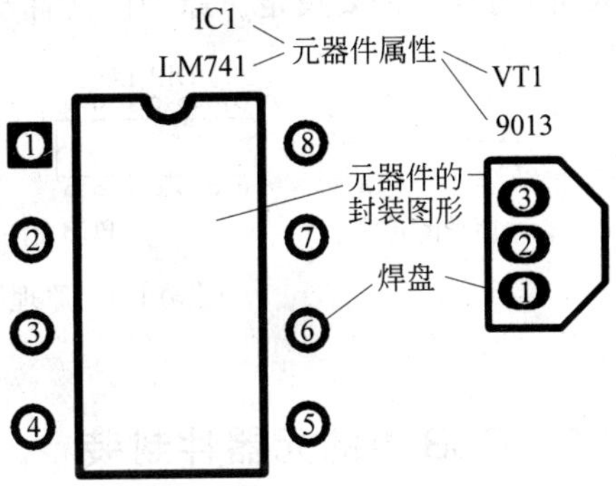

图 5.1-1 PCB 中元器件的组成

1. 元器件图形

元器件图形是元器件在 PCB 上可以看到的图形。在一般情况下，元器件图形是印刷在顶层丝印层（Top Overlay，也有一些印刷在底层丝印层——Bottom Overlay）上的图形，颜色通常为白色。元器件图形只是一个可视图形，无任何电气意义，它的存在不影响布线。

2. 焊盘

焊盘（Pad）是元器件与其他元器件进行连接的电气部分。焊盘对应于电路图元器件的元器件引脚，每个焊盘都有其独立的焊盘序号，以便与元器件的引脚对应。焊盘主要有插针式焊盘和表面贴装式（SMD）焊盘。

例如电阻，有传统的针插式，这种元件体积较大，电路板必须钻孔才能安置元件。完成钻孔后，插入元件，再过锡炉或喷锡（也可手焊），成本较高。较新的设计都是采用体积小的表面贴片式元件（SMD）。这种元件不必钻孔，用钢膜将半熔状锡膏倒入电路板，再把 SMD 元件放上，即可焊接。

3. 元器件属性

元器件属性包括序号（Designator）和元器件名称（Comment）等文字内容。这些文字印刷在顶层丝印层(Top Overlay,也有一些印刷在底层丝印层——Bottom Overlay),颜色通常为白色。

需要注意的是,电路原理图中的元器件与PCB中的元器件是一一对应的。原本在电路原理图中的元器件名称(Part Type)将变成PCB中元器件的注释文字(即Comment);电路原理图中的元器件序号(Designator)与PCB中的元器件序号一致;电路原理图中的元器件引脚在PCB中将变成元器件的焊盘,如图5.1-2所示。

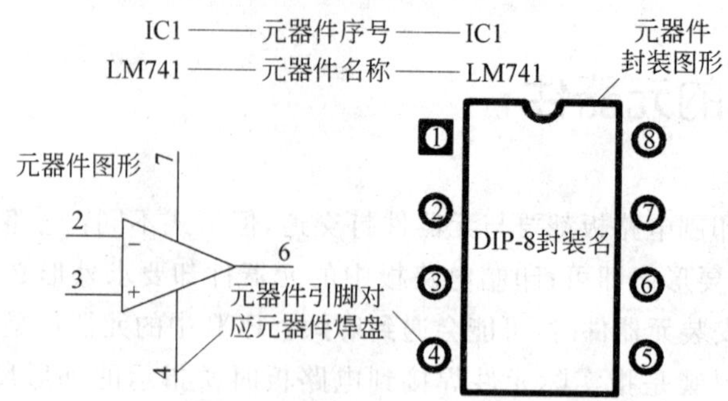

图 5.1-2 电路原理图与PCB中的元器件对应关系图

4. 电路原理图元件与印制板元件的比较

电路原理图中的元件是一种电路符号,有统一的标准,而印制板中的元件代表的是实际元件的物理尺寸和焊盘。集成电路的尺寸一般是固定的,而分立元件一般没有固定的尺寸,可根据需要设定。原理图元件与PCB元件对照图如图5.1-3所示。

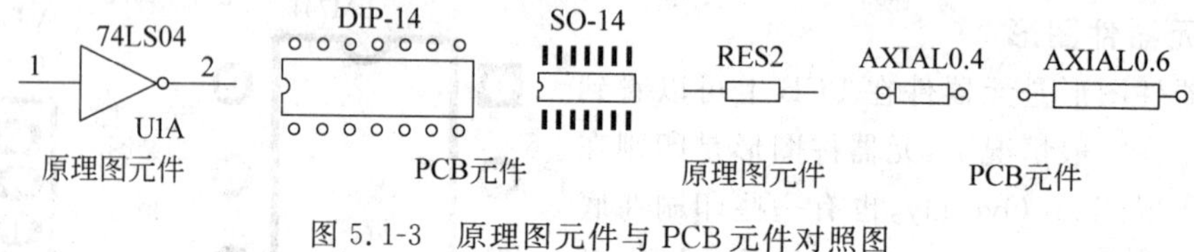

图 5.1-3 原理图元件与PCB元件对照图

5.1.2 PCB中的元器件封装

根据焊接方式不同,元器件封装可分为两大类:插针式和表面安装式。

1. 插针式元器件

插针式元器件是指在电路板上,元器件的焊盘位置必须钻孔(从顶层通到底层),让元器件的引脚穿透PCB板,然后才能在焊盘上对该元器件的引脚进行焊接。常用的插针式元器件外形与元器件封装见附录。

2. 表面安装式元器件

表面安装式元器件就是焊盘不需要钻孔,而直接在焊盘表面进行焊接的元器件。目前很多电子产品都采用了表面安装式元器件以缩小PCB的体积,提高电路的稳定性。表面安装式元器件的英文缩写为SMC。常见的表面安装式元器件的外形与封装见附录。

目前，表面安装式电阻和电容的封装均采用四位数字代码表示。数字表示的是封装尺寸，与具体阻值没有关系，其中，前两位数字表示元器件的长度，后两位数字表示元器件的宽度。数字表示法又分为公制(单位为mm)和英制(单位为in)两种。表面安装电阻和表面安装电容的封装代码及其尺寸如表5.1-1所示。

表5.1-1 表面安装电阻和表面安装电容的封装代码及其尺寸

英制代码/in	公制代码/mm	长度/mm	宽度/mm	厚度/mm	额定功率(只对电阻)/W
0402	1005	1.0	0.5	0.5	1/16
0603	1608	1.6	0.8	0.4	1/16～1/10
0805	2012	2.0	1.2	0.5	1/8
1206	3216	3.2	1.6	0.55	1/8～1/4
1210	3225	3.2	2.5	0.55	1/4
2010	5025	5.0	2.5	0.55	1/2
2512	6432	6.3	3.15	0.55	1

5.1.3 常用元件及其封装形式

电子元件种类繁多，对应的封装形式复杂多样。由于元器件封装只是元器件的外形尺寸和焊点位置，因此不同的元件可共用同一零件封装，同种元件也可有不同的零件封装。因此，在选用封装时要根据PCB的要求和元件的实际情况进行选择。

1. 固定电阻

固定电阻的封装尺寸主要决定于其额定功率，额定功率越大，电阻的体积就越大。电阻常见的封装有通孔式和贴片式两类。

在Protel DXP 2004 SP2中，通孔式的电阻封装常用AXIAL0.3～AXIAL1.0，贴片式电阻封装常用CR1005-0402～CR6332-2512。元件封装的命名一般与管脚间距和管脚数有关。例如电阻的封装AXIAL0.3，AXIAL为封装系列名，“AXIAL”翻译成中文就是轴状的，表示轴状的包装方式；AXIAL后的“＊＊＊”(数字)表示的是焊盘间距，其中0.3～1.0指电阻的长度，0.3表示管脚间距为0.3英寸或300mil(1英寸＝1000mil＝2.54cm)；后缀数越大，其形状越大。一般选用AXIAL0.4。AXIAL0.4表示此元件封装为轴状的，两焊盘间距为400mil(约等于10mm)。固定电阻元件的外形与封装如图5.1-4所示。

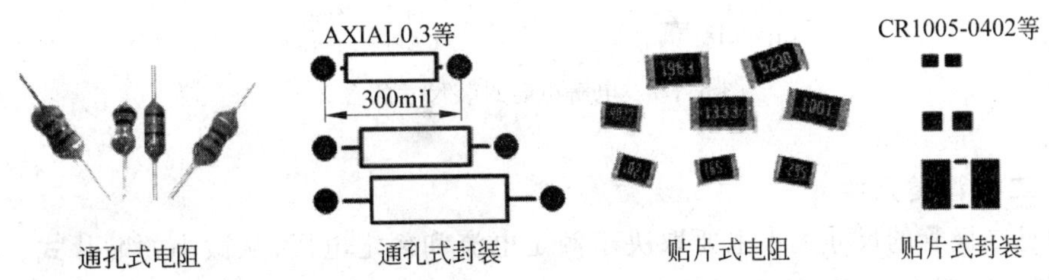

图5.1-4 固定电阻元件的外形与封装

2. 电容

电容的主要参数为容量及耐压。对于同类电容而言,体积随着容量和耐压的增大而增大。常见的外形为圆柱形、扁平形和方形,常用的封装有通孔式和贴片式。电容的外观如图 5.1-5 所示。

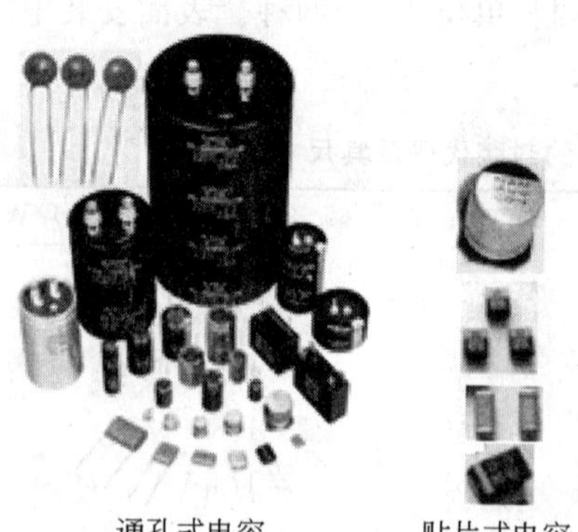

图 5.1-5 电容的外观

在 Protel DXP 2004 SP2 中,通孔式的圆柱形极性电容封装常用 RB7.6-15、CAPPR1.27-1.78×4.06～CAPPR7.5-18×9.8,方形极性电容封装常用 CAPPA14.05-10.5×6.3～CAPPA57.3-51×30.5,圆柱形无极性电容封装常用 RB7-10.5、CAPNR2-5×11～CAPNR7.5-18×35.5,无极性方形电容封装常用 RAD0.1～RAD0.4,贴片式电容封装常用 CC1005-0402～CC7238-2815,如图 5.1-6 所示(图中 * 代表字母或数字)。

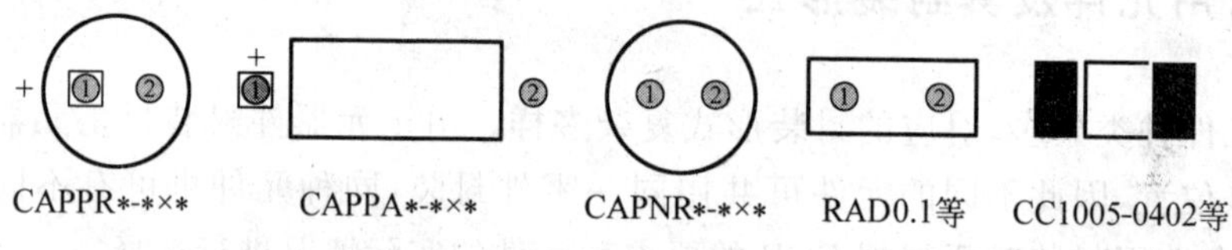

图 5.1-6 电容的常用封装

(1) 瓷片电容：RAD0.1～RAD0.4。其中,0.1～0.4 指电容在印制电路板上两焊盘间的距离,一般用 RAD0.1,其单位是英寸。

(2) 电解电容：RB7.6-15。电解电容由于容量和耐压不同,其封装也不一样。RB 的意思为柱状元器件;7.6 表示的是焊盘间距,15 表示的是圆筒外径,单位是 mm,如图 5.1-7 所示。

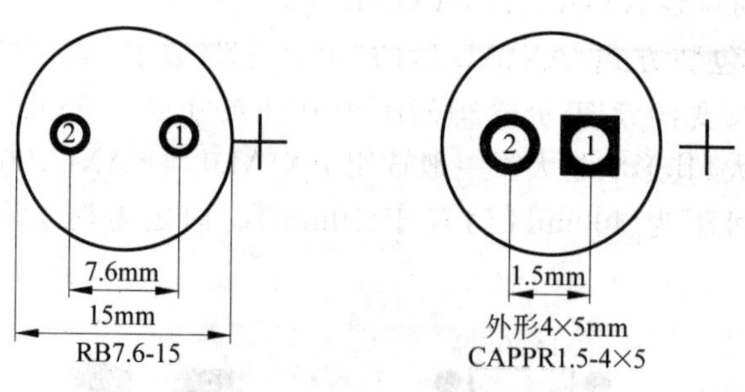

图 5.1-7 电解电容封装尺寸的含义

3. 二极管类元件

常见二极管的尺寸大小主要取决于额定电流和额定电压,从微小的贴片式、玻璃封装、塑料封装到大功率的金属封装,尺寸相差很大,如图 5.1-8 所示。

在 Protel DXP 2004 SP2 中,通孔式的二极管封装常用 DIODE0.4、DIODE0.7,贴片

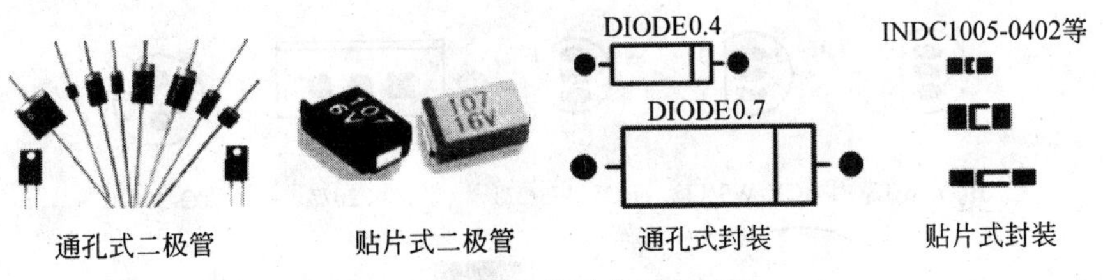

图 5.1-8 二极管的外形与封装

式二极管封装常用 INDC1005-0402～INDC4510-1804。

二极管封装系列名称为“DIODE***”，其中“***”表示功率。后缀数字越大，表示的功率就越大，其尺寸也越大。0.4～0.7 指二极管长短，一般用 DIODE0.4。

4. 发光二极管与 LED 七段数码管

发光二极管与 LED 数码管主要用于状态显示和数码显示，它们的封装差别较大。Protel DXP 2004 SP2 中提供了大量的封装，如不能符合需求，要自行设计。

在 Protel DXP 2004 SP2 中，通孔式的发光二极管封装常用 LED-0、LED-1，贴片式发光二极管封装常用 SMD_LED、DSO-C2/D5.6～DSO-F4/E3.2。数码管的封装常用 LEDDIP-10(14)～LEDDIP-9(10)/C7.62，如图 5.1-9 所示。

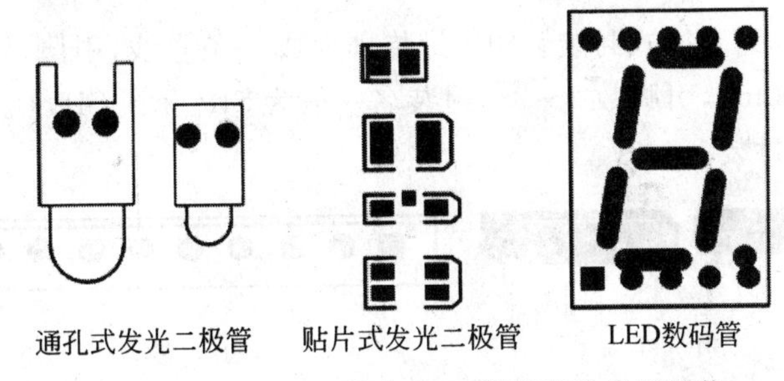

图 5.1-9 发光二极管和 LED 数码管的常用封装

5. 三极管/场效应管/晶闸管

三极管/场效应管/晶闸管同属于三引脚晶体管，外形尺寸与器件的额定功率、耐压等级及工作电流有关，常用的封装有通孔式和贴片式。

在 Protel DXP 2004 SP2 中，通孔式的三极管/场效应管/晶闸管封装常用 BCY-W3/*、TO-92、TO-39、TO-18、TO-52、TO-220、TO-3；贴片式封装常用 SOT*、SO-F*/*、SO-G3/*、TO-263、TO-252、TO-368 等，如图 5.1-10 所示。

6. 集成电路

集成电路是线路设计中常用的一类元件，品种丰富，封装形式也多种多样。在 Protel DXP 2004 SP2 的集成库中包含了大部分集成电路的封装，以下介绍几种常用的封装。

(1) DIP 就是双列直插的元件封装，其引脚从封装两侧引出，一般引脚中心间距 100mil，封装宽度有 300mil、400mil、600mil 三种，引脚数 4～64，封装名一般为 DIP-* 或 DIP*，后缀 * 表示管脚数。如图 5.1-11 所示为 DIP 元件外观和封装。

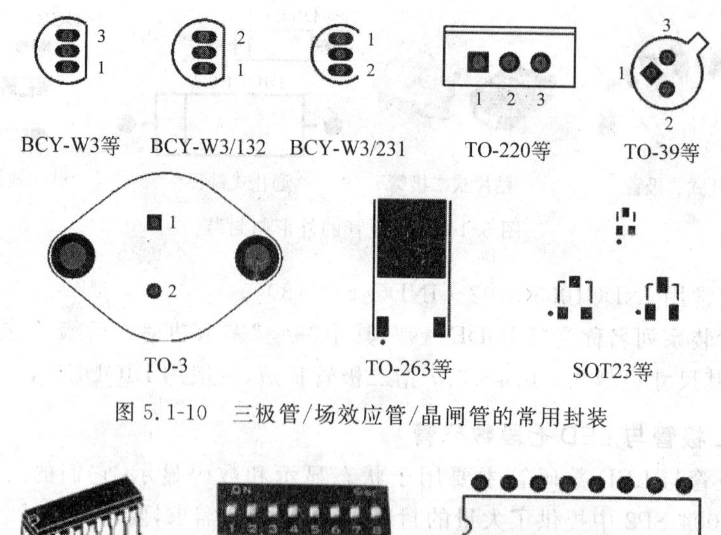

图 5.1-10 三极管/场效应管/晶闸管的常用封装

DIP元件 DIP开关 DIP封装

图 5.1-11 DIP 元件外观与常用封装

(2) SIP 就是单列直插式封装。SIP 封装排列成一条直线,引脚从封装一侧引出,一般引脚中心间距 100mil,引脚数 2～23,封装名一般为 SIP- * 或 SIP * 。如图 5.1-12 所示为 SIP 元件外观和封装。

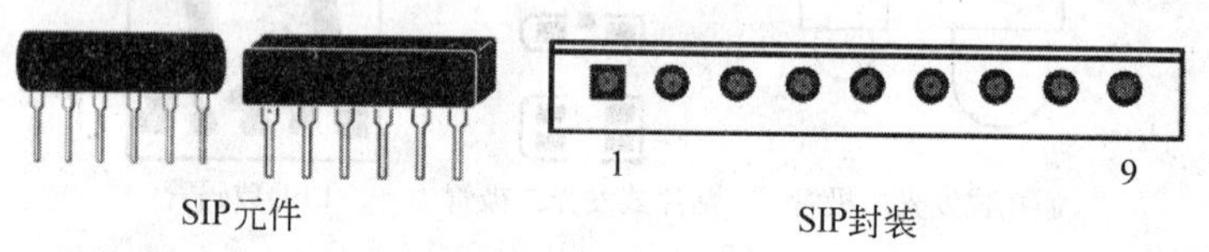

图 5.1-12 SIP 元件外观与常用封装

(3) SOP(也称 SOIC)是一种双列小贴片封装,引脚从封装两侧引出,呈"L"形,封装名一般为 SOP- * 或 SOIC * 。几乎每一种 DIP 封装的芯片均有对应的 SOP 封装,与 DIP 封装相比,SOP 封装的芯片体积大大减少。如图 5.1-13 所示为 SOP 元件外观与封装。

图 5.1-13 SOP 元件外观与常用封装

(4) PGA(引脚栅格阵列封装)、SPGA(错列引脚栅格阵列封装)。PGA 是一种传统的封装形式,其引脚从芯片底部垂直引出,且整齐地分布在芯片四周。SPGA 与 PGA 封装相似,区别在于其引脚排列方式为错开排列,利于引脚出线,封装名一般为 PGA * 。如图 5.1-14 所示为 PGA 元件外观及 SPGA 与 PGA 封装。

(5) PLCC(无引出脚芯片封装)。PLCC 是一种贴片式封装,这种封装的芯片的引脚在芯片的底部向内弯曲,紧贴于芯片体,从芯片顶部看下去,几乎看不到引脚,封装名一

PGA元件　PGA底座　PGA封装　SPGA封装

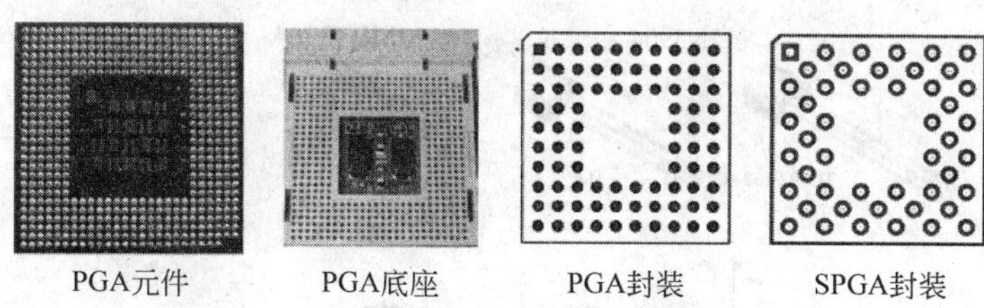

图 5.1-14　PGA 元件外观与常用封装

般为 PLCC＊，如图 5.1-15 所示。

（6）QUAD(方形贴片封装)。与 PLCC 封装类似，但其引脚没有向内弯曲，而是向外伸展，焊接比较方便。封装主要包括 PQFP＊、TQFP＊及 CQFP＊等，如图 5.1-16 所示。

PLCC元件　PLCC封装

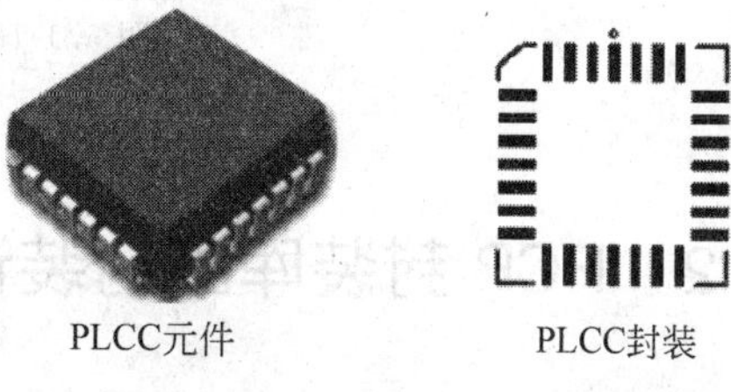

图 5.1-15　PLCC 元件外观与常用封装

（7）BGA(球形栅格阵列封装)。与 PGA 类似，主要区别在于这种封装中的引脚只是一个焊锡球状，焊接时熔化在焊盘上，无须打孔，如图 5.1-17所示。同类型封装还有 SBGA，与 BGA 的区别在于其引脚错开排列，利于引脚出线。BGA 封装主要包括 BGA＊、FBGA＊、E-BGA＊、S-BGA＊及 R-BGA＊等。

QUAD元件　QFP封装

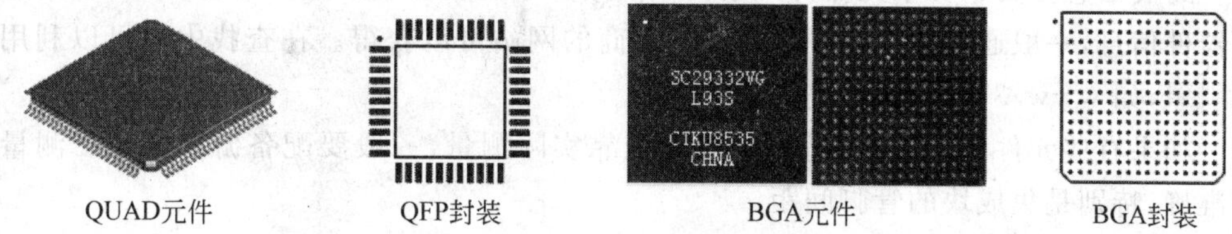

图 5.1-16　QUAD 元件外观与常用封装

BGA元件　BGA封装

图 5.1-17　BGA 元件外观与常用封装

7. 封装的正确使用

相同的元件封装只代表了元件的外观是相同的，焊盘数目是相同的，并不意味着可以简单互换。如三极管 2N3904，它有通孔式的，也有贴片式的，元件引脚排列有 EBC 和 ECB 两种，显然在 PCB 设计时，必须根据使用元件的管型选择所用的封装类型，否则会出现引脚错误，如图 5.1-18 所示。

如果对元件封装不熟悉，可以上网查找元件的封装资料，然后根据实际元件确定具体的封装应用。

虽然 Protel DXP 2004 SP2 中提供了大量的封装，但是封装的选用不能局限于系统提供的库，实际应用时经常根据 PCB 的具体要求自行设计元件封装。如电阻的封装，库中提供的 AXIAL0.3～AXIAL1.0 都是卧式封装，有些 PCB 中为了节省空间，可以采用立式封装，但需自行设计，一般间距为 100mil，可命名为 AXIAL0.1。

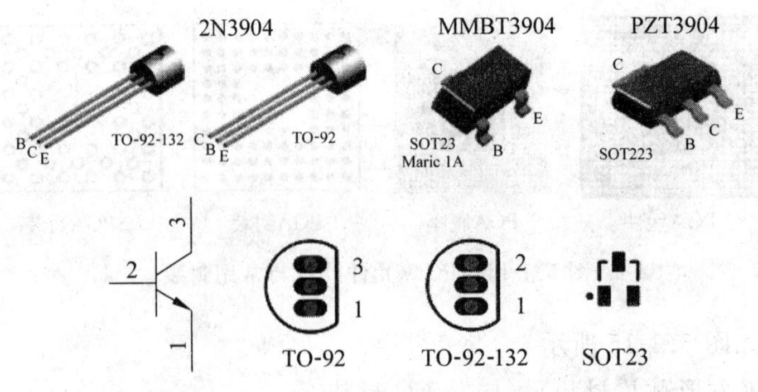

图 5.1-18 2N3904 封装的使用

5.2 PCB 封装库的封装设计

在 Protel DXP 2004 SP2 安装路径 C:\Program Files \ Protel DXP 2004\Library\PCB 中的文件夹下，提供了大量的元件集成库和元件封装库。随着电子技术的迅速发展，新型元器件层出不穷，不可能由元件库全部包容，需要用户自己设计元件封装。

封装信息主要来源于元器件厂家提供的用户手册。若没有用户手册，可以上网查找元器件信息，一般通过访问元件厂商或供应商的网站可以获得。在查找中也可以利用搜索引擎，如 www.37ic.com。

如果有些元件找不到相关资料，只能依靠实际测量，一般要配备游标卡尺。测量时要准确，特别是集成块的管脚间距。

元件封装设计时必须注意元器件的轮廓设计。元器件的外形轮廓一般放在 PCB 的丝印层上，要求与实际元器件的轮廓大小一致。如果元件的外形轮廓画得太大，浪费了 PCB 的空间；如果画得太小，元件可能无法安装。

5.2.1 元器件封装编辑环境

制作元器件封装之前，首先需要启动元器件封装编辑器。Protel DXP 2004 SP2 提供了两种新建元器件库的方法。

1. 通过菜单命令新建元件库

执行菜单命令“文件”|“创建”|“库”|“PCB 库”，启动元器件封装编辑器，同时生成元器件封装库文件。

2. 从当前的 PCB 文件生成对应的元件库

打开一个 PCB 文件，然后执行菜单命令“设计”|“生成 PCB 库”，系统将生成一个与当前 PCB 文件同名的文件，后缀为“.PcbLib”，同时系统自动切换到元件封装库编辑器。

3. 元件封装库编辑器界面

元件封装库编辑器界面和 PCB 编辑器类似，如图 5.2-1 所示。下面简单介绍 PCB 元件封装编辑器中各菜单的功能。

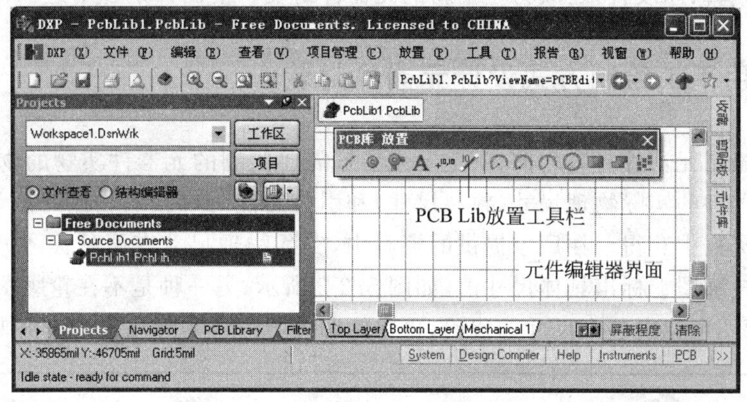

图 5.2-1　PCB 元件封装编辑器界面

(1) 主菜单栏

PCB 元件的主菜单主要提供编辑、绘图命令，以便创建一个新元件。

(2) 主工具栏

为用户提供各种操作，如打印、保存、选取、撤销选择等。

(3) PCB Lib 绘制工具栏

PCB 元件封装编辑器提供的绘制工具同以往的绘图工具一样，类似于“Place”(放置)菜单命令，用于在工作平台上绘制各种画图元素，如焊盘、线段、圆弧等。工具栏中各按钮的功能如表 5.2-1 所示。

表 5.2-1　PCB 封装库放置工具栏中各工具按钮的功能

按钮	功能意义	按钮	功能意义
	绘制没有电气连接特性的线		放置以边沿为起点的圆弧
	放置焊盘		放置以边沿为起点的任意角度圆弧
	放置过孔		放置圆
	放置文字		放置填充
	放置指定点的坐标		放置覆铜
	放置标注尺寸		阵列粘贴
	放置以圆心为起点的圆弧		

(4) 元件编辑器界面

在该界面中绘制 PCB 元器件封装。

(5) PCB Library 面板

该面板可以对封装文件进行管理，比如重新命名、浏览等。

在 PCB 设计过程中，难免会遇到元器件封装库中没有的 PCB 元器件封装，这就需要用户自己创建新的 PCB 元器件封装。创建新的元器件封装库主要有三种方法：采用手工绘制方式设计元器件封装；利用元器件封装向导方式设计元器件封装；通过对现有的元器件进行编辑、修改，使之成为一个新的元器件封装。下面详细介绍这三种方法。

5.2.2 采用手工绘制方式设计元器件封装

在手工绘制元器件封装之前，一定要先了解需要绘制的元器件实物的物理尺寸与引脚功能。元器件的实际物理尺寸(封装尺寸)和引脚功能可以找实物进行测量，也可以从厂家提供的资料中获得。在厂家提供的资料中，实际物理尺寸有两种标注方法：一种是直接在封装轮廓图上标出具体尺寸值，如图 5.2-2 所示；另一种是不在轮廓图上标出尺寸值，而在轮廓图上标出各个尺寸的代码，再在轮廓图旁边将实际尺寸列表出来。

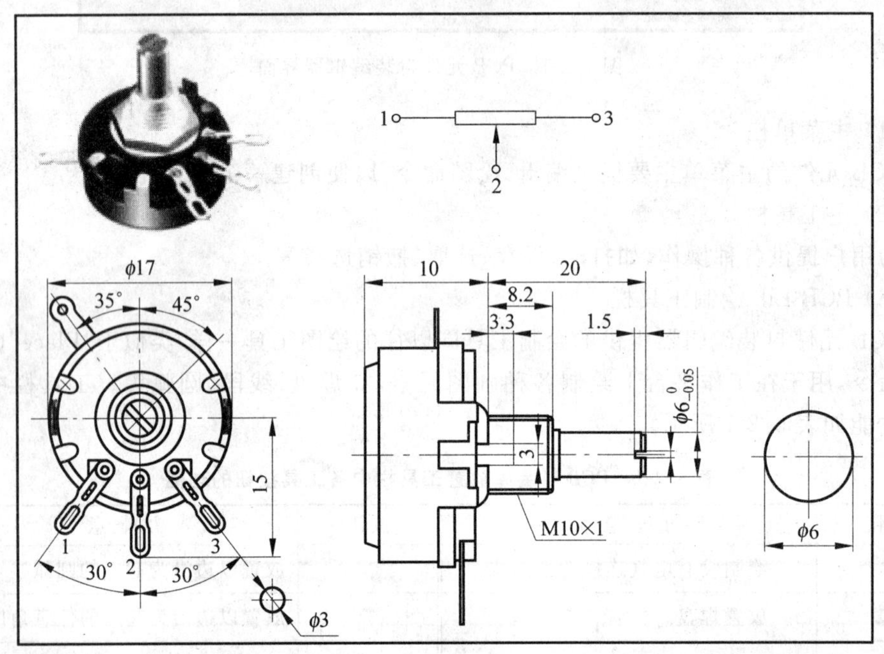

图 5.2-2 WH5-1A 电位器外形与触点连接关系及尺寸三视图

在厂家提供的众多尺寸值中，只需要了解引脚间距以及安装孔的大小及位置即可。知道了上述内容后，就可以开始手工绘制元器件封装了。下面以绘制 WH5-1A 电位器的封装为例，学习手工绘制元器件，具体绘制步骤如下。

1. 打开或创建封装库文件

(1) 打开项目文件

打开 D 盘“学号姓名”文件夹下的项目文件“自制元件. PRJPCB”。

(2) 创建 PCB 元件库

在打开的项目文件“自制元件. PRJPCB”中，执行菜单命令“文件”|“创建”|“库”|

“PCB库”，自动建立一个默认文件名为“PcbLib1. PcbLib”的库文件。

再执行菜单命令 File(文件)|Save，将文件命名为“自制封装元件. PCBLIB”，并保存到D盘“自制元件”文件夹中。新建的PCB库文件如图5.2-3所示。

2. 元件封装重命名

在图5.2-3中，单击工作区面板的“PCB Library”标签，打开“PCB Library”元件库管理窗口，如图5.2-4所示。将光标放在系统自动新建的元件“PCBCOMPONENT_1”上，双击该元件名进入“PCB库元件”对话框。在对话框中输入正确的封装名称“WH5-1A”，然后单击“确认”按钮退出。

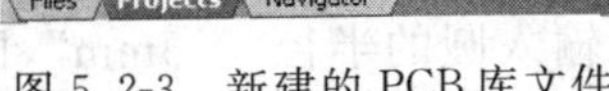

图5.2-3　新建的PCB库文件

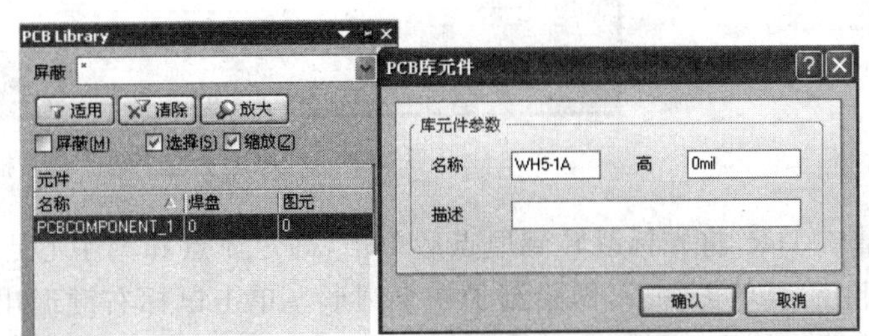

图5.2-4　“PCB库元件”对话框

要添加新的元件封装，可在“PCB Library”面板的元件列表中右击，在弹出的快捷菜单中选择“新建空元件”，然后双击名称修改元件封装名。

3. 设置文档参数

执行菜单命令“工具”|“库选择项”，系统将弹出如图5.2-5所示的“PCB板选择项”对话框。在对话框中设定测量单位及网络等参数。将可视网格的“网格1”设置为0.1mm、“网格2”设置为2.54mm(100mil)。因为元器件引脚之间的距离通常以2.54mm为单位，将捕获栅格的“X”、“Y”均设置为0.5mm。可视网格设置为“线形”，将“单位”设置为“Metric”(公制)。

4. 绘制电位器封装轮廓

由于元器件封装的图形在PCB中处于顶层丝印层，因此在绘制元器件轮廓时要将工作层面切换到TopOverlay层(单击编辑器下方的工作层面标签，即可切换到该层面)。

(1) 设置原点

在制作PCB文件时，由于坐标关系，可能会影响到PCB文件，所以必须要在元件制作时确定统一的参考点，一般为坐标(0,0)。执行菜单命令 Edit(编辑)|SetReference(设置参考点)|Location(位置)，光标变成“十”字状，在编辑界面适当的位置单击，光标所在的位置就成为坐标原点。

(2) 绘制元器件轮廓边框

因电位器的外形由图可知是一个ϕ17mm的圆形，所以单击PCB库放置工具栏中的绘制按钮，然后执行菜单命令 Edit(编辑)|Jump(跳转)|Reference(参考点)，或执行快

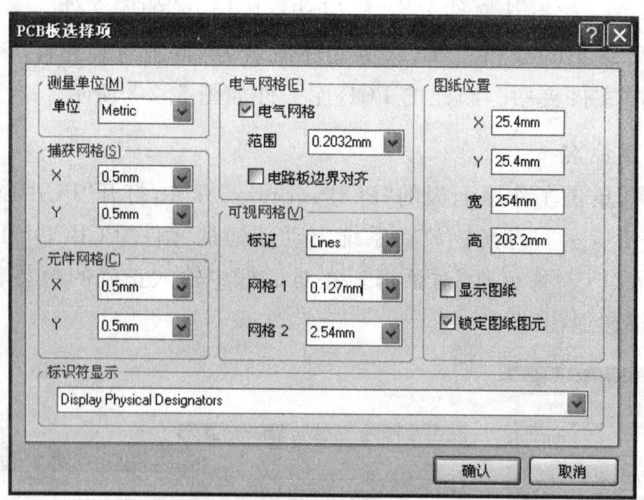

图 5.2-5 "PCB 板选择项"对话框

捷键 J|R,将光标跳转到原点后单击,确定原点和圆中心点对齐,然后移动鼠标设置圆的半径,再单击一下,即绘制了一个圆形。单击鼠标右键退出圆的绘制。双击绘制的圆形,在弹出的设置圆形参数对话框中的"Radius"(半径)文本框中输入圆的半径"8.5mm",即绘制好了电位器的外轮廓。

(3) 绘制电位器的安装孔

安装孔的半径是"3mm",执行"工具"|"层次颜色"菜单命令,在弹出的板层和颜色设置对话框中添加机械层和改变板层颜色。将工作层面切换到Mechanical1层,在中心点绘制一个半径是 3mm 的圆形,绘制方法同上。

至此,完成了电位器封装轮廓的设计。

5. 绘制焊盘

单击 PCB 库放置工具栏中的放置焊盘按钮,然后将光标移至工作区中,根据电位器的外形图确定放置焊盘的位置。由外形图可知,焊盘离圆点的距离为 15mm,可先画一个半径为 15mm 的圆形,再在圆点的垂直位置和 15mm 圆形处放置第一个焊盘;再在该焊盘的左、右两边夹角为 30°的位置放置第二和第三个焊盘。焊盘放置完后,设置焊盘属性。将焊盘设置为椭圆形,重新设置焊盘的序号(焊盘的序号要与电位器实际引脚号码完全对应)。双击左边第一焊盘,在弹出的焊盘属性设置对话框中按图 5.2-6 所示进行设置。

在第三焊盘属性设置时,将对话框中的"Rotation"(旋转角度)设置为"30 度",焊盘的序号设置为"3",其他设置项同上。设置完焊盘属性中的各项参数后,根据电位器的实物图还可绘制两个定位孔。

绘制完成后,可以重新设置元件的参考点。通常设定 1 号脚位为参考坐标原点,设定方法为执行菜单命令"编辑"|"设定参考点"|"引脚 1"。

6. 测量检查

在绘制完元器件封装后,若不能确定元器件封装是否与实际封装完全相同,可用测

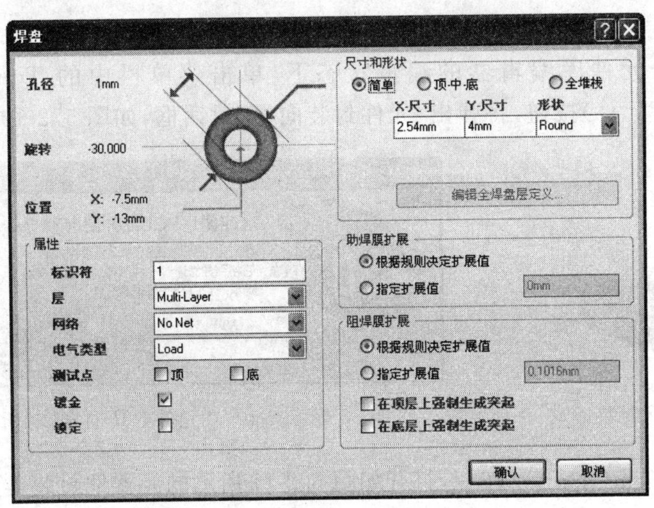

图 5.2-6　焊盘属性设置对话框

量工具测量各图件(如引脚)之间的距离。测量方法如下：单击菜单栏中的 Reports(报告)|Measure Distance(距离测量)命令,移动光标到测量的起点后单击,然后移动光标到测量的终点,再单击,将弹出如图 5.2-7 所示的距离测量结果对话框。

在对话框中,显示出被测量的两点之间的距离。距离应与实际封装相同,若不符,需要重新调整。绘制完成后的电位器封装如图 5.2-8 所示。

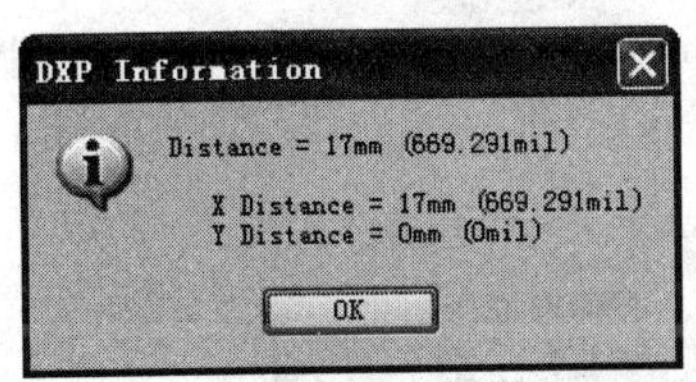

图 5.2-7　距离测量结果对话框

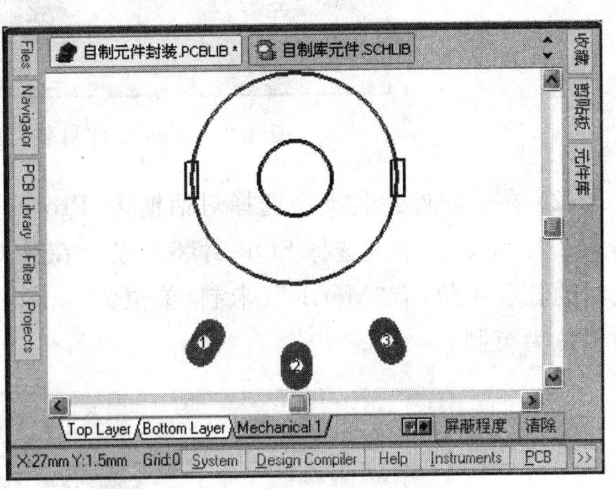

图 5.2-8　绘制完成后的电位器封装

7. 保存

元器件封装绘制完成后,单击菜单栏中的 File(文件)|Save(保存)按钮,即可将元器件封装保存在原先建立的元器件封装库中,以备日后调用。

5.2.3　利用元器件封装向导方式设计元器件封装

下面以制作 SOP 双列贴片芯片(外形如图 5.2-9 所示)为例,介绍利用封装向导创建元件封装的基本方法与步骤。

(1) 在 PCB 元件库编辑器的编辑状态下，单击菜单栏中的 Tools(工具)|New Component(新建元件)按钮，将弹出“元件封装向导”对话框，如图 5.2-10 所示。

图 5.2-9　SOP 封装形式

图 5.2-10　“元件封装向导”对话框

在对话框中单击“下一步”按钮，打开如图 5.2-11 所示的元器件封装类型选择对话框。

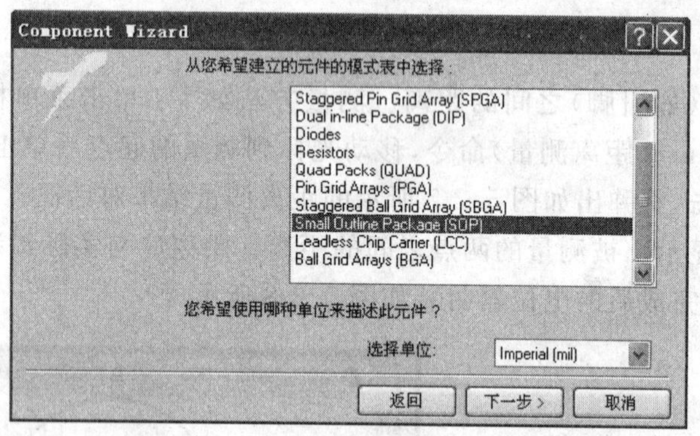

图 5.2-11　元器件封装类型选择对话框

(2) 在元器件封装类型选择对话框中，Protel DXP 提供了 12 种元器件封装类型，如图 5.2-12 所示。本例选择 SOP 封装类型。在该对话框中，还可以设置元器件封装管脚之间的长度单位，有“Metric”(米制，单位为 mm)和“Imperial”(英制，单位为 mil)。默认的单位为英制。

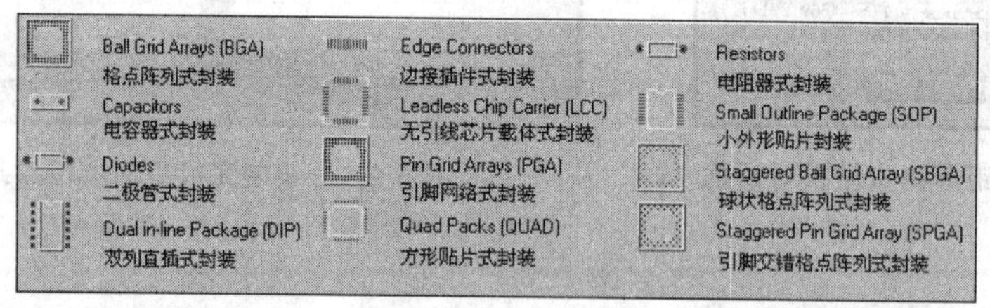

图 5.2-12　12 种元器件封装类型

(3) 单击图 5.2-11 中的“下一步”按钮，进入如图 5.2-13 所示的焊盘尺寸设置对话框。在该对话框中，可以设置焊盘的有关尺寸。只要将鼠标指针移到需要修改的尺寸上，鼠标指针变为“Ⅰ”形，按住鼠标左键不放，拖动鼠标指针，该尺寸部分的颜色变为蓝色即表示选中该项尺寸，然后输入新的尺寸，就完成了尺寸设置。

(4) 单击图 5.2-13 中的“下一步”按钮,打开如图 5.2-14 所示的焊盘间距设置对话框。在该对话框中,可以设置引脚位置的有关参数,如引脚的水平间距、垂直间距等。通常情况下,焊盘间距不需手动设置。

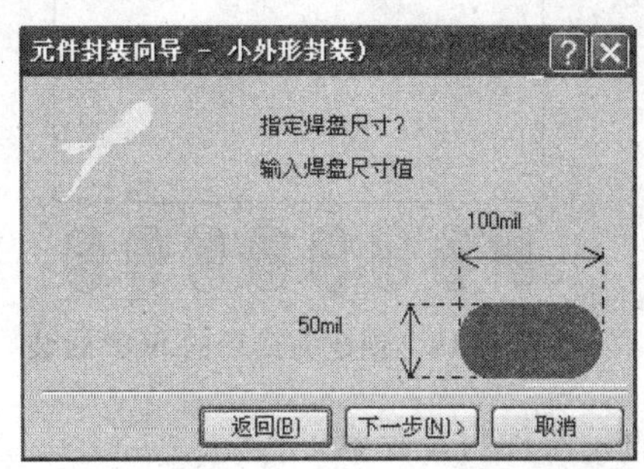

图 5.2-13　焊盘尺寸设置对话框

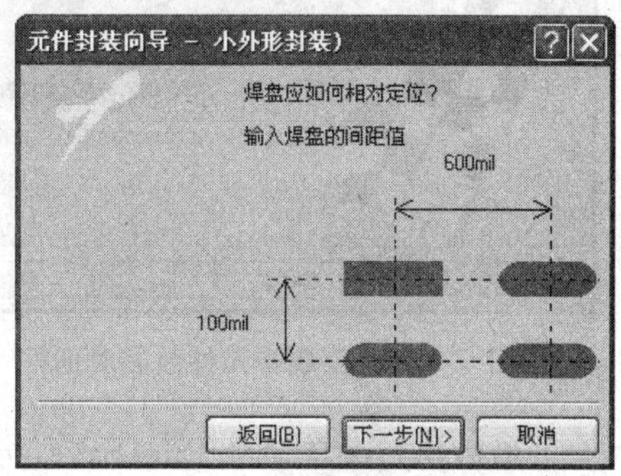

图 5.2-14　焊盘间距设置对话框

(5) 单击图 5.2-14 中的“下一步”按钮,打开如图 5.2-15 所示的新元器件封装轮廓线宽度设置对话框。在该对话框中,可以设置元件的轮廓线宽。

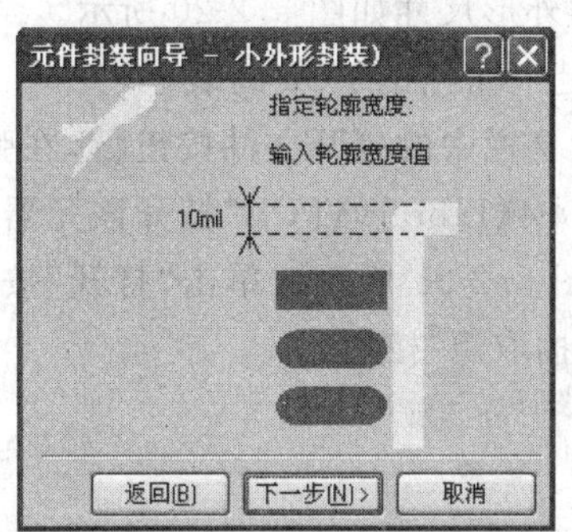

图 5.2-15　设置元件的轮廓线宽

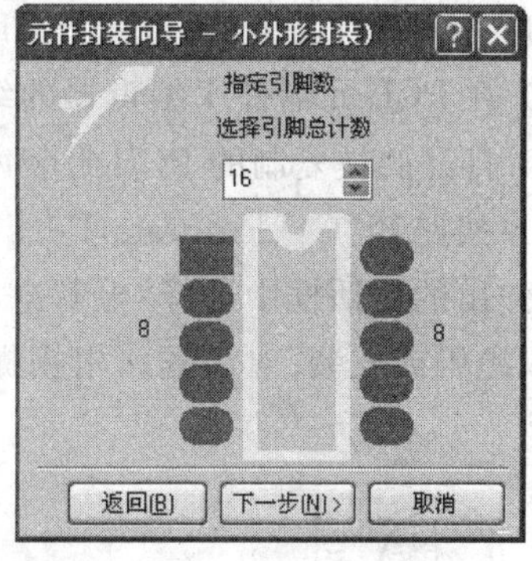

图 5.2-16　设置元件引脚数

(6) 单击图 5.2-15 中的“下一步”按钮,打开如图 5.2-16 所示的新元器件封装引脚数目设置对话框。在该对话框中,可以设置元件的引脚数量。只需在对话框中的指定位置输入元件引脚数,或者按“增加”或“减少”按钮来确定元件引脚数即可。本例中设置管脚数为“16”。

(7) 单击图 5.2-16 中的“下一步”按钮,打开如图 5.2-17 所示的新元器件封装名称设置对话框。在该对话框中,输入需要的元器件封装名称。本例采用默认名称。

(8) 单击图 5.2-17 中的“Next”(下一步)按钮,打开如图 5.2-18 所示完成新元器件封装对话框。单击该对话框中的“Finish”按钮,即可完成新元件封装的创建工作,随后就可以在工作区中看到新创建的元器件封装的外形,并可以在 PCB 编辑浏览器中看到该元器件的封装名称(在电路原理图中,元器件的封装名称一定要与该名

图 5.2-17　设置元件的名称

称完全相同；否则，在设计 PCB 调入网络表时将会出错），如图 5.2-19 所示。

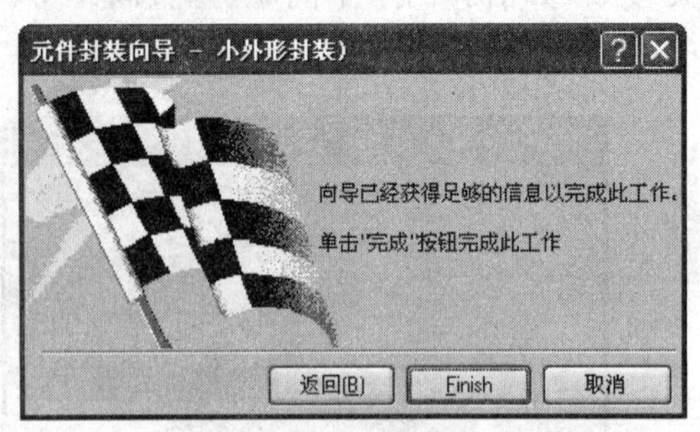

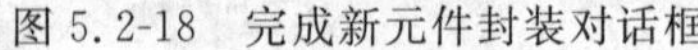

图 5.2-18 完成新元件封装对话框

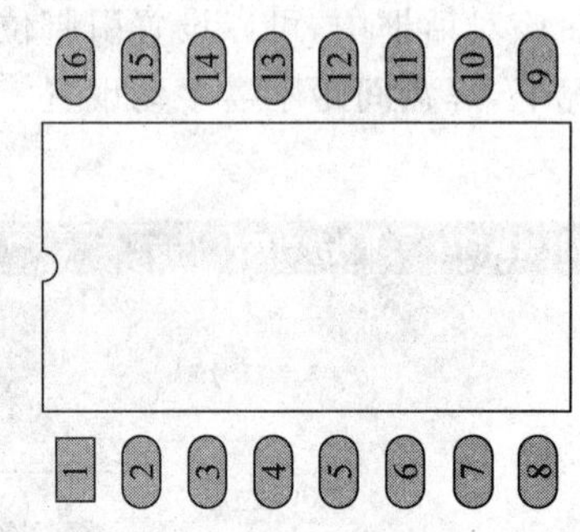

图 5.2-19 创建完成后的 SOP 封装

（9）最后执行菜单命令 File|Save，将新创建的元器件封装存盘。

5.2.4 对相似元器件封装的复制、修改

现以制作发光二极管为例来介绍利用库中相似元器件封装进行复制、修改，使之成为一个新的元器件封装的方法。LED 发光二极管的外形尺寸如图 5.2-20 所示。

（1）在 PCB 元器件库编辑器的编辑状态下，新建一个空的 PCB 封装。

（2）打开要被复制的 PCB 封装库文件。单击工具栏中的打开文件按钮，在弹出的对话框中按路径“C:\Program Files\Protel DXP 2004\Library\PCB”打开该元器件库，然后在弹出的对话框中选择“电解电容”封装库，如图 5.2-21 所示。单击“打开”按钮，弹出“抽取源码或安装”对话框。根据提示，这里单击“抽取源”按钮。

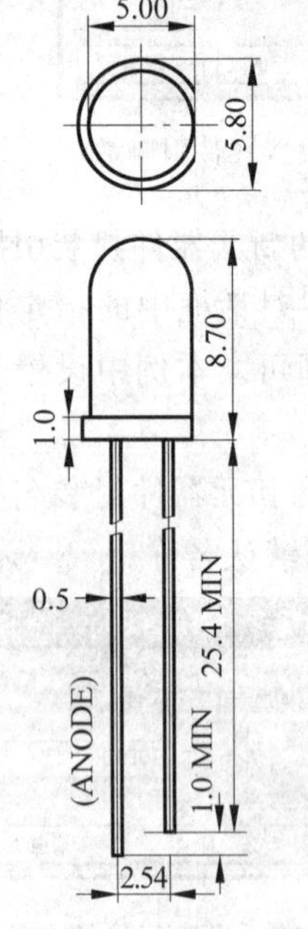

图 5.2-20 发光二极管

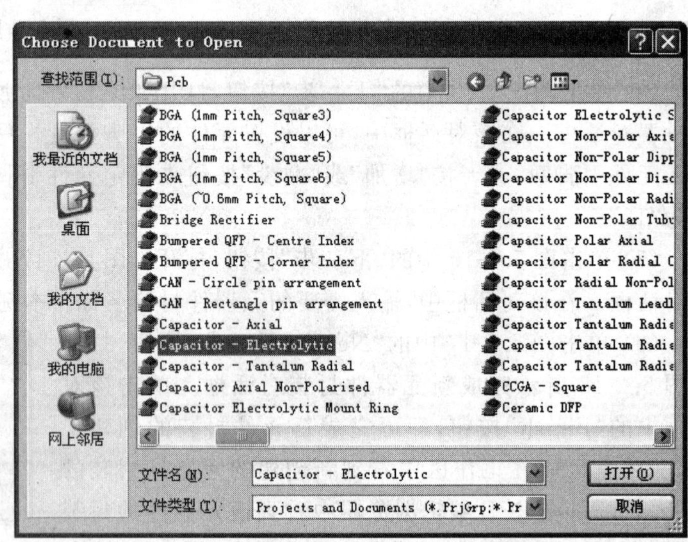

图 5.2-21 在 PCB 库文件中选择电解电容封装库

（3）打开“电解电容”封装库元件，再打开“PCB Library”面板，在元件封装列表区里选中要被复制的封装，然后右击，在弹出的快捷菜单中选择“复制”，如图 5.2-22 所示。

（4）打开自制元件库，再打开“PCB Library”面板，在元件封装列表区中右击选择“Paste 1 Components”，此时库里会新增一个与复制元件封装同名的封装，如图 5.2-23 所示，可以在此基础上进一步修改。

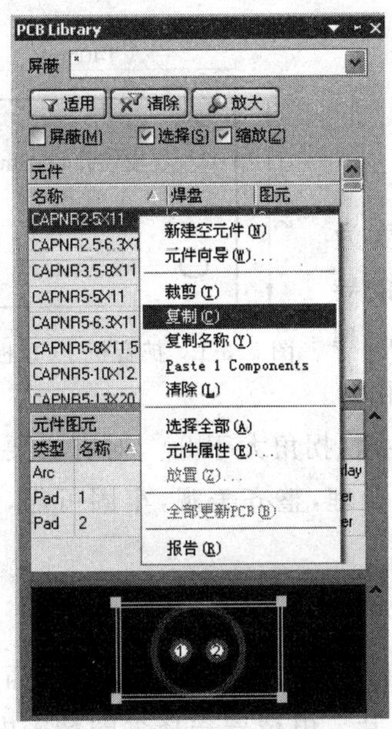

图 5.2-22　直接在元件列表复制封装

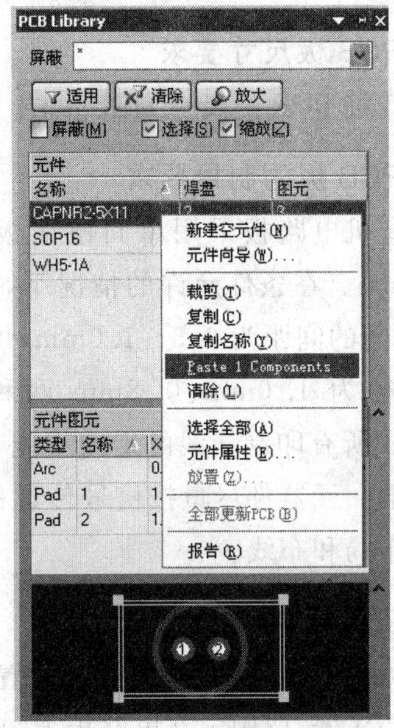

图 5.2-23　直接粘贴元件封装

（5）在元器件封装修改界面中，按图 5.2-20 所示的尺寸，将两个焊盘间的尺寸修改为“2.54mm”，将封装轮廓半径修改为“2.5mm”，将 1 号管脚定义为正极。

（6）打开“PCB Library”面板，选择刚修改的元件“CAP”后右击，在弹出的菜单中选择元件属性，也可以执行菜单命令“工具”|“元件属性”，然后在弹出的对话框中将“名称”修改为“LED-5”。

修改完成后的封装如图 5.2-24 所示，存盘以备后用。

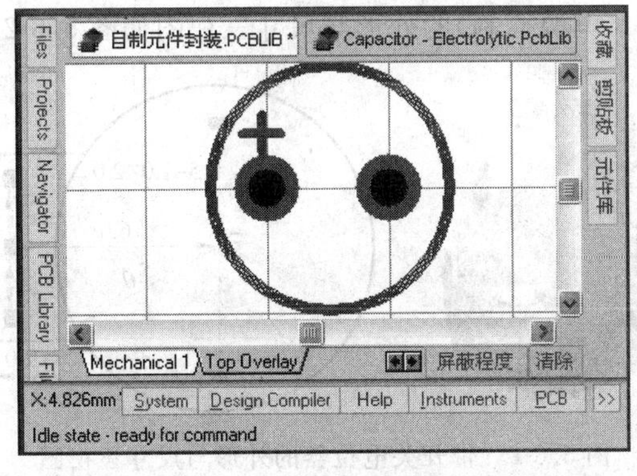

图 5.2-24　修改调入的封装

5.3 扩音机 PCB 的设计要求

5.3.1 扩音机 PCB 制作要求

1. PCB 板尺寸要求

扩音机 PCB 板尺寸如图 5.3-1 所示。

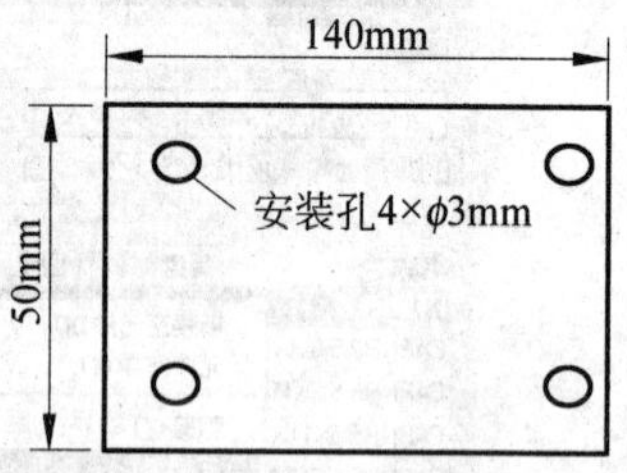

图 5.3-1 扩音机 PCB 板尺寸

2. PCB 板的制板要求

扩音机电路板采用单面覆铜板，铜箔导线的宽度为 1.5～3mm。在条件允许的情况下，尽可能采用较宽的导线，导线间的间距为 0.5～1.0mm，焊盘直径为 2.5mm，焊盘孔直径为 1.0mm、0.8mm 两种，最小安全间距为 0.5mm。所有印制导线的走向不能有急剧的拐弯和尖角，拐角大于 90°，对有必要的部位进行覆铜。元器件尽量按信号传递的流程排列，布局合理，整齐美观，牢固可靠，要求使用手动布局和布线。

3. 安装要求

喇叭或音箱外接，电路板上放置电源输入插口、音频输入插口及功放输出插口。如要安装变压器，要固定在电路板上，功放芯片要加散热片。电位器选择多圈精密电位器，安装时电位器放在外围，以便调节(注意，封装要根据实物自制)。

5.3.2 典型元件封装尺寸

电位器、耳机孔座、功放集成块等在 Protel DXP 中没有标准的封装，实际厂家提供的封装多种多样，故应先按设计要求确定器件尺寸，再选用符合要求的器件，按器件的尺寸自制封装。

带开关电位器(音量、电源控制)的外形与尺寸三视图如图 5.3-2 所示。

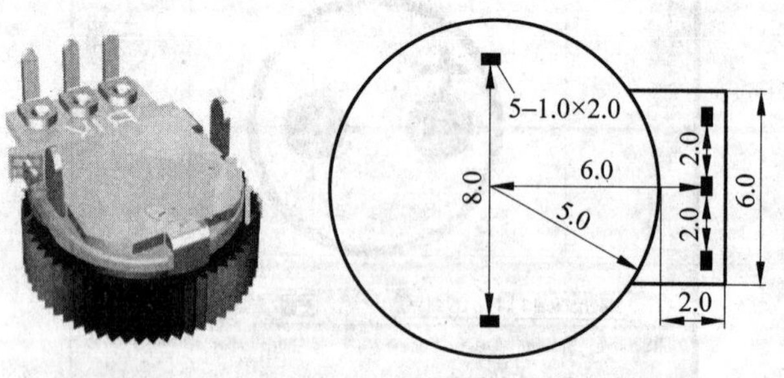

图 5.3-2 带开关电位器的外形与尺寸三视图

带开关贴片电位器(音量、电源控制)的外形与触点连接关系及尺寸三视图如图5.3-3所示。

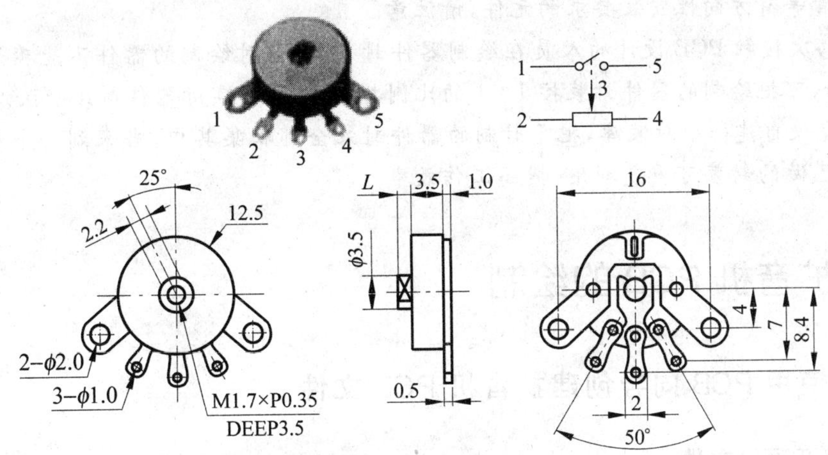

图5.3-3　带开关贴片电位器的外形与触点连接关系及尺寸三视图

音频输入插座(耳机插孔座)的外形与触点连接关系及尺寸三视图如图5.3-4所示。

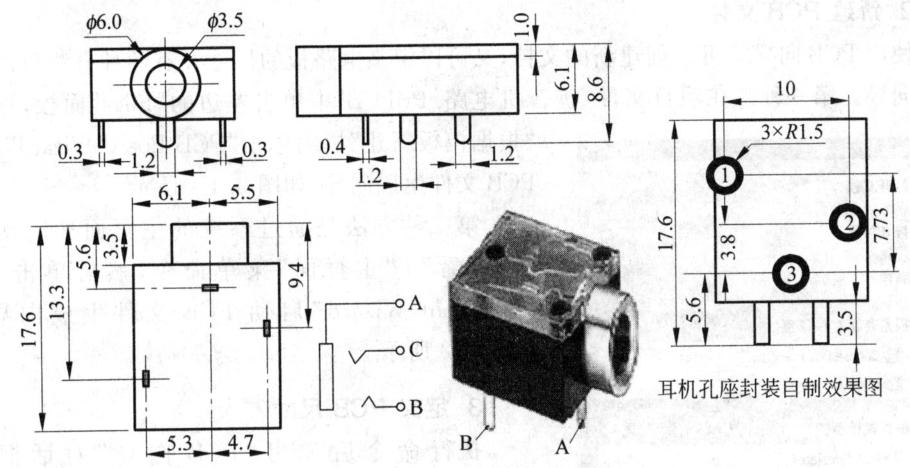

图5.3-4　耳机孔座的外形与触点连接关系及尺寸三视图

说明：

① 自制封装时，最关键的尺寸是焊盘间的间距，不能大也不能小；焊盘外径(D_1)与孔径(D)不能比器件引脚尺寸(d)小，一般$D_1 \geqslant D+0.6$，$D \geqslant d+0.2$，这与产品采用的焊接工艺有关，目前生产中一般有浸焊、波峰焊与回流焊等，不同焊接方式要求不一样，详细要求可见相关标准。另外，封装外形尺寸可以大于器件的外形尺寸，但不能小于器件的外形尺寸，主要是为了防止器件无法安装。

② 绘制封装要注意封装的焊盘标号与原理图中对应器件的引脚序号对应，如耳机孔座中，在原理图中序号为"3"的引脚为公共端，实际由图5.3-4知，耳机孔座中标"A"的为

公共端，对应器件封装图 5.3-4 中标号为“3”的焊盘。若在绘制时不小心把它标成了“2”或“1”，则在产品 PCB 中，这一部分的连线将是错误的。在这方面容易出错的主要有电位器、三极管等有方向性安装要求的元件，请注意。

③ 初次接触 PCB 设计的人员在绘制器件封装时，若对绘制的器件不能确认其尺寸是否正确，可把绘制的器件封装按 1∶1 的比例打印出来，与实际器件对比确认。

④ 建议自建一个封装库，把平时制的器件封装全部收集其中，当来到一个新的工作环境时，已做的封装可重复利用，提高工作效率。

5.4 扩音机 PCB 的绘制

5.4.1 使用 PCB 向导创建扩音机 PCB 文件

1. 打开项目文件

在 D 盘的“扩音机”文件夹中，打开设计工作区文件“扩音机. DsnWrk”，然后选择项目文件“扩音机电路. PrjPCB”。

2. 新建 PCB 文件

使用 PCB 向导既可以创建新的文档，又可以定义电路板的尺寸。有两种方法可以打开 PCB 向导。第一种是在项目文件“扩音机电路. PrjPCB”中单击左边的“Files”面板，然后在“根据模板新建”栏内单击“PCB Board Wizard”，启动 PCB 文件生成向导，如图 5.4-1 所示。

图 5.4-1 “Files”面板启动 PCB 向导

第二种方法是通过系统的主页面来启动。执行“查看”|“主页面”菜单命令，然后单击“PCB Document Wizard”启动 PCB 文件生成向导，如图 5.4-2 所示。

3. 定义 PCB 尺寸

执行命令后弹出“PCB 向导”对话框，如图 5.4-3 所示。单击“下一步”按钮，进入如图 5.4-4 所示的 PCB 向导单位设置对话框。用户可以根据实际情况进行选择。

再单击“下一步”按钮，进入如图 5.4-5 所示的选择印制电路板标准的对话框，系统提供了 10 种标准。如果选中了“Custom”(自定义)，则需要用户自己定义印制电路板的形状、尺寸、边界等参数；选择其他选项，如 A、A0、A1、…，则直接采用系统定义好的参数。

单击“Custom”(自定义)后，再单击“下一步”按钮，即可进入自定义设置对话框，按照扩音机板的尺寸要求定义印制板边框，如图 5.4-6 所示。

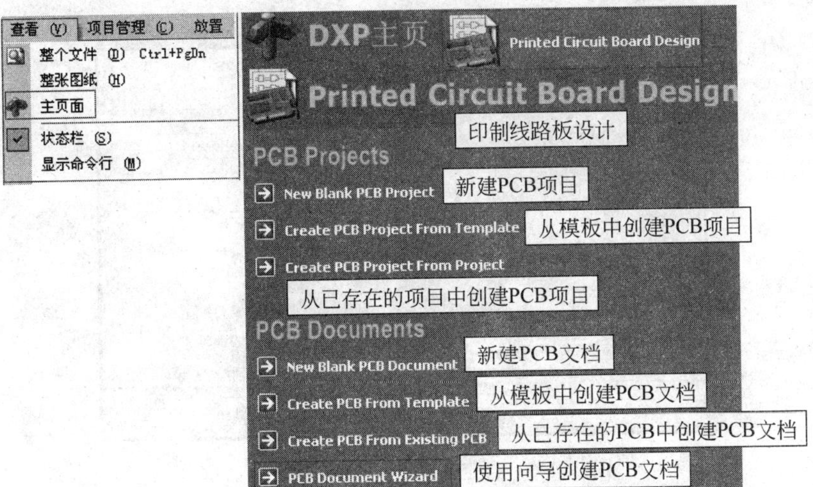

图5.4-2　印制电路板设计命令的选项列表

图5.4-3　PCB向导欢迎对话框

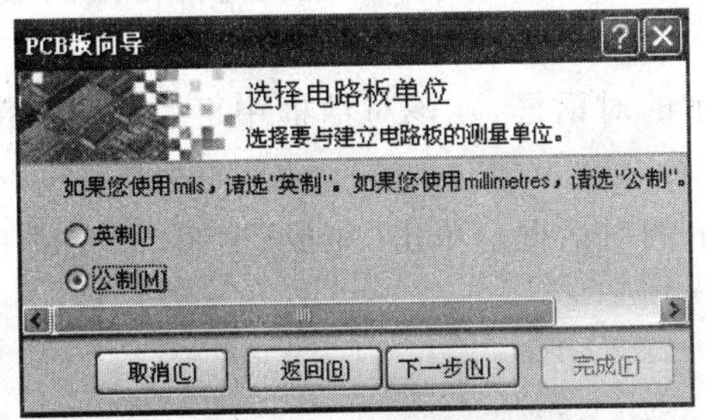

图5.4-4　PCB向导单位设置对话框

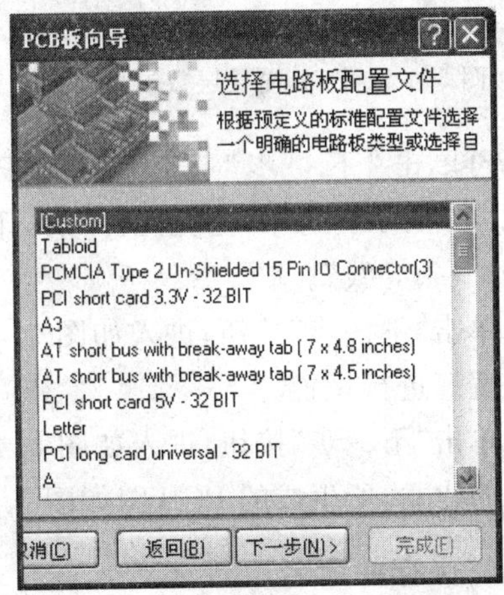

图5.4-5　印制电路板标准的选择对话框

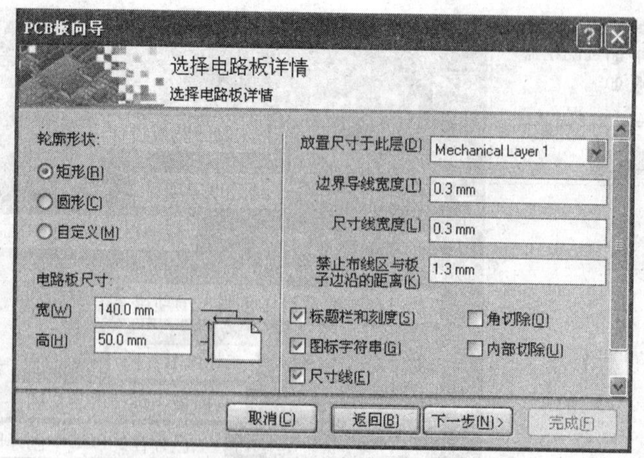

图 5.4-6 自定义印制电路板属性对话框

用户自定义类型设置完毕后，单击“下一步”按钮，即可进入电路板层数设置对话框，如图 5.4-7 所示。此处设置两个信号层，双面板的两个信号层通常为 Top Layer 和 Bottom Layer，取消电源层与地层的设置。

单击“下一步”按钮，即可进入过孔类型设置对话框，如图 5.4-8 所示。

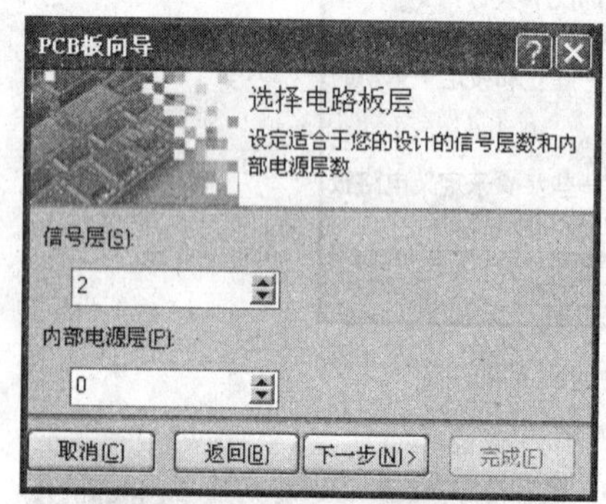

图 5.4-7 PCB 向导层数设置对话框

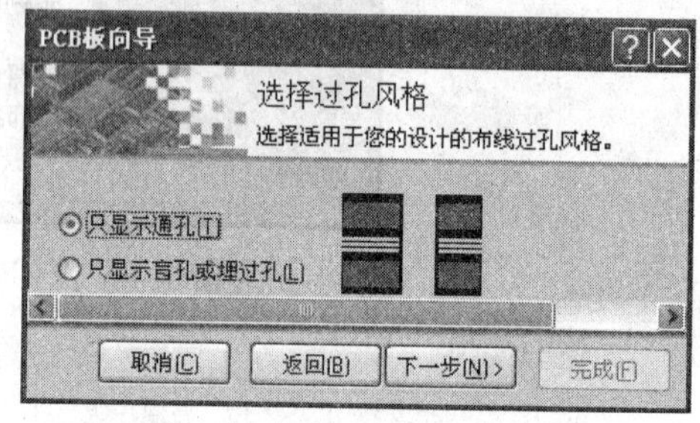

图 5.4-8 PCB 向导孔类型设置对话框

再单击“下一步”按钮，进入 PCB 板上主体元件封装类型的设置对话框，如图 5.4-9 所示。选中“通孔元件”时，下面的选项可以设置相邻焊盘间允许走线的数目。选择“一条导线”。

单击“下一步”按钮，进入如图 5.4-10 所示的对话框，在该对话框中可以对走线的最小线宽等进行设置。

单击“下一步”按钮，进入如图 5.4-11 所示的对话框。单击“完成”按钮，即完成 PCB 文件的建立，所生成的 PCB 图如图 5.4-12 所示。

4. 保存并命名

新建的 PCB 文件为自由文件，将其保存在项目文件“扩音机电路. PrjPCB”中，并将文件命名为“扩音机 PCB. PcbDoc”。

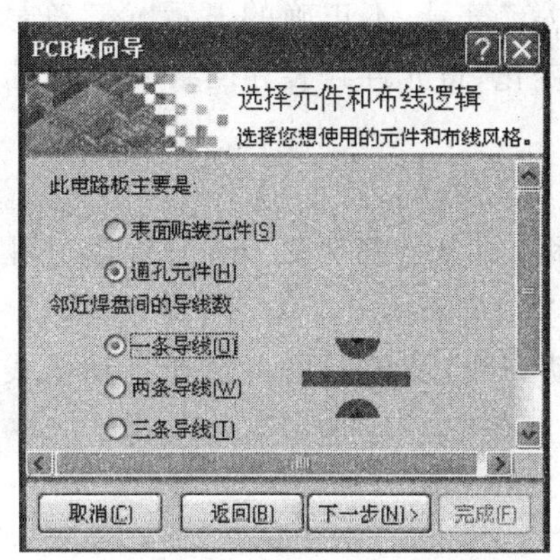

图 5.4-9 PCB板上主体元件封装类型的设置对话框

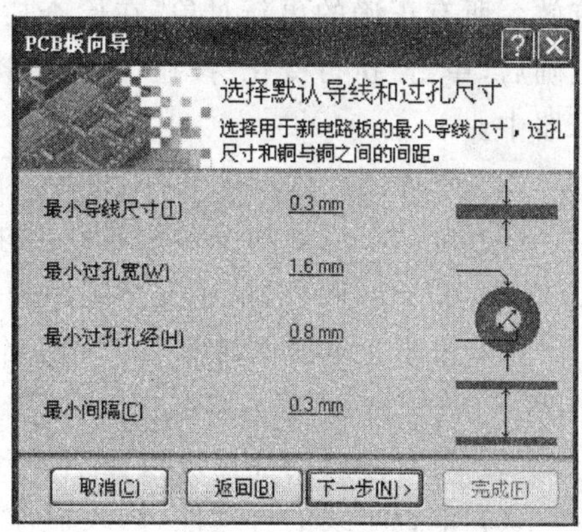

图 5.4-10 设置最小尺寸对话框

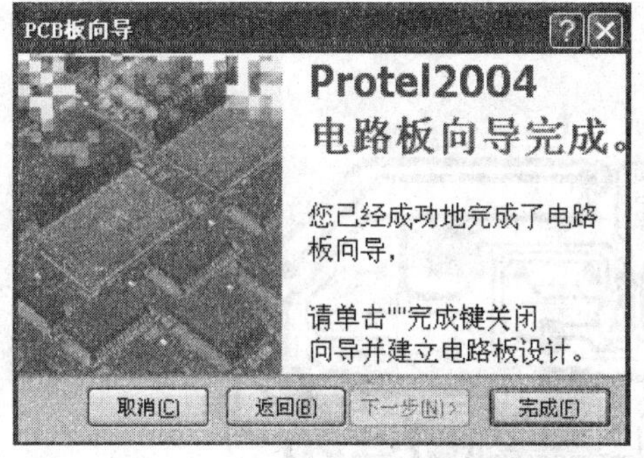

图 5.4-11 PCB向导结束对话框

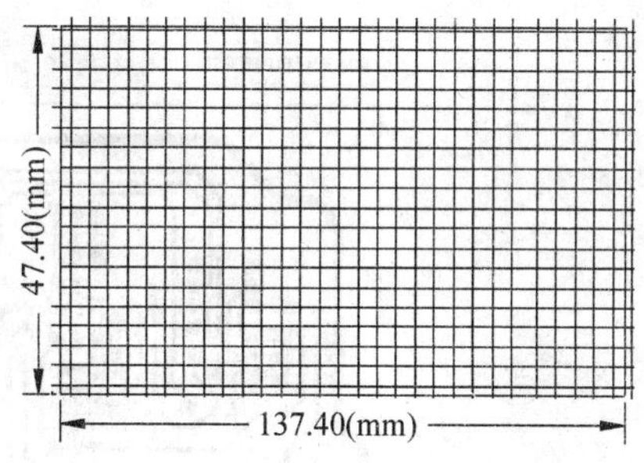

图 5.4-12 生成的PCB图形

5. 利用模板生成PCB文件

还可以利用模板生成PCB文件。单击左边的“Files”面板，在“根据模板新建”栏内单击“PCB Templates...”，进入选择模板对话框。可以在对话框中选取需要的模板，然后单击“打开”按钮，建立PCB文件。

6. 查看PCB板信息

执行“报告”|“PCB信息”命令(或按快捷键R|B)，可以查看PCB的大小等信息。

7. 裁剪PCB板

执行“设计”|“PCB板形状”|“重定义PCB板形状”命令，此时光标呈现“十”字形。将“十”字形光标沿着禁止线移动到多边形的各个顶点依次单击，即可裁剪PCB板。

5.4.2 从原理图加载网络表和元件到PCB

(1) 打开设计好的原理图文件(扩音机原理图.SchDoc)，执行菜单命令“设计”|“Update PCB Document 扩音机PCB.PCBDOC”，屏幕将弹出“工程变化订单”对话框，显示本次更新的对象和内容。单击“使变化生效”按钮，系统将自动检查各项变化是否正确

有效。所有正确的更新对象，在检查栏内显示"√"符号，不正确的显示"×"符号。全部正确后，单击"执行变化"按钮，系统将接受工程变化，将元件封装和网络表添加到 PCB 编辑器中。

(2) 原理图导入网表文件，将导入的元件进行布局。

(3) 自动布线规则设置。布线要求：单层板，焊盘直径为 2.5mm，焊盘过孔直径为 1.0mm、0.8mm 两种，最小安全间距为 1mm，线宽 1～2mm。

(4) 对于正电源网络和 GND 网络进行手动布线，其他网络可选择自动布线或手动布线。

(5) 对有必要的部位进行覆铜、修饰。

(6) 审查走线的合理性，修改不合理之处。

(7) 对整板进行设计规则检查，直到没有错误。

(8) 在 PCB 上放置说明文字"学号、姓名、电路名称"。

最终完成的扩音机 PCB 电路如图 5.4-13 所示。

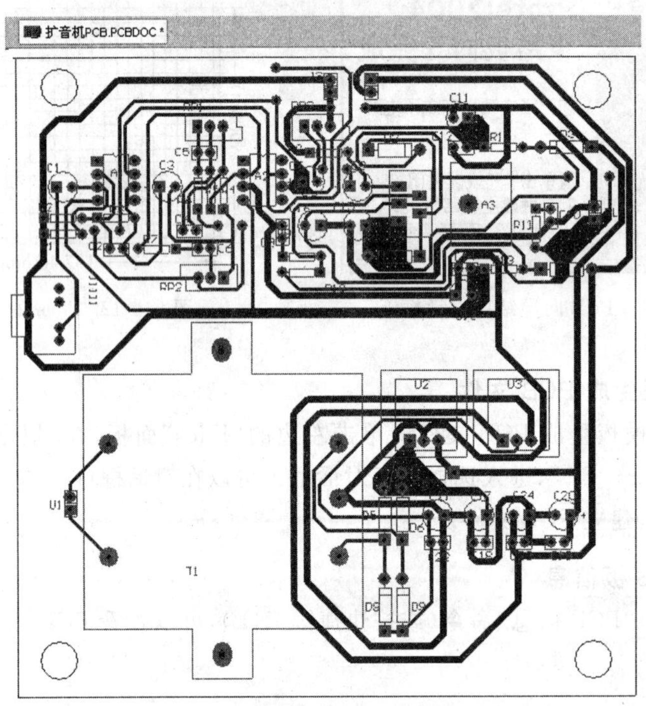

图 5.4-13　扩音机 PCB 印制电路板

5.5　PCB 的计算机辅助生产(CAM)

计算机辅助生产(Computer Aided Manufacturing，CAM)是利用计算机系统进行生产设备的管理、控制和操作的过程。例如，在产品的制造过程中，用计算机控制机器的运行，处理生产过程中所需的数据，控制和处理材料的流动以及对产品进行检测等。使用CAM技术可以提高产品质量，降低成本，缩短生产周期，提高生产率和改善劳动条件。

CAM主要是在PCB加工制造前期，对客户提供的PCB Gerber资料进行处理并提供符合生产线制作要求的各种菲林资料、钻孔程式、成型程式等全套制作资料。在所有的PCB制造厂中，PCB板种类各种各样，不同客户提供给制作厂家的PCB Gerber文件各不相同。为使厂内能够对客户提供的资料实际应用于生产，需要对资料在符合客户要求的前提下进行技术处理，重新进行相关技术设计，以符合生产需求。

大多数工程师都习惯于将PCB文件设计好后直接送PCB厂加工，而国际上比较流行的做法是将PCB文件转换为Gerber文件和钻孔数据后交PCB厂，为何要"多此一举"呢？因为电子工程师和PCB工程师对PCB的理解不一样，由PCB工厂转换出来的Gerber文件可能不是你所要的，如在设计时将元件的参数都定义在PCB文件中，但不想让这些参数显示在PCB成品上，而又未作说明，PCB厂会将这些参数都留在PCB成品上。若电子工程师自己将PCB文件转换成Gerber文件，就可避免此类事件发生。

Gerber文件是一种国际标准的光绘格式文件，它包含RS-274-D和RS-274-X两种格式，其中RS-274-D称为基本Gerber格式，要同时附带D码文件才能完整描述一张图形；RS-274-X称为扩展Gerber格式，它本身包含有D码信息。常用的CAD软件都能生成这两种格式的文件。

如何检查生成的Gerber文件的正确性？只需在免费软件Viewmate V6.3中导入Gerber文件和D码文件，即可在屏幕上看到或通过打印机打出。

钻孔数据也能由各种CAD软件产生，一般格式为Excellon，在Viewmate中也能显示出来。没有钻孔数据，当然做不出PCB了。

印制板专业厂家也需要使用Gerber文件来完成生产前的准备、检查、修改等工作，并利用该文件绘制(光绘)PCB板图。

5.5.1　PCB制造文件输出

PCB制造文件输出的命令主要集中在"文件"|"输出制造文件"子菜单内，如图5.5-1所示。

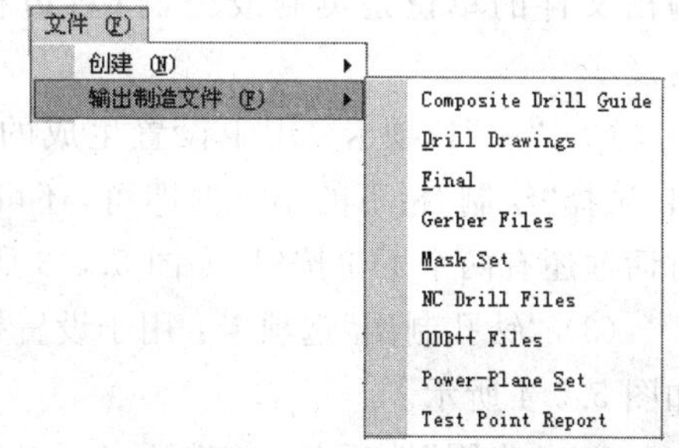

图5.5-1　"输出制造文件"子菜单

1. Composite Drill Guide

复合钻孔导向图，执行该命令将弹出预览窗口，窗口内显示的打印页为PCB板上顶层和底层的孔位置的叠加图，所以该输出可用于观察PCB板孔的位置。

2. Drill Drawings

钻孔统计图，提供钻孔孔径统计符号图纸。执行该命令也将弹出PCB孔位置预览图，与"Composite Drill Guide"不同的是，该命令下的预览图是将顶层和底层的孔位置图分别显示。

3. Final

创建最终的生产图片文件，按层提供电路板的最终层面图纸。执行该命令，系统将对 PCB 板所有图层进行打印预览。单击“打印”按钮，即可打印 PCB 所有图层板图。

4. Gerber Files

Gerber 文件，又称光绘文件或底片文件。该命令用于 PCB 光绘(Gerber)文件输出。光绘文件包含了 PCB 板加工制作的大部分关键信息。当设计的 PCB 板图需要保密时，专业的设计者一般都不直接将 PCB 文件交给加工厂，而是直接发 PCB 光绘文件给厂家。执行该命令后将弹出如图 5.5-2 所示的“光绘文件设定”对话框，该对话框内有 5 个选项卡。

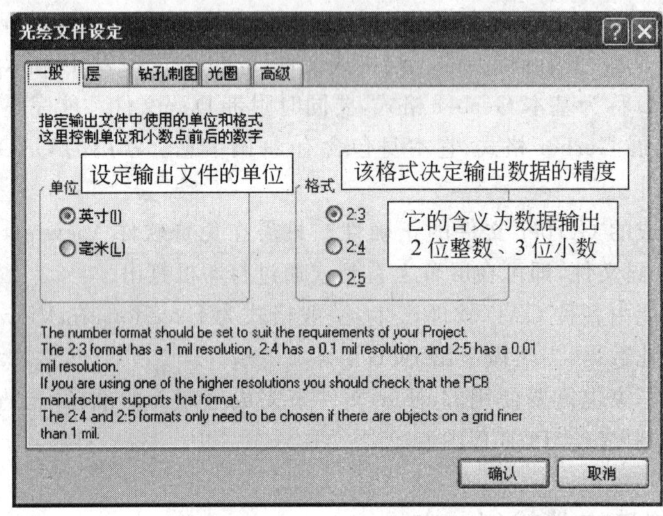

图 5.5-2 “一般”选项卡

(1) “一般”选项卡：如图 5.5-2 所示，该选项卡内有两栏，左边栏可以设定光绘输出文件的单位是英制或公制；右边栏设定单位的格式，该格式决定了输出数据的精度。

(2) “层”选项卡：用于设置生成的光绘文件对应的工作层。要选中一个层光绘输出，选择“绘制”栏下的小方框即可，还可选择是否将未连接的中间层焊盘光绘输出。该对话框还有两个下拉按钮，如图 5.5-3 所示。

(3) “钻孔制图”选项卡：用于设置钻孔统计图和钻孔导向图的属性，共有两个区域，如图 5.5-4 所示。

(4) “光圈”选项卡：该选项卡可对光绘输出文件建立光圈方案的设定。以系统默认的方案输出，系统将使用 CAM(计算机辅助制造)的设置自动生成光绘底片文件。

(5) “高级”选项卡：该选项卡内可对光绘文件输出进行一些高级设置。

完成设置后，单击“光绘文件设定”对话框的“确认”按钮，系统将根据设定自动生成

图 5.5-3 “层”选项卡

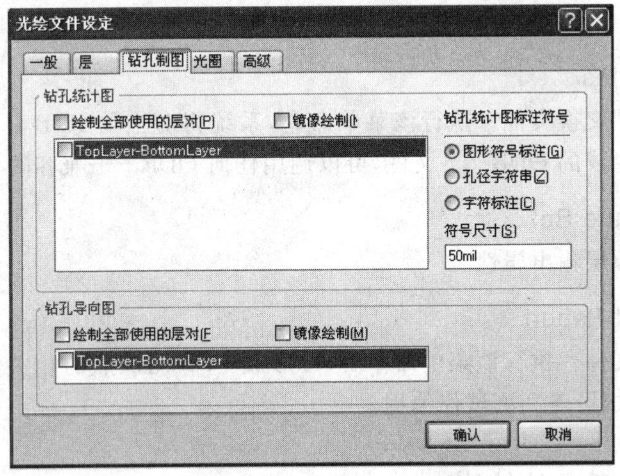

图 5.5-4 “钻孔制图”选项卡

需要的光绘文件，同时启动 CAMtastic 编辑器。图 5.5-5 所示为生成的“CAMtasic1.cam”文件。用户可以在“Project”面板内双击一个层光绘文件，以单层显示该层的光绘文件，如图 5.5-6 所示，单击底层显示“扩音机 PCB. GBL”。

5. Mask Set

设置阻焊屏蔽层属性。执行该菜单命令后，在弹出的预览窗口内显示的打印页为顶层和底层阻焊膜、顶层和底层助焊膜的图形。

6. NC Drill Files

数控钻孔文件。执行该菜单命令，可弹出“NC 钻孔设定”对话框。通过该对话框可以设定 PCB 板上孔的位置信息，该信息给 NC 钻孔机提供钻孔位置。

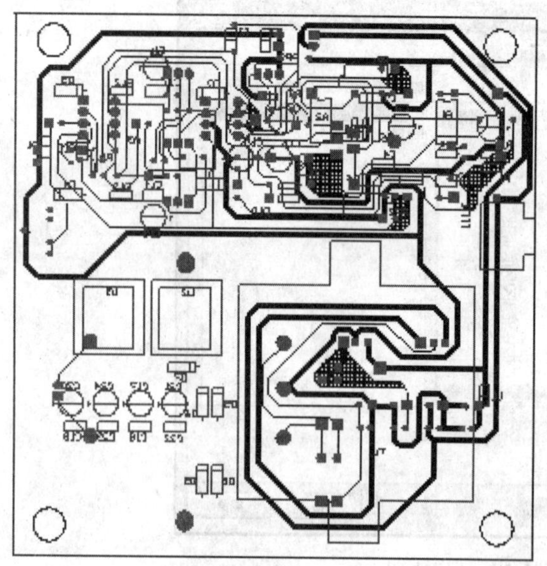

图 5.5-5 生成“CAMtasic1. cam”文件

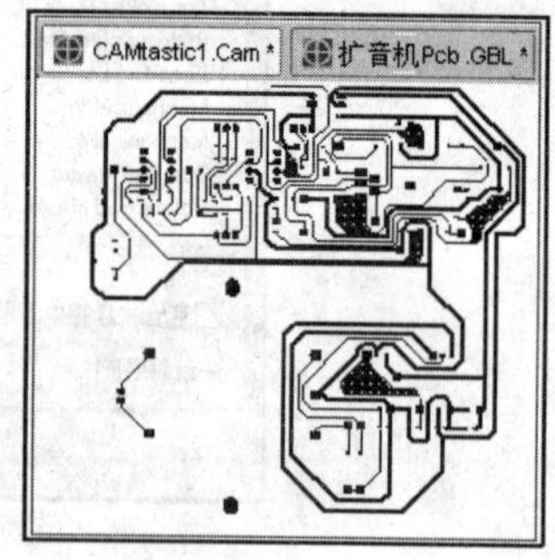

图 5.5-6 分层显示底层线路“扩音机PCB. GBL”

7. ODB++ Files

加工制造数据交换文件。执行该菜单命令，系统将对当前 PCB 输出生成 ODB++文件。通过调用生成的 ODB++文件，可以调用任何 ODB++兼容的 CAM 工具。

8. Power-Plane Set

设置内部电源层输出属性。

9. Test Point Report

测试点报表文件。执行该菜单命令后，可形成 PCB 测试点的相关信息，这些信息可用于 PCB 制作测试设备和测试仪编程。

5.5.2 PCB 装配文件输出

PCB 装配文件输出的命令主要集中在“文件”|“装配输出”子菜单内，如图 5.5-7 所示。

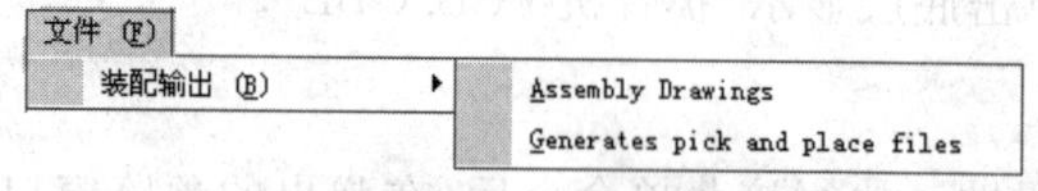

图 5.5-7 PCB 装配文件输出的命令

执行“Assembly Drawings”命令将弹出预览窗口，在该窗口内预览的打印页为 PCB 板上各元器件的安装位置图，该图将作为用户在已经制作好的 PCB 板上放置元器件时的位置参考。

通过“Generates pick and place files”命令生成的数据可用于PCB板元件取放设备的编程。

5.6　用湿膜单面制板工艺制作扩音机PCB

5.6.1　湿膜制板工艺

湿膜制板即丝网漏印转移法，其基本原理是在丝网布上涂感光线路油墨，漏印在覆铜板表面，再将线路图打印或光绘到底片纸，并将底片上的图形通过曝光的方式转移到涂了感光线路油墨的覆铜板表面，最后通过显影将图形印刷到覆铜板。

5.6.2　用湿膜单面制板工艺制作印制电路板的流程

选材→剪板→涂线路油墨→烘干→钻孔→曝光→显影→镀锡→脱膜→腐蚀→做阻焊→丝印字符→表面处理→检验检查→包装出货。

5.6.3　扩音机电路板制作步骤

1. 裁板——选择单面覆铜板，按设定的尺寸裁板

根据客户的设计规划，在剪板机上将基板材料裁切成所需尺寸。在裁切时要注意以下几点。

(1) 避免板边毛糙影响品质，裁切后进行磨边、圆角处理；

(2) 考虑涨缩影响，裁切板送下一个流程前进行烘烤；

(3) 裁切时需注意机械方向一致的原则。

2. 前处理——用抛光机清洁覆铜板

采用刷轮去除铜面上的污染物，增加铜面粗糙度，以利于后续的工作。

3. 刷感光油墨

在覆铜板面均匀地涂上感光线路油墨。

4. 烘烤

将涂了感光线路油墨的覆铜板放入烘烤箱烘干。设定烤箱温度75℃，时间15分钟。

5. 钻孔

用数控钻对烘干后的覆铜板钻孔。

6. 打印菲林

打印底层线路图。

7. 曝光

用曝光机曝光(曝光时间设置为 60 秒)。

经光源作用,将 PCB 板的信号层 (Singal Layer)即底层制作的菲林上的 PCB 布线图像转移到感光底板上。其中,菲林上的白色透光部分使紫外光透射过去,发生光聚合反应,不会被显影液洗掉;黑色部分则因不透光(印制线路,覆铜保留),不发生光聚合反应,会被显影液洗掉,露出线路部分。

8. 显影——用显影液显影(显现出线路图形)并冲洗干净

采用弱碱(Na_2CO_3)性显像液,把尚未发生聚合反应的区域冲洗掉,已感光部分刚因已发生聚合反应而洗不掉,留在铜面上,成为蚀刻或电镀的阻膜剂。

9. 烘干

将显影后的线路板烘干。

10. 镀锡——将烘干后的线路板放入镀锡机镀锡

将显影后裸露铜的表面镀上一层锡保护,作为蚀刻时的保护剂。

11. 退膜——镀锡后用脱膜液手动脱膜

去膜的目的就是利用强碱(NaOH)将保护铜面的抗蚀层剥掉,将露出的铜蚀掉。

12. 蚀刻——将去膜后的线路板放入腐蚀机蚀刻

采用蚀刻液(氨水),将非导体部分的铜蚀掉。

13. PCB 防焊(Solder Mask)——制作阻焊

使用 PCB Top Solder Layer 与 Bottom Solder Layer 两个防焊层制作的丝网进行加工。单面板只需在底面制作,其目的如下。

(1) 防焊:防止波焊时造成的短路,并节省焊锡用量。

(2) 护板:防止线路被湿气、各种电解质及外来的机械力所伤害。

(3) 绝缘:由于板子越来越小,线路间距越来越窄,所以对防焊漆绝缘性质的要求越来越高。

在 PCB 工业生产中,防焊处理一般用 IR 烘烤型或 UV 硬化型油黑作为原料,采用影像转移的方法实现。具体工作流程为:前处理→印刷→预烘烤→曝光→显影→烘烤。

(1) 前处理

以 SPS 为原料,去除表面氧化物,增加板面粗糙度,加强板面油墨附着力。

(2) 印刷

利用 Solder Layer 制作的丝网图案,采用印刷型(Screen Printing)或淋幕型(Curtain Coating)或喷涂型 (Spray Coating)或滚涂型 (Roller Coating)的印刷方式,将防焊油墨准确地印写在 PCB 的非焊接点的铜箔上。要注意油墨厚度,一般为 1~2mil,独立线拐角处为 0.3mil。

(3) 预烘烤

赶走油墨内的溶剂,使油墨部分硬化,不致在曝光时粘底片。在预烘烤过程中要注意：温度与时间的设定，需参照供应商提供的条件，双面印与单面印的预烤条件是不一样的；烤箱的选择需注意通风及过滤系统，以防异物沾黏；温度的设定，必须有警报器，时间一到必须马上拿出，否则会造成显影不尽；隧道式烤箱的产能及品质都较佳，唯空间及成本需要考量。

(4) 曝光

采用曝光机，将 Solder Layer 菲林影像转移到 PCB 上。使 Solder Layer 上的油黑进行聚合反应，而非 Solder Layer 上的油黑不进行聚合反应。制作过程中要注意曝光机的选择，能量管理，以及抽真空良好。

(5) 显影

将 PCB 板放入显影机中，利用浓度为 1%的碳酸钠溶液将未聚合的感光油墨去除。制作过程中要注意药液浓度、温度及喷压的控制；显影时间(即线速)与油墨厚度的关系。

(6) 烘烤

主要让油墨的环氧树脂彻底硬化。

14. PCB 丝印文字印刷——制作字符

采用丝印油黑，利用 PCB 板上由 Top Overlayer 与 Bottom Overlayer 制作的丝网，将 PCB 上电路元件的序号及其他文字符号印刷在 PCB 设计时所确定的位置上，再通过烘烤固化。这样做的目的是利于将来维修、识别及生产线上装配。

15. PCB 加助焊剂(Paste Mask)

PCB 的助焊剂有很多种，加助焊剂的目的一个是防止焊点氧化，另一个就是提供后续装配制程的良好焊接基地。实际生产中，常用的加助焊剂的工艺是喷锡，主要制作流程为：前处理→上 FLUX→喷锡→后处理。

(1) 前处理

将铜表面的有机污染氧化物等去除。

(2) 上 FLUX

采用 FLUX 涂抹在 PCB 的铜表面，以利于铜面上附着焊锡。要注意 FLUX 的黏度与酸度，以及是否易于清洁。

(3) 喷锡

采用机台，利用化学反应将铜面附上锡。操作过程中要注意以下几点。

① 机台设备的性能。

② 风刀的结构、角度、喷压、热风温度、锡炉温度、板子通过风刀的速度以及浸锡时间等。

③ 外层线路密度及结构。

(4) 后处理

将残留的助焊剂或由锡炉带出的残油类物质洗掉。本步骤是喷锡的最后一个程序，看似没什么，但若不用心，会功败垂成，需要考虑的几点是：冷却段的设计；水洗水的水质、水温及循环设计；轻刷段。

16. 成型与终检

(1) 成型

采用数位机床机械切割,将板子裁切成客户所需规格尺寸。

(2) 终检

为确保产品品质,PCB 在出厂前要进行测试与检验。

测试的目的是将不良板区分出来,若任其流入以下制程,势必增加不必要的成本。

检验是制程中最后的品质查核,检验的主要项目包括:

① 尺寸的检查项目(Dimension):外形尺寸(Outline Dimension)、各尺寸与板边(Hole to Edge)、板厚(Board Thickness)、孔径(Holes Diameter)、线宽(Line Width/Space)、孔环大小(Annular Ring)、板弯翘(Bow and Twist)及各镀层厚度(Plating Thickness);

② 外观检查项目(Surface Inspection):孔破(Void)、孔塞(Hole Plug)、露铜(Copper Exposure)、异物(Foreign Particle)、多孔/少孔(Extra/Missing Hole)、金手指缺点(Gold Finger Defect)及文字缺点(Legend(Markings));

③ 信赖性(Reliability):焊锡性(Solderability)、线路抗撕拉强度(Peel Strength)、切片(Micro Section)、S/M 附着力(S/M Adhesion)、Gold 附着力(Gold Adhesion)、热冲击(Thermal Shock)、阻抗(Impedance)及离子污染度(Ionic Contamination)。

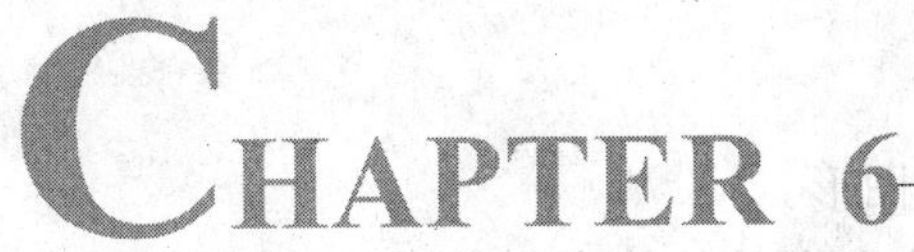

任务6

扩音机的安装调试与检测

6.1 电子产品常用图纸及识图方法

电子产品在装配之前，应做好与整机装配密切相关的各项准备工作，包括识别和读懂各种与电子产品装配相关的图纸，这是顺利完成整机装配的重要保障。

学会识读图纸，是电子产品生产工艺和管理中不可缺少的重要环节。只有读懂各种相关的图纸，才有利于了解电子产品的结构和工作原理，有利于正确地生产、检测、调试电子产品，能够快速地进行维修。识图技能在电子产品的开发、研制、设计和制作中起着重要的指导作用。

电子产品装配过程中常用的图纸有零件图、装配图、方框图、电原理图(DL)、接线图(JL)及印制电路板组装图等。

1. 零件图

零件图是表示零部件形状、尺寸、所用材料、标称公差及其他技术要求的图样。

识读方法：先从标题栏了解零部件的名称、材料、比例、实际尺寸、标称公差和用途，再从已给的视图初步了解该零部件的大致形状，然后根据给出的几个视图，运用形体分析法及线面分析法读出零部件的形状与结构。

2. 装配图

装配图是表示产品组成部分相互连接关系的图样。

识读方法：首先看标题栏，了解图的名称、图号；接着看明细栏，了解图样中各零部件的序号、名称、材料、性能及用途等内容；然后分析装配图上各个零部件的相互位置关系和装配连接关系等。

零件图和装配图相配合，可用于产品的装配、检验、安装及维修。

3. 方框图

方框图主要是用一些方框和少量图形符号来表示的一种图样，它主要体现电子产品各个组成部分，以及它们在电性能方面所起作用的原理和信号的流程顺序。

识读方法：从左至右、自上而下地识读，或根据信号的流程方向进行识读，在识读的同时了解各方框部分的名称、符号、作用以及各部分的关联关系，从而掌握电子产品的总体构成和功能。

4. 电原理图(DL)

电原理图是详细说明电子元器件相互之间、电子元器件与单元电路之间、产品组件之间的连接关系，以及电路各部分电气工作原理的图形。

识读方法：先了解电子产品的作用、特点、用途和有关的技术指标，结合电原理方框图从上至下、从左至右，由信号输入端按信号流程，一个单元电路一个单元电路地熟悉，一直到信号的输出端。

5. 接线图(JL)

接线图是表示产品装接面上各元器件的相对位置关系和接线的实际位置的略图。接线图可和电原理图或逻辑图一起用于指导电子产品的接线、检查、装配和维修工作。

识读方法：先看标题栏、明细表；然后参照电原理图，看懂接线图；最后按工艺文件的要求将导线接到规定的位置上。

6. 印制电路板组装图

印制电路板组装图是用来表示各种元器件在实际电路板上的具体方位、大小以及各元器件与印制板的连接关系的图样。

识读方法：应配合电原理图一起完成。

(1) 首先读懂与之对应的电原理图，找出原理图中基本构成电路的关键元件。

(2) 在印制电路板上找出接地端。

(3) 根据印制板的读图方向，结合电路的关键元件在电路中的位置关系及与接地端的关系，逐步完成印制电路板组装图的识读。

6.2 集成电路的检测

由于集成电路(IC)内部结构较为复杂，故对它的检测不像对其他元件的测量那样直观，只能根据工作时的各脚电压，在路或开路时各脚对地电阻与额定电压、标准电阻相比较来大致断定。IC在完成某种功能时应与外围元件相配合，故当电路工作失常时，应首先看IC外围有无明显的损坏，外围元件是否脱焊或变质，若一切完好，再对IC进行测量。

1. 测电压

IC在某一电路上应用时，各脚对地电压有一个确定的数值，用万用表测出各脚的实际电压与标准值对照。这一标准值一般在IC手册或IC所在机器的电路中可以查到。当然，同一块IC用在不同的电路上，各脚电压有所差异，同一个电路所用电源电压高低不同，IC各脚电压也不同，故在使用标准值时，一定要注意应用电路及电源电压。若IC各脚电压与标准电压基本相符，表明IC工作正常；若某一脚或几脚数值偏差较大，相对误差大于20%，则应怀疑IC是否损坏；若电压有误差但差别不是太大，不妨再配合测电阻或电流来做进一步的判定。

2. 测电阻

若IC内部某些元件断路或击穿，可通过测量各脚对地间的电阻来判定。IC各脚对地的标准阻值一般也是通过手册或日常积累实际测量而得。该阻值分开路电阻和在路电阻。显然，由于外围元件的影响，这两只阻值是不同的。每一个脚的电阻又包含正向电阻和反向电阻。在确定各引脚电阻时，都必须指明是红笔接地还是黑笔接地。

在测量电阻时，还应该注意所用万用表的型号及电阻的挡位，因为不同的万用表，精度不同，测量同一电阻时所得数值亦存在误差，同一块表用不同的电阻挡测得的数值亦不相同。因此，实测出的各脚对地电阻都要指明用什么型号的万用表，置于哪个电阻挡位，红笔接地还是黑笔接地，是在路还是开路。若是在路，还应指出应用在哪种电路上。

3. 测量电流

集成电路工作时，各脚均流入或流出一定的电流，通过测量一些关键引脚的电流就可以大致判定IC的工作情况。例如，电源脚一般处理弱信号的IC，使用电流为几毫安到十几毫安；处理强信号的功放块，电流为几十毫安。

测量集成电路电流时，将电源引脚与外电路断开，将万用表两支表笔串接在断开引脚与外电路之间，通电后测电流。若测得的电流为零，表明IC内部断路；若测得的电流明显大于集成电路允许流过的额定电流（该数值一般在集成电路手册上均会给出，可查阅），表明内部有击穿、短路现象。

4. 代换法

代换法是用已知完好的同型号、同规则的集成电路来代换被检测的集成电路，可以判断出被检测集成电路是否损坏。

顺便说明的是，在测量集成电路在路电压、在路电阻、在路电流时，也可对照同一机型上的相同集成电路进行对比检测，以发现问题所在。

5. 集成电路使用注意事项

(1) 使用集成电路时，其各项电性能指标应符合规定要求。

(2) 在电路设计安装时，应使集成电路远离热源；对输出功率较大的集成电路，应采取有效的散热措施。

(3) 整机装配时，一般使用20～30W的电烙铁，最后对集成电路进行焊接，避免焊接过程中的高温损坏集成电路。

(4) 不能带电焊接或插拔集成电路。

(5) 正确处理好集成电路的空脚，不能擅自将空脚接地、接电源或悬空。

(6) 在使用MOS集成电路时，应特别注意防止静电感应击穿。

6.3 扩音机电路的安装与调试

扩音机电路安装的具体步骤如下：

(1) 元器件清点、辨认及检测：使用万用表检测各元器件的好坏。例如，粗测运算放大器好坏。

运算放大器 μA741 的管脚如图6.3-1所示。用万用表的电阻挡可以粗测运算放大器(简称运放)好坏,测量方法是:根据运放的内部电路结构,找出测试脚。首先测试正、负电源端与其他各引脚之间是否有短路(欧姆挡置“×1k”)。如果运放是好的,则各引脚与正、负电源端无短路现象。再测试运放各级电路中主要晶体管的PN结电阻值是否正常,一般情况下正向电阻小,反向电阻大。例如,检查μA741输入级差动放大器的对管是否被损坏,可以测量③脚(同相端)与⑦脚(正电源端)之间的正向电阻(③脚接黑表笔,⑦脚接红表笔)与反向电阻(③脚接红表笔,⑦脚接黑表笔)及②脚(反相端)与⑦脚间的正、反向电阻。如果正向电阻小、反向电阻大,说明输入级差分对管是好的。同理,可以检查输出级的互补对称推挽管是否损坏,如果⑥脚(输出端)与⑦脚之间的正向电阻小、反向电阻大及④脚(负电源端)与⑥脚之间的正向电阻小、反向电阻大,说明推挽管是好的。

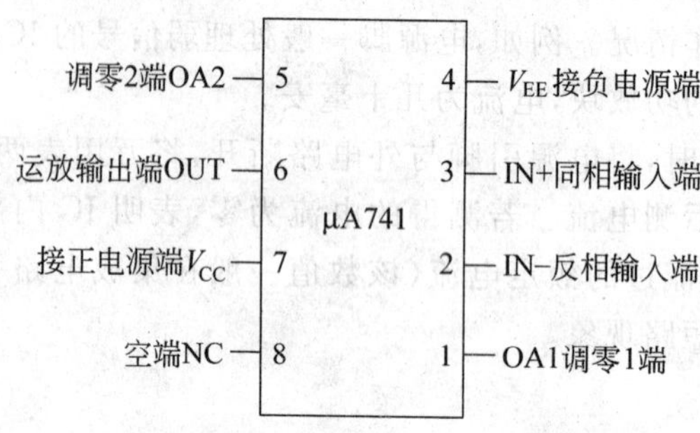

图 6.3-1 μA741运算放大器管脚

测试时应注意,不要用小电阻挡(如“×1”挡),以免测试电流过大;也不要用大电阻挡(如“×10k”挡),以免电压过高损坏运放。

(2) 元器件成型、插装。

(3) 电路板上元器件的焊接装配顺序为:先焊装小型、普通的元器件,即先焊装电阻、二极管、稳压二极管、可调电阻、电容器、集成芯片等,再焊装大元件及特殊的元器件。TDA2030要装在散热片上,散热片可以用铝板制作(100mm×80mm×3mm)。

(4) 电源变压器的装配。用M4×12的螺钉将变压器装在底板上。

(5) 调试。装配完成后,要仔细审查电路连接。确认正确后,接上音箱或喇叭,并调节电位器,试听扩音机的效果。整机各部件温度不很高,无异常状态,扩音机就算基本合格了。

(6) 故障分析与排除。

6.4 扩音机电路性能指标的测试

电路安装合格后,进行性能指标的测试。

1. 测量各级电路的静态工作点

接上电源,用万用表直流电压挡测量集成运放各管脚对地电压,并将结果记入表6.4-1。

表 6.4-1　集成电路静态测量值

A1 LM741					A2 LM741					A3 TDA2030				
2脚	3脚	4脚	6脚	7脚	2脚	3脚	4脚	6脚	7脚	1脚	2脚	3脚	4脚	5脚

注意：测量集成运放各脚的电压时，一般将万用表测试棒搭接在与运放引脚直接相连的其他连接点上，以免万用表测试棒将运放的引脚互相短路，造成运放损坏。

2. 测量各级电压增益

在下列条件下测试前置级、音调控制级、功率放大级的电压增益和整机增益，并将结果记入表 6.4-2。

表 6.4-2　测量各级电压增益和整机增益

前置级		音调控制级		功率放大级		整　机	
U_{i1}		U_{i2}		U_{i3}		U_i	
U_{o1}		U_{o2}		U_{o3}		U_o	
A_{V1}		A_{V2}		A_{V3}		A_V	

(1) 音量电位器 RP_3 置于最大位置。

(2) 音调控制电位器置中心位置。

(3) 扩音机的输出在额定输出功率以内，并保证输出波形不产生失真。

(4) 输入信号是频率为 1kHz 的正弦波。

3. 测量各项指标

(1) 最大不失真输出电压 U_{omax}（或 U_{op-p}）

(2) 输入灵敏度 U_{imax}

(3) 最大输出功率 P_o

在测这三项内容时，可一次测得相关数据，计算后得出各指标。具体做法是在输出端加接额定负载（4Ω 功率电阻），逐渐增大输入信号，用示波器同时观察输入、输出信号，当输出波形刚好不出现失真时，用交流毫伏表测出输入和输出电压。此时的输入电压就是最大输入灵敏度 U_{imax}（$U_{imax}<100\text{mV}$），输出电压就是最大不失真输出电压 U_{omax}。同时可得最大输出功率

$$P_o = \frac{U_{omax}^2}{R_L}$$

(4) 噪声电压 U_N

除去输入信号，并且将扩音机电路输入端对地短路，此时测得的输出电压有效值即为 U_N。

(5) 整机电路的频率响应

在高低音不提升、不衰减时（即将音调电位器 RP_1 和 RP_2 放在中心位置），保持输入信号幅度不变，并且改变输入信号 U_i 的频率。随着频率的改变，测出当输出电压下降到中频（$f=1\text{kHz}$）输出电压 U_o 的 0.707 倍时，所对应的频率 f_L 和 f_H。一般要求频带不小

于 50Hz～20kHz。

(6) 整机高低音控制特性

先将 RP_1、RP_2 电位器旋至中间位置，减小输入信号幅度($f=1$kHz)，使输出电压为最大输出电压的 10%左右。保持 U_i 不变，测出 U_o，算出中频($f=1$kHz)时的 A_V。

① $f=100$Hz 时的音调控制特性。使电位器 RP_2 旋至两个极端位置 A 和 B，依次测出 A_{VA} 和 A_{VB}(即测出 U_{oA} 和 U_{oB})，并由此计算出净提升量和净衰减量，用分贝表示。

② $f=10$kHz 时的音调控制特性。使电位器 RP_1 旋至两个极端位置 C 和 D，一次测出 A_{VC} 和 A_{VD}，由此计算出净提升量和净衰减量，用分贝表示。

(7) 听音实验

将信号送入扩音机电路，逐一改变音调电位器 RP_1 和 RP_2，试听喇叭发音情况。测试表格自拟。

学习情境3

数字钟的设计与制作

任务7　数字钟的设计与原理图绘制

任务8　数字钟PCB的设计与制作

任务9　数字钟的安装调试与检测

CHAPTER 7

任务7

数字钟的设计与原理图绘制

7.1 数字钟电路设计

7.1.1 数字钟的功能要求

(1) 基本功能

① 准确计时,以数字形式显示时、分、秒的时间;

② 小时的计时要求为“24 翻 1”,分和秒的计时要求为 60 进位;

③ 校正时间。

(2) 扩展功能

整点报时。

7.1.2 数字钟电路系统的组成框图

数字钟电路系统由主体电路和扩展电路两大部分组成。其中,主体电路完成数字钟的基本功能,扩展电路完成数字钟的扩展功能,如图 7.1-1 所示。

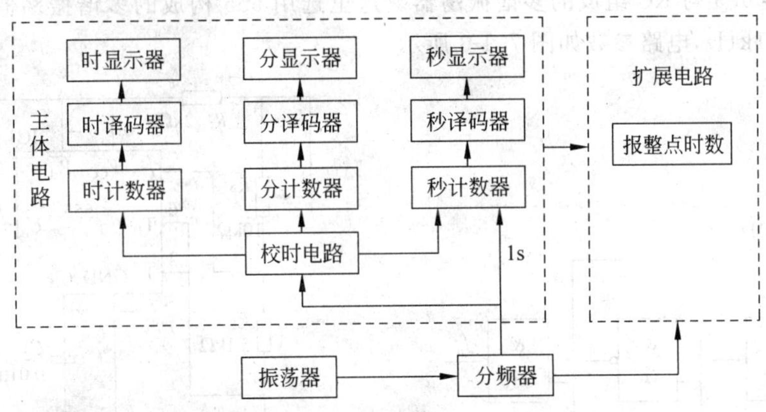

图 7.1-1 数字钟电路系统组成框图

7.1.3 数字钟的结构原理

(1) 振荡器: 产生时间标准信号,其频率的高低决定了计时器的准确度。

(2) 多级分频器：将振荡器产生的频率稳定的信号变为秒信号。

(3) 计时计数器

① 秒计数器：六十进制计数器；

② 分计数器：同秒计数器；

③ 时计数器：二十四进制计数器。

(4) 译码显示电路：将 8421BCD 码译成七段数码显示信号，由数码管显示。

(5) 校时电路：当数字钟走时与标准时间不同时，需对时、分、秒进行校准。

(6) 报时电路：整点给出报时音频信号；从 59 分 50 秒开始启动报时电路，每隔 1 秒响一声，每次持续 1 秒，低音 4 次，高音 1 次。

7.1.4 主体电路的设计

主体电路是由功能部件或单元电路组成的，在设计这些电路或选择部件时，尽量选用同类型的元器件，如所有功能部件都采用 TTL 集成电路或都采用 CMOS 集成电路。整个系统所用的元器件种类应尽可能少。下面介绍各种功能部件与单元电路的设计。

1. 振荡器的设计

振荡器是数字钟的核心，振荡器的稳定度及频率的精确度决定了数字钟计时的准确程度，通常选用石英晶体构成振荡器电路。一般来说，振荡器的频率越高，计时精度越高。图 7.1-2 所示为晶体振荡器电路，其频率为 100kHz。R_f 的作用是设置 G_1 工作在转折区，其取值要大小合适。太大，工作不稳定；太小，损耗大。G_3 起整形缓冲作用，使输出端得到稳定的矩形脉冲时基信号 f_0。

如果精度要求不高，也可以采用由集成逻辑门与 RC 组成的时钟源振荡器，或由集成电路定时器 555 与 RC 组成的多谐振荡器。这里选用 555 构成的多谐振荡器，设计振荡频率 f_0 为 1kHz，电路参数如图 7.1-3 所示。

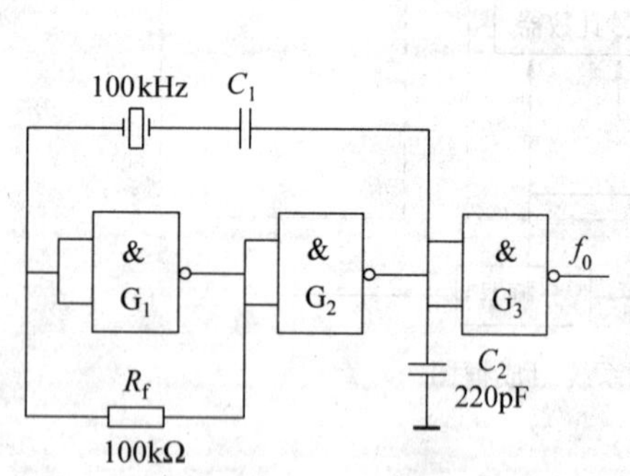

图 7.1-2 晶体振荡器电路

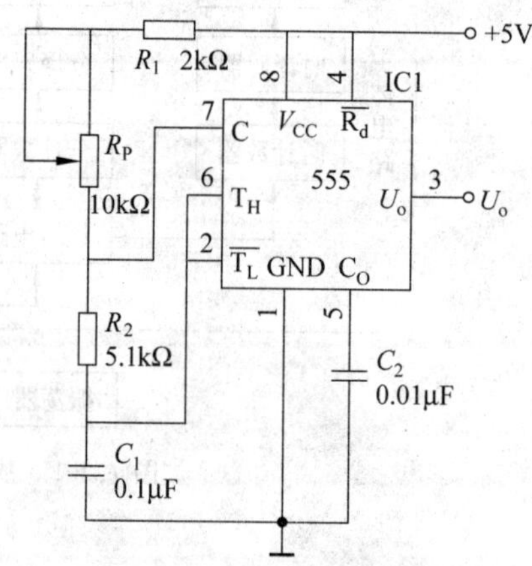

图 7.1-3 555 振荡器电路

2. 分频器的设计

分频器的功能主要有两个：一是产生标准秒脉冲信号；二是提供功能扩展电路所需要的信号，如报时用的1kHz高音频信号和500Hz低音频信号。

石英晶体振荡器产生较高频率的信号，需经过多级分频器分频后得到秒信号。若f_0＝100kHz，要得到秒信号（1Hz），需要5级十分频，用C4518十进制计数器组成。

对于用555构成的多谐振荡器，设计振荡频率f_0为1kHz。选用3片中规模集成电路计数器4518也可以完成上述功能，因每片为1/10分频，3片级联可获得所需要的频率信号，即第1片的Q_a输出频率为500Hz，第2片的Q_d输出频率为10Hz，第3片的Q_d输出频率为1Hz，如图7.1-4所示。同步十进制计数器有4个输出端D、C、B、A，Q_a二分频，Q_b四分频，Q_c＝Q_d十分频。

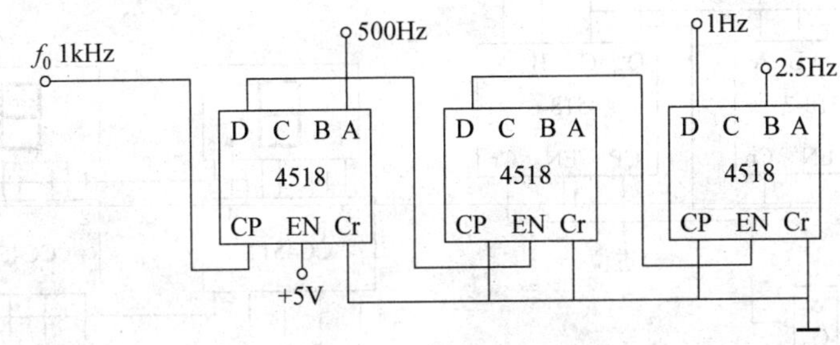

图7.1-4　分频器电路

3. 时分秒计数器的设计

（1）秒、分计数器

有了秒信号，要记录出秒、分、时的时间，只要按不同的单位累加计数就可以了。按习惯，对秒计数器的要求是：秒个位为十进制计数，秒十位为六进制计数。用两个十进制计数器来构成模60的计数器，如图7.1-5所示。4518的EN端接高电平，CP端接秒信号，秒个位累计计数；秒十位的4518的CP端接0电平，EN端接个位的Q_d，此时4518的计数方式是EN为输入端，对下降沿有效。当秒个位数为9时，其对应的二进制代码为1001，再来一个秒脉冲，Q_d端由1变0，产生一个下降沿，输入秒十位的EN端，使秒十位计1。而当秒十位的数计为0110，即6时，与非门G_4为0，G_5为1，使秒计数器清零，同时输出一个进位信号给分计数器的个位。

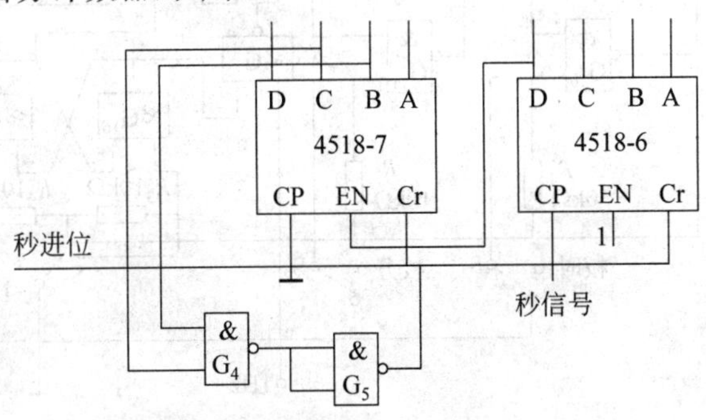

图7.1-5　秒、分计数器电路

分计数器与秒计数器完全相同。

(2) 时计数器

时计数器是二十四进制，也用4518十进制计数器加反馈清零法来实现。当时十位为2(即0010)，时个位为4(即0100)时，与非门 G_8 输出为0，G_9 输出为1，给时计数器清零，如图7.1-6所示。

4. 译码显示电路的设计

译码显示电路采用CC4511与数码管组成显示器，电路如图7.1-7所示。数码显示管为BS202共阴数码显示管，时、分、秒各两个。CC4511为BCD码七段显示译码器，4511的功能表及管脚图在后面的章节介绍。

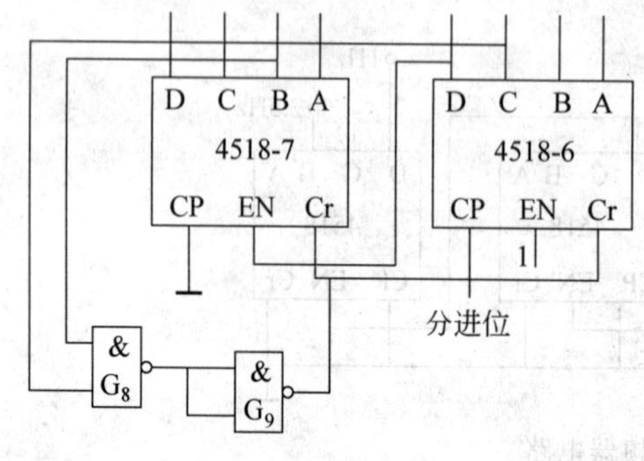

图7.1-6 时计数器电路

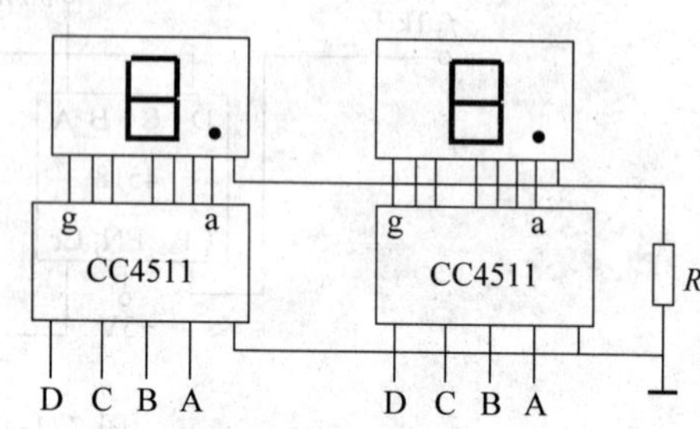

图7.1-7 译码显示电路

5. 校时电路

(1) 校时的含义

当显示时间与标准时间不同时，需要另输入频率较秒信号高的信号，使计数器快速达到标准时间值。因此，校时电路是一个当需要校时时，能够给时、分、秒计数器提供一个快速计数脉冲的控制电路，如图7.1-8所示。

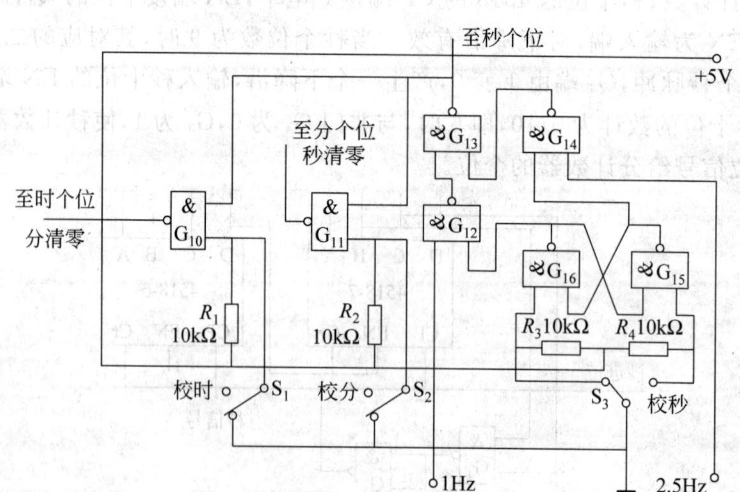

图7.1-8 数字钟校时电路

(2) 校时电路原理说明

① 正常计时时：S_1、S_2、S_3 为常态，即闭合状态，G_{10}、G_{11}关门，秒信号经 G_{12}、G_{13}送至秒个位正常计数。

② 校时：S_1 断开，G_{10}开门，直接将秒信号送至时计数器，使时计数器快速对时。

③ 校分：S_2 断开，G_{11}开门，直接将秒信号送至分计数器，使分计数器快速计数。

④ 校秒：S_3 断开，G_{16}输出为 0，G_{15}输出为 1，G_{12}关门，G_{13}、G_{14}开门，将 2.5Hz 信号送入秒计数器，使秒计数器快速计数对时。

6. 整点报时电路

(1) 要求：在整点差 10 秒时开始报时，每隔 1 秒叫 1 次，一共叫 5 次，每次为 1 秒，且前四声为低音，最后一声为高声。

(2) 方案：用逻辑门组成的控制电路控制从分频电路中取出 1kHz 信号和 500Hz 信号，并分别在 59 分 59 秒和 59 分 51、53、55、57 秒时送至三极管的基极推动喇叭发声，电路如图 7.1-9 所示。

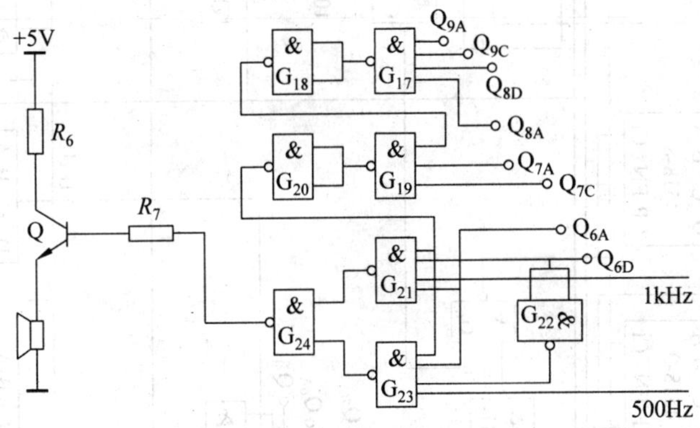

图 7.1-9　整点报时电路

7.1.5　数字钟整体电路设计

数字钟整体电路的确定由以上各单元电路组成，组成后的整体电路如图 7.1-10 所示。

该数字钟的工作原理是：振荡器产生的稳定的高频脉冲信号作为数字钟的时间基准，再经分频器输出标准秒脉冲。秒计数器计满 60 后向分计数器进位，分计数器计满 60 后向小时计数器进位，小时计数器按 24 规律计数。计数器的输出经译码器送显示器。计时出现误差时，可以用校时电路进行校时、校分、校秒。扩展电路必须在主体电路正常运行的情况下才能进行功能扩展。

7.1.6　数字钟元器件的选择

该数字钟全部采用 CMOS 集成电路芯片，稳定性高，抗干扰能力强，电源适用范围

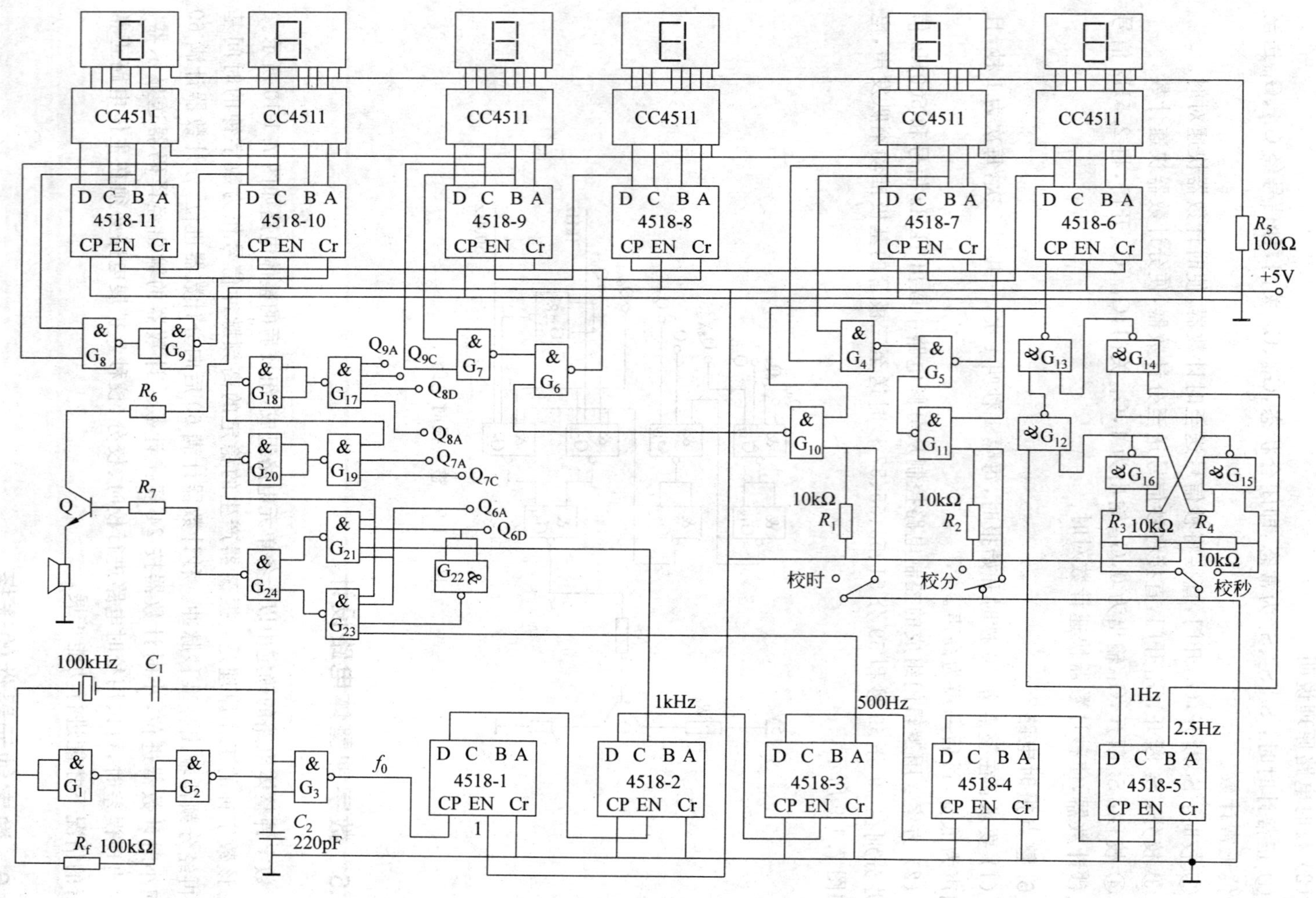

图 7.1-10 数字钟原理图

广。当然,也可选用 TTL 集成电路。下面介绍该电路主要芯片的功能和管脚。

(1) C4518 管脚及功能

C4518 的管脚及功能如图 7.1-11 和表 7.1-1 所示。

16	15	14	13	12	11	10	9
V_{DD}	2Cr	$2Q_d$	$2Q_c$	$2Q_b$	$2Q_a$	2EN	2CP
C4518							
1CP	1EN	$1Q_a$	$1Q_b$	$1Q_c$	$1Q_d$	1Cr	V_{SS}
1	2	3	4	5	6	7	8

图 7.1-11 C4518 管脚排列图

表 7.1-1 C4518 十进制计数器功能表

CP	EN	Cr	功能
↑	1	0	计数
0	↓	0	计数
↓	×	0	保持
×	↑	0	保持
↑	0	0	保持
1	↓	0	保持
×	×	1	清零

(2) CC4511 管脚及功能

译码显示电路采用 CC4511 与数码管组成显示器。数码显示管为 BS202 共阴数码显示管。CC4511 为 4-7 段锁存译码器/驱动器。

CC4511 的管脚及功能如图 7.1-12 和表 7.1-2 所示。

16	15	14	13	12	11	10	9
V_{DD}	f	g	a	b	c	d	e
CC4511							
B	C	LT	BI	LE	D	A	V_{SS}
1	2	3	4	5	6	7	8

图 7.1-12 CC4511 管脚排列图

表 7.1-2 CC4511 功能表

输入							输出
LE	BI	LT	D	C	B	A	显示
×	×	0	×	×	×	×	8
×	0	1	×	×	×	×	消隐
0	1	1	D	C	B	A	相应的字符
1	1	1	×	×	×	×	锁存

① LT:试灯输入端,低电平有效;LT=0 时,全亮。

② BI:灭灯输入端,低电平有效;LT=1,BI=0 时,消隐。

③ LE:锁存;译码显示状态:LT=1,BI=1,LE=0。

(3) 数码管和 555 定时器

L105 共阴极数码管和 555 定时器管脚排列如图 7.1-13 所示。共阴极数码管在使用时切忌把数码管的 a~g 直接接电源,应在电源和引脚之间串一个 1kΩ 左右的限流电阻。也可用 MF47 型万用表检测各段是否发光。检测方法如下:使用万用表 R×1 电阻挡,

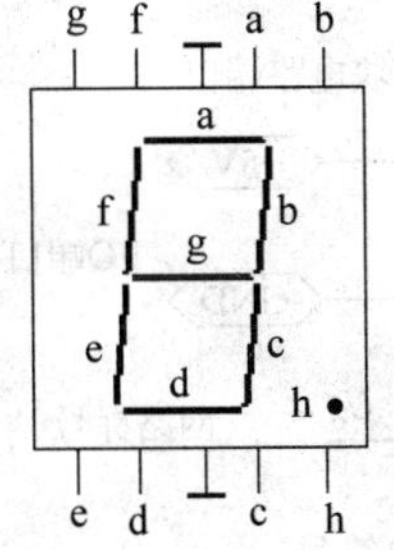

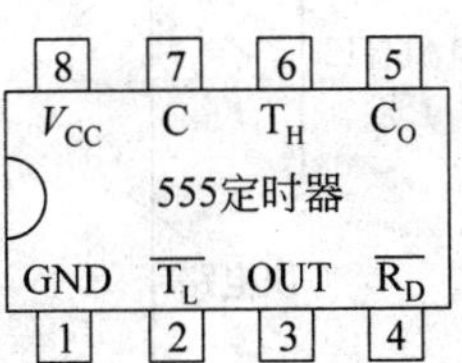

图 7.1-13 数码管、555 定时器管脚排列图

红表笔接地脚,黑表笔接触各脚,观察各段是否微亮。

(4) C4011 和 74LS20 与非门

C4011 与非门为四 2 输入与非门,74LS20 为双 4 输入与非门,芯片的管脚如图 7.1-14 所示。

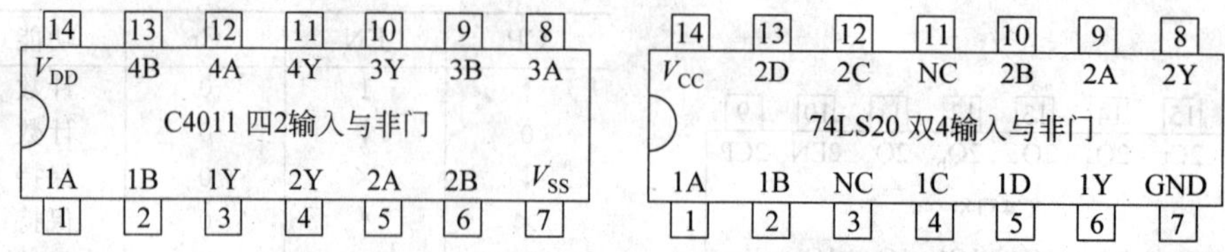

图 7.1-14 C4011 和 74LS20 芯片管脚排列图

7.2 层次原理图设计

在第一个学习情境中介绍了设计电路原理图的方法。在实际工作中,经常会遇到复杂的电路原理图,需要将它分成几个部分来绘制。如果采用普通的制图法将图纸简单地分成几个部分,在布印制电路板图时,会遇到一些麻烦——系统不会将这几张图纸当做一张完整的图纸进行布线,而是将它们作为多张图纸来布线。那么,有没有一种方法,既可以将一张复杂的电路原理图在绘制时分为多张,又可以自动按照一张图纸布图呢?答案是肯定的,采用层次电路原理图就可以解决上述问题。

在 Protel DXP 2004 SP2 中,层次电路原理图就是将一张复杂的电路原理图分成多个功能电路原理图和一个总图。功能电路原理图是其中的一个局部电路原理图,如一个电视机原理图可以分为电源电路原理图、扫描电路原理图、解码电路原理图、微处理器电路原理图、显像管电路原理图等几个功能电路原理图。总图就是将这几个功能电路原理图联系起来的一个框图。从层次上来说,这几个功能电路原理图从属于总图,层次很清楚,因此这种电路原理图就叫做层次电路原理图。

层次原理图就是要把整个设计项目分成若干原理图来表达。为了达到这一目的,必须建立一些特殊的图符、概念来表示各张原理图之间的连接关系。在介绍层次原理图之前,了解这些符号是非常必要的,如图 7.2-1 所示,该图中标注了一些符号的名称,分别介绍如下。

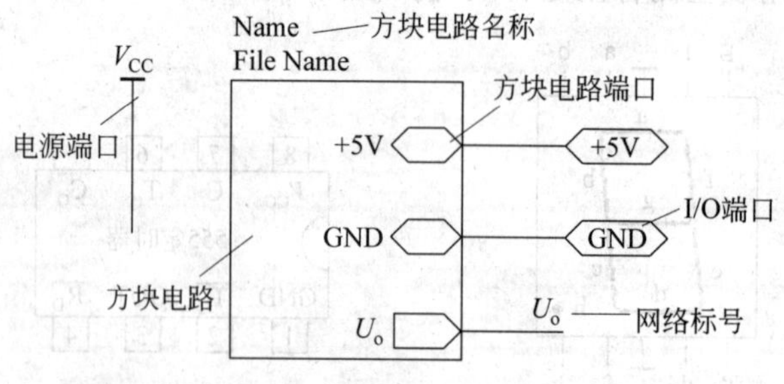

图 7.2-1 层次原理图的符号

(1) 方块电路：它代表了本图下一层的子图，每个方块电路都与特定的子图相对应。它相当于封装了子图中的所有电路，从而将一张原理图简化为一个符号。方块电路是层次原理图所特有的。

(2) 方块电路端口：它是方块电路所代表的下层子图与其他电路连接的端口。通常情况下，方块电路端口与和它同名的下层子图的I/O端口相连。

(3) 电源端口：这个符号很特别，在同一设计项目中，所有原理图的电源端口都是连通的(不管层次电路的形式如何)。

(4) I/O端口和网络标号：它们不是层次原理图所特有的，之所以要在这里提一下，是因为它们都可以在层次原理图的连接中发挥作用。

(5) 方块电路名称：就是相应的功能电路原理图名称。该名称有两行字符：上面的一行表示该方块电路标识符；下面一行表示该方块电路在功能电路原理图中的名称。

设计层次电路原理图时，可以先设计总图，再设计功能原理图(这种方法称为自顶向下设计)；也可以先设计功能电路原理图，再设计总图(这种方法称为自底向上设计)。下面分别介绍这两种设计方法。

7.2.1 自顶向下设计层次原理图

自上而下设计，就是先绘制最上层的原理图，也就是总的模块连接结构图，再向下一级分别绘制各个模块的原理图。此方法适用于展开一个全新的设计，从上往下一级一级完成设计。

自上而下的设计步骤如下。

第一步：建立层次原理图总图。

创建一个工程项目文件"数字钟项目.PrjPCB"，并保存到指定的文件夹。在工程项目中创建一个原理图文件并将其命名为"数字钟总图.SchDoc"，然后保存。

第二步：绘制方块电路。

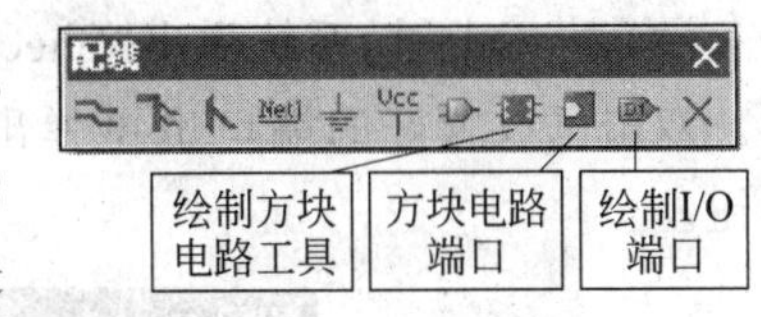

图7.2-2　"配线"工具栏

(1) 在母绘图页上绘制方块电路，单击"Wiring"("配线"工具栏)上的方块电路制作按钮，如图7.2-2所示；也可以执行菜单命令Place(放置)|Sheet Symbol(图纸符号)，再按Tab键，弹出方块电路属性对话框，如图7.2-3所示。在"Designator"(标识符)文本框中输入该方块图的名称，如"时计数器"。方块图名称最好与子电路图的文件名相同。在"Filename"(文件名)文本框中输入该方块图对应的子电路图文件名，如时计数器.SchDoc。注意，此处的"File Name"条目非常重要，定义完成后不要随便改动，因为是它指定了方块图寻找下层子绘图页的路径。如果方块图的"File Nema"和下层子绘图页的文件名不对应，生成网络的时候将会丢失整个子绘图页模块。

(2) 设置完成后，单击"确认"按钮，在方块图的对角线位置分别单击，则放置好一个方块图。

(3) 此时仍处于放置方块图状态，可重复以上步骤继续放置。整个项目准备划分几

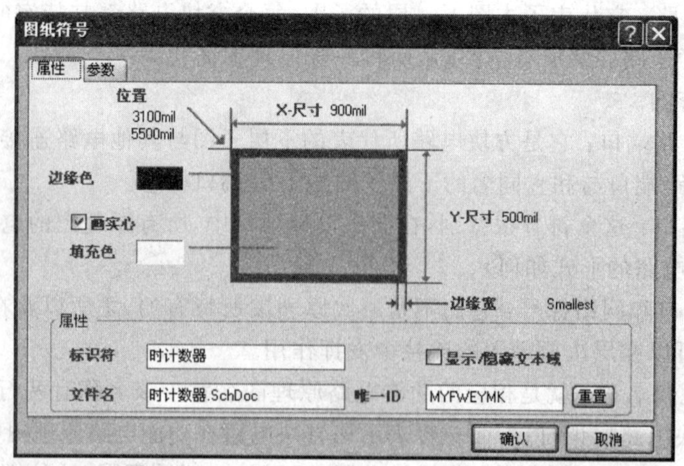

图 7.2-3　方块电路属性设置对话框

个模块就放置几个方块图。放置完毕后右击，退出放置状态。

如果对方块电路中的文件名称和标识符的字体及文字颜色不满意，可以双击该名称，在弹出的"图纸符号文件名"设置对话框中设置电路名称的字体、文字颜色、X/Y 轴位置、放置方向、是否隐藏等参数。

第三步：放置方块电路端口。

绘制完方块电路后，还需要在方块电路上放置方块电路端口，再根据整体电路将端口连接，完成一个方块电路。

(1) 单击"Wiring"（配线工具栏）上放置方块图端口的按钮，如图 7.2-2 所示；或执行菜单命令 Place（放置）| Add Sheet Entry（加图纸入口），光标变成"十"字形。

(2) 将"十"字光标移到方块图上单击，出现一个浮动的方块电路端口。此端口随光标的移动而移动。

(3) 按 Tab 键，系统弹出"Sheet Entry"（方块图端口）属性设置对话框，如图 7.2-4 所示。双击已放置好的端口也可弹出"Sheet Entry"对话框。按图设置，然后单击"确认"按钮。

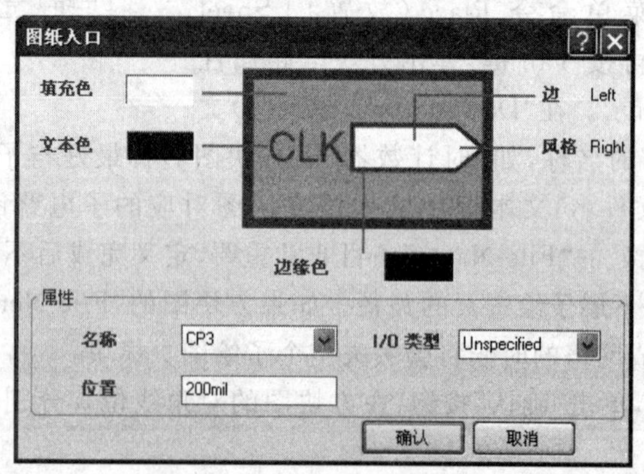

图 7.2-4　方块电路端口属性设置对话框

(4) 在合适位置单击,完成方块电路端口的放置。放置完一个后可继续放置下一个。在空白处右击,即可退出放置方块电路端口状态。

第四步:连接各电路。

在所有的方块电路及端口都放置好以后,用导线(Wire)或总线(Bus)进行连接。

第五步:设计子电路图。

总图制作完成后,开始绘制子绘图页功能电路原理图。在总图打开的状态下,进行如下操作。

(1) 执行菜单命令 Design(设计)|Create Sheet From Symbol(从符号生成图纸),光标变成"十"字形。

(2) 将光标移到方块电路上方,然后单击,弹出"Confirm"对话框,如图 7.2-5 所示,要求用户确认端口的输入/输出方向。若单击"Yes"按钮,产生的子绘图页功能电路图中的输入/输出端口将与总图中的输入/输出端口方向相反;若单击"No"按钮,则与总图中的输入/输出端口方向相同。若没有特殊要求,单击"No"按钮即可。

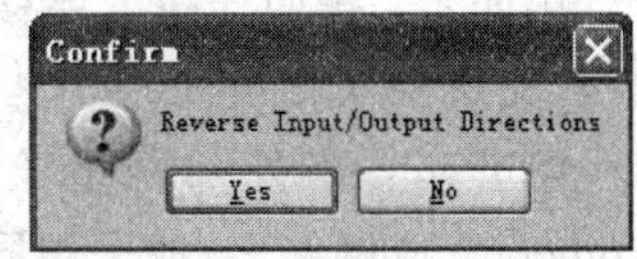

图 7.2-5 "Confirm"对话框

(3) 系统自动根据方块图的"File Name"生成文件名对应的子电路图,并且自动切换到子电路图界面,原理图中会自动产生与方块图名称相同的电路输入/输出端口。

(4) 在该原理图中绘制"时计数器"模块的内部电路。

当全部子功能电路都绘制完成后,便可以在总模块图中生成网络表,或在总模块图采用同步方式更新 PCB。

7.2.2 自底向上设计层次原理图

在设计层次电路原理图时,有时候会在绘制总图前不知道各个子功能电路具体有多少个连接端子,因此无法采用自顶向下的方法绘制层次原理图。此时最好采用自底向上的方法设计层次原理图。

自下而上的设计方法是指先绘制各个子功能模块的原理图,或者说有全部或部分的模块图已经绘制完成,再绘制上层总的模块连接结构图。

两种方法的结果相同,只是中间的操作过程有些差异。

自下而上的设计步骤如下。

第一步:创建一个工程项目文件并保存。

第二步:设计子电路图。

(1) 在该工程项目中建立一个原理图文件,完成绘制工作,并命名存盘。

(2) 放置子电路输入/输出端口。I/O 端口使用"Wiring"配线工具栏中的"放置 I/O 端口"图标进行绘制。

(3) 重复以上步骤,建立并绘制所有子电路图。

第三步:根据子电路图产生主电路图中对应的方块电路。

(1) 在该工程项目中新建一个原理图文件,并将文件名改为"总图.SchDoc"。

(2) 在该原理图文件中执行菜单命令 Design(设计)|Create Symbol From Sheet(从图纸生成符号),系统弹出"Choose Document to Place"(方块图选择)对话框,其中列出了当前目录中的所有原理图文件名。

(3) 选择准备转换为方块电路的原理图文件名,然后单击"OK"按钮。

(4) 系统弹出"Confirm"对话框,确认端口的输入/输出方向。这里单击"No"按钮。

(5) 光标变成"十"字形且出现一个浮动的方块电路图形,随光标的移动而移动。在合适的位置单击,即放置好对应的方块电路。在该方块图中已包含了所有的 I/O 端口,无须再放置。

(6) 重复以上步骤,可放置与所有子电路图对应的方块电路。

第四步:按照连线需要移动方块电路中端口的位置,而后用导线或总线等工具进行连线,完成层次化设计。

第五步:当外部网络绘制完成后,便可以在总模块图中为当前项目(选 Active Project)生成网络表,或采用同步方式更新 PCB。

7.2.3 层次电路文件之间的切换

1. 从主电路图中的方块图查看对应的子电路图

(1) 打开主电路图文件。

(2) 单击主工具栏上的文件切换图标 ,或执行菜单命令 Tools|Up/Down Hierarchy(变换层次),光标变成"十"字形。

(3) 在准备查看的方块图上单击,系统立即切换到该方块图对应的子电路图上。

(4) 右击,退出切换状态。

2. 从子电路图查看对应的主电路图

(1) 打开子电路图文件。

(2) 单击主工具栏上的文件切换图标 ,或执行菜单命令 Tools|Up/Down Hierarchy(变换层次),光标变成"十"字形。

(3) 在子电路图的端口上单击,系统立即切换到主电路图,并且主电路图呈掩膜状态,只有在子电路图中单击过的端口被显示。

(4) 在任意位置单击,即可退出掩膜状态。

7.3 数字钟原理图的绘制

对于数字钟电路,按一张原理图绘制显得比较复杂,而且容易出错,可采用层次原理图设计,先将数字钟按功能模块划分出子电路。划分的总的子功能模块如图 7.3-1 所示。

从图中可以看出,各模块的输入/输出端口在模块设计之前不能准确确定,没办法画出一张详尽的总图,所以采用自底向上的设计方法。先设计出下层模块的原理图,再由

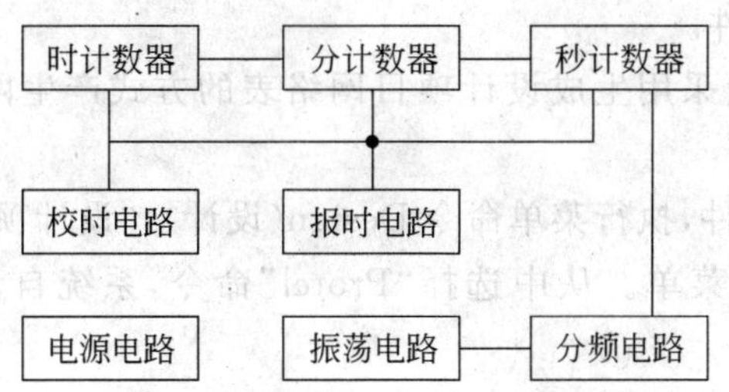

图 7.3-1 数字钟功能模块图

这些原理图产生方块电路，进而产生上层原理图。这样层层向上组织，最后生成总图。

数字钟原理图采用层次原理图自下而上的设计方法来绘制，步骤如下：

(1) 新建一个“数字钟”文件夹，再创建一个工程项目文件并命名保存。

在工程项目文件中新建 8 个原理图文件，命名为“时计数器. SchDoc”、“分计数器. SchDoc”、“秒计数器. SchDoc”、“振荡电路. SchDoc”、“分频电路. SchDoc”、“校时电路. SchDoc”、“报时电路. SchDoc”、“电源电路. SchDoc”，并完成各原理图子图的绘制工作，把需要与其他模块相连的端口用 I/O 端口的形式放置。

(2) 在该项目中建立一个新的原理图文件，命名为“数字钟总图. Sch”，双击打开这个文件。

(3) 执行菜单命令 Design(设计)|Create Symbol From Sheet(从图纸生成符号)，在弹出的“方块图选择”对话框中依次选择绘制好的子原理图，然后单击“OK”按钮确认。这时，Protel DXP 将自动产生代表该原理图的方块电路，同时产生确认输入/输出端口方向转换对话框，然后单击“NO”按钮继续。此时，按要求产生的方块电路符号将出现在光标上。将光标移至适当的位置，单击，就可将方块电路放置在总图上。

(4) 用同样的方法产生其他方块电路，然后将方块电路之间有电气连接关系的端口用导线或总线连接起来，就得到了如图 7.3-2 所示的总图，完成了层次化设计。

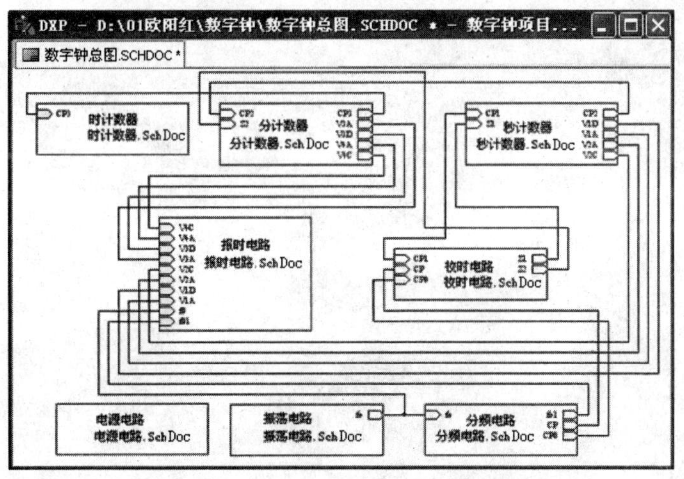

图 7.3-2 数字钟方块电路总图

(5) 建立网络表文件。

对于层次电路图，要采用生成设计项目网络表的方式产生网络表文件，以保证网络表文件的完整性。

打开数字钟总图文件，执行菜单命令 Design(设计)|“设计项目的网络表”，系统弹出项目网络表的格式选择菜单。从中选择“Protel”命令，系统自动生成 Protel 格式的网络表。

(6) 进行 ERC 电气规则检查。

打开数字钟总图，对其进行 ERC 电气规则检查。在电气规则检查对话框中，设置相关项，对数字钟整个项目进行 ERC 检查，直到无错为止。

(7) 生成元器件材料清单。

CHAPTER 8

任务 8

数字钟 PCB 的设计与制作

8.1 PCB 电磁兼容设计

电磁兼容的英文为 Electromagnetic Compatibility，简称 EMC。电磁兼容技术涉及的频率范围宽达 0～400GHz，研究对象除传统设施外，涉及舰船、航天飞机、洲际导弹，甚至整个地球的电磁环境。在此主要介绍与印制电路板相关的电磁兼容知识及电磁兼容性设计。

8.1.1 电磁兼容的一般知识

电磁兼容性是设备或系统在其电磁环境中能正常工作且不对该环境中的任何事物构成不能承受的电磁干扰的能力。电磁兼容性有两方面的含义，一方面，设备或系统产生的电磁干扰，不应对周围设备造成不能承受的影响，也不应对周围环境造成不能承受的“污染”；另一方面，设备或系统对来自周围环境中的电磁干扰，应具有足够的防御能力。电磁兼容是电子设备系统工程的重要指标，也是产品质量可靠性的重要指标。目前电子设备系统的灵敏度越来越高，并且接收微弱信号的能力越来越强，同时电子产品频带越来越宽，尺寸越来越小，要求电子设备抗干扰能力越来越强。

电磁兼容性的主要研究内容包括电磁兼容设计、电磁兼容测试、电磁兼容标准及电磁兼容预测。

电磁兼容三要素是干扰源、耦合通路和敏感体。切断以上任何一项都可解决电磁兼容问题，如图 8.1-1所示。图中，RE 为辐射发射，RS 为辐射灵敏度，CE 为传导发射，CS 为传导灵敏度。

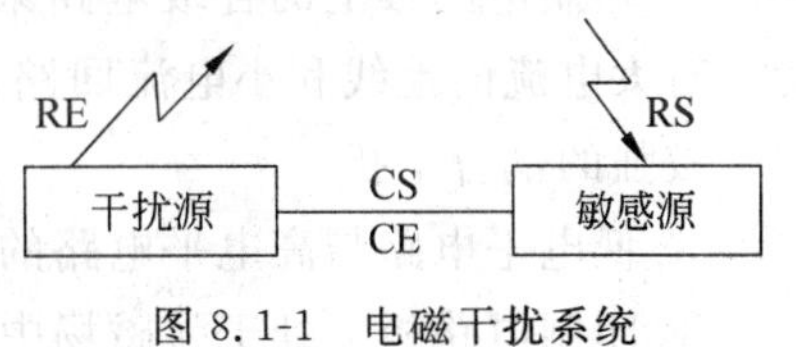

图 8.1-1 电磁干扰系统

电磁兼容的解决方案常用的主要有屏蔽、接地和滤波。屏蔽、滤波、合理接地、合理布局等抑制干扰措施都是有效的，在工程实现中被广泛采用。目前随着电子系统的集成化、综合化，如果继续采用以上措施，往往会与产品的成本、质量、功能要求产生矛盾，新的导电和屏蔽材料以及新的设计方法与新的 PCB 生产工艺方法的出现，使电磁兼容控制技术有了新的进展，因此权衡利弊，研究出最合理的方法来满足电磁兼容的要求，是对生产厂家及 PCB 设计人员提出的新要求。

8.1.2 电磁兼容性设计

电磁兼容性设计也称为耐环境设计方式，是电子产品设计时较为重要的一种方式。

1. 电磁兼容性设计方法

为了使设备或系统达到电磁兼容状态，通常应用印制电路板设计、屏蔽机箱、电源线滤波、信号线滤波、电缆设计等技术。

(1) 屏蔽设计

① 应采用良导体(例如铜、铝)作为高频电场的屏蔽材料，采用导磁材料(例如铁)作为低频磁场的屏蔽材料。

② 多重屏蔽能提高屏蔽效果和扩大屏蔽的频率范围。

③ 在印制电路板开口和间断处应做适当的屏蔽处理。

④ 屏蔽组合体各部分之间的电接触必须良好，金属之间搭铁必须紧密接触，搭线最好采用相同的材料，避免搭铁腐蚀，并应将搭铁片直接搭接在基本构件上。

(2) 印制电路板的布置设计

① 各级电路连接线应尽量缩短，尽可能减少寄生耦合，对高频电路尤为重要。

② 各级电路设计时，应尽量按原理图顺序排列布置，尽量避免各级电路交叉排列。

③ 每级电路的元器件应尽可能靠近各级电路的晶体管或电子管或集成电路，不应分布得太远，尽量使各级电路自成回路。

④ 高频电路应尽量避免导线平行排列，以减少寄生耦合，特别是不能像低频电路那样扎成一束。

⑤ 对产生电磁场较强的元器件和对电磁场感应灵敏的元器件，应垂直布置或远离或屏蔽，以减小互感耦合。

⑥ 电源供电线应靠近(电源的)地线并平行排列，以增加电源的滤波效应。

(3) 接地设计

① 所有接地引线应尽可能短，且直接接地。

② 印制电路板上的各级电路采用一点接地或就近接地，以防止地电流回路造成干扰。对大电流的地线和小电流回路的地线，应分开设置，以防止大电流流进公共的地线产生较强的耦合干扰。

③ 低电平电路与高电平电路的接地线应分开，数字信号地线与其他线也应分开。

④ 印制电路板上处于强磁场中的地线不应构成闭合电路，以避免出现地环路电流所产生的干扰。

⑤ 可能产生瞬变电流大的电路也应有单独的地线。

⑥ 印制电路板上的屏蔽罩不应与印制电路板的信号地线连接。

(4) 滤波元器件选用

① 在选择滤波器元器件时，必须使它们的阻抗网络与输入滤波器的参数相匹配。

② 滤波器应能承受规定的输入电流、电压波动范围，保证工作可靠，同时其输出电流

应满足负载的要求。

2. 防干扰设计举例

数字集成电路在实际应用中会遇到多余输入端。为了防止外界干扰，如电磁脉冲的干扰，应将多余端接正电压或接在地线上，如图 8.1-2 所示。

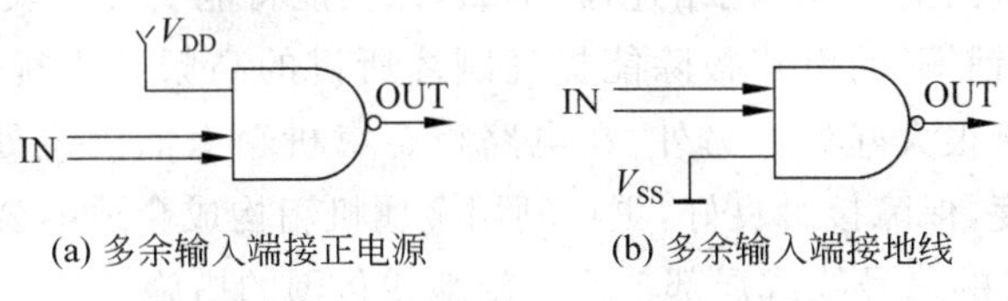

(a) 多余输入端接正电源　(b) 多余输入端接地线

图 8.1-2　数字电路多余输入端接正电源或地线

8.2 PCB 在布线设置中的电磁兼容方法

数字器件正朝着高速、低耗、小体积、高抗干扰性的方向发展，这一发展趋势对印制电路板的设计提出了很多新要求。本节对高频电路布线的一般要求和技巧作简单介绍。

(1) 高频电路往往集成度较高，布线密度大，采用多层板既是布线所必需的，也是降低干扰的有效手段。

Protel 能提供 16 个铜线层和 4 个电源层，合理选择层数能大幅度降低印制电路板尺寸。充分利用中间层来设置屏蔽，能更好地实现就近接地，有效地降低寄生电感，有效缩短信号的传输长度，大幅度地降低信号间的交叉干扰，所有这些都对高频电路的可靠工作有利。有资料显示，同种材料时，四层板要比双面板的噪声低 20dB。但是，板层数越高，制造工艺越复杂，成本越高。

(2) 高速电路器件管脚间的引线弯折越少越好。

高频电路布线的引线最好采用全直线，需要时，可用 45°折线或圆弧转折，这种要求在低频电路中仅仅用于提高铜箔的固着强度，而在高频电路中，满足这一要求可以减少高频信号对外的发射和相互间的耦合。

(3) 高频电路器件管脚间的引线越短越好。

(4) 高频电路器件管脚间的引线层间交替越少越好。

所谓“引线的层间交替越少越好”是指元件连接过程中所用的过孔(Via)越少越好。据测，一个过孔可带来约 0.5pF 的分布电容，减少过孔数能显著提高速度。

(5) 高频电路布线要注意信号线近距离平行走线所引入的“交叉干扰”。若无法避免平行分布，可在平行信号线的反面布置大面积“地”来大幅度减少干扰。

同一层内的平行走线几乎无法避免，但是在相邻的两个层，走线的方向必须取为相互垂直，这在 Protel 中不难办到，但却容易忽视。Protel 软件规则设置走线方向的选择有三种：Horizontal、Vertical 和 Not Used。在高频电路布线中，最好在相邻层分别取水平和竖直布线交替进行。同一层内的平行走线无法避免，但可以在印制电路板反面大面积敷设地线来降低干扰(这是针对常用的双面板而言,多层板可利用中间的电源层来实现这一功能)。Protel 软件提供了多边形填充功能来满足这种需求,即多边形栅格(条)铜箔面,选用栅格将会有较好的屏蔽效果,同时,栅格网的尺寸(习惯称作为"目")依据所要重点屏蔽的干扰频率而定。如果在放置它时就把多边形取为整个印制电路板的一个面,并把此栅格(条)与电路的 GND 网络连通,那么,该功能将能实现整块电路板的某一面的"铺铜"操作。经过"铺铜"的电路板除能提高刚才所讲的高频抗干扰能力外,还对散热、印制电路板强度等有很大好处。另外,在电路板金属机箱上的固定处加上镀锡栅条,不仅可以提高固定强度,保障接触良好,更可利用金属机箱构成合适的公共线。

(6) 对特别重要的信号线或局部单元实施地线包围的措施。

该措施在 Protel 软件中也能自动实现,即绘制所选对象的外轮廓线。利用此功能,可以自动地对所选定的重要信号线进行所谓的"包地"处理。当然,把此功能用于时钟等单元局部进行包地处理,对高速系统也非常有益。

(7) 各类信号走线不能形成环路,地线也不能形成电流环路。

Protel 软件自动布线的走线原则除了最短化原则外,还有基于 X 方向、基于 Y 方向和菊花状(daisy)走线方式,采用菊花状走线能有效地避免布线时形成环路。

(8) 每个集成电路块的附近应设置一个高频退耦电容。

由于 Protel 软件在自动放置元件时并不考虑退耦电容与被退耦的集成电路间的位置关系,任由软件放置,使两者相距太远,退耦效果大打折扣,这时必须用手工移动元件的办法事先干预两者位置,使之靠近。

(9) 模拟地线、数字地线等接往公共地线时要用高频扼流环节。

在实际装配高频扼流环节时用的是中心孔穿有导线的高频铁氧体磁珠,在电路原理图上对它一般不予表达,由此形成的网络表(netlist)不包含这类元件,布线时会因此而忽略它的存在。针对此现实,可在原理图中把它当作电感,在 PCB 元件库中单独为它定义一个元件封装,布线前把它手工移动到靠近公共地线汇合点的合适位置上。

8.3 PCB 环境参数设置

设置系统参数是电路板设计过程中非常重要的一步。系统参数包括光标显示、层颜色、系统默认设置、PCB 设置等。许多系统参数是符合用户个人习惯的,因此一旦设定,将成为用户个性化的设计环境。

设置 PCB 工作参数的方法如下:执行菜单命令 Tools(工具)|Preferences(优先设定),系统将弹出如图 8.3-1 所示的"Preferences"(参数设置)对话框。左侧 Protel PCB 文件夹包括 5 个选项,即 General、Display、Show/Hide、Defaults 及 PCB 3D。下面具体介绍各个选项的设置。

1. "General"选项

单击 General 即可进入 General 选项,如图 8.3-1 所示。从图中可以看到,

图 8.3-1 “General”对话框

General 包括 5 个部分，即 Editing Options（编辑选项）、Autopan Options（屏幕自动移动选项）、Polygon Repour（覆铜区重灌铜）、Interactive Routing（交互式布线）和 Other（其他）。

(1) “Editing Options”（编辑选项）用于设置编辑操作时的一些特性，包括如下设置。

① Online DRC（在线 DRC）：实时设计规则检查。在布线过程中，系统自动给出 DRC 检查，对违反规则的错误将给出提示。

② Snap To Center（对准中心）：用于设置当移动元件封装或字符串时，光标是否自动移动到元件封装或字符串参考点。系统默认选中此项。

③ Smart Component Snap（聪明的元件捕获）：选择该复选框后，当用户单击选取一个元件时，光标会出现在相应元件最近的焊盘上。

④ Double Click Runs Inspector（双击运行检查器）：选中该选项后，双击鼠标就能启动“Inspector”（检查器）窗口。此窗口显示所检查元件的信息，而不是打开该对象的属性编辑器对话框。

⑤ Remove Duplicates（删除重复）：自动删除标号重复的图元。系统默认选中此项。

⑥ Confirm Global Edit（确认全局编辑）：在进行整体修改时，系统是否出现整体修改结果提示对话框。系统默认选中此项。

⑦ Protect Locked Objects（保护被锁对象）：对于锁定的图元，在编辑时会给出警告信息，以确认不是误操作。

⑧ Confirm Selection Memory Clear（确认选择存储器清除）：用于确认清除选中存储器。选中该复选框后，用于保存一组对象的状态存储器空间。在被清除前，系统会询问用户是否清除。为了防止一个选择存储器空间被覆盖，应该选择该选项。

⑨ Click Clears Selection(单击清除选择对象)：用于设置当选取电路板组件时，是否取消原来选取的组件。选中此项，系统不会取消原来选取的组件，连同新选的组件一起处于选取状态。系统默认选中此项。

⑩ Shift Click To Select(Shift＋单击进行选择)：当选择该选项后，必须使用 Shift 键，同时按住鼠标左键才能选中对象。

(2) "Autopan Options"(屏幕自动移动选项)区域用于设置自动移动功能。

"Style"(风格)选项用于设置移动模式。系统共提供了 7 种移动模式，具体如下：

① Adaptive 为自适应模式，系统将根据当前图形的位置自适应选择移动方式。

② Disable 模式：取消移动功能。

③ Re-Center 模式：当光标移到编辑区边缘时，系统将光标所在的位置设置为新的编辑区中心。

④ Fixed Size Jump 模式：当光标移到编辑区边缘时，系统将以"Step Size"项的设定值为移动量，向未显示的部分移动；当按下 Shift 键后，系统将以"Shift Step"项的设定值为移动量，向未显示的部分移动。注意，当选中 Fixed Size Jump 模式时，对话框中才会显示"Step Size"和"Shift Step"操作项。

⑤ Shift Accelerate 模式：当光标移到编辑区边缘时，如果"Shift Step"项的设定值比"Step Size"项的设定值大，系统将以"Step Size"项的设定值为移动量，向未显示的部分移动；当按下 Shift 键后，系统将以"Shift Step"项的设定值为移动量，向未显示的部分移动。如果"Shift Step"项的设定值比"Step Size"项的设定值小，无论按不按 Shift 键，系统都将以"Step Size"项的设定值为移动量，向未显示的部分移动。

⑥ Shift Decelerate 模式：当光标移到编辑区边缘时，如果"Shift Step"项的设定值比"Step Size"项的设定值大，系统将以"Shift Size"项的设定值为移动量，向未显示的部分移动；当按下 Shift 键后，系统将以"Step Size"项的设定值为移动量，向未显示的部分移动。如果"Shift Step"项的设定值比"Step Size"项的设定值小，无论按不按 Shift 键，系统都将以"Step Size"项的设定值为移动量，向未显示的部分移动。

⑦ Ballistic 模式：当光标移到编辑区边缘时，越往编辑区边缘移动，移动速度越快。系统默认移动模式为"Fixed Size Jump"模式。

"Speed"(速度)文本框设置移动的速度。Pixels(像素)/Sec(秒)单选框为移动速度单位，即每秒多少像素；Mils/Sec(秒)单选框为每秒多少英寸的速度。

(3) "Interactive Routing"(交互式布线)用来设置交互布线模式，用户可以选择 3 种方式：Ignore Obstacle(忽略障碍)、Avoid Obstacle(避开障碍)和 Push Obstacle(移开障碍)。

① "Plow Through Polygons"(保持间距穿过覆铜区)复选框如果被选中，布线时使用多边形来检测布线障碍。

② "Automatically Remove Loops"(自动删除重复连线)复选框用于设置自动回路删除。选中此项，在绘制一条导线后，如果发现存在另一条回路，系统将自动删除原来的回路。

③ "Smart Track Ends"(聪明的导线终止)复选框被选中，可以快速跟踪导线的

端部。

④ “Restrict to 90/45”(限定方向为90°/45°角)复选框被选中,布线的方向限制在90°和45°。

(4) “Polygon Repour”(覆铜区重灌铜)区域用于设置交互布线中的避免障碍和推挤布线方式。每次当一个多边形被移动时,它可以自动或者根据设置调整,以避免障碍。

如果“Repour”(重新覆铜)中选为“Always”(总是),则可以在已覆铜的PCB中修改走线,覆铜会自动重覆;如果选择“Never”(从不),则不采用任何推挤布线方式;如果选择“Threshold”(门限),则在“阈值”文本框中设置一个避免障碍的门限值,此时仅仅当超过了该值后,多边形才被推挤。

(5) “Other”(其他)区域。

① “Undo/Redo”(取消/重做)选项用于设置撤销操作/重复操作的步数。

② “Rotation Step”(旋转角度)选项用于设置旋转角度。在放置组件时,按一次空格键,组件会旋转一个角度,这个旋转角度就是在此设置的。系统默认值为90°,即按一次空格键,组件旋转90°。

③ “Cursor Type”(光标类型)选项用于设置光标类型。系统提供了3种光标类型,即Small 90(小90°光标)、Large 90(大90°光标)和Small 45(小45°光标)。

④ “Comp Drag”(元件移动)区域的下拉列表框中共有两个选项,即Component Tracks和None。选择“Component Tracks”项,在使用命令Edit|Move|Drag(拖动)移动组件时,与组件连接的铜膜导线会随着组件一起伸缩,不会和组件断开;选择“None”项后,在使用命令Edit|Move|Drag(拖动)移动组件时,与组件连接的铜膜导线会和组件断开,此时使用命令Edit|Move|Drag(拖动)和Edit|Move|Move(移动)没有区别。

2. “Display(显示)”选项

单击“Display”可进入“Display”选项,如图8.3-2所示。“Display”用于设置屏幕显示和元件显示模式。

(1) “Display Options”(显示选项)设置。屏幕显示可以通过“Display Options”区域的选项设置。

① “Convert Special Strings”(转换特殊字符串)复选框设置是否将特殊字符串转化成它所代表的文字。

② “Highlight in Full”(全部加亮)复选框如果被选中,被选中的对象完全以当前选择颜色高亮显示;否则选择的对象仅仅以当前的颜色显示外形。

③ “Use Net Color for Highlight”(用网络颜色加亮)复选框对于选中的网络,用于设置是仍然使用网络的颜色,还是一律采用黄色。

④ “Redraw Layers”(重画阶层)复选框用于设置当重画电路板时,系统将一层一层地重画。当前的层最后才会被重画,所以最清楚。

⑤ “Single Layer Mode”(单层模式)复选框用于设置只显示当前编辑的层,其他层不

图 8.3-2 “Display”选项

被显示。

⑥“Transparent Layer”(透明显示模式)复选框用于设置所有的层都为透明状。选择此项后,所有的导线、焊盘都变成了透明。

⑦“Use Transparent Mode When Masking”(屏蔽时使用透过模式)复选框,选中该复选框,Mask(掩膜)时将其余的对象透明化显示。

⑧“Show All Primitives In Highlighted Nets”(显示在被加亮网络区内的图元)复选框,选中该复选框,在单层模式下,系统将显示所有层中的对象(包括隐藏层中的对象),而且当前层被突出显示出来。

⑨“Apply Mask During Interactive Editing”(在交互式编辑时应用屏蔽)复选框,选中该复选框,用户在交互式编辑模式下可以使用掩膜功能。

⑩“Apply Highlight During Interactive Editing”(在交互式编辑时应用加亮)复选框,选中该复选框,用户在交互式编辑模式下可以使用突出显示功能。

(2)“Show”(表示)区域。PCB 显示设置可以通过 Show 区域选项设置。

①“Pad Nets”(焊盘网络)用于设置是否显示焊盘的网络名称。

②“Pad Numbers”(焊盘号)用于设置是否显示焊盘序号。

③“Via Nets”(过孔网络)复选框被选中后,所有过孔的网络名将以较高的放大比例显示在屏幕上(较小的放大比例情况下,网络名不可见)。如果该选项没有选中,则网络名在所有缩放比例下均不显示。

④“Test Points”(测试点)被选中后,可显示测试点。

⑤“Origin Marker”(原点标记)用于设置是否显示绝对坐标的黑色带叉圆圈。

⑥“Status Info”(状态信息)复选框被选中后,当前 PCB 对象的状态信息将会显示在

设计管理器的状态栏上，显示的信息包括PCB文档中的对象位置、所在的层和它所链接的网络。

(3)"Draft Thresholds"(草案阈值)显示模式区域用于设置图形显示极限。"Tracks"(导线)文本框用于设置导线显示极限，大于该值的导线以实际轮廓显示，否则只以简单直线显示；"Strings"(字符串(像素))文本框用于设置字符显示极限，像素大于该值的字符以文本显示，否则只以方框显示。

(4)"Layer Drawing Order"(层描画顺序)按钮的功能是设定板层顺序。单击此按钮，会出现板层顺序对话框。选中一个板层，单击对话框中的"Promote"(上升)按钮，该板层被上移一层；单击对话框中的"Demote"(下降)按钮，该板层被下移一层；单击"Default"(默认)按钮，板层顺序设置为默认顺序。

3. "Show/Hide"选项

单击"Show/Hide"可进入"Show/Hide"选项，如图8.3-3所示。"Show/Hide"设置各种图形的显示模式。

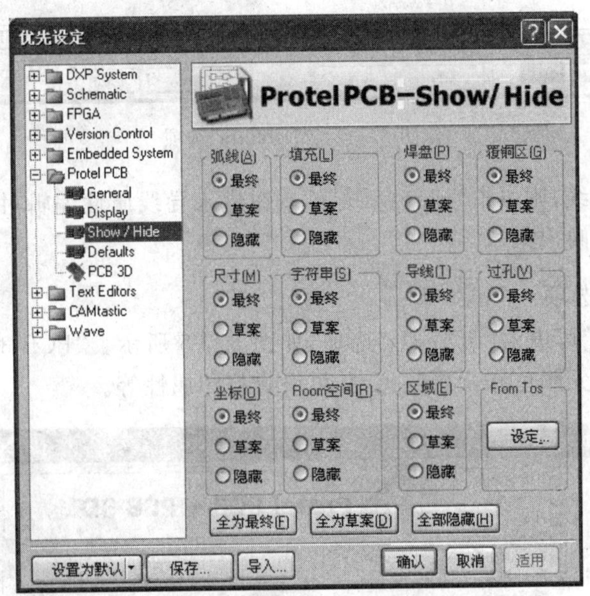

图8.3-3 "Show/Hide"选项

选项卡中的每一项都有相同的3种模式，即Final(精细)显示模式、Draft(简易)显示模式和Hidden(隐藏)显示模式。

在该选项中，用户可以分别设置PCB的几何图形对象的显示模式。

4. "Defaults"选项

单击"Defaults"可进入"Defaults"选项，如图8.3-4所示。"Defaults"用于设置各个组件的系统默认设置。各个组件包括Arc(圆弧)、Component(元件封装)、Coordinate(坐标)、Dimension(尺寸)、Fill(金属填充)、Pad(焊盘)、Polygon(覆铜)、String(字体)、Track(铜膜导线)及Via(过孔)等。

要将系统设置为默认状态，先选中组件，然后在图 8.3-4 所示的对话框中单击“Edit Values”(编辑值)按钮，进入选中的对象属性对话框。

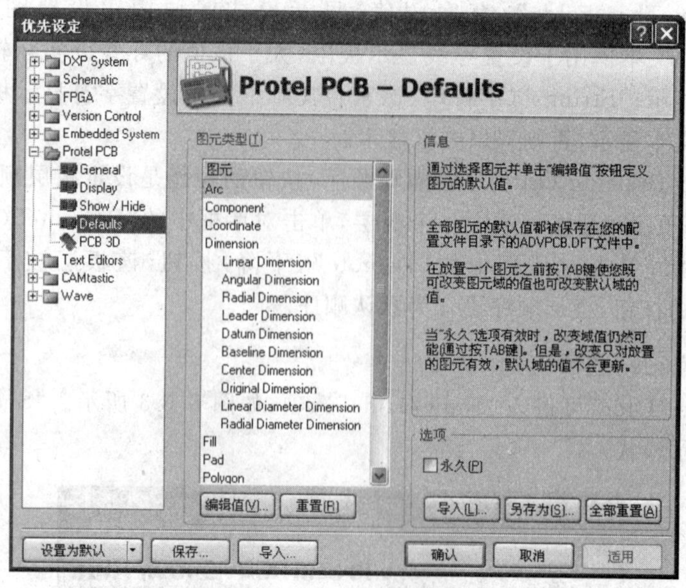

图 8.3-4 “Defaults”选项

假设选中了导线，则单击“Edit Values”按钮进入导线属性编辑对话框。各项的修改会在放置导线时反映出来。

5. “PCB 3D”选项

单击“PCB 3D”可进入“PCB 3D”选项，如图 8.3-5 所示。“PCB 3D”用于设置 3D 显示时高亮显示的图元颜色和背景颜色，并可设置打印属性等。

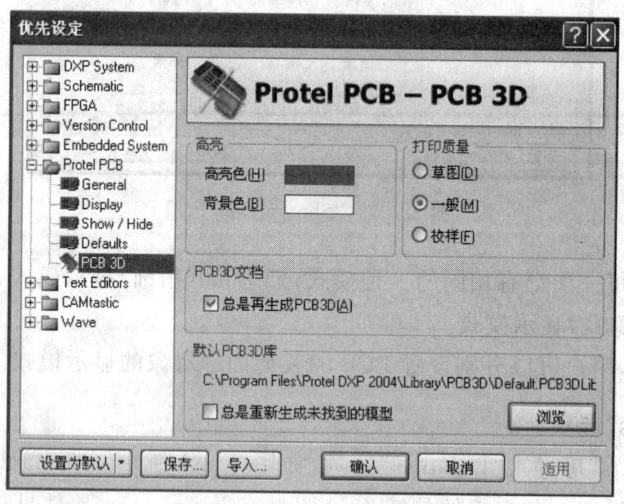

图 8.3-5 “PCB 3D”选项

8.4　数字钟PCB的设计要求

1. 数字钟PCB设计要求

(1) PCB尺寸要求长20cm、宽14cm。

(2) 布线要求：设置自动布线宽为50mil，V_{CC}正电源线宽60mil，GND地线宽度60mil。对于双层板，Via直径为64mil，Via Hole直径为30mil，最小安全间距为10mil，焊盘孔直径为1.0mm、0.8mm两种。所有双列直插芯片的管脚焊盘需加大，改成椭圆焊盘，焊盘尺寸为(X：2mm，Y：2.5mm)。所有印制导线的走向不能有急剧的拐弯和尖角，拐角大于90°。对有必要的部位进行覆铜。元器件尽量按信号传递的流程排列，布局合理，整齐美观，牢固可靠，要求使用手动布局、自动布线。

(3) 安装要求：电源可外接，但在电路板上放置电源输入插口。如要安装变压器，要固定在电路板上。应选择多圈精密电位器，安装时放在外围，以便于调节(注意，封装根据实物自制)。

2. 特殊元件封装尺寸

(1) 0.5寸共阴极数码管外形及封装尺寸如图8.4-1所示。

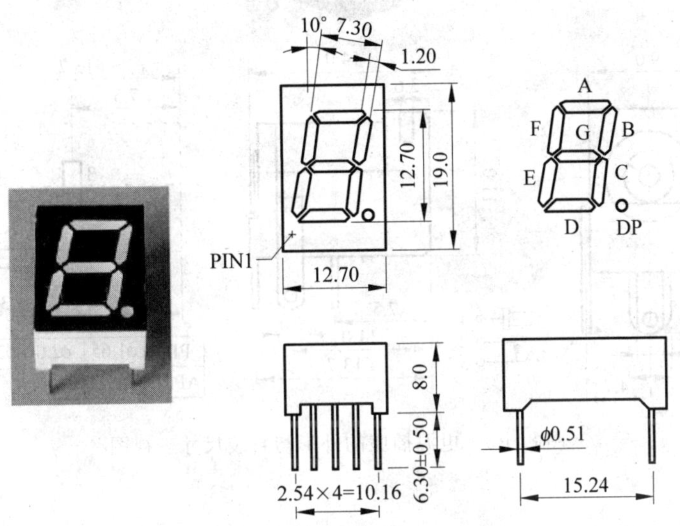

图8.4-1　0.5寸共阴极数码管外形及封装尺寸三视图

(2) 按键开关的外形及封装尺寸三视图如图8.4-2所示。

(3) 电源插座的外形及封装尺寸三视图如图8.4-3所示。

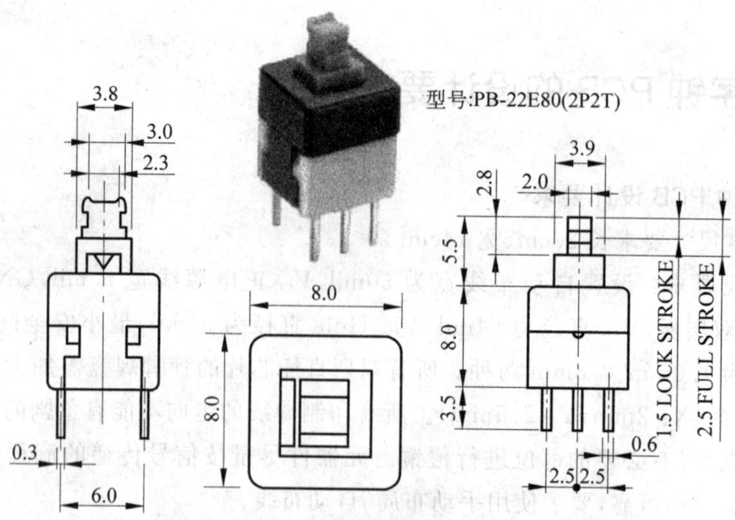

图 8.4-2 按键开关的外形与封装尺寸三视图

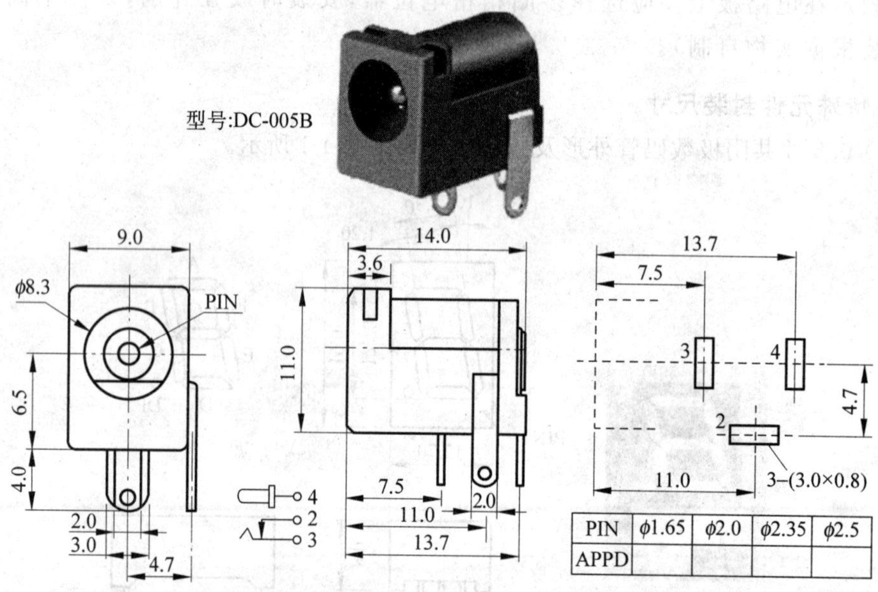

图 8.4-3 电源插座的外形与封装尺寸三视图

8.5 数字钟 PCB 图设计

8.5.1 数字钟 PCB 布局与布线

1. 新建一个 PCB 文件

在数字钟项目里添加一个 PCB 文件，命名为“数字钟 PCB. PCBDOC”并保存。

2. 规划电路板

绘制印制电路板的外形尺寸。PCB尺寸要求长20cm、宽14cm。

3. 导入网络表

导入"数字钟总图.NET"网络表。

4. PCB手动布局

导入网络表后，对数字钟进行手动布局。布局时要注意数码管、电位器、校时按键、电源变压器的安装位置不能随意放置，应合理安排。

在PCB布局时，除特殊要求外，一般按电路模块来布局。在元件导入到PCB时，一般是按元件类型来放置的，同一电路模块的元件摆放比较散。在PCB中如何快速选取同一电路模块的元件呢？可以在原理图中选取相关电路模块的元件，再在原理图环境中单击菜单Tools(工具)|Select PCB Components(选择PCB元件)。数字钟PCB布局完成后的效果如图8.5-1所示。

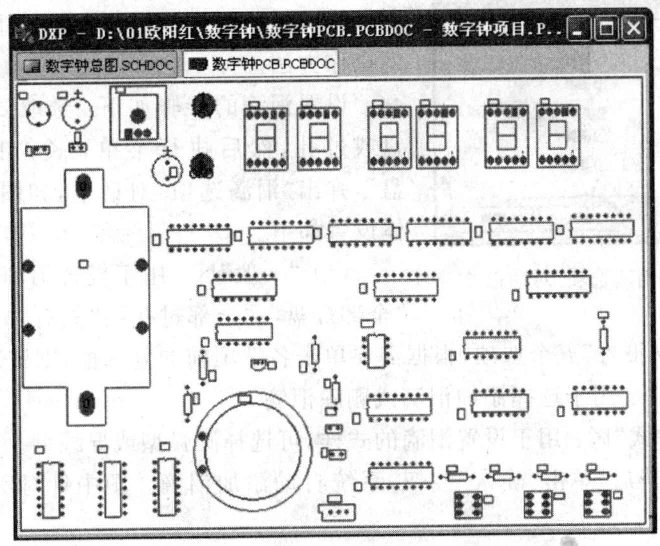

图8.5-1 数字钟电路最终布局效果图

5. 自动布线规则设置

设置自动布线宽为50mil，V_{CC}正电源线宽60mil，GND地线宽度60mil。对于双层板，Via直径为64mil，Via Hole直径为30mil，最小安全间距为10mil，焊盘孔直径为1.0mm、0.8mm两种，焊盘尺寸为(X：2mm，Y：2.5mm)。

6. PCB布线

按数字钟的布线要求设置自动布线的规则，执行自动布线命令。在采用自动布线时，一定要对特殊要求的部分进行手工预布线并锁定，然后再自动布线。要求完成的PCB不但电气性能要好，板面也要美观大方。

7. DRC检查

设置好DRC规则，执行DRC命令，检查并改正违规条目。重复这一过程，直到PCB无违规条目。

检查无误后，注意调整所有元件的标号(元件型号一般要隐藏掉)。一般情况下，要求所有元件标号在装配元件后可见，这样方便调试与维修。初学者最容易出现这种问题，尤其是经常将元件标号放在过孔或焊盘上，使得加工后的PCB板上的元件标号没有了。

8.5.2 对PCB添加泪滴

泪焊，顾名思义就是像泪滴一样的焊盘(焊盘与布线之间的连接由粗变细)。泪焊可以提高焊盘的抗剥落强度，避免焊盘在受到外力拉伸或多次焊接后剥落，影响电路的稳定性。添加泪滴时要求焊盘比线宽大，一般在印制导线比较细时可以添加泪滴。下面介绍补泪焊的操作方法。

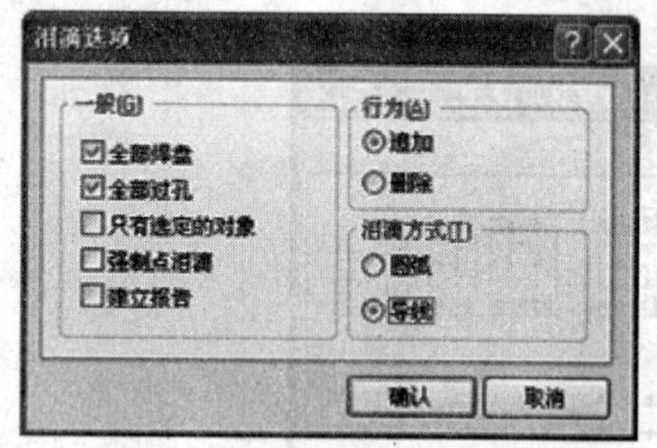

图8.5-2 “泪滴选项”对话框

设置泪滴的步骤如下：选取要设置泪滴的焊盘或过孔，然后执行菜单命令“工具”|“泪滴焊盘”，弹出“泪滴选项”对话框，如图8.5-2所示，具体设置如下。

(1)“一般”区：用于设置泪滴作用的范围，有“全部焊盘”、“全部过孔”、“只有选定的对象”、“强制点泪滴”、“建立报告”五个选项，根据需要单击各选项前的复选框，则该选项被选中。

(2)“行为”区：用于选择添加泪滴或删除泪滴。

(3)“泪滴方式”区：用于设置泪滴的式样，可选择圆弧型或导线型。

参数设置完毕后，单击“确认”按钮，系统自动添加泪滴。图中针对所有焊盘添加导线型泪滴。

8.5.3 建立包地

所谓的包地，是将信号线用地线包络起来。对PCB部分走线实施包地可以提高PCB板的抗干扰能力。如图8.5-3所示为包地建立前后的PCB对比图。

建立包地的操作过程如下：

(1) 先选择包地的网络或连接信号线。

(2) 执行“工具”|“生成选定对象的包络线”菜单命令，系统将对选择的导线和焊盘进行地线包络处理。包络线的默认宽度为8mil。

(3) 要删除一个包络线，执行“编辑”|“选择”|“连接的铜”菜单命令，再选择要删除的包络线，然后按Delete键。

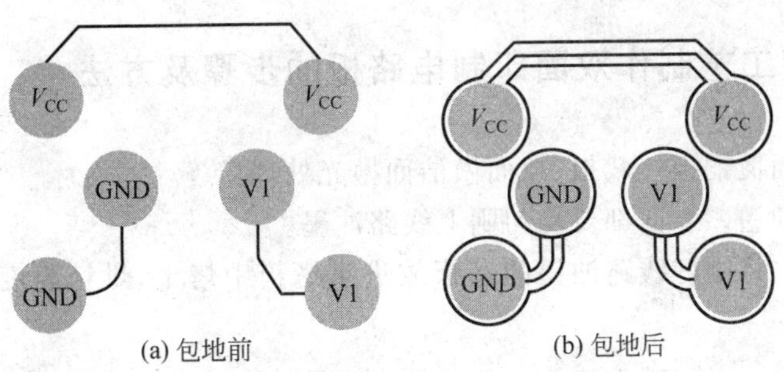

图 8.5-3 包地建立前后的 PCB 对比图

调整后的最终 PCB 布线效果如图 8.5-4 所示。

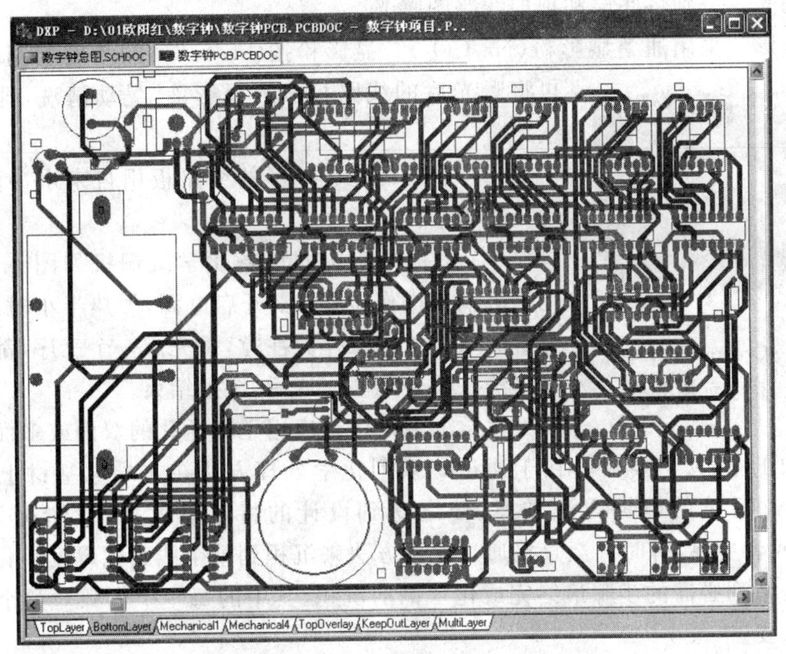

图 8.5-4 数字钟电路最终 PCB 布线效果图

8.6 用湿膜双面制板工艺制作数字钟 PCB

8.6.1 用湿膜制板工艺制作双面电路板的流程

选双面板材→剪板→清洁板面→双面涂线路油墨→烘干→钻孔→双面曝光→显影→预浸→黑孔→烘干→水洗→微蚀→水洗→沉铜→水洗→镀铜→水洗→镀锡→脱膜→腐蚀→做阻焊→做字符→表面处理→检验检查。

8.6.2 用湿膜工艺制作双面印制电路板的步骤及方法

(1) 选择双面覆铜板。裁板、双面做洁面抛光处理。

(2) 涂线路油墨。双面都要均匀刷上线路油墨。

(3) 预烘干。将刷好线路油墨的基板放进烘烤箱中烤干,烘箱温度设置为70℃,时间25分钟左右。

(4) 钻孔。

(5) 打印图纸。采用丝网漏印工艺制作双面线路板,共需要5张菲林:顶层线路图、底层线路图、顶层阻焊图、底层阻焊图和字符图。

(6) 曝光。分别将底层和顶层线路图曝光。

(7) 显影。采用油墨显影粉(Na_2CO_3)。显影粉按1%~2%的浓度配制成显影液,再将曝光后的线路板放入显影液,晃动清洗,即可显现出线路。

图 8.6-1 Create-PTH3000 化学沉铜机

(8) 干燥。将显完影的线路板用自来水冲洗后,放入烤箱中烤干。

(9) 沉铜。使用的设备化学沉铜机如图8.6-1所示。化学沉铜机操作步骤为:开启电源,加热半小时后,按从左至右的顺序依次操作。注意,每完成一个工序,都要拿出进行水洗。整个工序完成后,沉铜结束。

化学沉铜被广泛应用于有通孔的双面或多面印制线路板的生产加工中,其主要目的在于通过一系列化学处理方法在非导电基材上沉积一层铜,继而通过后续的电镀方法加厚,使之达到设计的特定厚度,一般情况下是1mil(25.4μm)或者更厚,有时甚至直接通过化学方法来沉积到整个线路铜厚度。化学沉铜工艺是通过一系列必需的步骤最终完成化学铜的沉积,其中的每一个步骤对整个工艺流程来讲都很重要。

Create-PTH3000 化学沉铜机介绍如下:

① 技术参数

a. Create-PTH3000化学沉铜机分为碱性除油、粗化、预浸、活化、加速、沉铜六个工艺完整的反应槽。

b. 碱性除油、粗化、活化、沉铜四个反应槽均安装耐酸碱加热器、耐酸碱温度传感器、耐酸碱液位传感器,能确保反应槽液体温度与工艺要求保持一致。加热器具有自动保护功能。

c. 具有自动计时及报警功能,可确保每个步骤的工艺时间准确。

d. 每个反应槽具有预置及可编程温度、时间参数设置,用户可根据需要修改参数。

e. 具有大屏幕LCD显示屏,中文显示各工艺流程具体参数,人—机界面简单、友好。

② 工艺参数

工艺参数如表8.6-1所示。

表 8.6-1　化学沉铜机工艺参数

序号	反应槽	温　度	主要成分	搅拌	时　间
1	碱性除油	40～50℃	碱性	摆动	5′～8′
2	粗化	30～45℃	硫酸 双氧水	摆动	1′～3′
3	预浸	室温	弱酸性	摆动	1′～3′
4	活化	30～40℃	活性钯	摆动	5′～8′
5	加速	室温	氟硼酸	摆动	3′～5′
6	沉铜	28～35℃	AB 液	打气	10′～15′

③ 流程及操作说明

接通 Create-PTH3000 电源，并打开电源开关，装有加热器的反应槽即自动加热。加热时，各反应槽绿色加热指示灯闪烁；待温度达到设定温度后，绿色加热指示灯常亮。为保证工艺的可靠性，建议在使用设备前先通电加热半小时，使各反应槽温度达到设定温度再开始操作。

a. 碱性除油。除去板面油污、指印、氧化物和孔内粉尘；对孔壁基材进行极性调整（使孔壁由负电荷调整为正电荷），便于以后工序中胶体钯的吸附。

碱性除油的操作方法是：用不锈钢挂具将待处理的覆铜板挂好，置于碱性除油反应槽中；然后按下对应位置"启动"按钮，红色"时间"指示灯开始闪烁，表明已开始除油处理。达到设定的时间后，红色"时间"指示灯常亮，设备发出警告声，表明该工艺步骤已完成；再按一次"启动"按钮，该反应槽恢复初始状态。将去除处理完的覆铜板置于水洗槽中漂洗，以避免将该反应槽的液体带入下一个反应槽，影响下一个反应槽的液体性能。

b. 粗化。除去板面的氧化物，粗化板面，保证后续沉铜层与基材底铜之间良好的结合力。新生成的铜面具有很强的活性，可以很好地吸附胶体钯。

目前市场上用的粗化剂主要有两大类：硫酸双氧水体系和过硫酸体系。硫酸双氧水体系的优点是：溶铜量大(可达 50g/L)，水洗性好，污水处理较容易，成本较低，可回收；缺点是：板面粗化不均匀，槽液稳定性差，双氧水易分解。

过硫酸盐包括过硫酸钠和过硫酸铵。过硫酸铵较过硫酸钠贵，水洗性稍差，污水处理较难。与硫酸双氧水体系相比，过硫酸盐有如下优点：槽液稳定性较好，板面粗化均匀；缺点是：溶铜量较小(25g/L)，过硫酸盐体系中硫酸铜易结晶析出，水洗性稍差，成本较高。

粗化的操作方法是：将经过碱性除油的覆铜板置于粗化槽中，参考碱性除油操作方法操作即可。粗化完成后，需要进行水洗，以避免将该反应槽液体带入下一个反应槽，影响下一个反应槽的液体性能。

c. 预浸。主要是保护钯槽免受前处理槽液的污染，延长钯槽的使用寿命，主要成分除氯化钯外与钯槽成分一致，可有效润湿孔壁，便于后续活化液及时进入孔内活化，使之进行足够有效的活化。

预浸的操作方法是：将经过粗化的覆铜板置于预浸槽中，参考碱性除油操作方法操作即可。预浸完成后，需要进行水洗，以避免将该反应槽液体带入下一个反应槽，影响下一个反应槽的液体性能。

d. 活化。经前处理碱性除油极性调整后，带正电的孔壁可有效吸附足够带有负电荷的胶体钯颗粒，以保证后续沉铜的均匀性、连续性和致密性。因此，除油与活化对后续沉铜的质量起着十分重要的作用。使用中应特别注意活化的效果，主要是保证足够的时间和浓度（或强度）。活化液中的氯化钯以胶体形式存在，这种带负电的胶体颗粒决定了钯槽维护的一些要点：保证足够数量的亚锡离子和氯离子，以防止胶体钯加速（以及维持足够的比重，一般在 18 波美度以上）；足量的酸度（适量的盐酸），防止亚锡生成沉淀；温度不宜太高，否则胶体钯会发生沉淀。

活化的操作方法是：将经过预浸的覆铜板置于活化槽中，参考碱性除油操作方法操作即可。活化完成后，需要进行水洗，以避免将该反应槽液体带入下一个反应槽，影响下一个反应槽的液体性能。

e. 加速。可有效去除胶体钯颗粒外面包围的亚锡离子，使胶体颗粒中的钯核暴露出来，以直接、有效地催化启动化学沉铜反应，其原理是：因为锡是两性元素，它的盐既溶于酸又溶于碱，因此酸、碱都可用做加速剂，但是碱对水质较为敏感，易产生沉淀或悬浮物，极易造成沉铜孔破。盐酸和硫酸是强酸，不仅不利于制作多层板（因为强酸会攻击内层黑氧化层），而且容易造成加速过度，将胶体钯颗粒从孔壁板面上解离下来。一般多使用氟硼酸做主要的加速剂，因其酸性较弱，一般不造成加速过度，且实验证明使用氟硼酸做加速剂时，沉铜层的结合力和背光效果、致密性都有明显提高。

加速的操作方法是：将经过活化的覆铜板置于加速槽中，参考碱性除油操作方法操作即可。加速完成后，需要进行水洗，以避免将该反应槽液体带入下一个反应槽，影响下一个反应槽的液体性能。

注意：活化液属于强活性液体，每 30 天需往活化液中添加 3g/L $SnCl_2$ 粉末，以确保活化液的稳定性及可靠性。

f. 沉铜。通过钯核的活化诱发化学沉铜自催化反应。新生成的化学铜和反应副产物氢气都可以作为反应催化剂催化反应，使沉铜反应持续不断地进行。通过该步骤处理后，即可在板面或孔壁上沉积一层化学铜。其原理是：利用甲醛在碱性条件下的还原性来还原被络合的可溶性铜盐。

槽液要保持正常的空气搅拌，目的是氧化槽液中的亚铜离子和槽液中的铜粉，使之转化为可溶性的二价铜。

沉铜的操作方法是：将经过加速的覆铜板置于沉铜槽中，参考碱性除油操作方法操作即可。沉铜完成后，需要进行水洗，以避免将该反应槽液体带入下一个反应槽，影响下一个反应槽的液体性能。

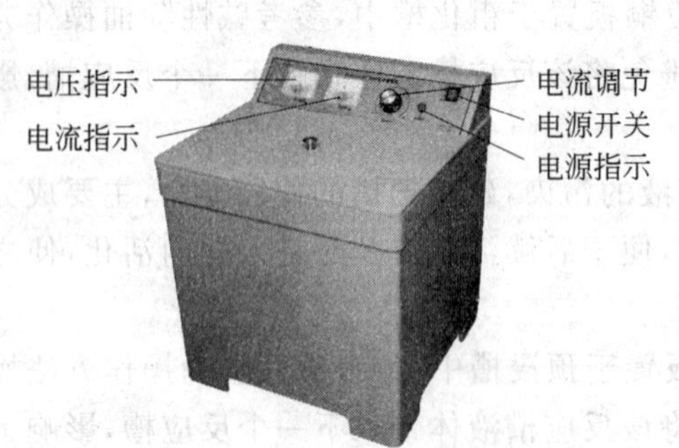

图 8.6-2 Create-CPC3000 化学镀铜机

(10) 镀铜。沉铜完成后，因孔壁上的铜还达不到制板的要求，还要进行电镀处理。使用的设备化学镀铜机如图 8.6-2 所示。

化学电镀是利用电解的方法使金属或合金沉积在工件表面，以形成均匀、致密、结合力良好的金属层。

Create-CPC3000 化学镀铜机介绍如下：

① 技术参数

a. 电镀电源输出电压范围：DC 0～8V

b. 电镀电源输出电流范围：DC 0～20A

c. 最佳电镀时间：8～12min

d. 最大电镀尺寸：450mm×400mm

e. 化学槽最大容积：500mm×460mm×570mm

f. 最大功率：160W

② 工艺说明

钻好孔的覆铜板经过化学沉铜工艺后，其玻璃纤维基板的孔壁已附上薄薄的一层铜，具有较好的导电性，为化学镀铜提供了必要条件。由于化学沉铜粘附的铜厚度很薄，且结合力不强，因此需要采用化学镀铜的方法使孔壁铜层加厚、结合力加强。

③ 具体操作步骤

a. 用不锈钢夹具将沉好铜的板材固定好，将板材部分浸入电镀液中，挂钩挂于阴极挂杆上。

b. 根据待镀铜板材的大小，调节合适的电流。电流调节标准为 $1.5A/dm^2$，双面板需计算两面的面积。

c. 待电镀时间达到 15 分钟左右，取出被电镀板材即可。

(11) 镀锡。化学电镀锡主要是在线路板部分镀上一层锡，用来保护线路板部分不被蚀刻液腐蚀，同时增强线路板的可焊接性。

化学镀锡机如图 8.6-3 所示。

图 8.6-3　Create-CPT3000 化学镀锡机

① 技术参数

a. 电镀电源输出电压范围：DC 0～8V

b. 电镀电源输出电流范围：DC 0～20A

c. 最佳电镀时间：10～15min

d. 最大电镀尺寸：450mm×400mm

e. 化学槽最大容积：500mm×460mm×570mm

f. 最大功率：160W

② 工艺说明

覆铜板被印刷上抗电镀油墨并经过热固化(或采用热转移方式将图形转移其上)后，需要将覆铜板置于化学镀锡设备中进行镀锡处理。化学镀锡主要有两个目的：一是将线路及过孔镀上一层耐碱性蚀刻的锡，以完成线路板线路制作；二是将线路及焊盘镀上锡后，增强了线路板的线路连接可靠性，同时增强了线路板可焊接性。

③ 具体操作步骤

a. 用不锈钢夹具将印刷完抗电镀油墨并经热固化或图形转移完的板材固定好，将板材部分浸入镀锡液，挂钩挂于阴极挂杆上。

b. 根据待镀锡板材的大小，调节合适的电流。电流调节标准为 $2A/dm^2$，双面板需计算两面的面积。

c. 待电镀时间达到15分钟左右，取出被电镀板材即可。

(12) 脱膜。脱膜粉按 NaOH：H_2O=1：20的浓度配制为氢氧化钠溶液，将镀锡后的线路板放入其中，晃动清洗，即可退去线路油墨。

(13) 线路板蚀刻，即碱性蚀刻。线路板完成显影后，需要进行蚀刻。蚀刻的主要作用是将线路以外的非线路部分铜箔去掉，留下锡保护的线路图形。由于铜易溶于碱性蚀刻液而锡不易溶于碱性蚀刻液，因此本制板工艺中需采用碱性蚀刻液，其主要成分为氯化氨。

(14) 阻焊制作，即两面刷阻焊油墨。在进行预烘干、打印出顶层和底层阻焊图并分别曝光、显影后，用自来水冲洗，再放入烤箱中固化，温度150℃烘烤1小时即可。

(15) 字符制作，即刷字符油墨。烘干、打印出字符图并曝光、显影、烘干即可。

(16) 表面处理。刷松香水，防氧化并助焊。

(17) 线路板检查。对成品进行通断和短路检查，可使用飞针测试设备，检测过孔。

图 8.6-4 PEVI1900 飞针测试机

飞针测试设备是PCB生产厂家用来测试PCB板上过孔是否连通的设备。PEVI1900飞针测试机如图8.6-4所示，是深圳某厂生产的具有代表性的设备，其所有标准件均为原装进口。

PEVI1900飞针测试机的技术参数如下：

① 性能参数

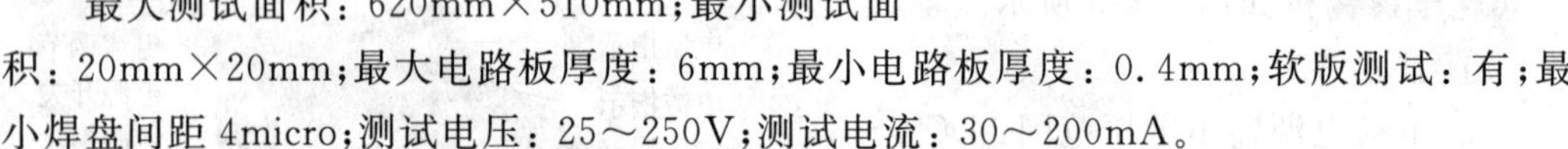

最大测试面积：620mm×510mm；最小测试面积：20mm×20mm；最大电路板厚度：6mm；最小电路板厚度：0.4mm；软版测试：有；最小焊盘间距4micro；测试电压：25～250V；测试电流：30～200mA。

② 电阻测试法

导通测试范围：2～200Ω；绝缘测试范围：2～5MΩ；定位分辨率：0.01mm。

③ 电容测试法

等效测试范围：0.1pF～10mF；测试针数量：2Fomt，2Rear；测试速度：1900+Point/min；针头测试压力：15～40g。

④ 工作环境要求

温度：15～28℃；湿度：20%～70%；系统尺寸：1380mm×600mm×1760mm；重量：630kg；电源供给：200V/50Hz，500W。

8.7 制板废液处理

由于线路板制作是一个非常复杂的系统工程，涵盖了机、光、电、印刷等多个行业工艺。严格来讲，任何快速制板，包括物理雕刻制板的某些环节（如镀铜、锡）都依赖于化学工艺。缺少必要的化学工艺都不能完成完整的线路板制作。在制板过程中，根据不同工艺,产生的废液各不相同。热转印制板的废液主要是腐蚀液,曝光制板的废液主要是显影液与腐蚀液。如需双面板过孔,还会产生沉铜及电镀废液。这些废液都会对生态环境造成破坏,带来污染,不能随便倒入下水道,而是要进行必要的处理。下面简单介绍一些废液处理的方法。

1. 简易处理法

所谓简易处理法,就是在完成小量线路板制作后,对制板过程中产生的微量化学废液当场妥善处理,达到国家安全排放标准与环保要求。简易处理法主要适用于少量制板及制板频率很低的情况。

显影废液处理如图 8.7-1 所示。

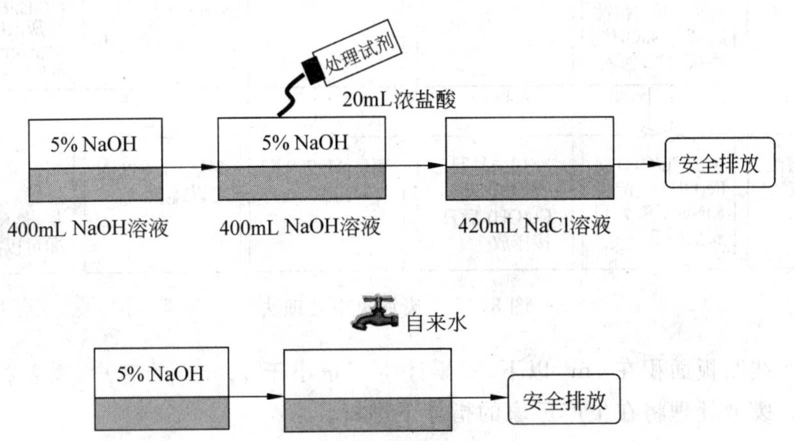

图 8.7-1 显影废液简单处理法

腐蚀废液处理如图 8.7-2 所示。

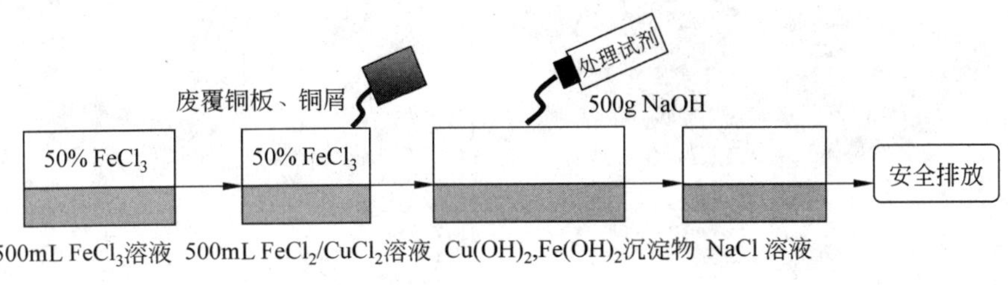

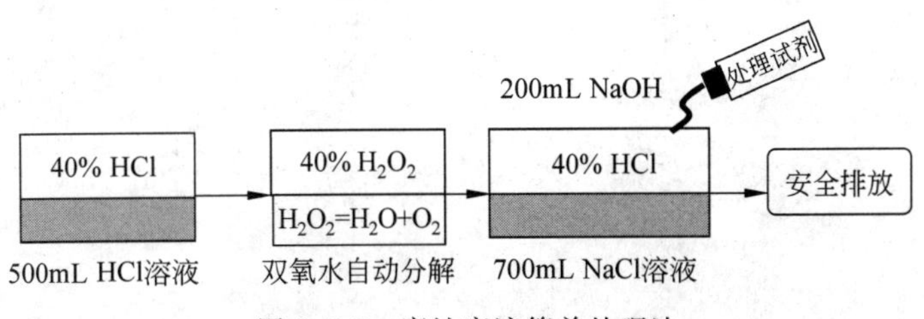

图 8.7-2 腐蚀废液简单处理法

2. 集中处理法

在快速制板过程中，如果高频率地在废液处理上占用大量时间与精力，对客户来讲，不是一件很合理的事情，既费时间，也浪费资源。因此，废液的处理常常是按年来集中处理一次。这样，省时、省力又省钱。集中处理废液的过程如图 8.7-3 所示。

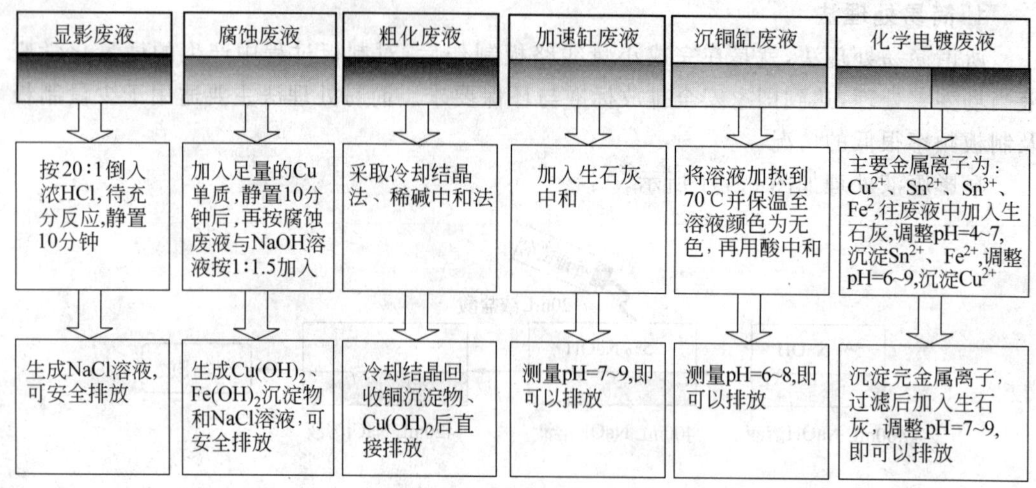

图 8.7-3 废液集中处理法

日生产线路板面积在 $1m^2$ 以下，年累计生产量小于 $100m^2$ 的客户，需要按年来集中处理废液。废液处理将在生产厂家的指导下进行。

3. 设备处理法

日生产线路板面积在 $10m^2$ 以上的客户需要配置废液处理设备，预计环保设备总投资在 10 万元以内。

任务9

数字钟的安装调试与检测

9.1 电子元器件的检测

所有的电子产品都是由一些基本的结构体和电路元件组成。对照原理图选择电路所需的元器件并对其筛选与检测，利用焊接技术及相关工艺把各种电路元件安装在结构体上，然后将它们按照设计规定的方法相互组装起来，就制成电子产品。本项目以数字钟为载体，阐述电子产品的元器件筛选与性能测试、焊接技术及相关焊接工艺、组装工艺和调试工艺等，最后就电子产品中常见的故障进行分析，并给出了检测故障的方法。

1. 元器件的筛选

制作数字钟时，为了保证在试制的过程中不浪费时间，减少差错，同时保证制成后的装置能长期、稳定地工作，待所有元器件都备齐后，还必须对其筛选、测试。这个环节是非常必要的，如在安装之前不对它们进行筛选、测试，一旦焊入印制电路板，发现电路不能正常工作，再去检查，不仅浪费很多时间和精力，而且拆来拆去很容易损坏元器件及印制电路板。

(1) 外观质量检查

拿到一个电子元器件之后，应看其外观有无明显损坏。如三极管，看其外表有无破损，引脚有无折断或锈蚀，还要检查一下器件上的型号是否清晰可辨。对于电位器、可变电容器之类的可调元件，还要检查在调节范围内，其活动是否平滑、灵活，松紧是否合适，应无机械噪声，手感好，并保证各触点接触良好。

(2) 电气性能的筛选

要保证试制的电子装置能够长期、稳定地通电工作，并且经得起应用环境和其他可能因素的考验，对电子元器件的筛选是必不可少的一道工序。所谓筛选，就是对电子元器件施加一种应力或多种应力试验，暴露元器件的固有缺陷而不破坏它的完整性。筛选的理论是：如果试验及应力等级选择适当，劣质品会失效，而优良品会通过。人们在长期的生产实践中发现，新制造出来的电子元器件，在刚投入使用的时候，一般失效率较高，叫做早期失效，经过早期失效后，电子元器件便进入了正常的使用期阶段，一般来说，在这一阶段中，电子元器件的失效率会大大降低。过了正常使用阶段，电子元器件便进入了耗损老化期阶段，那将意味着寿终正寝。

电子元器件失效是由在设计和生产时所选用的原材料或工艺措施不当而引起的。元器件的早期失效十分有害，但不可避免。因此，人们只能人为地创造早期工作条件，从而在制成产品前将劣质品剔除，让用于产品制作的元器件一开始就进入正常使用阶段，减少失效，增加其可靠性。

在正规的电子工厂里，采用的老化筛选项目一般有：高温存储老化、高低温循环老化、高低温冲击老化和高温功率老化等。在单件电子产品制作过程中，是不太可能采取这些方法进行老化检测的，在多数情况下，采用了自然老化的方式。例如，使用前将元器件存放一段时间，让电子元器件自然地经历夏季高温和冬季低温的考验，然后检测它们的电性能，看是否符合使用要求，优存劣汰。对于一些急用的电子元器件，也可采用简易电老化方式，即采用一台输出电压可调的脉动直流电源，使加在电子元器件两端的电压略高于元件额定值的工作电压，调整流过元器件的电流强度，使其功率为1.5～2倍额定功率，通电几分钟甚至更长时间，利用元器件自身的特性而发热升温，完成简易老化过程。

2. 元器件的性能检测

经过外观检查以及老化处理后的电子元器件，还必须通过对其电气性能与技术参数进行测量，确定优劣，剔除那些已经失效的元器件。对于不同的电子元器件应有不同的测量仪器，起码应有一块万用表。利用万用表可以对一些常用的电子元器件进行粗略检测。各种电子元器件涉及的电性能参数很多，要根据技术要求对有关参数进行检测，而不必对该元器件的所有参数都一一检测。

(1) 电阻器：主要看它的标称阻值与实际测量阻值的偏差程度。

(2) 电容器：根据电容器的充放电原理，可以利用万用表的欧姆挡来检查电容器性能的优劣。它的常见故障有击穿、漏电和失效（干涸），其质量好坏直接影响到整机的性能。

(3) 电感器：由于电感对直流电流短路，对突变的电流呈高阻态，利用万用表对其进行检测时，只能判断出它的直流电阻值，只要其直流电阻值与标称值大致符合，即可视为合格。

(4) 晶体二极管：由于二极管的单向导电性，它的正、反向电阻是不相等的。用万用表来测量二极管时，两者的阻值相差越大越好。

(5) 晶体三极管：利用万用表测试三个电极间电阻值的大小来检查三极管的穿透电流大小、管子的放大倍数β的大小及管子的稳定性。三极管的穿透电流越小，管子的放大倍数β越稳定，管子的性能就越好。三极管是电子装置中的重要元件，它的质量优劣直接关系到系统工作的可靠性和稳定性。

(6) 其他电子元器件，如开关和扬声器等，主要用万用表检测它们的通断情况。对于扬声器，可用电池组来试验其发声程度，以此判断优劣。

以上介绍的各元器件的测量方法是切实可行、粗略的测试方法，如欲进行更严格的测量筛选，应使用专门的测试仪器。

9.2 贴片元件的手工焊接方法

焊接技术是制作电子产品非常关键的工艺。在电子产品的设计生产过程中，焊接十分重要，焊接质量决定着产品质量。如果没有相应的焊接工艺质量保证，任何一个设计精良的电子产品都难以达到设计指标。随着计算机科学技术的发展，焊接方法和设备不断更新，焊接技术也日新月异。手工焊接虽然已难以胜任现代化的生产，但仍有广泛的应用。因此，了解焊接特点及机理，熟悉焊接工具，并掌握一定的焊接技术及要领是非常必要的。

1. 焊接工具

电子工艺中主要的手工焊接工具是电烙铁。电烙铁的种类很多，这里主要介绍调温电烙铁、恒温电烙铁和热风枪的使用方法。

(1) 调温电烙铁

用手工焊接 SMD 器件，或返修 SMD 器件，要求烙铁头的温度稳定，否则，不但会损伤元器件，还会损伤多层 PCB。因此，在这种情况下应使用调温电烙铁，选用恒温电烙铁更好。调温电烙铁有手动调温和自动调温两种。

手动调温式电烙铁是将烙铁接到一个可调电源上，通过改变调压器输出的交流电压的大小来调节烙铁温度。这种烙铁的温度稳定性不是很好。

自动调温式电烙铁是靠温度传感器监测烙铁头的温度，并通过放大器将温度传感器输出信号放大，控制给烙铁供电的电源电压。当烙铁头的温度与设定温度较大时，以较大的电压加热；当烙铁头的温度与设定的温度较小时，以较小的电压加热。这种烙铁的特点是控温准确(控温精度为±10℃)。烙铁头加热体电压为低压加热(直流 12V 或直流 24V 电源)并符合 ESD 防护的要求，但升温速度慢，控温精度不太理想。

(2) 恒温电烙铁

恒温电烙铁是指温度非常稳定的电烙铁。典型产品如美国 METICA 公司的产品，如图 9.2-1 所示。MS-500S 这种烙铁由焊接台、TIP 头和烙铁架三部分组成。其中，焊接台是加热电源，输出低压高频的电流对烙铁头(TIP 头)加热。与普通的电烙铁有根本的区别。普通的电烙铁的加热区远离烙铁头，并采用恒功率电阻式发热，因此烙铁头升温慢，热惯性大，操作不慎容易损坏芯片。

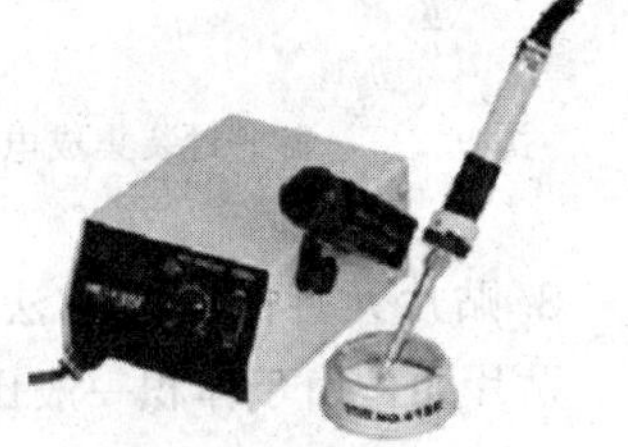

图 9.2-1　台式可调恒温电烙铁

(3) 热风枪

现在的电子产品中贴片元件用得越来越多，由于元件体积小，引脚多而密集，在生产和维修过程中，只能采用热风枪来完成焊接和拆卸工作，因此热风枪在电子产品的生产和维修中应用越来越广泛。正确使用热风枪可以节约维修时间。要熟练掌握热风枪的操作并不是件容易的事情，使用者如果没掌握好技巧，不但不能保证焊、拆元件的质量，反而易损坏热风枪，甚至烧伤自己。

热风枪是利用热风将焊点焊锡熔化，同时利用特殊的吸锡装置将熔化的焊锡吸除，并且熔化吸锡过程同时进行，不用接触电路板，快捷无损地摘除电路板上的各类元器件。热风的温度、风速根据需要可调，吸锡的吸力大小可调，可以选用各类型的风嘴、吸锡嘴，适合于各类型元器件的焊接和拆焊。

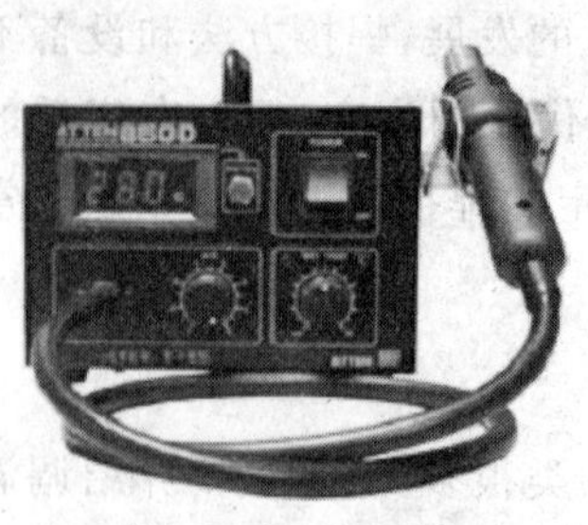

图 9.2-2 热风枪

以目前最流行的 MCC950 系列的热风枪为例，如图 9.2-2 所示，热风枪的面板左侧有一个气流调节钮，顺时针旋转可以使风枪口输出的风量变大，逆时针则减小。风量的调节范围共有 0～10 个挡，在同一温度（指显示温度）下，风量越小，风枪口送出的实际温度越高，反之越低。面板右侧下方是设定温度调节钮，可调范围在 0～700℃之间，顺时针旋动温度调节钮，可以提高热风枪输出的温度。右侧上方有两个显示屏，一个显示设定的温度，另一个显示的是当前风枪口送出的实际温度。热风枪的工作原理，形象一点说，它的内部似一个电热炉，用一把小风扇将电热丝产生的热量以风的形式送出。在风枪口有一个传感器，对吹出的热风的温度进行取样，再将热能转换成电信号来实现热风的恒温控制和温度显示。热风枪还有大小不等的风枪口的套口，可以根据使用的具体情况来选择套口的大小。

2. 印制电路板表面贴装技术

印制电路板元器件的表面贴装技术（SMT），是无须对印制电路板钻插装孔，直接将表面安装形式的元器件（片式元器件）贴、焊到印制电路板焊接面规定位置上的电子电路装联技术。图 9.2-3 所示为扁平封装集成电路的引线成形要求，图 9.2-4 所示为片式元器件的表面安装示意图。

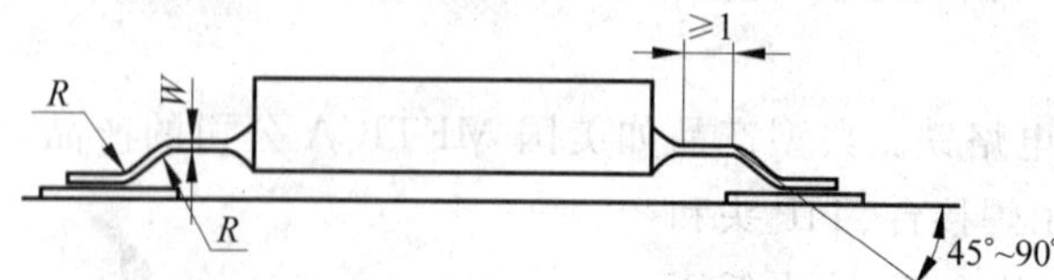

图 9.2-3 扁平封装集成电路的引线成形要求

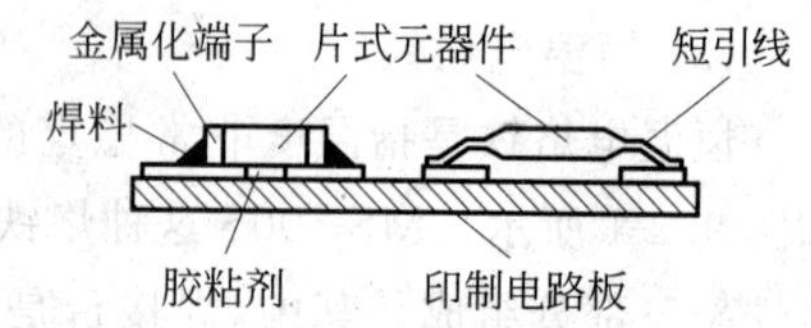

图 9.2-4 片式元器件的表面安装示意图

3. 贴片元件的焊接方法

贴片元件由于体积一般比较小，耐热程度相对要低，不能长时间地接触高温的烙铁头，焊接的时候也就格外地强调焊接技巧。下面介绍应如何对贴片元件进行焊接。

一种简捷、可靠、廉价的贴片元件焊接方法是拉焊。

（1）焊接工具材料的准备

普通温控烙铁（最好带 ESD 保护）、酒精、脱脂棉、镊子、防静电腕带、焊锡丝、松香焊锡膏、放大镜、吸锡带（选用）、注射器（选用）、洗板水（选用）、硬毛刷（选用）、吹气球（选用）、胶水（选用）。

说明：

① 电烙铁的烙铁头不一定要很尖的那种，但焊接的时候一定要将烙铁头擦干净再用。温控烙铁的焊台上有海绵，倒点水让海绵泡起来，供擦烙铁头用。

② 防静电腕带可以用优质导线代替。做法是：将 2m 左右同轴电缆的两头剥皮露出里面的铜芯，铜芯长度约 25cm。剥皮的时候不要破坏同轴电缆的屏蔽铜线，将屏蔽铜线

压扁可以代替吸锡带用。

③ 买不到松香焊锡膏的话,也可以将固体松香溶解到酒精中代替。

④ 焊锡丝不必很细,1.0mm 的即可。

⑤ 放大镜最小为4倍,头戴式和台式都可以。建议用台式放大镜(里面带日光灯)。

⑥ 用带尖嘴的橡皮小球,使酒精快速蒸发。

(2) 操作步骤

① 将脱脂棉团成若干小团,大小比IC的体积略小。如果比芯片大,焊接的时候棉团会碍事。

② 用注射器抽取一管酒精,将脱脂棉用酒精浸泡,待用。

③ 电路板不干净的话,先用洗板水洗净。将电路板焊接芯片的地方涂上一点点胶水,用于粘住芯片。

④ 将自制的防静电导线戴到拿镊子的那只手腕上,另一端放于地上。用镊子(最好不要用手直接拿芯片)将芯片放到电路板上,目视将芯片的引脚和焊盘精确对准,目视难分辨时还可以放到放大镜下观察有没有对准。电烙铁上少量焊锡并定位芯片(不用考虑引脚粘连问题),定为两个点即可(注意:不是选相邻的两个引脚)。

⑤ 将适量的松香焊锡膏涂于引脚上,并将一个酒精棉球放于芯片上,使棉球与芯片的表面充分接触以利于芯片散热。

⑥ 擦干净烙铁头并蘸一下松香使之容易上锡。给烙铁上锡,焊锡丝融化并粘在烙铁头上,直到融化的焊锡呈球状将要掉下来的时候停止上锡,此时,焊锡球的张力略大于自身重力。

⑦ 将电路板倾斜放置,倾斜角度大于70°,小于90°,倾斜角度太小不利于焊锡球滚下。在芯片引脚未固定那边,用电烙铁拉动焊锡球沿芯片的引脚从上到下慢慢滚下,同时用镊子轻轻按酒精棉球,让芯片的核心保持散热;滚到头的时候将电烙铁提起,不让焊锡球粘到周围的焊盘上。至此,芯片的一边已经焊完,按照此方法再焊接其他引脚。

⑧ 用酒精棉球将电路板上有松香焊锡膏的地方擦干净,用硬毛刷蘸上酒精将芯片的引脚之间的松香刷干,可以用吹气球加速酒精蒸发。

⑨ 放到放大镜下观察有没有虚焊和粘焊的,可以用镊子拨动引脚看有没有松动的(注意防静电,要带上防静电腕带)。其实熟练此方法后,焊接效果不亚于机器。

说明:电路板倾斜靠在某个东西上,不要让电路板滑动,不要用手拿着倾斜,不然的话就没有空手去按酒精棉球了。

(3) 几种焊接方法的比较

① 点焊:需要用比较尖的烙铁头对着每个引脚焊接,对电烙铁的要求较高,而且焊接速度慢,还有可能虚焊和粘焊。

② 拖焊:比点焊速度快,但焊接效果没有拉焊好,有时候引脚上的焊锡不均匀,而且可能会粘焊。

③ 拉焊:需要的工具都很一般,特别是电烙铁,在焊接过程中烙铁头并没有接触焊盘,而是焊锡球接触。由于焊锡球的张力,各个引脚上的焊锡很均匀且不多,很美观。速度方面,熟练以后相对拖焊要快一点。这是一种简捷、可靠,而又廉价的焊接方法,很适

合超密间距贴片元件的焊接。

9.3 电子产品焊接工艺

现代电子设备向小型化、高可靠性方面发展，电路的复杂程度和组装密度越来越高，对自动焊接提出了更高的要求。由于焊接方法和设备不断更新，印制板在电子工业中普遍使用，焊点趋向平面规则排列，为采用自动焊接技术创造了有利条件。目前，工业生产常用的焊接工艺有浸焊、波峰焊、再流焊、倒装焊、超声波焊、激光焊等，这里仅介绍浸焊、波峰焊、再流焊这三种焊接工艺。

1. 浸焊

浸焊是将插好元器件的印制板浸入锡锅内一次完成所有焊接的一种方法。印制板上不需要锡焊的地方要涂上阻焊层，再将插装好元件的印制板装上夹具，放在导轨上。气泵先将助焊剂溶液泡沫化，这样可将助焊剂均匀地涂敷在印制板表面；然后将印制板加热，烘干预热；接着以15°角进入锡锅，在大约250℃液态锡焊表面浸入大约3秒，以15°角离开锡锅；再到切头机自动切除器件剩余管脚；最后冷却，从夹具上取下来。如果用无机助焊剂，要用合适的清洗液清除助焊剂。

浸焊的设备简单，操作容易掌握，但焊渣不易清洗，虚焊和重焊、补焊率比较高，锡也比较浪费。

2. 波峰焊

由于浸焊有缺点，在其基础上发展了波峰焊。波峰焊的锡锅里有液态锡的泵，它通过喷嘴造成一定形状的波峰。

波峰焊的液态焊锡表面均被一层氧化层所覆盖，锡波的表面除边沿区域以外，锡波的表面均被一层氧化层所覆盖。当靠近的印制板接触到锡波的入波点A时，氧化皮破裂，并被推走，这样造成的焊渣最少。在焊点离开波峰时，有的波峰焊接机还要采用空气流形成的空气刀来消除桥接和毛刺。另外在波峰焊中，波峰的稳定性、焊锡的温度和化学成分、焊接的时间、角度等任何一个指标都会影响焊接的质量。

在波峰焊中，常用油作为添加剂，油膜在液态锡表面形成一种防氧化层，且能吸收并带走任何方式形成的氧化物。

3. 再流焊

再流焊接是SMT(表面组装工艺)中复杂而关键的核心工艺，因为表面组装PCB的设计，焊膏的印刷和元器件的贴装等生产的缺陷，最终都将集中表现在焊接中，导致虚焊、元器件漂移、曼哈顿现象等。表面组装生产中所有工艺控制的目的都是为了获得良好的焊接质量，如果没有合理可行的再流焊工艺，前面任何工艺控制都将失去意义，同时会由于欠温而引起焊点呈层状不光滑、发灰等。

再流焊接是一个焊料受热融化湿润与焊件冶金结合的过程。对再流焊设备而言，是准确控制加热温度与时间，为焊接件提供热量的过程。

下面从再流焊设备、热电偶的连接以及温度曲线工艺参数等方面对再流焊工艺作一简单分析。

就再流焊工艺而言，为每种组装的印制板开发合适的再流焊温度曲线并不完全相同，因此为保证温度曲线的合理性，必须首先熟悉所用焊接设备的加热特性。目前的再流焊设备大体分为四类：强制热风对流再流焊炉、红外再流焊炉、激光再流焊炉和汽相再流焊炉。这四类再流焊炉相比，强制热风对流再流炉是较常用的一种，几乎适合各种SMA的焊接。

热电偶是设计温度曲线的常用工具，一般要求将其与PCB表面可靠连接，否则会在热电偶与PCB表面之间产生热阻，使热电偶测量值更接近周围部件温度或热电偶周围气氛温度，导致热电偶的测量值偏离PCB表面温度，从而设计出不合理的温度曲线。

众所周知，再流焊过程包括升温、保温、再流、冷却四个阶段。体现在温度曲线上即为升温区、保温区、再流区、冷却区。对每种印制板确定每个区的工艺参数，开发合理的再流焊耦工曲线，保证每个区的温度与时间达到最佳配置，是工艺人员一直努力的方向。在每一种温度曲线中，要使每个区都达到理想状态很难做到，因此对主要温区的控制是开发温度曲线的关键。在再流焊温度曲线中，再流区是其核心区，是影响再流焊焊点和元器件焊后质量的关键因素。

对再流焊工艺进行深入研究，并据此开发合理的再流焊曲线，是保证表面组装质量的重要环节。如果要获得优良的焊接质量，必须深入研究焊接工艺的方方面面。影响再流焊工艺的因素很多也很复杂，需要工艺人员在生产中不断研究、探索。

9.4　电子产品的组装工艺

9.4.1　组装工艺概述

电子产品（整机）组装工艺是以设计文件为依据，按照工艺文件的工艺规程和具体要求，把各种电子元器件、机电元件及结构件装连在印制电路板、机壳、面板等指定位置上，构成具有一定功能的完整的电子产品的过程。

电子产品的组装是在流水线上通过流水作业的方式完成的。为提高生产效率，确保流水线连续均衡地移动，应合理编制工艺流程，使每道工序的操作时间（称节拍）相等。流水线作业虽带有一定的强制性，但由于工作内容简单、动作单纯、记忆方便，故能减少差错、提高功效、保证产品质量。

按组装级别来分，整机组装按元件级、插件级、插箱板级和箱、柜级顺序进行，如图9.4-1所示。

整机组装的一般原则是：先轻后重，先小后大，先铆后装，先装后焊，先里后外，先下后上，先平后高，易碎易损坏后装，上道工序不得影响下道工序。

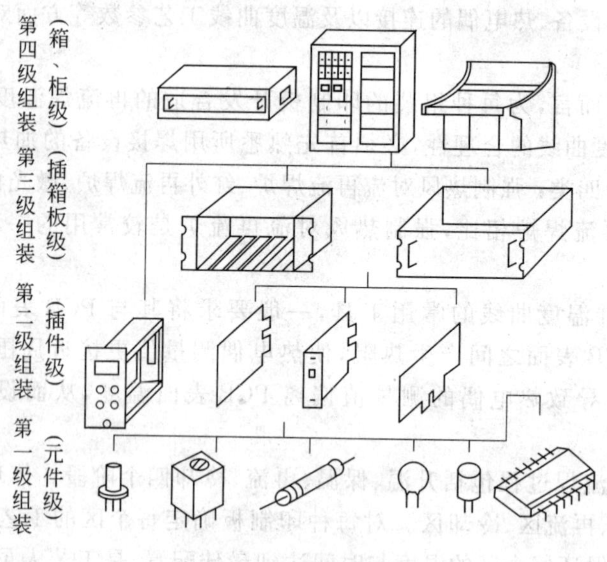

图 9.4-1 整机组装顺序

9.4.2 组装前的准备工艺

电子整机装配前的准备工艺是搪锡。搪锡技术就是预先在元器件的引线、导线端头和各类线端子上挂上一层薄而均匀的焊锡，以便整机装配时顺利进行焊接工作。搪锡方法有电烙铁搪锡、搪锡槽搪锡和超声波搪锡。

为了便于安装和焊接，提高装配质量和效率，加强电子设备的防震性和可靠性，在安装前，根据安装位置的特点及技术方面的要求，要预先把元器件引线弯曲成一定的形状。

手工操作时，为了保证成形质量和成形的一致性，也可应用简便的专用工具，例如模具、卡尺等，利用它们可方便地把元器件引线成形。

9.4.3 传统的组装工艺

组装工艺分为传统组装工艺和新兴组装工艺，确切地说是传统的通孔插装技术（THT 技术）和新兴的表面贴装技术（SMT 技术）。传统的组装工艺即通孔插装技术（THT 技术），是将电子零件脚插入印制电路板的通孔，然后将焊锡填充其中进行金属化而成为一体。

传统的组装工艺有手工安装和机械安装两种，前者简单易行，但效率低，误装率高；后者安装速度快，误装率低，但设备成本高，引线成形要求严格。

传统安装时的操作顺序是：待装元器件→引线整形→插件→调整位置→剪切引线→固定位置→焊接→检验。安装元器件时应遵循先小后大、先轻后重、先低后高、先里后外的原则。常用的几种安装形式有：贴板安装、悬空安装、垂直安装、埋头安装、有高度限制时的安装和支架固定安装。

贴板安装适用于防震要求高的产品。元器件贴紧印制基板面，安装间隙小于1mm。当元器件为金属外壳，安装面又有印制导线时，应加垫绝缘衬垫或绝缘套管。

悬空安装适用于发热元器件的安装。元器件距印制基板面要有一定的距离，安装距离一般为3～8mm。

垂直安装适用于安装密度较高的场合。元器件垂直于印制基板面，但大质量细引线的元器件不宜采用这种形式。

埋头安装方式可提高元器件防震能力，降低安装高度。由于元器件的壳体埋于印制基板的嵌入孔内，因此又称为嵌入式安装。

有高度限制时的安装形式是指元器件安装高度的限制一般在图纸上是标明的，通常处理的方法是垂直插入后，再朝水平方向弯曲。对大型元器件要特殊处理，以保证有足够的机械强度，经得起振动和冲击。

支架固定安装适用于重量较大的元器件，一般用金属支架在印制基板上将元器件固定。如小型继电器、变压器、扼流圈等。

在产品的样机试制阶段或小批量试生产时，印制电路板装配主要靠手工操作，即操作者把散装的元器件逐个装接到印制基板上。

9.4.4　新兴的组装工艺

随着电子技术的发展，半导体材料的多元应用，电子产品向着更轻、更薄、更短、更小和功能更加完整的方向发展，建立在高密度印制电路板和大规模集成电路技术高速发展的基础上，具备体积小、功能多等优点的现代组装工艺——表面贴装技术（SMT技术）得到了大力发展和推广应用。表面贴装技术因其不可比拟的优势迅速取代了传统的通孔插装技术，数字式温度调节器就是利用表面贴装技术组装而成的。

新兴的组装工艺与传统的组装工艺相比较，具有以下优点：产品零件密度提高；零件集成度提高，功能更完整；可使用多引脚零件；零件脚接线短，可提高传输速度；组装前不需零件引脚成形等准备工作；减少了零件的存储空间；总成本降低；产品抗干扰能力强等。

表面贴装的工艺过程随产品设计及各制造厂条件不同，存在着或多或少差异。但归纳起来区别于传统组装技术的关键步骤主要由以下几方面构成。

（1）焊膏印刷：指将粘膏状的焊锡材料按产品上电子零件的分布，印刷于电路板上。

（2）零件贴装：指使用计算机辅助设计（CAD）软件编程，将电子零件贴装于已印有焊膏的电路板上。

（3）再流焊：指根据焊膏材料的典型融熔温度曲线，设定焊接温度与速度等参数，使经过焊膏印刷与零件贴装的印制电路板上的电子零件与焊盘进行金属化而成为一体。

（4）在线测试：指根据产品上电子零件分布及逻辑关系，编制专用测试软件并设计测试夹具，对产品上所有电子零件的位置、方向、性能、逻辑连接进行覆盖性检测。

当然，整个生产流程还涉及材料准备、返修、检验、功能测试等环节，但因为与传统的通孔插装技术大同小异，不在此一一赘述。

表面贴装技术与传统的组装技术相比较，有其鲜明的特点，如下所述。

(1) 电子零件

表面贴装电子零件与通孔插装零件相比，体积与重量大大缩小，因此在同样面积的印制电路板上，可以放置10倍以上密度的电子零件，功能却日益复杂。举例而言，插装电阻通常占面积为10mm×(2～3)mm，而表面贴装电阻通常仅占面积3mm×2mm，现在甚至可做到0.6mm×0.3mm；插装集成电路一般面积为10mm×30mm，引脚最多只有20多个，而表面贴装集成电路在相同面积下引脚可达数百个，因此功能可大大增加。

其次，表面贴装电子零件引脚大大减短，在加快信号传输速度的同时，也改善了彼此间的干扰；同时，由于其体型小，重心低，防震能力普遍较强。

最后，电子零件集成度的提高，工艺水平的改进，使功耗大大降低。

(2) 印制电路板

由于表面贴装技术是将电子零件安装于印制电路板表面，而非插入插孔中，因而印制电路板通孔数量大大减少，使得辐射干扰为之减轻和改善。

尤为重要的是，印制电路工艺随着表面贴装技术的兴起而发展，逐渐由多层板取代单、双层板。这样，通常设计者会将信号层置于内层，而将接地层留在外面。这种将细线、密线保护在内层的做法，使电路板在可靠性及生产可行性上更为有利。况且内层板线路厚度均匀，也可获得较好的阻抗控制以及辐射控制。

(3) 装配方法

传统的通孔插件技术是将电子零件插在印制电路板内，故零件只能单面安装；而表面贴装技术的电子零件附着在电路板表面，使双面安装零件成为可能，提高了产品的集成度与功能。

表面贴装技术的生产流程中必须经过再流焊过程，所有的元器件必须在150℃上经受3～5分钟、瞬间峰值温度高达210℃的焊接。因此，广大表面贴装元器件供应商纷纷提高技术水准以适应该变化，这也在元器件基础上确保了采用表面贴装技术的设备在高温环境下的正常运行。

表面贴装技术由于电子零件小，密度高，决定了其必须采用全自动流水线，人工装配已无法满足要求。这样，由于全自动装配，不仅产量和效率得到了提高，而且排除了人为因素，使生产工艺更容易处于受控状态，质量得到了改进。

表面贴装技术正在向更小型化、更环保方向发展；表面贴装电子零件由片状、QFP向更小型的BGA、CSP等发展；生产中广泛使用免清洗技术，无铅焊锡技术逐步推广。随着表面贴装技术的这一发展，电子产品将更趋小型化、环保化、低能耗、高性能，当然各制造厂商也面临着全面提升生产工艺与管理水平的挑战。

9.5 电子设备调试工艺

电子产品的调试工艺包括调整与测试。调整是按规定的程序将电气参数调到预定值；测试是以电子仪器、仪表为手段进行电性能和电参数的测量。调整和测试是制造电子产品的必经阶段。通过调试能使产品达到其预期的性能指标，使产品处于最佳工作状态，从而使产品在使用中取得满意的效果。

9.5.1 调试前的直观检查

电路安装完毕，通常不要急于通电，调试前应先进行直观检查。检查内容包括如下几方面。

(1) 电路连线是否正确。检查电路连线是否正确，包括错线、少线和多线。检查的方法如下：

① 按照电路图连线，按一定顺序逐一检查安装好的线路，由此查找出错线和少线。

② 按照实际线路，以元件为中心进行查线，把每一个元件或器件的引脚连线一次查清，检查每个去处在电路图上是否存在，可以查出错线和少线，还容易查出多线。

(2) 元器件安装情况。元器件引脚之间是否有短路；连接处是否有不良接触；二极管、三极管、集成电路和电解电容极性是否连接有误。

(3) 电源供电情况。信号源连线是否正确。

(4) 电源端对地是否存在短路。在通电前，先断开一根电源线，用万用表检查电源端对地是否存在短路。

若电路经过上述检查，确认无误后，就可转入调试。

9.5.2 调试方法

电路的调试是以达到电路的设计目标为目的而进行的一系列测试—判断—调整—再测试的反复进行过程。

为了使调试顺利进行，设计的电路图上应标明各点的电位值、相应的波形图以及其他主要数据。

调试方法通常采用先分调后联调的方式，循着信号的流程，逐级调整各单元电路，使其参数基本符合设计指标。

这种调试方法的核心是把组成电路的各功能模块先调试好，并在此基础上逐步扩大调试范围，最后完成整机调试。采用先分调后联调的优点是能及时发现问题和解决问题，否则，由于各分电路要求的输入/输出电压和波形不匹配，盲目联调，可能造成大量的器件损坏。

调试过程如下：

(1) 通电观察。把经过准确测试的电源接入电路，观察有无异常现象，包括有无冒烟，是否有异味，手摸元器件是否发烫，电源是否有短路现象等。如果出现异常情况，应立即切断电源，进行故障排查。

通过通电观察，认为电路初步工作正常，就可转入正常调试。交、直流并存是电子电路工作的一个重要特点，直流为交流服务，直流是电路的工作基础。因此，电子电路的调试有静态调试和动态调试之分。

(2) 静态调试。静态调试是指在没有外加信号的条件下所进行的直流测试和调整工作。例如,通过测试模拟电路的静态工作点,数字电路的各输入和输出端的高、低电平值及逻辑关系等,可以及时发现已经损坏的元器件,判断电路的工作情况,并及时调整电路参数,使电路工作状态符合设计要求。

(3) 动态调试。动态调试是在静态调试的基础上进行的。调试的方法是在电路的输入端接入适当频率与幅度的信号,并循着信号的流向逐级检测各有关点的波形、参数和性能指标。发现故障现象,应采取不同的方法缩小故障范围,最后设法排除故障。

在测试过程中通过借助仪器来观察结果。使用示波器时,最好把示波器的信号输入方式置于"DC"挡,通过直流耦合方式,可同时观察被测信号的交、直流成分。

通过调试,最后检测功能块和整机的各种指标是否满足设计要求。如有必要,再进一步对电路参数提出合理的修改。

9.5.3 注意事项

调试结果是否正确,在很大程度上受测量正确与否和测量精度的影响。为了保证调试的效果,必须减小测量误差,提高测量精度。为此,应注意以下几点。

(1) 正确使用仪器的接地端。凡是使用地端接机壳的电子仪器进行测量,仪器的接地端应和放大器的接地端连接在一起,否则仪器机壳引入的干扰不仅会使放大器的工作状态发生变化,而且将使测量结果出现错误。根据这一原理,测量 V_{CE} 时,不应把仪器的两端直接接在集电极和发射极上,而应分别对地测出 V_C、V_E,然后将两者相减得到 V_{CE}。若使用干电池供电的万用表进行测量,由于表的两个输入端是浮动的,所以允许直接跨接到测量点之间。

(2) 测试电压所用仪器的输入阻抗必须大于被测处的等效阻抗。若测量仪器输入阻抗小,在测量时会引起分流,给测量结果带来很大的误差。

(3) 测量仪器的带宽必须大于被测电路的带宽。例如,MF-20 型万用表的工作频率为 20～20000Hz,就不能用 MF-20 来测试放大器的幅频特性,否则,测试结果不能反映放大器的真实情况。

(4) 正确选择测试点。

(5) 测量方法要方便可行。若需要测量电路的电流,一般尽可能测电压而不测电流,因为测电压不必改动被测电路,测量方便。

若需知道某一支路的电流值,可以通过测取该电路上电阻两端的电压,经过换算而得到电流值。

(6) 调试过程中,不但要认真观察和测量,还要善于记录。记录的内容包括测试的条件、观察的对象、测量的数据、波形和相位关系等。只有有了大量的可靠测试记录并与理论结果相比较,才能发现电路设计上的问题,完善设计方案。

(7) 调试时出现故障。要认真查找故障原因,排除和解决故障,切不可盲目拆掉线路重新安装。即使重新安装线路,也不能保证一定能排除故障。

整机产品总装调试完毕后,通常要按一定的技术规定对整机实施较长时间的连续通电考验，即加电老化试验。加电老化的目的是通过老化，发现并剔除早期失效的电子元器件，提高电子设备工作的可靠性及使用寿命，同时稳定整机参数，保证调试质量。

加电老化试验的整个过程是：按试验电路连接框图接线并通电→在常温条件下对整机进行全参数测试→掌握整机老化试验前的数据→在试验环境条件下开始通电老化试验→按循环周期进行老化和测试→老化试验结束前再进行一次全参数测试，以作为老化试验的最终数据→停电后打开设备外壳，检查机内是否正常→按技术要求重新调整和测试。

9.6 电子产品常见故障的分析与检测方法

故障是不期望但又是不可避免的电路异常工作状况。对于一个复杂的电路系统来说，要在大量的元器件和线路中迅速、准确地找出故障是不容易的。一般故障的诊断过程，就是从故障现象出发，通过反复测试，做出分析判断，逐步找出故障的过程。

1. 常见的故障现象

(1) 放大电路没有输入信号，而有输出波形。

(2) 放大电路有输入信号，但没有输出波形，或者波形异常。

(3) 串联稳压电源无电压输出，或输出电压过高且不能调整，或输出稳压性能变坏、输出电压不稳定等。

(4) 振荡电路不产生振荡。

(5) 计数器输出波形不稳定，或不能正确计数。

(6) 收音机或耳机中出现“嗡嗡”交流声和“啪啪”的汽船声等。

以上是最常见的一些故障现象，还有很多奇怪的现象，在此不一一列举。

2. 故障分析

故障产生的原因有很多，情况也很复杂，有的是一种原因引起的简单故障，有的是多种原因引起的复杂故障。因此，引起故障的原因很难简单分类。这里只进行一些粗略分析。

(1) 对于定型产品使用一段时间后出现故障，故障原因可能是元器件损坏，连线发生短路或断路（如焊点虚焊，接插件接触不良，可变电阻器、电位器、半可变电阻等接触不良，接触面表面镀层氧化等），或使用条件发生变化（如电网电压波动，过冷或过热的工作条件环境等）影响电子设备的正常运行。

(2) 对于新设计安装的电路来说，故障原因可能是：实际电路与设计的电路图不符；元器件使用不当损坏；设计的电路本身就存在某种严重缺点，不满足技术要求；连线发生短路或断路。

(3) 仪器使用不正确引起的故障，如示波器使用不正确而造成的波形异常或无波形，接地问题处理不当而引入干扰等。

(4) 各种干扰引起的故障。

3. 故障的检测

对于示波器使用不正确而造成的波形异常或无波形，共地问题处理不当而引入干扰，查找故障的顺序可以从输入到输出，也可以从输出到输入。查找故障的一般方法如下所述。

(1) 直接观察法

直接观察法是指不用任何仪器，利用人的视、听、嗅、触等作为手段来发现问题，寻找和分析故障。直接观察包括不通电检查和通电观察。

不通电检查包括检查仪器的选用和使用是否正确；电源电压的等级和极性是否符合要求；电解电容的极性、二极管和三极管的管脚、集成电路的引脚有无错接、漏接、互碰等情况；布线是否合理；印制电路板有无断线；电阻电容有无烧焦和炸裂。

通电观察元器件有无发烫、冒烟，变压器有无焦味，电子管、示波管灯丝是否亮，有无高压打火等。

此方法简单有效，可作初步检查时用，但对比较隐蔽的故障无能为力。

(2) 用万用表检查静态工作点

对于电子电路的供电系统，半导体三极管、集成块的直流工作状态，线路中的电阻值等都可用万用表测定。当测得值与正常值相差较大时，经过分析可找出故障。

静态工作点也可以用示波器“DC”输入方式测定。示波器的内阻高，能同时看到直流工作状态和被测点上的信号波形，以及可能存在的干扰信号及噪声电压等，有利于分析故障。

(3) 信号寻迹法

对于较复杂的电路，可在输入端接入一个一定幅度、适当频率的信号，用示波器由前级到后级(或相反)，逐级观察波形及幅值的变化情况，如哪一级异常，故障就在该级。这是深入电路检查的方法。

(4) 对比法

当怀疑某一电路存在问题时，可将此电路的参数与工作状态相同的正常电路的参数(或理论分析的电流、电压和波形等)进行一一对比，从中找出电路中的不正常情况，进而分析故障原因，判断故障点。

(5) 部件替换法

有时故障比较隐蔽，不能一眼看出，如果这时手头有与故障仪器同型号的仪器，可以将仪器中的部件、元器件、插件板等替换有故障仪器中的相应部件，以便于缩小故障范围，进一步查找故障。

(6) 旁路法

当有寄生振荡现象时，可以利用适当容量的电容器，选择适当的检测点，将电容临时跨接在检测点与参考接地点之间。如果振荡消失，表明振荡是产生在附近或前级电路中。否则就在后面，再移动检查点寻找。

应该注意，旁路电容要适当，不宜过大，只要能较好地消除有害信号即可。

(7) 短路法

短路法是采用临时性短接一部分电路来寻找故障的方法。短路法对检测断路性故障最有效，但对电源不能采用短路法。

（8）断路法

断路法是采用临时性将某一部分电路断开来寻找故障的方法。断路法用于检测短路性故障最有效，也是一种使故障怀疑点逐步缩小范围的方法。

实际调试时，寻找故障的方法多种多样，以上只是几种常用的方法。这些方法的使用，可根据设备条件及故障情况灵活掌握。对于简单的故障，用一种方法即可找出故障点；但对于复杂的故障，需采用多种方法互相补充，互相配合，才能找到故障点。在一般情况下，寻找故障的常规做法是：先用直接观察法，排除明显的故障；再用万用表检查静态工作点。信号寻迹法是对各种电路普遍适用而且简单直观的方法，在动态调试中广为应用。

9.7 电子产品技术指标的测试

调试技术包括调整和测试检验两部分内容，测试是对电路的各项技术指标和功能进行测量和试验，并同设计的性能指标进行比较，以确定电路是否合格，同时对电路中可调元器件电路参数进行调整，使电路达到预定的功能和性能要求。

1. 测试的目的和含义

测试的目的和含义是发现设计的缺陷和安装的错误，并改进与纠正，或提出改进建议。通过调整电路参数，避免因元器件参数或装配工艺不一致而造成电路性能的不一致，或功能和技术指标达不到设计要求的情况发生，确保产品的各项功能和性能指标均达到设计要求。

测试的过程分为通电前的检查和通电测试两个阶段。通常在通电测试前，先做通电前的检查，在没有发现异常现象后再做通电测试。

2. 测试的流程

（1）通电前的检查

① 用万用表的"Ω"挡，测量电源的正、负极之间的正、反向电阻值，判断是否存在严重的短路现象，电源线、地线是否接触可靠。

② 元器件的型号参数是否有误、引脚之间有无短路现象。对于有极性的元器件，其极性或方向是否正确。

③ 连接导线有无接错、漏接、断线等现象。

④ 电路板各焊接点有无漏焊、桥接短路等现象。

（2）通电测试

通电测试一般包括通电观察、静态测试和动态测试等几方面。测试的步骤为：先通电观察，然后进行静态测试，最后进行动态测试。对于较复杂的电路测试，通常采用先分块测试，然后进行总测试的办法；有时还要进行静态和动态的反复交替测试，才能达到设计要求。

(3) 整机测试

整机测试是在单元部件测试的基础上进行的。各单元部件的综合测试合格后，装配成整机或系统。整机测试的过程包括外观检查、结构调试、通电检查、电源测试、整机统调、整机技术指标综合测试及例行试验等。

3. 整机测试的准备工作和工艺流程

(1) 测试前的准备工作

在电子产品调试之前，应做好调试之前的准备工作，如场地布置、测试仪器仪表的合理选择、制订调试方案、对整机或单元部件进行外观检查等。

(2) 整机测试的工艺流程之一(如图 9.7-1 所示)

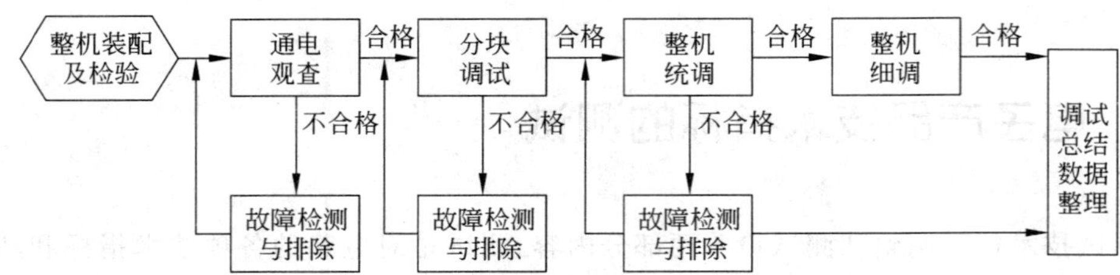

图 9.7-1 整机测试的工艺流程图(一)

整机测试的工艺流程分为整机产品测试和样机测试两种不同的形式。样机调试包括样机测试、调整、故障排除以及产品的技术改进等。

(3) 整机测试的工艺流程之二(如图 9.7-2 所示)

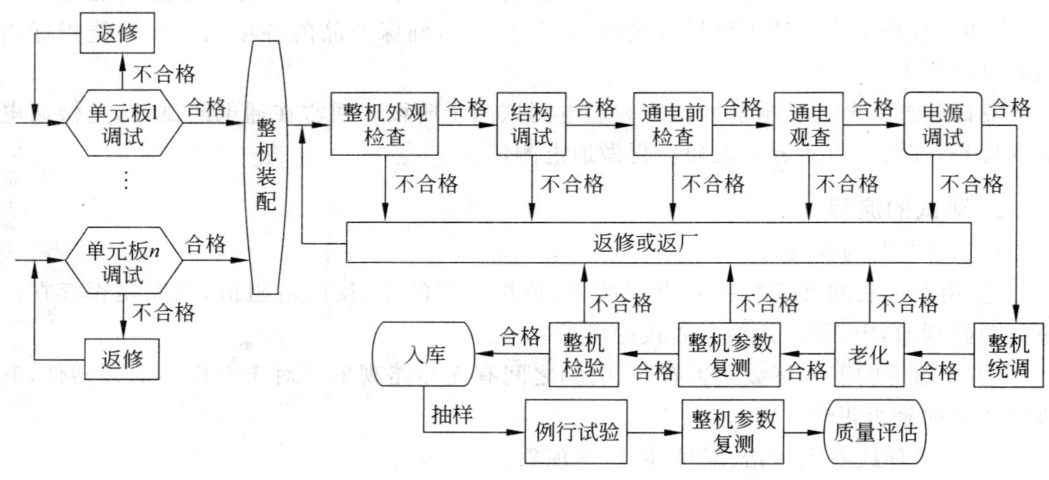

图 9.7-2 整机测试的工艺流程图(二)

4. 静态测试与调整

(1) 直流电流的测试

① 测试仪表：直流电流表、万用表(直流电流挡)。

② 测试方法：直接测试法如图 9.7-3 所示，间接测试法如图 9.7-4 所示。

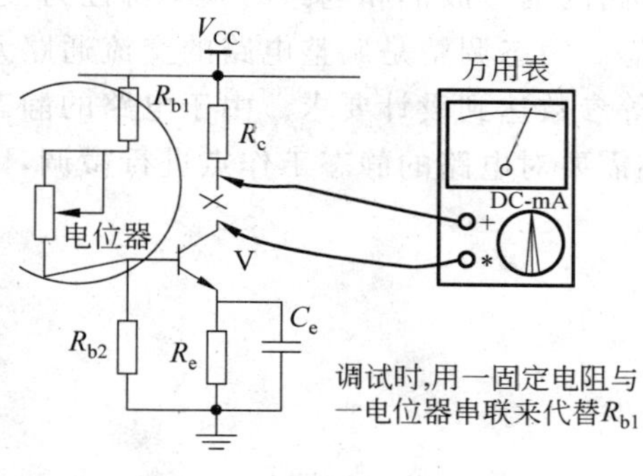

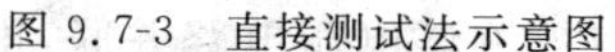

图 9.7-3　直接测试法示意图

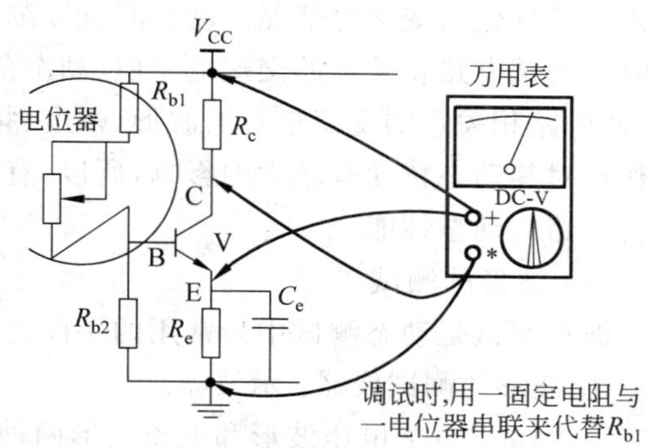

图 9.7-4　间接测试法示意图

③ 直流电流测试的注意事项。

a. 直接测试法测试电流时,必须断开电路,将测试仪表串入电路,并使电流从电流表的正极流入,负极流出。

b. 合理选择电流表的量程。电流表的量程应略大于测试电流。

c. 根据被测电路的特点和测试精度要求选择测试仪表的内阻和精度。

d. 间接测试法测试电流会使测量产生误差。

e. 测试时,将电压表或万用表直接并联在待测电压电路的两个端点上。

(2) 直流电压的测试

① 测试仪表:直流电压表、万用表(直流电压挡)。

② 测试方法:将电压表或万用表直接并联在待测电压电路的两个端点上。

③ 直流电压测试的注意事项。

a. 直流电压测试时,应注意电路中高电位端接表的正极,低电位端接表的负极;电压表的量程应略大于所测试的电压。

b. 根据被测电路的特点和测试精度,选择测试仪表的内阻和精度。

c. 使用万用表测量电压时,不得误用其他挡,特别是电流挡和欧姆挡,以免损坏仪表或造成测试错误。

d. 在工程中,一般情况下,"某点电压"均指该点对电路公共参考点地端的电位。

(3) 电路静态的调整方法

电路静态的调整是在测试的基础上进行的。调整前,对测试结果进行分析,找出静态调整的方法步骤。

① 熟悉电路的结构组成和工作原理,了解电路的功能及性能指标要求。

② 分析电路的直流通路,熟悉电路中各元器件的作用,特别是电路中可调元件的作用和对电路参数的影响情况。

③ 当发现测试结果有偏差时,要找出纠正偏差最有效、最方便调整且对电路其他参数影响最小的元器件,对电路的静态工作点进行调试。

5. 动态测试与调整

动态是指在电路的输入端接入适当频率和幅度的信号后,电路各有关点的状态随着输入信号变化而变化的情况。动态测试以测试电路的信号波形和电路的频率特性为主，有时也测试电路相关点的交流电压值、动态范围等。动态调整是调整电路的交流通路元件，使电路相关点的交流信号的波形、幅度、频率等参数达到设计要求。由于电路的静态工作点对其动态特性有较大的影响，所以，有时还需要对电路的静态工作点进行微调，以改善电路的动态性能。

（1）波形的测试

波形测试是动态测试中最常用的手段之一。

① 波形的测试仪器：示波器。

② 测试方法：电压波形和电流波形两种。

对电压波形测试时，只需把示波器电压探头直接与被测试电压电路并联，即可在示波器荧光屏上观测波形，并对电压波形进行分析。电流波形的测试方法有两种，即直接测试法和间接测试法。

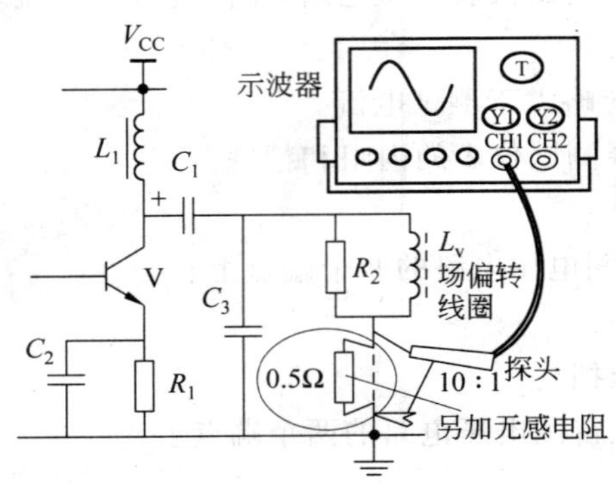

图 9.7-5 间接法测试电流波形

直接测试法是将示波器并接分流电阻改装为电流表的形式，然后用电流探头将示波器串联到被测电路中，即可观察到电流波形。

间接测试法是在被测量的回路串入一个无感小电阻，将电流变换成电压进行测量的方法，如图 9.7-5 所示。

（2）波形的调整

电路的波形调整是在波形测试的基础上进行的。在测试的波形参数没有达到设计要求的情况下，需要调整电路的参数，使波形达到要求。在实际工程中，波形调整多采用调整反馈深度或耦合电容、旁路电容等来纠正波形的偏差。电路的静态工作点对电路的波形也有一定的影响，故有时还需要微调静态工作点。

6. 频率特性的测试与调整

对于谐振电路和高频电路，一般进行频率特性的测试和调整，很少进行波形调整。

频率特性常指幅频特性，是指信号的幅度随频率的变化关系，它是电路重要的动态特性之一，常用频率特性曲线来表达。

频率特性测试的常用方法有点频法、扫频法和方波响应测试法。

（1）点频法

点频法是用一般的信号源（常用正弦波信号源）向被测电路提供所需的等幅、变频的输入电压信号，用电子电压表监测被测电路的输入电压和输出电压，并在频率—电压坐标上逐点标出测量值，最后用一条光滑的曲线连接各测试点。这条曲线就是幅频特性曲线，如图 9.7-6 所示。

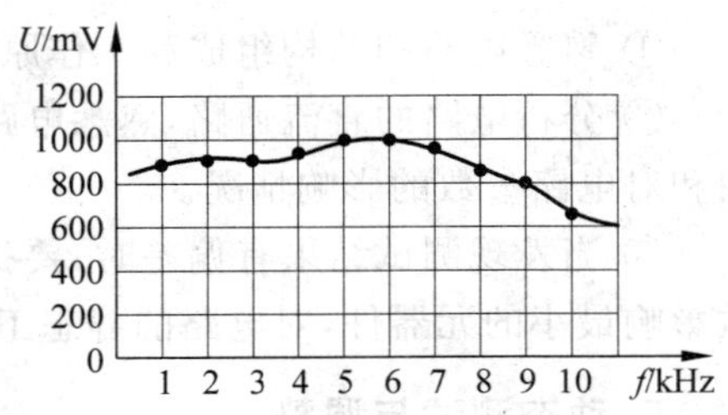

图 9.7-6 频率特性的测试

点频法的特点是测试设备使用简单，测试原理简单，但测试时间长，测试误差较大，既费时、费力且准确度不高，多用于低频电路的频响测试，如音频放大器、收录机等。点频法测量连接电路如图 9.7-7 所示。

（2）扫频测试法（扫频法）

扫频测试法是使用专用的频率特性测试仪（又叫扫频仪）直接测量并显示出被测电路的频率特性曲线的方法。

扫频法的特点是测试过程简单、快捷，测试的准确度高。高频电路一般采用扫频法测试。扫频法测量连接电路如图 9.7-8 所示。

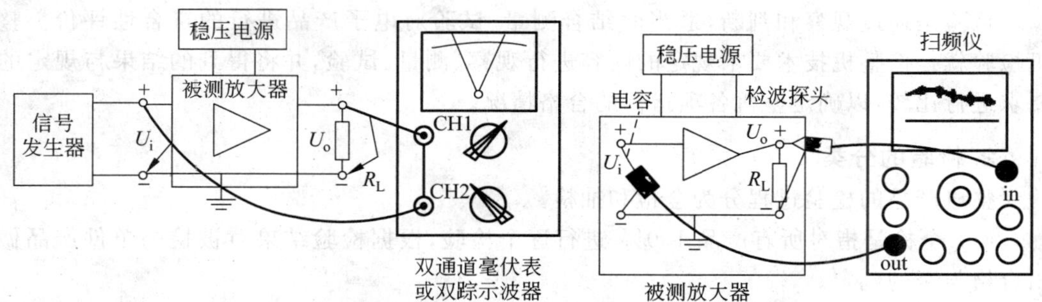

图 9.7-7　点频法测量连接图　　图 9.7-8　扫频法测量电路

（3）方波响应测试法

方波响应测试是通过观察方波信号通过电路后的波形，来观测被测电路的频率响应。其特点是可以更直观地观测被测电路的频率响应，因为方波信号的形状规则，出现失真很易观测。

通过对电路参数的调整，使其频率特性曲线符合设计要求的过程，就是频率特性的调整。只有在测到的频率特性曲线没有达到设计要求的情况下，才需要调整电路的参数，使频率特性曲线达到要求。

频率特性的调整是在规定的频率范围内对各频率进行调整，使信号幅度都要达到要求。而电路中某些参数的改变，既会影响高频段，也会影响低频段，故应先粗调，后反复细调。方波响应测试法测量连接如图 9.7-9 所示。

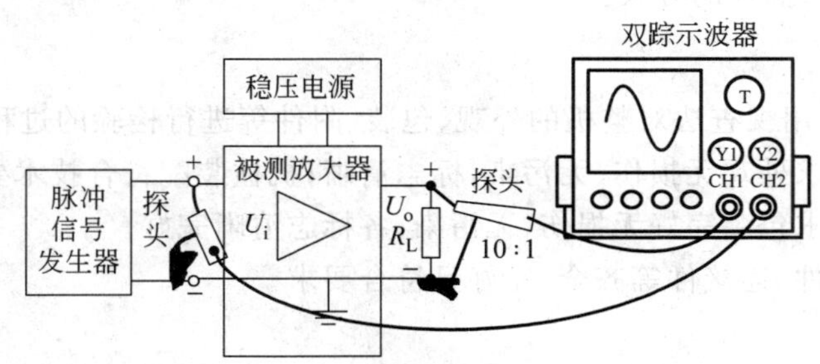

图 9.7-9　方波响应测试法测量连接图

9.8 电子产品的检验

产品检验是现代电子企业生产中必不可少的质量监控手段，主要起到对产品生产的过程控制、质量把关、判定产品的合格性等作用。

产品的检验应执行自检、互检和专职检验相结合的“三检”制度。

1. 检验的概念

检验是通过观察和判断，适当时结合测量、试验对电子产品进行的符合性评价。整机检验就是按整机技术要求规定的内容进行观察、测量、试验，并将得到的结果与规定的要求进行比较，以确定整机各项指标的合格情况。

2. 检验的分类

整机产品的检验过程分为全检和抽检。

(1) 全检是指对所有产品100%进行逐个检验，根据检验结果对被检的单件产品做出合格与否的判定。

全检的主要优点是能够最大限度地减少产品的不合格率。

(2) 抽检是从交验批中抽出部分样品进行检验，根据检验结果，判定整批产品的质量水平，从而得出该产品是否合格的结论。

3. 检验的过程

检验一般可分为以下三个阶段。

(1) 装配器材的检验，主要指元器件、零部件、外协件及材料等入库前的检验。一般采取抽检的检验方式。

(2) 过程检验，是对生产过程中的一个或多个工序，或对半成品、成品的检验，主要包括焊接检验、单元电路板调试检验、整机组装后系统联调检验等。过程检验一般采取全检的检验方式。

(3) 电子产品的整机检验。整机检验采取多级、多重复检的方式进行。一般入库采取全检，出库多采取抽检的方式。

4. 外观检验

外观检验是指用视查法对整机的外观、包装、附件等进行检验的过程。

(1) 外观：要求外观无损伤、无污染，标志清晰；机械装配符合技术要求。

(2) 包装：要求包装完好无损伤、无污染；各标志清晰完好。

(3) 附件：附件、连接件等齐全、完好且符合要求。

5. 性能检验

性能检验是指对整机的电气性能、安全性能和机械性能等方面进行测试检查。

(1) 电气性能检验。对整机的各项电气性能参数进行测试，并将测试的结果与规定的参数比较，确定被检整机是否合格。

(2) 安全性能检验,主要包括电涌试验、湿热处理、绝缘电阻和抗电强度等。安检应该采用全检的方式。

(3) 机械性能进行测试,主要包括面板操作机构及旋钮、按键等操作的灵活性、可靠性,整机机械结构及零部件的安装紧固性。

9.9 电子产品技术资料的撰写

电子产品技术资料是产品在研究、设计、试制和生产实践过程中逐步形成的文字、图样及技术资料,它规定了产品的组成、型号、结构、原理以及在制造、验收、使用、维修、存储和运输产品过程中所需要的技术数据和说明,是组织生产和使用产品的基本依据。电子产品技术资料的撰写能力是从事电子应用职业中一个重要的职业能力。

1. 电子产品的设计文件概述

设计文件是电子产品在设计、研究、试制、生产、鉴定的过程中形成的文字与图样的技术资料。技术文件对产品的结构、原理、组成、制作过程、主要参数、使用方法和维修方法等都有明确的说明,而且是依据国家标准编制的。按文件的样式,将设计文件分为三大类:文字性文件、表格性文件和工程图。

2. 文字性设计文件

文字性设计文件主要有产品标准或技术条件。产品标准或技术条件是对产品性能、技术参数、试验方法和检验要求等所做的规定。产品标准是反映产品技术水平的文件。设计文件主要有以下4种,具体要求和要说明的内容如下。

(1) 技术说明

技术说明是供研究、使用和维修产品用的,对产品的性能、工作原理、结构特点应说明清楚,其主要内容包括产品技术参数、结构特点、工作原理、安装调整、使用和维修等。

(2) 使用说明

使用说明是供使用者正确使用产品而编写的,其主要内容是说明产品性能、基本工作原理、使用方法和注意事项。

(3) 安装说明

安装说明是供使用产品前的安装工作而编写的,其主要内容是产品性能、结构特点、安装图、安装方法及注意事项。

(4) 调试说明

调试说明是用来指导产品生产时调试其性能参数的。

3. 表格性设计文件

表格性设计文件主要有明细表、软件清单和接线表。明细表是构成产品或某部分的所有零部件、元器件和材料的汇总表,也叫物料清单。从明细表可以查到组成该产品的零部件、元器件及材料。软件清单是记录软件程序的清单。接线表是用表格形式表述电子产品两部分之间的接线关系的文件,用于指导生产时该两部分的连接。

4. 电子工程图

电子工程图主要有电路图、方框图、装配图、零件图、逻辑图、软件流程图。

(1) 电路图：电路图也叫原理图、电路原理图，是用电气制图的图形符号的方式绘出产品各元器件之间、各部分之间的连接关系，用以说明产品的工作原理。它是电子产品设计文件中最基本的图纸。

(2) 方框图：方框图是用一个一个方框表示电子产品的各个部分，用连线表示它们之间的连接，进而说明其组成结构和工作原理，是原理图的简化示意图。

(3) 装配图：用机械制图的方法画出的表示产品结构和装配关系的图。从装配图可以看出产品的实际构造和外观。

(4) 零件图：一般用零件图表示电子产品某一个需加工的零件的外形和结构。在电子产品中最常见也是必须要画的零件图是印制电路板图。

(5) 逻辑图：逻辑图是用电气制图的逻辑符号表示电路工作原理的一种工程图。

(6) 软件流程图：用流程图的专用符号画出软件的工作程序。

电子产品设计文件通常由产品开发设计部门编制和绘制，经工艺部门和其他有关部门会签，开发部门技术负责人审核批准后生效。

5. 电子产品使用说明书

(1) 产品说明的目的

① 提醒客户对现在问题点的重视。

② 让客户了解能获得哪些改善。

③ 让客户产生想要购买产品的欲望。

④ 让客户认同产品或服务，能解决问题及满足需求。

(2) 产品说明的步骤

① 开场白：问候，感谢聆听及相关人员对调查的协助，引起注意及兴趣。

② 依据调查的资料，陈述客户目前的状况，指出客户目前期望解决的问题点或期望得到满足的需求。

③ 以客户对各项需求的关心度，有重点地介绍产品的特性、优点及特殊利益。

④ 预先化解异议，如从客户方面、竞争者方面可能造成的异议。

⑤ 异议处理。

⑥ 需求订单。

(3) 电子产品使用说明书的书写格式和要求

一般电子产品使用说明书包括产品简介、特点、功能、技术指标、使用方法、保养维修及注意事项等。

9.10 数字钟的安装、调试与检测

数字电路的调试，主要是检测电路能否满足设计要求的逻辑功能，通过必要的调整，使电路达到设计要求。数字电路的调试也应遵循一般电子电路调试时“先静态、后动态”

的原则,在调试顺序上也是先调试单元电路或子系统,再将几个单元电路连接起来进行调试。

在安装数字电路之前,应对所选用的数字集成电路器件进行逻辑功能的测试,以避免因器件的逻辑功能不正常而增加调试的困难。检测数字电路器件功能的方法多种多样,常用的方法有仪器测试法、替代法、功能实验检查法。

1. 数字钟集成电路的测试

数字集成电路的静态测试,一般采用模拟开关输入模拟的高、低电平,用发光二极管显示方式或用万用表、逻辑测试笔测试输出的高、低电平,看其是否能满足数字电路的真值表。进行动态测试时,数字集成电路的各个输入端接入规定的脉冲信号,用双踪示波器直接观察输入和输出波形,并画出这些脉冲信号的时序关系图,看输入/输出是否符合规定的逻辑关系。

(1) CMOS门电路测试

测试时,首先应保证测试电路连接正确,以免损坏器件或引起逻辑关系混乱。CMOS与非门的多余输入端不允许悬空,应接$+V_{DD}$,电源电压不能接反,输出端不允许接V_{DD}或地。除三态门外,不允许CMOS与非门两个输出端并联使用。在测试时,应先加电源电压V_{DD},后加输入信号。关机时应先切断输入信号,后断开电源V_{DD}。若用测试仪器测试,所有测试仪器外壳必须良好接地,若需焊接,应切断电源电压$+V_{DD}$,电烙铁外壳必须良好接地,必要时要拔下烙铁的电源,利用烙铁的余热焊接。测试CMOS或门和或非门时,其多余的输入端应接地(低电平)。

(2) TTL门电路的测试

TTL门电路的测试方法与CMOS门电路基本相同,在测试时,不允许输出端直接接+5V电源或地。除OC门和三态门外,TTL门电路的输出端不允许并联使用,否则会引起逻辑混乱或损坏器件。TTL与门和与非门的多余输入端可悬空,但在实际应用时容易受到干扰,一般采用串接一个1～10kΩ电阻后接$+V_{CC}$来获得高电平输入。TTL或门和或非门的多余输入端只能接地。

(3) 数字钟元器件的识别与检测

对照电路原理图认真核对各个元器件的型号、参数,用万用表对元器件进行初步检测,以确保元器件性能符合要求。

对数字钟集成芯片,按照其逻辑功能和真值表在数字实验箱上进行逻辑功能的检测。此项是保证产品成功与否的关键。

2. 安装与焊接

(1) 检查印制电路板的质量,主要是从外观上看铜箔是否断裂,板面是否腐蚀。

(2) 根据电路装配图核对要焊接的元器件,在焊接前应对元器件进行检测,其参数值应符合设计要求。插装集成块时一定要注意方向,切不可插反。

(3) 检查电路元器件的安装和焊接是否正确,核对三极管、集成电路等器件的型号、管脚;检查电解电容器的极性是否正确,以及变压器、整流电路的输出,稳压电源的输出有无短路现象等。

(4) 检查并测量电路的电源电压是否符合要求,整机电流是否符合要求,集成器件的正、负电源极性是否正确,器件有否发热、冒烟等。

(5) 安装整机电路,将数字钟的8个部分连接好,电路检查无误后,可通电调试。

3. 整机电路的调试

调试可分级进行。

(1) 用数字频率计测量振荡器的输出频率,用示波器观察波形,调节电位器使振荡频率为1kHz,波形为矩形波。

(2) 将1kHz信号送入分频器f_0输入端,用示波器检查各输出端的波形及频率是否工作正常。若都正常,则在分频器的输出端可得到"秒"信号。

(3) 将"秒"信号送入"秒"计数器,检查个位、十位是否按10s、60s进位。若正常,可按同样的办法检查分计数器和时计数器;若不正常,可能是接线问题,或需更换集成块。

(4) 各计数器在工作前应先清零。若计数器工作正常而显示有误,可能是该级译码器电路有问题,或计数器的输出端Q_d、Q_c、Q_b、Q_a有损坏。

(5) 调好"秒"、"分"、"时"计数器及译码显示电路后,即可基本进行正常走时了。可通过S_1、S_2、S_3来校准"时"、"分"、"秒"和进行整点报时电路测试。

(6) 安装调试完毕后,将时间校对正确,则该电路可以准确地显示时间。

4. 根据故障现象进行分析并写出排除方法

5. 数字电路常见故障维修方法

在数字电路系统中,相同的单元电路和集成器件比较多,为尽快找出故障,常采用以下方法。

(1) 替代法

用已调好的单元电路替代有故障或有疑问的相同单元电路,这样可以很快地判断出故障原因是单元电路本身产生的,还是由其他单元或连接线有误产生的。当发现某一局部电路有问题时,应先检查该部分的连线是否正确,当确定无误后再更换集成电路芯片。

当调好一个电路后,用未调整电路的芯片替代好电路上的正常芯片,可判断未调试芯片的功能正常与否。当判明未调试芯片功能正常时,只需检查外电路接线正确与否即可,这样可提高调试的效率。

(2) 对比法

将有问题的电路状态、参数与相同正常电路进行逐项对比,可分析、判断出故障原因。

(3) 对分法

对分法也称分割测试法,是将整个电路按照功能一分为二,分块进行测试,以判断故障出在哪一部分电路内,是逐步缩小故障范围的有效方法。

实践表明,数字单元电路的故障大都是因接线错误或虚焊、接触不良引起的,集成器件本身的问题较少,所以在安装前应对集成器件进行测试,以确保在安装过程中的正确性。调试前要认真检查电路的接线正确与否,在调试中不要一发现工作不正常就怀疑集成器件损坏。

附录

常用电路原理图符号和元器件封装

附表 1 常用的插针式元器件外形与对应的元器件封装

元器件名称及外形	原理图符号及库名称	封装名称	典型封装图形及所在的库
电阻 R	R RES1 R RES2	AXIAL0.3 AXIAL0.4 AXIAL0.5 AXIAL0.6 AXIAL0.7 AXIAL0.8 AXIAL0.9 AXIAL0.10	Miscellaneous Devices. IntLib
无极性电容 C	C? Cap2 C? Cap	RAD0.1 RAD0.2 RAD0.3 RAD0.4	
电解电容 C	C? + Cap Pol1 C? + Cap Pol2	CAPPR1.5-4×5 CAPPR2-5×6.8 CAPPR5-5×5 RB5-10.5 RB7.6-15	+
二极管	D? Diode 1N4001 D? D Zener DS? LED1	DIODE0.4 DIODE0.7 DIO7.8-4.6×2 LED-1	
电感	L INDUCTOR	根据实物可用电阻和电容的封装代替	
整流桥堆	D? Bridegel	E-BIP-P4/D10 E-BIP-P4/X2.1	+ ~ ~ −

续表

元器件名称及外形	原理图符号及库名称	封装名称	典型封装图形及所在的库
塑封小功率三极管 	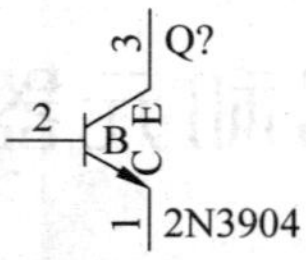 Q? 2N3904	BCY-W3 BCY-W3/B. 7 BCY-W3/B. 8 BCY-W3/E4	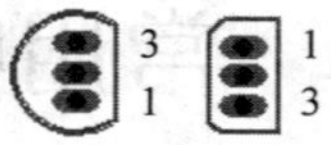
塑封中功率三极管 	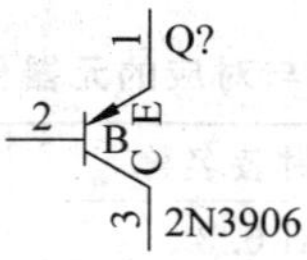 Q? 2N3906	SFM-T3/A4. 7V SFM-T3/E10. 7V SFM-T3/A6. 6V	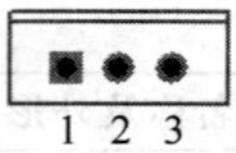
金属封装三极管 	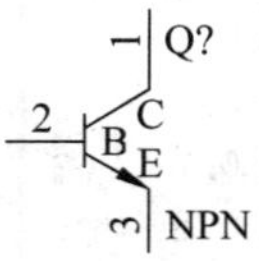 Q? NPN	CAN-3/D5. 9 CAN-3/Y1. 4	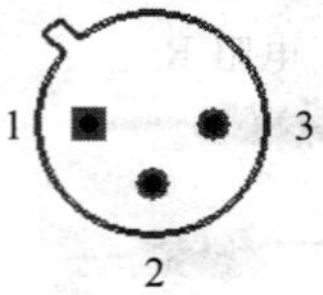
大功率三极管 	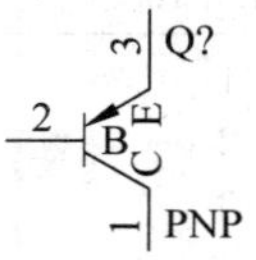 Q? PNP	TO-3	STDiscreteBJT. IntLib 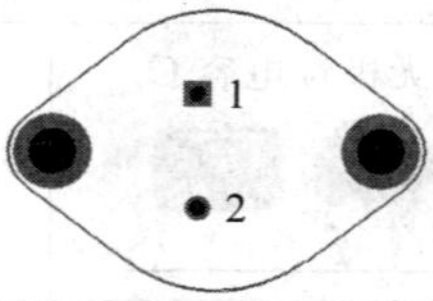
电池 	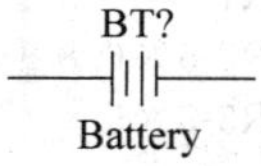 BT? Battery	POLAR0. 8	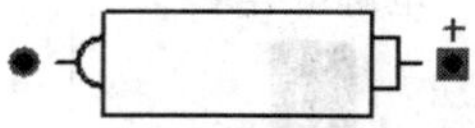
14 引脚 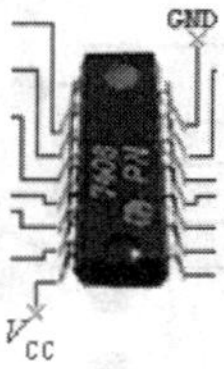	库元件路径 Library/Texas Instruments(德州仪器公司)/TI Logic Gate 2. IntLib 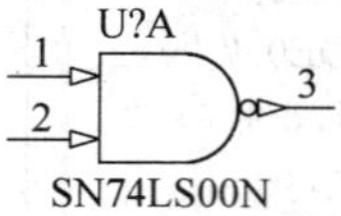 U?A SN74LS00N	DIP-14 NO14	
电位器   卧式电位器	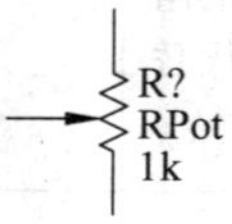 R? RPot 1k	VR3 VR4 VR5 SFM-F3/Y2. 3	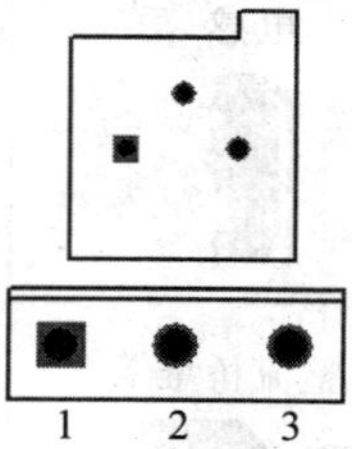

续表

元器件名称及外形	原理图符号及库名称	封装名称	典型封装图形及所在的库
变压器 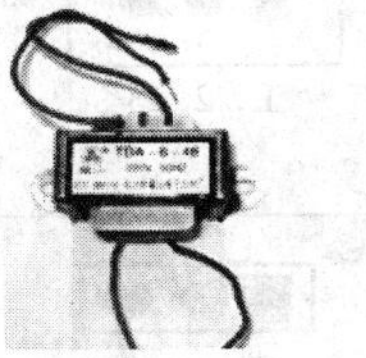	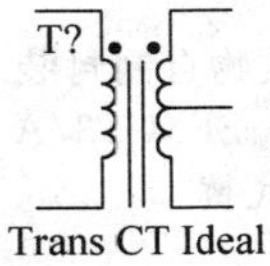 T? Trans CT Ideal	TRF_4 TRF_5 TRF_6 TRF_8	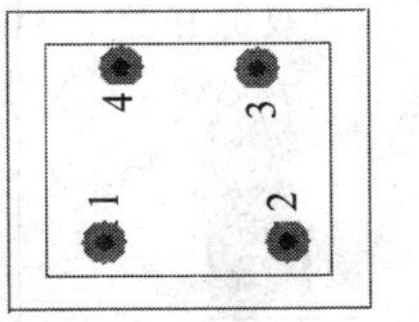 4 3 1 2
	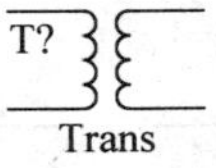 T? Trans	TRANS	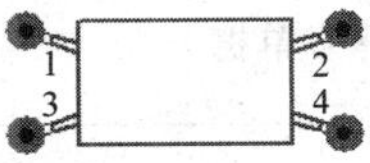 1 2 3 4
晶振 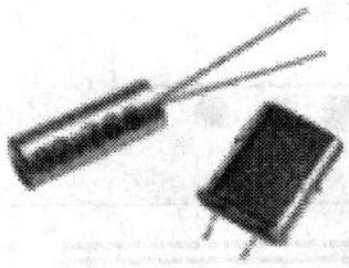	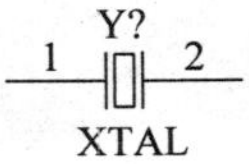 Y? 1 2 XTAL	BCY-W2/D3.1	
双列针脚集成块 8 引脚(555) 	National Semiconductor (美国半导体公司)/ NSC Analog Timer Circuit 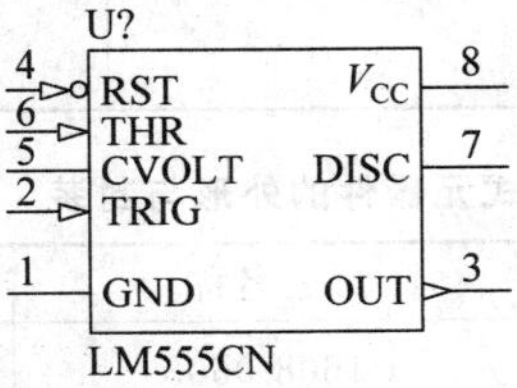 U? 4 RST V_{CC} 8 6 THR 5 CVOLT DISC 7 2 TRIG 1 GND OUT 3 LM555CN	N08E DIP-8	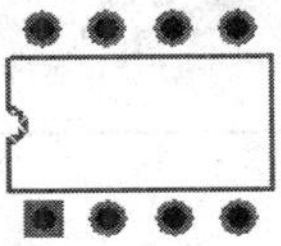
晶闸管 SCR 	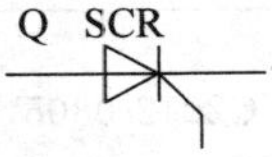 Q SCR	SFM-T3/E10.7V	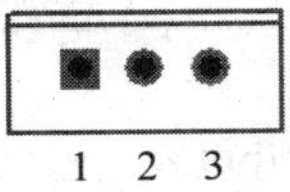 1 2 3
扬声器 	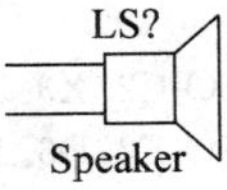 LS? Speaker	根据实物自制封装 或用 PIN2 代替	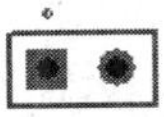
保险管 	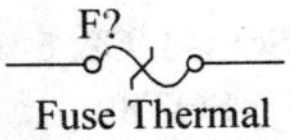 F? Fuse Thermal	PIN-W2/E2.8	
按钮开关 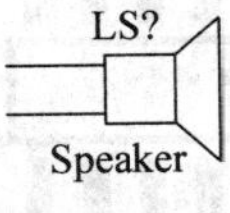 LS? Speaker	 S? SW-PB	根据实物自制封装 或用 SPST-2 代替	

续表

元器件名称及外形	原理图符号及库名称	封装名称	典型封装图形及所在的库
一刀双掷开关 	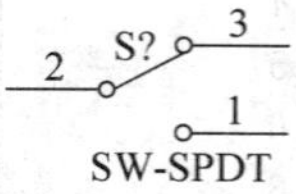 S? 2 3 1 SW-SPDT	根据实物自制封装或用SFM-T3/A6.6V代替	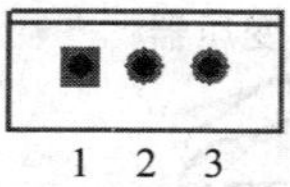 1 2 3
单刀单掷开关	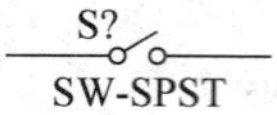 S? SW-SPST	SPST-2	
LM741 	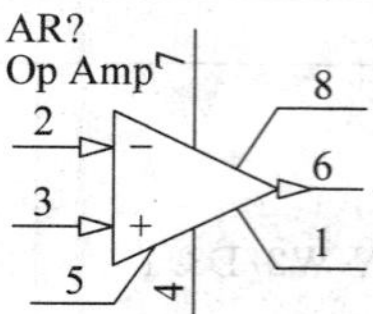 AR? Op Amp 2 3 5 4 8 6 1	DIP-8	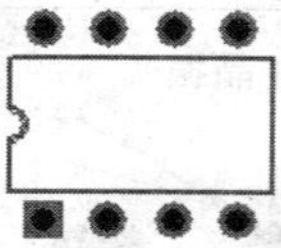
TDA2030 	图形符号自制	DFM-T5/X1.7V	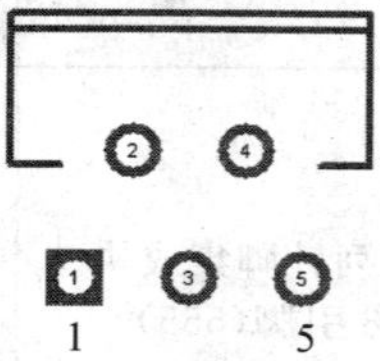 1 5

附表2 常用的表面安装式元器件的外形与封装

元器件名称及代码	元器件形状	封装名称	典型封装图形
贴片电阻	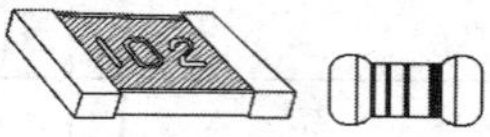 102	C1608-0603 CR2012-0805	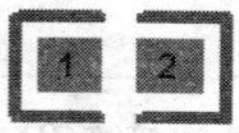 1 2
贴片电容	 107 6V 107 16V	CC2012-0805 CC1005-0402	 1 2
贴片二极管		DSO-C2/X3.3 DSO-F2/D6.1	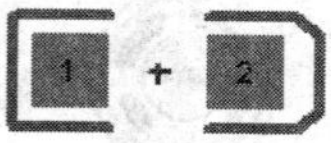 1 + 2
贴片三极管	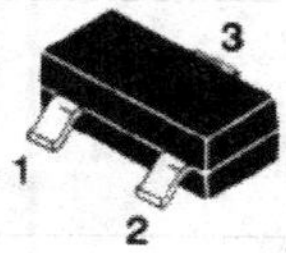 3 1 2	SO-G3/C2.5 SOT89	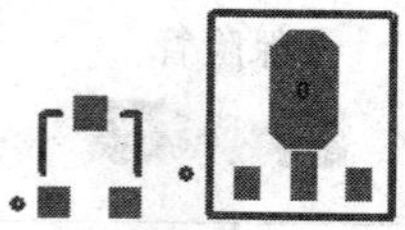
贴片集成芯片		SO-G8	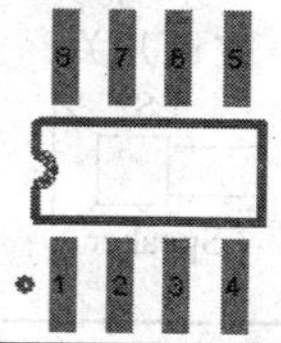 8 7 6 5 1 2 3 4

参 考 文 献

[1] 陈兆梅. Protel DXP 2004 SP2 印制电路板设计实用教程. 北京：机械工业出版社，2008.

[2] 谢自美. 电子线路设计、实验、测试. 武汉：华中科技大学出版社，2000.

[3] 任富民. 电子 CAD——Protel DXP 电路设计. 北京：电子工业出版社，2007.

[4] 王利强. 电路 CAD——Protel DXP 2004 电路设计与实践. 天津：天津大学出版社，2008.

[5] 曾峰. 印刷电路板(PCB)设计与制作. 北京：电子工业出版社，2005.

[6] 郭勇. Protel DXP 2004 SP2 印制电路板设计教程. 北京：机械工业出版社，2009.

[7] 孙余凯. 电子产品制作技术与技能实训教程. 北京：电子工业出版，2006.

[8] 王俊峰. 电子产品开发设计与制作. 北京：人民邮电出版社，2006.

[9] 郑梦泽. Protel DXP 2004 原理图与电路板设计实用教程. 北京：电子工业出版，2010.

[10] 夏江华. Protel DXP 电路设计与制板. 北京：北京航空航天大学出版社，2010.

[11] 胡锦. 数字电路与逻辑设计. 北京：高等教育出版社，2010.

[12] 李秀霞. Protel DXP 2004 电路设计与仿真教程. 北京：北京航空航天大学出版社，2008.

[13] 赵志刚. Protel DXP 2004 实用教程(修订本). 北京：清华大学出版社，2007.